21 世纪全国高职高专土建立体化系列规划教材

工程招投标与合同管理实务

主　编　杨甲奇　杨陈慧
副主编　唐　舵　高树天

内 容 简 介

"工程招投标与合同管理"是高等院校土木与建筑专业的一门必修课程。

本书是国家示范性高等职业院校优质核心课程和四川省精品课程改革教材，选取了一个真实工程项目为贯穿项目，按项目工作程序设计了5个学习情境，共14个工作任务。本书内容被分解设计成一个贯穿项目，以情境为单位组织教学，以典型案例贯穿始终，以实际工作流程中的重要节点为线索，将知识点分别融入以下"工程招投标与合同管理入门"、"招标实务与纠纷处理"、"投标实务与合同签署"、"合同监控与变更处理"、"合同纠纷与索赔管理"5个学习情境中。

本书既可作为高职高专院校建筑工程类相关专业的实训教材和指导书，也可作为土建施工类及工程管理类各专业职业资格考试的培训教材，还可为备考从业和执业资格考试人员提供参考。

图书在版编目（CIP）数据

工程招投标与合同管理实务/杨甲奇，杨陈慧主编. —北京：北京大学出版社，2011.8
（21世纪全国高职高专土建立体化系列规划教材）
ISBN 978-7-301-19035-7

Ⅰ.①工… Ⅱ.①杨…②杨… Ⅲ.①工程—招标—高等职业教育—教材②工程—投标—高等职业教育—教材③工程—合同—管理—高等职业教育—教材 Ⅵ.①TU723

中国版本图书馆CIP数据核字（2011）第115499号

书　　　　名：	工程招投标与合同管理实务
著作责任者：	杨甲奇　杨陈慧　主编
策 划 编 辑：	赖　青　王红樱
责 任 编 辑：	李娉婷
标 准 书 号：	ISBN 978-7-301-19035-7/TU · 0157
出　版　者：	北京大学出版社
地　　　　址：	北京市海淀区成府路205号　100871
网　　　　址：	http://www.pup.cn　http://www.pup6.com
电　　　　话：	邮购部 62752015　发行部 62750672　编辑部 62750667　出版部 62754962
电 子 邮 箱：	pup_6@163.com
印　刷　者：	山东省高唐印刷有限责任公司
发　行　者：	北京大学出版社
经　销　者：	新华书店
	787毫米×1092毫米　16开本　25.75印张　603千字
	2011年8月第1版　2015年9月第4次印刷
定　　　　价：	48.00元

未经许可，不得以任何方式复制或抄袭本书之部分或全部内容。
版权所有，侵权必究　　举报电话：010-62752024
　　　　　　　　　　　　电子邮箱：fd@pup.pku.edu.cn

北大版·高职高专土建系列规划教材
专家编审指导委员会

主　　　任：　于世玮（山西建筑职业技术学院）

副　主　任：　范文昭（山西建筑职业技术学院）

委　　　员：　（按姓名拼音排序）

　　　　　　　丁　胜（湖南城建职业技术学院）

　　　　　　　郝　俊（内蒙古建筑职业技术学院）

　　　　　　　胡六星（湖南城建职业技术学院）

　　　　　　　李永光（内蒙古建筑职业技术学院）

　　　　　　　刘正武（湖南城建职业技术学院）

　　　　　　　马景善（浙江同济科技职业学院）

　　　　　　　王秀花（内蒙古建筑职业技术学院）

　　　　　　　王云江（浙江建设职业技术学院）

　　　　　　　危道军（湖北城建职业技术学院）

　　　　　　　吴承霞（河南建筑职业技术学院）

　　　　　　　吴明军（四川建筑职业技术学院）

　　　　　　　武　敬（武汉职业技术学院）

　　　　　　　夏万爽（邢台职业技术学院）

　　　　　　　战启芳（石家庄铁路职业技术学院）

　　　　　　　朱吉顶（河南工业职业技术学院）

特邀顾问：　　何　辉（浙江建设职业技术学院）

　　　　　　　姚谨英（四川绵阳水电学校）

北大版·高职高专土建系列规划教材
专家编审指导委员会专业分委会

建筑工程技术专业分委会

主　任：吴承霞　　吴明军
副主任：郝　俊　　徐锡权　　马景善　　战启芳
委　员：（按姓名拼音排序）
　　　　白丽红　　陈东佐　　邓庆阳　　范优铭　　李　伟
　　　　刘晓平　　鲁有柱　　孟胜国　　石立安　　王美芬
　　　　王渊辉　　肖明和　　叶海青　　叶　腾　　叶　雯
　　　　于全发　　曾庆军　　张　敏　　张　勇　　赵华玮
　　　　郑仁贵　　钟汉华　　朱永祥

工程管理专业分委会

主　任：危道军
副主任：胡六星　　李永光　　杨甲奇
委　员：（按姓名拼音排序）
　　　　冯　钢　　冯松山　　姜新春　　赖先志　　李柏林
　　　　李洪军　　刘志麟　　林滨滨　　时　思　　斯　庆
　　　　宋　健　　孙　刚　　唐茂华　　韦盛泉　　吴孟红
　　　　辛艳红　　鄢维峰　　杨庆丰　　余景良　　赵建军
　　　　钟振宇　　周业梅

建筑设计专业分委会

主　任：丁　胜
副主任：夏万爽　　朱吉顶
委　员：（按姓名拼音排序）
　　　　戴碧锋　　宋劲军　　脱忠伟　　王　蕾
　　　　肖伦斌　　余　辉　　张　峰　　赵志文

市政工程专业分委会

主　任：王秀花
副主任：王云江
委　员：（按姓名拼音排序）
　　　　俞金贵　　胡红英　　来丽芳　　刘　江　　刘水林
　　　　刘　雨　　刘宗波　　杨仲元　　张晓战

前　言

招投标与合同管理是建筑专业毕业生就业后第 2 个 5 年从事的主要工作，是走上管理岗位的主要工作内容之一，对学生职业能力培养和职业素养养成起主要支撑或明显的促进作用。本课程侧重培养学生能根据招投标项目的特点进行招投标决策、选择最佳报价方案和施工方案，完成招投标工作和合同签订，在合同履行期间能进行合同控制和变更管理，并能及时处理一般合同纠纷和索赔事务。

在北京师范大学职业研究所、宁波职业技术学院师资培训中心的指导下，通过实践专家访谈会、现场走访调查等多种方式，基于对资料员、招投标人员、合同管理员、监理员等岗位典型工作任务的分析，本书内容被分解设计成一个贯穿项目，以情境为单位组织教学，以典型案例贯穿始终。本书以实际工作流程中的重要节点为线索，将知识点分别融入"工程招投标与合同管理入门"、"招标实务与纠纷处理"、"投标实务与合同签署"、"合同监控与变更"、"合同纠纷与索赔管理"这 5 个学习情境中。5 个情境按照工作流程，由浅入深、由"会"到"掌握"、由单一到综合，一共设置了 14 个工作任务来实现课程目标。岗位所需要的知识、技能、职业素养、工作中容易出现的实际问题都融合在具体的工作任务中进行，每个工作任务都有明确的需要提交的成果和评定的依据。按照形成性考核和终结性考核结合、操作技能考核和应用知识考核结合、个人成绩与小组成绩相结合的设计理念，将上述目标融入考核条目，成为实现目标的保证性措施，让学生通过完成工作任务，做学结合。通过工作方案的制定、任务的实施、问题的处理，形成发现问题和解决问题的能力，在项目实践中学习和加深对相关专业知识、技能的理解和应用，以培养学生的综合职业能力和满足学生职业生涯发展的需要。

本书是国家示范性高等职业院校优质核心课程和四川省精品课程改革教材，适用于高等职业技术院校建筑工程类专业教材，也可用作相关技术人员的参考用书。

本书由杨甲奇、杨陈慧主编，唐舵任副主编，中国路桥工程有限责任公司高级工程师、副总经理李全怀主审。学习情境 1 由杨甲奇、杨陈慧编写，学习情境 2 由杨甲奇、杨陈慧、常辉编写，学习情境 3 由杨甲奇、杨陈慧、王囍编写，学习情境 4 和学习情境 5 由唐舵、杨陈慧、高树天编写。本书在编写过程中，得到了中建二局四川装饰分公司刘小飞、四川省交通厅质量监督站刘守明、成都农业科技职业学院建筑工程学院冯光荣、成都衡泰工程管理有限公司薛昆的大力支持和帮助，在此表示衷心的感谢。由于编写时间仓促和经验不足，书中存在不妥之处，敬请大家指教。

编者
2011 年 4 月

目 录

学习情境 1 工程招投标与合同管理入门

任务 1 初识招投标 3
- 1.1 任务导读 4
- 1.2 相关理论知识 5
- 1.3 任务实施 21
- 1.4 任务评价 21
- 知识回顾 22
- 基础训练 22
- 拓展训练 26

任务 2 概述合同管理 27
- 2.1 任务导读 28
- 2.2 相关理论知识 28
- 2.3 任务实施 41
- 2.4 任务评价 41
- 知识回顾 42
- 基础训练 42
- 拓展训练 45

学习情境 2 招标实务与纠纷处理

任务 3 招标准备与决策 49
- 3.1 任务导读 49
- 3.2 相关理论知识 49
- 3.3 任务实施 65
- 3.4 任务评价与总结 67
- 知识回顾 68
- 基础训练 68
- 拓展训练 73

任务 4 文件编制与审核 74
- 4.1 任务导读 85
- 4.2 相关理论知识 85
- 4.3 任务实施 114
- 4.4 任务评价 115
- 知识回顾 116
- 基础训练 116
- 拓展训练 120

任务 5 招标日常事务与纠纷处理 121
- 5.1 任务导读 122
- 5.2 相关理论知识 122
- 5.3 任务实施 155
- 5.4 任务评价与总结 156
- 知识回顾 156
- 基础训练 157
- 拓展训练 163

学习情境 3 投标实务与合同签署

任务 6 投标前期决策与工作流程 167
- 6.1 任务导读 168
- 6.2 相关理论知识 168
- 6.3 任务实施 175
- 6.4 任务评价与总结 176
- 知识回顾 176
- 基础训练 177
- 拓展训练 179

任务 7 投标资料准备与文件编制 180
- 7.1 任务导读 191
- 7.2 相关理论知识 191
- 7.3 任务实施 218
- 7.4 任务评价与总结 221
- 知识回顾 222
- 基础训练 222
- 拓展训练 228

任务 8 投标日常事务与纠纷处理 229
- 8.1 任务导读 232
- 8.2 相关理论知识 232
- 8.3 任务实施 245

  8.4 任务评价与总结 ……… 246
  知识回顾 ……………………… 247
  基础训练 ……………………… 247
  拓展训练 ……………………… 251
任务 9 合同评审与谈判 …………… 252
  9.1 任务导读 ……………… 254
  9.2 相关理论知识 ………… 255
  9.3 任务实施 ……………… 272
  9.4 任务评价与总结 ……… 273
  知识回顾 ……………………… 274
  基础训练 ……………………… 274
  拓展训练 ……………………… 276

学习情境 4 合同监控与变更

任务 10 合同分析与交底 …………… 283
  10.1 任务导读 ……………… 284
  10.2 相关理论知识 ………… 284
  10.3 任务实施 ……………… 293
  10.4 任务评价与总结 ……… 293
  知识回顾 ……………………… 294
  基础训练 ……………………… 295
  拓展训练 ……………………… 297
任务 11 合同监控 …………………… 298
  11.1 任务导读 ……………… 298
  11.2 相关理论知识 ………… 299
  11.3 任务实施 ……………… 312
  11.4 任务评价与总结 ……… 313
  知识回顾 ……………………… 314
  基础训练 ……………………… 314

  拓展训练 ……………………… 316
任务 12 合同变更 …………………… 317
  12.1 任务导读 ……………… 318
  12.2 相关理论知识 ………… 318
  12.3 任务实施 ……………… 334
  12.4 任务评价与总结 ……… 335
  知识回顾 ……………………… 336
  基础训练 ……………………… 336
  拓展训练 ……………………… 340

学习情境 5 合同纠纷与索赔管理

任务 13 合同纠纷处理 ……………… 343
  13.1 任务导读 ……………… 344
  13.2 相关理论知识 ………… 344
  13.3 任务实施 ……………… 361
  13.4 任务评价与总结 ……… 364
  知识回顾 ……………………… 364
  基础训练 ……………………… 365
  拓展训练 ……………………… 369
任务 14 合同索赔管理 ……………… 370
  14.1 任务导读 ……………… 371
  14.2 相关理论知识 ………… 371
  14.3 任务实施 ……………… 394
  14.4 任务评价与总结 ……… 395
  知识回顾 ……………………… 396
  基础训练 ……………………… 396
  拓展训练 ……………………… 401

参考文献 ………………………………… 402

学习情境1

工程招投标与合同管理入门

任务 1　　初 识 招 投 标

▶▶ 引例 1

中山陵是中国近代伟大的政治家、伟大的革命先行者、国父孙中山先生（1866—1925年）的陵墓及其附属纪念建筑群。中山陵坐北朝南，占地面积共 8 万余平方米，中山陵的主要建筑有牌坊（图 1.1）、墓道、陵门与石阶（图 1.2）、碑亭、祭堂和墓室等，排列在一条中轴线上，体现了中国传统建筑的风格。

图 1.1　中山陵牌坊

图 1.2　中山陵陵门与石阶

中山陵工程从 1926 年 1 月开工，分三部工程进行，到 1932 年竣工，前后共用了 6 年时间。1926 年 11 月 1 日，葬事筹备处在上海的报纸上刊登了陵墓第一部工程招标广告，并说明各营造厂投标的截止日期是 1926 年 12 月 21 日。参加投标的共有新金记康号、竺芝记、新义记、辛和记、姚新记、余洪记和周瑞记 7 家营造厂。新义记和竺芝记两家营造厂虽然投的标额最低，但它们的资历浅、资金少，不足以担当建造中山陵这样的大型工程，因而被否决了。而余洪记、周瑞记投标太高，也被否决，剩下的 3 家营造厂经过葬事筹备处和吕彦直研究，决定由资本殷实、经验丰富的姚新记承包。最后，姚新记也做了一些让步，把标价降为 44.3 万两白银而中标。1927 年 10 月，中山陵第二部工程在上海招标时，上海新金记康号营造厂以最低造价中标。

引导问题 1：什么是招投标？招投标的目的和优点是什么？

▶▶ 引例 2

1981 年，深圳国际贸易大厦（图 1.3）建设推出"工程招投标"方案，开创了中国内地工程招投标先河。国际贸易大厦是深圳经济特区建立之初的地标性建筑之一，起初打算指定承建单位，但这家公司漫天要价，不到一个星期就涨价三次，它还按老办法要特区提供基建材料的供应指标等。双方谈好两个月后,已经打好桩的工地上青草已长了很高,施工却仍未开始。后来时任深圳市委书记的梁湘拍板借鉴香港经验,在基建工程中面向市场公开招标,让中外建筑企业自由竞争。这样的创举等于把省里上级部门手中的权给弄没了。在那个年代这简直是在"8 级大风中顶风行船"。但这项创举使得整项工程的造价降低了 940 多万元,一期建设工期从两年缩短为一年半。如图 1.4 所示,工程完工后,改革开放总设计师邓小平登上 20 层楼顶鸟瞰深圳全景。后续招标兴建的 53 层国际贸易中心大厦,基建创造出三天建一层楼的"深圳速度"。1985 年 12 月 29 日,深圳的标志性建筑——深圳国际贸易大厦宣布竣工,这座位于罗湖区市中心的 53 层国际贸易大厦成为当时的全国最高楼。

引导问题 2:建设工程招投标在中国走过了怎样的历程?

图 1.3 深圳国际贸易大厦

图 1.4 邓小平登上 20 层楼顶鸟瞰深圳全景

1.1 任务导读

1.1.1 任务描述

某高校要建设实训楼,投资约 5200 万元人民币,建筑面积约 30000 m^2。现你需明确项目实施涉及的参与方与相关工作程序和工作内容,梳理相关知识点,完成招投标实务的知识准备。

1.1.2 任务目标

(1)了解建设工程招投标重要历史事件。
(2)掌握强制招标的范围、招标的种类、招标的方式及组织形式和招投标基本程序。
(3)熟悉建设工程交易中心的性质与作用、基本功能与运行原则和运行程序。
(4)完成招投标实务的知识准备,完成自我评价,并提出改进意见。

1.2 相关理论知识

1.2.1 工程招投标知多少

工程招投标，是指在国内外的工程承包市场上，发承包方为买卖特殊商品而进行的由一系列特定环节组成的特殊交易活动。"特殊商品"是指建设工程，既包括建设工程实施又包括建设工程实体形成过程中的建设工程技术咨询活动。"特殊交易活动"是指交易标的价格和交易对象事先未定，须通过一系列特定交易环节来确定，即招标、投标、开标、评标、授标和中标以及签约和履约等环节。同时这种交易行为须在特定的有形建筑市场有序进行，既项目所在地的建设工程交易中心。建设单位（即业主或项目法人）通过发布招标邀请的方式，将工程建设项目的勘察、设计、施工、材料设备供应、监理等业务，一次或分期发包，通过投标方的投标竞争，对投标人技术水平、管理能力、经营业绩与报价等方面进行综合考察，最终将工程发包给最有承包能力而报价最优的投标人承接。其最突出的优点是：将竞争机制引入工程建设领域，将工程项目的发包方、承包方和中介方统一纳入市场，实行交易公开，给市场主体的交易行为赋予了极大的透明度；鼓励竞争，防止和反对垄断，通过平等竞争，优胜劣汰，最大限度地实现投资效益的最优化。

追溯招投标的发展历史，西方发达国家利用招标投标的方式并以此规范政府采购行为，已走过了两个世纪的漫长历程。第一个采用招标投标这种交易方式的国家是英国。继英国之后，世界上许多国家陆续成立了类似的专门机构，许多国家还立了法，通过专门的法律确定了招标采购及专职招标机构的重要地位。1809年，美国通过了第一部要求密封投标的法律。二战以来，招标投标由一种交易过渡为政府强制行为，成为"政府采购"的代名词。随着世界多国的"政府采购"向超越国界的方向发展，便形成了国际招标投标。欧洲共同体在政府采购上也建立了统一的招投标制度，法国、意大利、奥地利、比利时等均以法律形式对政府采购的规则、程序、实施和招投标机构做出了相应规定。韩国政府于1997年1月1日起实施新的国内项目国际招标法，即"政府关于调配及合同法"。招投标在世界经济发展中经过了漫长的两个世纪，由简单到复杂、由自由到规范、由国内到国际，对世界区域经济和整体经济的发展起到了巨大的作用。

从引例1~2可知，中山陵工程开启了中国近代工程招投标的先河，深圳国际贸易大厦招标是中国现代工程招标史上的里程碑。工程建设招投标制度的建立及发展大致经历了四个阶段，其发展历程也是一个步入法制化轨道的过程。

第一阶段是1980—1989年，为试行推广阶段。

1979年，国务院制定的《关于改革建筑业和基本建设管理体制若干问题的暂行规定》在新中国历史上首次提出了招标与投标的概念，建筑领域的招标与投标开始实施。1982年2月16日，中国发布了第一轮对外国际招标公告。1983年6月7日，当时的城乡建设环境保护部颁布了《建筑安装工程招标投标试行办法》。该办法规定"凡经国家和省、市、自治区批准的建筑安装工程均可按本办法的规定，通过招标择优选定施工单位"。这是建设工程招投标的第一个部门规章，为中国推行招投标制度奠定了法律基础。1984年，国家计划改革委员会与有关部门联合颁布了《建筑工程招标投标暂行规定》；1984年成立的中国技术进出口总公司国际金融组织和外国政府贷款项目招标公司（后改为中技国际招标公司）是我国第一家招标代理机构。1985年国务院批准在全国范围内设立专职招标机构。

第二阶段是1990—1996年，为全面执行阶段。

1992年12月底，建设部正式印发了《工程建设施工招标投标管理办法》。该办法指出，凡政府和公有制企事业单位投资的新建、改建、扩建和技术改造工程项目的施工，除某些不适宜招标的特殊工程外，均应按本办法实行招标投标。1994年6月，建设部、监察部印发了《关于在工程建设中深入开展反对腐败和反对不正当竞争的通知》；1996年4月，国务院办公厅也转发了建设部、监察部、国家计委、国家工商行政管理局《关于开展建设工程项目执法监察意见》，明确了执法监察的范围和重点，进一步规范建筑市场。

第三阶段是1997—1999年，为规范操作阶段。

1997年2月，建设部印发了《关于建立建设工程交易中心的指导意见》。1998年3月1日，《中华人民共和国建筑法》在全国施行，正式确定了建筑工程发包与承包招投标活动的法律地位。1998年8月，建设部又印发了《关于进一步加强工程招标投标管理的规定》。规定要求凡未建立有形建筑市场的地级以上城市，在年内要建立起有形建筑市场（即建设工程交易中心）。有形建筑市场的建立，规范了工程建设招投标的工作管理，结束了工程建设招投标工作各自为政、执法监察不力等状况。

第四阶段自2000年至现在，为法制管理阶段。

2000年1月1日起，《中华人民共和国招标投标法》在全国施行。招标投标法规定，工程建设项目的勘察、设计、施工、监理以及与工程建设有关的重要设备、物资材料等的采购都必须进行招投标。为此，我国的工程建设招投标工作开始全面进入了法制管理的轨道。在招标资格预审的方式，招标代理机构的管理，预审文件、招标文件的编制，招标的程序和方法，专家库的专业配置，专家考核，评标、定标方法，开发电子招投标系统，创建招标采购职业资格制度，规范有形建筑市场管理和加强招投标执法监察，等等方面进行了创新。从不断改进、完善制度，健全有形建筑市场工作机制等方面入手，深化招投标市场的改革，通过制度建设和创新努力打造"阳光工程"。2009年1月1日起施行的《招投标违法行为记录公告暂行办法》标志着我国招投标违法行为记录制度的正式建立，标志着建立全国统一的招投标信用体系工作的开启。

1.2.2 建设工程项目强制招标的范围

▶▶引例3

鲁布革是布依语，意思是山清水秀的地方。电站（图1.5）位于罗平县和贵州省兴义市交界处黄泥河下游的深山峡谷中，距罗平县城43km。这里河流密布，水流湍急，落差较大，1990年在这里建成了装机容量为60万千瓦的水电站。

鲁布革水电站引水系统工程（图1.6）是我国第一个利用世界银行贷款并按世界银行规定进行国际竞争性招标和项目管理的工程。曾有8个国家的专家在这里帮助建设，世界上第二大输电斜塔耸立在百丈悬崖之上，全部计算机程控的厂房深藏在大山腹中，十几个工作层面使观者如进入迷宫。1982年国际招标，1984年11月正式开工，1988年7月竣工。在4年多的时间里，创造了著名的"鲁布革工程项目管理经验"，受到中央领导的重视，号召建筑业企业进行学习。

引导问题3：哪些建设工程项目必须招标？招标范围和招标方式有哪些强制性规定？

图1.5 鲁布革水电站全貌

图1.6 鲁布革水电站引水系统工程

1. 强制招标的建设工程项目

我国《招标投标法》指出，凡在中华人民共和国境内进行下列工程建设项目，包括项目的勘察、设计、施工、监理以及与工程建设有关的重要设备、材料等的采购，必须进行招标。其内容一般包括如下几个方面。

（1）大型基础设施、公用事业等关系社会公共利益、公共安全的项目。

（2）全部或者部分使用国有资金投资或国家融资的项目。

（3）使用国际组织或者外国政府贷款、援助资金的项目。

（4）国务院发展改革部门确定的国家重点建设项目和各省、自治区、直辖市人民政府确定的地方重点建设项目，其货物采购应当公开招标。

（5）项目的勘察、设计、施工、监理以及与工程建设有关的重要设备、材料等的采购，达到下列标准之一的，必须进行招标。①施工单项合同估算价在200万元人民币以上的。②重要设备、材料等货物的采购，单项合同估算价在100万元人民币以上的。③勘察、设计、监理等服务的采购，单项合同估算价在50万元人民币以上的。④单项合同估算价低于第①、②、③项规定的标准，但项目总投资额在3000万元人民币以上的。

凡按照规定应该招标的工程不进行招标，应该公开招标的工程不公开招标的，招标单位所确定的承包单位一律无效。建设行政主管部门按照《建筑法》第八条的规定，不予颁发施工许可证；对于违反规定擅自施工的，依据《建筑法》第六十四条的规定，追究其法律责任。

2. 可不招标的建设工程项目

《招标投标法》第六十六条规定：涉及国家安全、国家秘密、抢险救灾或者属于利用扶贫资金实行以工代赈、需要使用农民工等特殊情况，不适宜进行招标的项目，按照国家有关规定可以不进行招标。

（1）涉及国家安全的项目，主要是指国防、尖端科技、军事装备等涉及国家安全、会对国家安全造成重大影响的项目。

（2）涉及国家秘密的项目，是指关系国家安全和利益，依照法定程序确定，在一定时间内只限一定范围的人知晓的项目。

(3) 抢险救灾、时间紧迫的项目。
(4) 对扶贫以工代赈项目。

1.2.3 建设工程招标的种类

1. 按照工程建设程序分类

(1) 建设项目前期咨询招标，是指对建设项目的可行性研究任务进行的招投标。投标方一般为集项目咨询与管理于一体的工程咨询企业。

(2) 勘察设计招标，指根据批准的可行性研究报告，择优选择勘察设计单位的招标。勘察和设计是两种不同性质的工作，可由勘察单位和设计单位分别完成。

(3) 材料设备采购招标，是指在工程项目初步设计完成后，对建设项目所需的建筑材料和设备（如电梯、供配电系统、空调系统等）采购任务进行的招标。投标方通常为材料供应商、成套设备供应商。

(4) 工程施工招标，是指在工程项目的初步设计或施工图设计完成后，用招标的方式选择施工单位的招标。施工单位最终向业主交付按招标设计文件规定的建筑产品。

(5) 一体化招标，一体化招标是指将工程建设程序中各个阶段合为一体进行全过程招标，通常又称其为总包。

2. 按行业或专业类别分类

(1) 土木工程招标，是指对建设工程中土木工程施工任务进行的招标。

(2) 勘察设计招标，是指对建设项目的勘察设计任务进行的招投标。

(3) 货物采购招标，是指对建设项目所需的建筑材料和设备采购任务进行的招标。

(4) 安装工程招标，是指对建设项目的设备安装任务进行的招标。

(5) 建筑装饰装修招标，是指对建设项目的建筑装饰、装修的施工任务进行的招标。

(6) 生产工艺技术转让招标，是指对建设工程生产工艺技术转让进行的招标。

工程咨询和建设监理招标，是指对工程咨询和建设监理任务进行的招标。

3. 按工程项目承包的范围分类

(1) 项目全过程总承包招标，即选择项目全过程总承包人招标，这种又可分为两种类型，其一是指工程项目实施阶段的全过程招标；其二是指工程项目建设全过程的招标。前者是在设计任务书完成后，从项目勘察、设计到施工交付使用进行一次性招标；后者则是从项目的可行性研究到交付使用进行一次性招标，业主只需提供项目投资和使用要求及竣工、交付使用期限，其可行性研究、勘察设计、材料和设备采购、土建施工设备安装调试、生产准备和试运行、交付使用，均由一个总承包商负责承包，即所谓的"交钥匙工程"。

(2) 工程分承包招标，是指中标的工程总承包人作为其中标范围内的工程任务的招标人，将其中标范围内的工程任务通过招投标的方式，分包给具有相应资质的分承包人，中标的分承包人只对招标的总承包人负责。

(3) 专项工程承包招标，指在工程承包招标中，对其中某项比较复杂或专业性强、施工和制作要求特殊的单项工程进行单独招标。

4. 按工程承发包模式分类

（1）工程咨询招标，是指以工程咨询服务为对象的招标行为。工程咨询服务的内容主要包括工程立项决策阶段的规划研究、项目选定与决策；建设准备阶段的工程设计、工程招标；施工阶段的监理、竣工验收等工作。

（2）交钥匙工程招标，"交钥匙工程"模式即承包商向业主提供包括融资、设计、施工、设备采购、安装和调试直至竣工移交的全套服务。交钥匙工程招标是指发包商将上述全部工作作为一个标的招标，承包商通常将部分阶段的工程分包，即全过程招标。

（3）工程设计施工招标，是指将设计及施工作为一个整体标的以招标的方式进行发包，投标人必须为同时具有设计能力和施工能力的承包商。我国由于长期采取设计与施工分开的管理体制，目前具备设计、施工双重能力的施工企业为数较少。

设计—建造模式是一种项目组管理方式，业主和设计—建造承包商密切合作，完成项目的规划、设计、成本控制、进度安排等工作，甚至负责项目融资，使用一个承包商对整个项目负责，避免了设计和施工的矛盾，可显著减少项目的成本和工期。同时，在选定承包商时，把设计方案的优劣作为主要的评标因素，可保证业主得到高质量的工程项目。

（4）工程设计—管理招标，是指由同一实体向业主提供设计和施工管理服务的工程管理模式。这种模式时，业主只签订一份既包括设计也包括工程管理服务的合同，在这种情况下，设计机构与管理机构是同一实体。这一实体常常是设计机构施工管理企业的联合体。设计—管理招标即为以设计管理投标的进行而进行的工程招标。

（5）BOT工程招标，BOT（Build Operate Transfer）即建造—运营—移交模式。这是指东道国政府开放本国基础设施建设和运营市场，吸收国外资金，授给项目公司以特许权，由该公司负责融资和组织建设，建成后负责运营及偿还贷款。在特许期满时将工程移交给东道国政府。BOT工程招标即是对这些工程环节的招标。

相关链接

1. 建设项目的定义和组成

建设项目是指按一个总体设计进行施工，经济上实行独立核算，行政上有独立组织形式的建设单位。如一个学校、一个医院、一个工厂等。它常由一个或几个单项工程组成，体现为5个层次。

（1）单项工程是指一个建设项目中，具有独立的设计文件，单独编制综合预算，竣工后可以独立发挥生产能力或效益的工程，它是建设项目的组成部分。如一个学校里的各个主要教学楼、实训楼、办公楼和学生宿舍等。它是具有独立存在意义的一个完整工程，并可以进一步分解为许多单位工程。

（2）单位工程是指具有单独设计的施工图纸和单独编制的施工预算，能独立组织施工和进行竣工结算，建成后不能单独进行生产或发挥效益的单体建设或区、段工程。如工业厂房的室外工程分为：①室外采暖、卫生和煤气工程；②电线电缆、路灯电气安装工程；③道路、围墙和花坛室外建筑工程。单位工程又可以由几个分部工程组成。

（3）分部工程构成单位工程的不同部位。如①地基与基础工程；②主体工程；③地面与楼面工程；④门窗工程；⑤装饰工程；⑥屋面工程；⑦建设采暖卫生和煤气工程；⑧建设电气安装工程；⑨通风与空调工程；⑩电梯安装工程。

（4）分部工程还可进一步划分成不同的分项工程。

按主要工种工程的不同划分。如①瓦工的砖砌工程；②钢筋工的钢筋绑扎工程；③木工的木门窗安装工程；④油漆工的混色油漆工程；等等。

按施工工序划分。如①模板工程；②钢筋工程；③混凝土工程；等等。

按使用不同划分。如①水泥地面工程；②水磨石地面工程；等等。

2. 建设项目的分类

1）按投资来源划分

(1) 使用国有资金投资项目：各级财政预算资金；纳入财政管理的政府专项建设基金；国有企业、事业单位自有资金，国有投资有控制权的。

(2) 国家融资项目：国债资金、国家政策性贷款等。

(3) 国际组织和外国政府资金：世界银行、亚行等贷款。

(4) 民间资本市场融资：合资、合作、外商独资等。

2）按投资使用方向划分

(1) 竞争性项目：投资收益较高、市场调节灵敏、具有竞争力。

(2) 基础性项目：自然垄断、建设周期长、投资大、收益可能低的基础设施项目；交通、能源、水利项目；中央重点项目投资、地方"谁受益，谁投资"的项目。

(3) 公益性项目：国防、科研、文化、体育、卫生，环保等非营业性项目；政府财政预算安排外、鼓励企业个人投资兴办的项目。

3）按计划管理要求划分

(1) 基本建设项目：国家财政预算内投资，地方财政预算内投资，银行贷款，外资，自筹和专项资金安排的新建、扩建、迁建、复建和扩大再生产的改建项目。

(2) 更新改造项目：中央或地方政府补助的更新改造资金、企业折旧基金和生产发展基金、银行贷款或外资安排的企业设备更新或技改项目。

(3) 商品房建设项目：房地产开发公司综合开发供出售或出租的房屋建设，包括危房改建。

(4) 其他固定资产投资项目：单位纳入固定资产投资计划管理，但不属于基本建设、更新改造和商品房建设的项目。

1.2.4 建设工程招标的方式

工程项目招标的方式在国际上通行的为公开招标、邀请招标和议标，但《中华人民共和国招标投标法》未将议标作为法定的招标方式，即法律所规定的强制招标项目不允许采用议标方式，主要因为我国国情与建筑市场的现状条件，不宜采用议标方式，但法律并不排除议标方式。

1. 公开招标

1）定义

公开招标又称为无限竞争招标，是由招标单位通过报刊、广播、电视等方式发布招标广告，有投标意向的承包商均可参加投标资格审查，审查合格的承包商可购买或领取招标文件，参加投标的招标方式。

2）公开招标的特点

公开招标方式的优点是投标的承包商多、竞争范围大，业主有较大的选择余地，有利于降低工程造价，提高工程质量和缩短工期。其缺点是由于投标的承包商多，招标工作最大，组织工作复杂，需投入较多的人力、物力，招标过程所需时间较长，因而此类招标方式主要适用于投资额度大，工艺、结构复杂的较大型工程建设项目。公开招标的特点一般表现为以下几个方面。

(1) 公开招标是最具竞争性的招标方式。参与竞争的投标人数量最多，且只要符合相应的资质条件便不受限制，只要承包商愿意便可参加投标，在实际生活中，常常少则十几家，多则几十家甚至上百家，因而竞争程度最为激烈。它可以最大限度地为一切有实力的承包商提供一个平等竞争的机会，招标人也有最大容量的选择范围，可在为数众多的投标人之间择优选择一个报价合理、工期较短、信誉良好的承包商。

(2) 公开招标是程序最完整、最规范、最典型的招标方式。它形式严密、步骤完整、运作环节环环入扣。公开招标是适用范围最为广阔、最有发展前景的招标方式。在国际上，谈到招标通常都是指公开招标。在某种程度上，公开招标已成为招标的代名词，因为公开招标是工程招标通常适用的方式。在我国，通常也要求招标必须采用公开招标的方式进行。凡属招标范围的工程项目，一般首先必须要采用公开招标的方式。

(3) 公开招标也是所需费用最高、花费时间最长的招标方式。由于竞争激烈，程序复杂，组织招标和参加投标需要做的准备工作和需要处理的实际事务比较多，特别是编制、审查有关招投标文件的工作量十分浩大繁重。

2. 邀请招标

1) 定义

邀请招标又称为有限竞争性招标。这种方式不发布广告，业主根据自己的经验和所掌握的各种信息资料，向有承担该项工程施工能力的3个以上（含3个）承包商发出投标邀请书，收到邀请书的单位有权利选择是否参加投标。邀请招标与公开招标一样都必须按规定的招标程序进行，要制定统一的招标文件，投标人都必须按招标文件的规定进行投标。

2) 邀请招标的特点

邀请招标方式的优点是参加竞争的投标商数目可由招标单位控制，目标集中，招标的组织工作较容易，工作量比较小。其缺点是由于参加的投标单位相对较少，竞争性范围较小，使招标单位对投标单位的选择余地较少，如果招标单位在选择被邀请的承包商前所掌握信息资料不足，则会失去发现最适合承担该项目的承包商的机会。

在我国工程招标实践中，过去常把邀请招标和公开招标同等看待。一般没有什么特殊情况的工程建设项目都要求必须采用公开招标或邀请招标。由于目前我国各地普遍规定公开招标和邀请招标的适用范围相同，所以这两种方式是并重的，在实际操作中由当事人自由选择。应当说，这种状况是充分考虑了我国建筑市场的发展历史和现实情况的。

邀请招标和公开招标是有区别的，主要表现在以下几个方面。

(1) 邀请招标的程序上比公开招标简化，如无招标公告及投标人资格审查的环节。

(2) 邀请招标在竞争程度上不如公开招标强。邀请招标参加人数是经过选择限定的，被邀请的承包商数目在3～10个，不能少于3个，也不宜多于10个。由于参加人数相对较少，易于控制，因此其竞争范围没有公开招标大，竞争程度也明显不如公开招标强。

(3) 邀请招标在时间和费用上都比公开招标节省。邀请招标可以省去发布招标公告费用、资格审查费用和可能发生的更多的评标费用。

但是，邀请招标也存在明显缺陷。它限制了竞争范围，由于经验和信息资料的局限性，会把许多可能的竞争者排除在外，不能充分展示自由竞争、机会均等的原则。

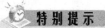

特别提示

国务院发展改革部门确定的国家重点建设项目和各省、自治区、直辖市人民政府确定的地方重点建设项目以及全部使用国有资金投资或者国有资金投资占控股或者主导地位的工程建设项目应当公开招标。有下列情形之一的,经批准可以进行邀请招标。

(1) 项目技术复杂或有特殊要求,只有少量几家潜在投标人可供选择的。
(2) 受自然、地域环境限制的。
(3) 安全、国家秘密或者抢险救灾,适宜招标但不宜公开招标的。
(4) 拟公开招标的费用与项目的价值相比,不值得的。
(5) 法规规定不宜公开招标的。

3. 议标

1) 定义

议标(又称为协议招标、协商议标)是以议标文件或拟议的合同草案为基础,直接通过谈判方式,分别与若干家承包商进行协商,选择自己满意的一家,签订承包合同的一种招标方式。议标通常实用于涉及国家安全的工程、军事保密的工程或紧急抢险救灾工程及小型工程。

2) 议标的特点

议标是一种特殊的招标方式,是公开招标、邀请招标的例外情况。议标不同于直接发包。从形式上看,直接发包没有"标",而议标则有标。议标招标人须事先编制议标招标文件或拟议合同草案,议标投标人也须有议标投标文件,议标也必须经过一定的程序。一个规范、完整的议标概念在其适用范围和条件上应当同时具备以下 4 个基本要点。

(1) 议标方式适用面较窄。议标只适用于保密性要求或者专业性、技术性较高等特殊工程。没有保密性或者专业性、技术性不高、不存在什么特殊情况的项目不能进行议标。对什么是具有保密性、什么是专业性、技术性较高等特殊情况,应该做严格意义上的理解,不能由业主或者承包商来自行解释,而必须由政府或政府主管部门来解释。这里所谓"不适宜",一是指客观条件不具备,如同类有资格的投标人太少、无法形成竞争态势等;二是指有保密性要求,不能在众多有资格的投标中扩散。如果适宜采用公开招标和邀请招标的,就不能采用议标方式。

对不宜公开招标和邀请招标的特殊工程,应报主管机构,经批准后方可议标。未经招标投标管理机构审查同意的,不能进行议标。已经进行议标的,建设行政主管部门或者招标投标管理机构应当按规定作为非法交易进行严肃查处。

(2) 直接进入谈判并通过谈判确定中标人。参加投标者为两家以上,议标也必须经过报价、比较和评定阶段,业主通常采用多家议标,"货比三家"的原则,择优录取。一对一地谈判是议标的最大特点。

(3) 程序的随意性太大且缺乏透明度。议标缺乏透明度,极易形成暗箱操作、私下交易。从总体上来看,议标的存在是弊大于利。

1.2.5 招标的组织形式

招标的组织形式可分为自己招标和代理招标。如果不具备招标评标组织能力的招标单位，应当委托具有相应资格的工程招标代理机构代理招标。

> **相关链接**
>
> 工程招标代理机构资格分为甲、乙两个等级，申请工程招标代理机构资格的单位应当具备以下基本条件。
> (1) 是依法设立的中介组织，具有独立法人资格。
> (2) 与行政机关和其他国家机关没有行政隶属关系或其他利益关系。
> (3) 有固定的营业场所和开展工程招标代理业务所需设施及办公条件。
> (4) 有健全的组织机构和内部管理的规章制度。
> (5) 具备编制招标文件和组织评标的相应人员和专业力量。
> (6) 具有可以作为评标委员会成员人选的技术、经济等方面的专家库。
> (7) 法律、行政法规规定的其他条件。

1.2.6 招投标必须具备的条件

(1) 招标人已经依法成立。
(2) 初步设计及概算应当履行审批手续的，已经批准。
(3) 招标范围、招标方式和招标组织形式等应当履行核准手续的，已经核准。
(4) 有相应资金或资金来源已经落实。
(5) 有招标所需的设计图纸及技术资料。

▶▶ **应用案例 1**

某卷烟厂拟扩大生产规模，准备在原厂房旁扩建并安装一条现代化生产线，详细设计已完成，技术资料齐备，相应手续基本齐全，但资金尚未落实，现正与××银行商谈贷款事宜，并委托 D 项目管理公司代理招标采购，为便于管理设备和提高生产效率，经论证，将原生产线的两台主要关键设备更新成与新建生产线相同型号设备是较好的方案，只是一些细节尚需详细设计。该项目设备为专用设备，只有少数几家企业制造。扩建厂房为钢结构，设备安装要求二级以上资质。

引导问题 4：根据应用案例 1，回答以下问题。
(1) 该项目可否开始招标？
(2) 该项目设备采购、厂房建设、设备安装可否均采用邀请招标？为什么？

【专家评析】
(1) 该项目暂时还不能招标，因为其资金尚未落实，待与银行商谈贷款有结果后才符合招标条件。
(2) 本项目是国有企业的投资项目，属必须公开招标的项目，由于该项目设备为专用设备，只有少数几家企业制造，因此符合邀请招标条件，但应该经过批准。厂房建设只能采用公开招标。

1.2.7 招投标基本工作流程

整个建设工程招投标过程，可从招标、投标两个角度进行梳理。

1. 招标工作程序

招标主要工作程序可概括为以下几个步骤，即建设项目报建；编制招标文件、发放招标文件；开标、评标与定标；签订合同。资格预审模式下，招标流程如图1.7所示；资格后审模式下，招标流程如图1.8所示。

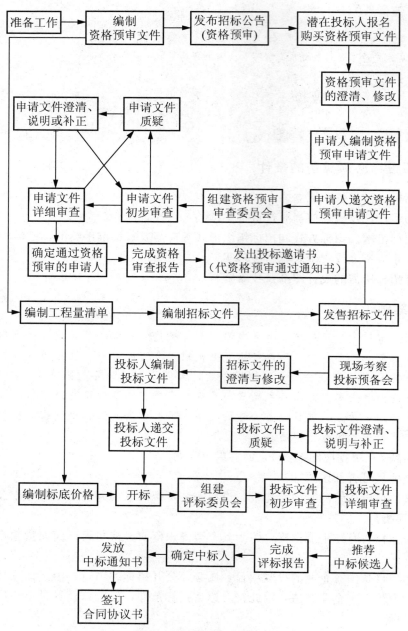

图1.7 资格预审流程图

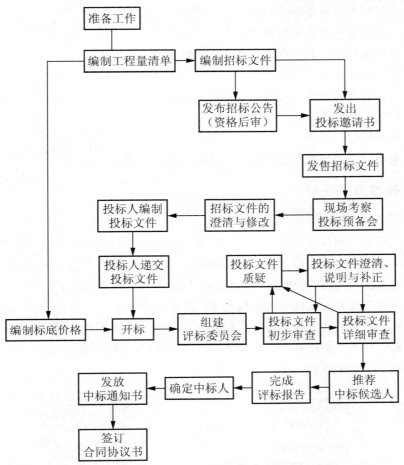

图1.8 资格后审流程图

相关链接

招标人可以根据招标项目本身的特点和需要,要求潜在投标人或者投标人提供满足其资格要求的文件,对潜在投标人或者投标人进行资格审查。对于大型复杂项目,尤其是需要有专门技术、设备或经验的投标人才能完成时,则应设立更加严格的条件。

资格审查分为资格预审和资格后审。资格预审是指在投标前对潜在投标人进行的资格审查。资格预审是在招标阶段对申请投标人第一次筛选,目的是审查投标人的企业总体能力是否适合招标工程的需要。只有在公开招标时才设置此程序。

资格后审是指在开标后对投标人进行的资格审查。进行资格预审的,一般不再进行资格后审,但招标文件另有规定的除外。资格后审适用于那些工期紧迫、工程较为简单的建设项目,审查的内容与资格预审基本相同。

2. 投标的主要流程

建设工程投标主要包括以下步骤。

(1) 建筑企业根据招标公告或投标邀请书,向招标人提交有关资格预审资料。

(2) 接受招标人的资格审查。

(3) 购买招标文件及有关技术资料。

(4) 参加现场踏勘，并对有关疑问提出书面询问。

(5) 参加投标答疑会。

(6) 编制投标书及报价。投标书是投标人的投标文件，是对招标文件提出的要求和条件做出实质性响应的文本。

(7) 参加开标会议。

(8) 如果中标，接受中标通知书，与招标人签订合同。

1.2.8　正确理解招投标

1. 招投标的法律意义

如图1.9所示，招标是招标人事先公布有关工程、货物和服务等交易业务的采购条件和要求，以吸引他人参加竞争承接。这是招标人为签订合同而进行的准备，在性质上属要约邀请（要约引诱）。投标是投标人获悉招标人提出的条件和要求后，以订立合同为目的向招标人做出意愿参加有关任务的承接竞争，在性质上属要约。定标是招标人完全接受众多投标人中提出最优条件的投标人，在性质上属承诺。承诺即意味着合同成立，定标是招投标活动的核心环节。招投标的过程是当事人就合同条款提出要约邀请、要约、新要约、再要约……直至承诺的过程。

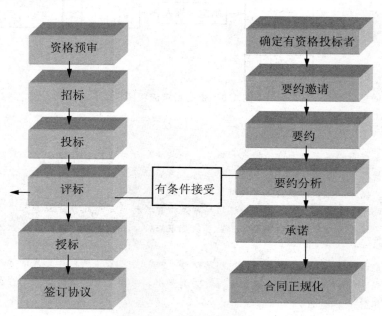

图1.9　招投标的法律意义

2. 如何理解招标、投标、评标与授标

招标是为了最经济有效地实现项目综合目标（包括时间、成本、质量与范围，包括效

率与效果两个方面），不是为了单纯追求低报价。招标是为了使众多的投标者在一定规则下合理竞争一个机会，不是为了把他们逼到一条独木桥上，形成一胜多输的局面。招标是为了公平地对待所有的投标者，不是为了在个别投标者与招标方之间建立某种特殊的关系，并以此来损害其他投标者的公平机会。

投标竞争不是火拼，更不是打击别人，而是做出自己的特色，不断提高自己，使自己成为有关方面的领先者。投标文件是今后实施合同工程的计划，不是鱼饵。投标是锻炼队伍、展示自己、营销自己的有效手段，不是只有中标的投标才是成功。投标中的许多条款都是决定未来合同价格的因素，但未来的合同价格不是只取决于你的投标报价。

评标是要选择一个综合最优的承包商，不是选择一个投标报价最低的承包商（虽然报价是很重要的考虑因素）。评标是评价、澄清投标书的内容，不是补充、修改投标书的内容。评标是按事先确定的、与工程建设密切相关的标准对所有投标一视同仁地进行评价、比较，不是按投标者与评标人的关系好坏、亲密程度来评价投标。

授标是标志着土建施工合同成立的承诺，不是仅起邀请对方来签署合同的目的。授标对投标方也具有约束力，投标方必须接受，而不能任意选择。

1.2.9 建设工程交易中心

当招投标方按照法定的程序和方式，开展招投标活动时，如何才能有效保障招投标活动运作程序严格规范、投标竞争公平和交易安全呢？这就需要一种全新的监管机构和机制，于是建设工程交易中心在建设市场有形化的改革中应运而生。建设工程交易中心是把所有代表国家或国有企、事业单位投资的业主请进建设工程交易中心进行招标，设置专门的监督机构，这成为我国提高国有建设项目交易透明度和加强建筑市场管理的一种独特方式。这种新型管理方式在世界上是独一无二的，具有开创意义。

1. 建设工程交易中心的性质与作用

建设工程交易中心是非政府的服务性法人机构，它通过政府或者政府授权主管部门的批准而设立，不以赢利为目的。该机构任何单位和个人不可随意成立，它旨在为建立公开、公正、平等竞争的招投标制度服务。

建设工程交易中心实行集中办公、公开办事程序以及一条龙"窗口"服务。所有建设项目都要在建设工程交易中心内报建、发布招标信息、进行合同授予、申领施工许可证。招投标活动都需在场内进行，并接受政府有关管理部门的监督。由此，该中心有力地促进了工程招投标制度的推行，遏制了违法违规行为，在防腐倡廉、提高管理透明度方面发挥了重要作用。

2. 建设工程交易中心基本功能

我国的建设工程交易中心具有三大基本功能，见表1—1。

表 1-1 建设工程交易中心三大基本功能表

功能	服务内容	功能	服务内容	功能	服务内容
信息服务	工程信息	集中办公	建设项目报建	场所服务	信息发布大厅
	法律法规		招标登记		洽谈室
	造价信息		承包商资质审查		开标室
	建材价格		合同登记		封闭评标室
	承包商信息		质量报监		计算机室
	专业和劳务分包信息		安全报建		中心办公室
	咨询单位和专业人士信息		发放施工许可证		资料室
	中标公示		其他		其他
	违规曝光和处罚公告				
	其他				

1) 信息服务功能

通过收集、存储和定期发布各类工程信息、法律法规、造价指数和建筑材料价格、人工费、机械租赁费、工程咨询费、各类工程指导价、承包商信息、咨询单位和专业人士信息等，以指导业主和承包商、咨询单位进行投资控制和投资报价，从而实现信息服务功能。

2) 场所服务功能

通过设置信息发布大厅、洽谈室、业主休息室（图 1.10）、开标室、会议室及评标监控室（图 1.11）等相关设施，为招标、评标、定标、合同谈判等活动提供设施和场所服务，以满足业主和承包商、分包商、设备材料供应商之间的交易需要。同时，也为政府有关管理部门进驻集中办公、办理相关手续和依法监督招投标活动提供场所服务。

图 1.10 业主休息室

图 1.11 评标监控室

3) 集中办公功能

政府有关建设行政管理部门进驻建设工程交易中心（图 1.12），公布各自的办事制度和程序，集中办理有关申报审批手续和进行相关管理。受理申报的内容一般包括工程报建、招标登记、承包商资质审查、合同登记、质量报监、施工许可证发放等。通过实行"窗口"服务，既能按职责依法对建设工程交易活动进行有力监督，也可方便当事人办事，极大地提高了办公效率。

图1.12 建设工程交易中心服务大厅

3. 建设工程交易中心运行原则

我国的建设工程交易中心具有四大运行原则。

（1）信息公开原则。及时公布国家政策法规，工程发包方、承包商和咨询单位资质，造价指数，招标规则，评标标准，专家评委库，等等各项相关信息，以保证市场各方主体都能及时获取有效的信息资料。

（2）依法管理原则。建设工程交易中心的一切活动都应依法进行。依法尊重建设单位和投标单位的意愿，任何单位和个人都不得非法干预交易活动的正常进行。同时，进驻建设工程交易中心的监察机关也应依法监督。

（3）公平公正原则。公平公正是社会主义市场经济的基本要求。应防止地方保护主义、行业和部门垄断、官商勾结等各种不正当竞争行为的发生。应建立监督制约机制，公开办事规则和程序，制定完善规章制度和工作人员守则，以保护交易各方的合法权益。

（4）属地进入原则。建设工程交易实行属地进入。除特大城市外，每个城市原则上只能设立一个建设工程交易中心。对于跨省、自治区、直辖市的铁路、公路、水利等工程，可通过公告，在有关政府部门的监督下，由项目法人组织招标、投标。

4. 建设工程交易中心运作程序

一个建设项目进入建设工程交易中心应按照什么程序运行呢？运行程序总结如图1.13所示。

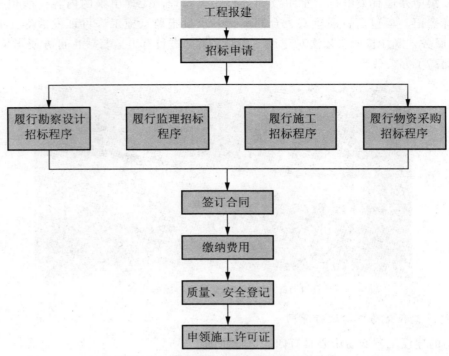

图 1.13 建设工程交易中心运行程序总结

(1) 办理报建备案手续。

报建内容主要包括工程名称、建设地点、投资规模、资金来源、当年投资额、工程规模、工程筹建情况、计划开工和竣工日期等。

(2) 招标监督部门确认招标方式。

(3) 招标人委托招标代理机构办理有关招标事宜。

(4) 招标人就建设单位的资格、招标工程具备的条件、拟采用的招标方式和对投标人的要求、评标方式等向招投标监督部门进行申请并附招标文件。

(5) 招标人在建设工程交易中心统一发布招标公告。

(6) 招标人对投标人进行资格预审，在交易中心内向合格的投标人分发招标文件及设计图纸、技术资料等。

(7) 在交易中心内接受投标人提交的投标文件并同时开标。

(8) 在交易中心内组织评标，决定中标人。

(9) 发布中标通知书，自中标之日起30日内，发包单位与中标单位签订合同。

(10) 按规定进行质量、安全监督登记。

(11) 统一缴纳有关工程前期费用。

(12) 申请领取建设工程施工许可证。

相关链接

国际建筑市场发展趋势与特点。

一个国家的业主通过国际招标发包建设工程，和建筑企业进入他国从事工程承包的经营活动形成的承包市场即国际建筑市场或称国际承包市场。随着经济的日益国际化，各国之间在经济上的互相依赖逐渐成为普遍的国际现象，并成为推动国际建筑市场发展的直接力量。目前国际建筑市场通过跨国承包工程形成了以下特点。

(1) 国际工程承包在语言、法律、资金、招标、技术标准、劳务以及采购等方面具有广泛的国际性；国际承包合同、协议、文件所用语言多为英文，如采用两种以上语言，则需明确不同语言文本是否具有同等效力；涉及工程纠纷常受多个国家法律制约；建设资金除本国投资外，往往由联合国国际发展援助组织、国际开发银行或金融组织提供资金，或由跨国公司直接投资或由外国承包商筹借资金；付款条件大多数规定使用当地货币和国际通用货币；大型项目往往由多国承包商联合承包；规划设计常委托拥有世界同类项目先进技术的设计咨询公司完成；国际承包必须采用业主在合同中指定的技术标准与规程；劳务输出加剧；材料、设备采购国际化。

(2) 国际工程承包专业技术性高，风险性较大。国际工程承包与一般商业贸易不同，要求承包商具有较高的专业技术能力和经营管理能力。凡进行国际招投标的工程项目一般都要对参加投标的承包商进行严格的资格预审，承包商需提供资产、财务、技术人员、机械设备和承建类似工程经历等情况。国际承包要求承包商具有较高的经营管理水平，熟悉当地有关法律、外汇管理、税收、保险及有关社会状况、自然条件、风俗习惯等。一项工程从签约到竣工，往往需要几年的时间，具有占用资金量大、运转周期长、可变因素多等特点。国际承包商除人为风险外，还有自然风险，如恶劣的地质条件、自然灾害、不利的气候等，承包商必须采取避免风险损失和对付各种风险的有效措施。

(3) 国际工程承包是一项综合输出，资金投入相对较少。国际工程承包不同于一般的国际商品贸易，输出的不是已完成的商品，而是通过输出人才、技术和管理，努力组织物化劳动，完成建筑产品，实现交换价值。一般用工程项目合同总价的1/3的资金即可完成项目。有的项目可获得一定比例的预付工程款、工程施工周转金和设备款，可随工程施工、安装交货进度结算，只要按期按质完工，一般可及时收回资金。

1.3 任务实施

本项目是否需要招标？如招标，将涉及哪些当事方？请列出各方工作流程，完成相关知识点梳理。

1.4 任务评价

1. 完成表1-2的填写

表1-2 任务评价表

能力目标	知识要点	权重	自测分数
招投标历史	建设工程招投标重要历史事件	5%	
掌握招投标基础知识	强制招标的范围	10%	
	招标的种类	10%	
	招标的方式和组织形式	20%	
	招投标基本程序	20%	
掌握工程招投标基本工作流程	建设工程交易中心的性质与作用	10%	
	基本功能与运行原则	10%	
	运行程序	15%	

工程招投标是指建设单位（即业主或项目法人）通过发布招标邀请的方式，将工程建设项目的勘察、设计、施工、材料设备供应、监理等业务一次或分期发包，通过投标方的投标竞争，对投标人技术水平、管理能力、经营业绩与报价等方面进行综合考察，最终将工程发包给最有承包能力而报价最优的投标人承接。本章介绍了工程招投标的发展历史、建设项目强制招标的范围、招标的种类、招标的方式和组织形式和招投标基本程序，建设工程交易中心的性质与作用、基本功能、运行原则和运行程序等内容，为进入之后的工程招投标实务做好准备。

一、单项选择题

1. 在依法必须进行招标的工程范围内，对于重要设备、材料等货物的采购，其单项合同估算价在（　　）万元人民币以上的，必须进行招标。
   A. 50　　　　B. 100　　　　C. 150　　　　D. 200

2. 提交投标文件的投标人少于（　　）个的，招标人应当依法重新招标。
   A. 2　　　　B. 3　　　　C. 4　　　　D. 5

3. 应当招标的工程建设项目，根据招标人是否具有（　　），可以将组织招标分为自行招标和委托招标两种情况。
   A. 招标资质　　　　　　　　　B. 招标许可
   C. 招标的条件与能力　　　　　D. 评标专家

4. 全部使用国有资金投资，依法必须进行施工招标的工程项目，应当（　　）。
   A. 进入有形建筑市场进行招标投标活动
   B. 进入无形建筑市场进行招标投标活动
   C. 进入有形建筑市场进行直接发包活动

D. 进入无形建筑市场进行直接发包活动
　5. 我国《招标投标法》规定："依法必须进行招标的项目，招标人自行办理招标事宜的，应当向有关行政监督部门（　　）。"
　　A. 申请　　　　　　B. 备案　　　　　　C. 通报　　　　　　D. 报批
　6. 公开招标和邀请招标在招标程序上的差异为（　　）。
　　A. 是否进行资格预审　　　　　　B. 是否组织现场考察
　　C. 是否解答投标单位的质疑　　　D. 是否公开开标
　7.《建筑法》规定，从事建筑活动的专业技术人员，应当依法取得相应的（　　）证书，并在其许可的范围内从事建筑活动。
　　A. 技术职称　　　　　　　　　　B. 执业资格
　　C. 注册　　　　　　　　　　　　D. 岗位
　8. 国际上把建设监理单位所提供的服务归为（　　）服务。
　　A. 工程咨询　　　　　　　　　　B. 工程管理
　　C. 工程监督　　　　　　　　　　D. 工程策划
　9. 应当招标的工程建设项目在（　　）后，已满足招标条件的，均应成立招标组织，组织招标，办理招标事宜。
　　A. 进行可行性研究　　　　　　　B. 办理报建登记手续
　　C. 选择招标代理机构　　　　　　D. 发布招标信息
　10. 获得（　　）资质的企业，可以承接施工总承包企业分包的专业工程或者建设单位按照规定发包的专业工程。
　　A. 劳务分包　　　　　　　　　　B. 技术承包
　　C. 专业承包　　　　　　　　　　D. 技术分包
　11. 必须进行招标而不招标的项目，将必须进行招标的项目化整为零或者以其他任何方式规避招标的，责令限期改正，可以处以项目合同金额（　　）的罚款。
　　A. 0.3%以上0.5%以下　　　　　B. 1%以上1.5%以下
　　C. 0.5%以上1%以下　　　　　　D. 1.5%以上2%以下
　12. 建筑市场的进入，是指各类项目的（　　）进入建设工程交易市场，并展开建设工程交易活动的过程。
　　A. 业主、承包商、供应商　　　　B. 业主、承包商、中介机构
　　C. 承包商、供应商、交易机构　　D. 承包商、供应商、中介机构
　13. 公开招标也称无限竞争性招标，是指招标人以（　　）的方式邀请不特定的法人或其他组织投标。
　　A. 投标邀请书　　　　　　　　　B. 合同谈判
　　C. 行政命令　　　　　　　　　　D. 招标公告

二、多项选择题
　1. 工程建设项目公开招标范围包括（　　）。
　　A. 全部或者部分使用国有资金投资或者国家融资的项目

B. 施工单项合同估算价在 100 万元人民币以上的
　　C. 关系社会公共利益、公众安全的大型基础设施项目
　　D. 使用国际组织或者国外政府资金的项目
　　E. 关系社会公共利益、公众安全的大型公用事业项目
　2.《工程建设项目招标范围和规模标准规定》中关系社会公共利益、公众安全的公用事业项目包括（　　）等。
　　A. 生态环境保护项目
　　B. 供水、供电、供气、供热等市政工程项目
　　C. 商品住宅，包括经济适用住房
　　D. 科技、教育、文化等项目
　　E. 铁路、公路、管道、水运、航空等交通运输项目
　3. 建设工程交易的基本功能有（　　）。
　　A. 场所服务功能　　　　　　　B. 信息服务功能
　　C. 集中办公功能　　　　　　　D. 监督管理功能
　4. 投标邀请书的内容应载明（　　）等事项。
　　A. 招标项目的性质、数量　　　B. 招标人的名称和地址
　　C. 招标项目的实施地点和时间　D. 获取招标文件的办法
　　E. 招标人的资质证明
　5. 获得施工总承包资质的企业，可以（　　）。
　　A. 对工程实行施工总承包　　　B. 对主体工程实行施工承包
　　C. 对所承接的工程全资施工　　D. 将劳务作业分包给具有相应资质的企业
　　E. 将主体工程分包给其他企业
　6. 招投标活动的公平原则体现在（　　）等方面。
　　A. 要求招标人或评标委员会严格按照规定的条件和程序办事
　　B. 平等地对待每一个投标竞争者
　　C. 不得对不同的投标竞争者采用不同的标准
　　D. 投标人不得假借别的企业的资质，弄虚作假来投标
　　E. 招标人不得以任何方式限制或者排斥本地区、本系统以外的法人或者其他组织参加投标
　7. 根据我国《招标投标法》规定，招标方式分为（　　）。
　　A. 公开招标　　B. 协议招标　　C. 邀请招标　　D. 指定招标
　　E. 行业内招标
　8. 下列（　　）等特殊情况，不适宜进行招标的项目，按照国家规定可以不进行招标。
　　A. 涉及国家安全、国家秘密项目
　　B. 抢险救灾项目
　　C. 利用扶贫资金实行以工代赈，需要使用农民工等特殊情况
　　D. 使用国际组织或者外国政府资金的项目
　　E. 生态环境保护项目

三、简答题

1. 我国《招标投标法》中规定哪些工程建设项目必须招标？
2. 公开招标与邀请招标相比较，各自都存在哪些优缺点？
3. 公开招投标的主要工作程序包括哪些？
4. 招标投标制度在我国大体经历了哪些发展阶段？

四、案例分析

某高校拟扩大校区，在相邻地块征地 500 亩，预计投资 4 亿元人民币并按已批准的规划设计进行建设。校园扩建项目概况见表 1-2。项目审批核准部门核准各项目均为公开招标。

表 1-2 校园扩建项目概况

序号	工程名称		结构形式	建筑规模/万 m²	合同估算额/万元	设备
1	教学区	教学楼 5 座	4 层砖混	1.5	4500	电梯 10 部，每部 8 万元
2	办公区	现代教育中心	13 层砖混	4	12000	电梯 5 部，每部 15 万元
3	生活区	综合服务楼	3 层钢结构	1.5	600	滚梯 4 部，每部 40 万元
4		学生宿舍 5 座	6 层砖混	2.5	5250	
5	实验区	金工实习车间	2 层钢结构	0.3	1200	货梯 1 部，每部 20 万元
6		实验中心	框剪结构	0.2	600	
7	附属设施	校区道路		60000	600	
8		给水管网		3000	700	
9		排水管网		3000	700	
10		校内电网		2500	600	
11		校内网		10000	400	
12		校区绿化		6	600	
13	实验区	校区中心广场	大理石铺装	1	600	
14		运动场	塑胶场地	3	1200	

办公区与教学区、生活区、实验区、休闲区中间均由校园道路相区隔。该项目计划工期 18 个月，工期较紧，设备均采用国产设备，到货期为两个月。

问题：

1. 电梯和货梯可否采用邀请招标方式？为什么？
2. 该校有工程造价专业，某教师是工程造价方面的知名教授，确定学校扩建项目投资、造价可否由该教师完成？为什么？

拓展训练

上网进入当地建设工程交易中心网站，查阅以下相关信息：工程材料价格、建设法规、施工企业资质、从业人员资格、招标公告与中标公示等工程，提交一份当地建筑市场现状报告。

任务 2　　概述合同管理

▶▶引例 1

二滩水电站（图 2.1、图 2.2）工程的 FIDIC 实践

二滩工程自 1991 年 9 月开工以来，工期从未与合同脱轨。世界银行官员每半年从进度、质量、投资 3 个方面对二滩工程打分，结果都是"A"。这一成绩的取得，首先取决于二滩工程实行了现代企业制度，其次在于二滩工程实现了真正与国际惯例接轨，成功地引入了"菲迪克"（FIDIC，国际咨询工程师协会）条款。

"菲迪克"条款，是国际通用的土木工程建设规范化管理方式，它能比较科学地反映业主、设计院、工程监理单位（即国际通称的工程师）、承包商等项目各方的相互关系，合理划分合同双方的责、权、利。这种机制的表现形式是合同，通过合同使所有者和承包者的权益以及工程质量、进度、概算得到保证。

以"菲迪克"条款为准绳，二滩工程实行了全面合同管理，业主在工程建设中始终发挥着主导作用。二滩工程从工程施工到后勤服务，均以合同来规范各方的行为，明确各方的职责和利益。二滩工程土建合同均由业主和以外方为责任方的中外联营体签订，其中明确规定了工程的工作量、质量规范、支付计算方法等，以及支付的程序、主要的控制工期和奖惩，被形象地称为"竞赛双方都认可并承诺遵守作为评判依据的规则"。国际合同的鲜明特点是先定"规则"，然后开始"竞赛"，以免"竞赛"因规则不明而中断。在来访工程中记者看到，二滩工程一摞摞合同书编制得严谨、精细，每一项决策、每一件事情、每一个行动都严格划定在合同范围之内，从一方混凝土何时何地浇筑到电话费如何处理都有详尽的说明。这正是二滩水电开发有限责任公司吃透"菲迪克"条款，并将其贯穿于整个工程建设当中的结果。由于引入了"菲迪克"条款，进一步强化了工期、质量、造价"三大控制"的目标，以及业主责任制、合同管理制、招标投标制、工程监理制"四制管理"的管理体系，实现了全过程管理。二滩工程因此声名远扬，二滩工程的合同文本已经被世界银行列为在东南亚进行投资的合同范本，并被我国财政部指定为《中国银行贷款工程项目合同范本》。监理工程师拿得起放得二滩工程公司是二滩工程的工程监理单位，二滩工程公司同二滩水电开发有限责任公司签订了有关工程监埋的职责权力合同。它在业主与承包商的甲乙方关系之外，充当丙方，是一个独立的、具有较高权威性的机构。二滩工程公司负责承包商的合同执行情况和业主对承包商的支付，其主要职责是全权处理业主与承包商的合同事宜，主要包括工程进度控制、投资及材料控制、质量控制和现场协调工作。（摘自项目管理与招标采购网。）

引导问题1：合同在工程项目中有哪些作用？合同管理有哪些工作内容？招投标与合同管理是什么关系？

图2.1　二滩水电站大坝

图2.2　二滩水电站坝顶风光

2.1　任务导读

2.1.1　任务描述

某高校要建设实训楼，投资约5200万元人民币，建筑面积约30000平方米。现你需确定本项目涉及的当事方、工作程序和工作内容，梳理合同管理涉及相关知识点，完成合同管理实务的知识准备。

2.1.2　任务目标

（1）了解建设工程体系、熟悉项目实施各阶段各方合同管理内容。

（2）了解熟悉合同策划、合同评审和签订、合同分析、合同交底、合同监控、合同变更、索赔与合同纠纷处理等工作流程。

（3）熟悉合同管理体系和制度，明确管理职责，初步为合同管理实务做好知识准备。

（4）完成合同管理实务的知识准备，完成自我评价，并提出改进意见。

2.2　相关理论知识

一个工程项目从立项、报建，常常通过招投标缔结合同，以索赔事务的完成作为项目的完结，合同管理贯穿项目始终。项目运行过程中将涉及多方经济利益，各方通过合同形成庞大的合同体系。合同是调整各方关系的纽带和规范项目实施的基础。为保证招标或投标活动的成功及整个合同的圆满执行，必须采取有效和必要的手段做好各阶段的运作管理工作，合同管理就是其中最重要的一环。工程项目合同管理具体是指在项目进行各阶段，对合同的签订、履行、变更和解除进行监督检查，对履约过程中发生的争议或纠纷进行处理，对索赔事务进行管理，以确保合同签订的合法和合理性，保障合同顺利全面地履行，最终保证项目的盈利。合同管理的中心任务是在项目签约阶段和履约阶段，利用合同的正当手段避免风险、保护自己，争取获得尽可能多的经济效益。从合同签订、合同履行、合同终结以及合同归档，合同管理成为工程项目管理的核心。

2.2.1 建设工程合同体系

1. 建设工程合同概念

建设工程合同是指约定发承包方权利义务的意思表示，是一种诺成、双务、有偿合同。承包人是指在建设工程合同中负责工程的勘察、设计、施工任务的一方当事人，承包人最主要的义务是进行工程建设，即进行工程的勘察、设计、施工等工作。发包人是指在建设工程合同中委托承包人进行工程的勘察、设计、施工任务的建设单位（或业主、项目法人），发包人最主要的义务是向承包人支付相应的价款。合同一旦成立将在当事人之间产生约束力。建设工程合同应当采用书面形式。

2. 建设工程合同主要内容

1）建设工程合同主体

作为建设工程合同的当事人，发包人、承包人必须具备一定的资格条件，否则，建设工程合同会因主体不合格而导致无效。

（1）发包人主体资格。发包人有时也称发包单位、建设单位、业主或项目法人。发包人进行工程发包并签订建设工程合同时主要应当具备下列主体资格条件。

①实行招标发包的，应当具有编制招标文件和组织评标的能力或者委托招标代理机构代理招标事宜。

②进行招标项目的相应资金或者资金来源已经落实，应具有支付工程价款的能力。

> **特别提示**
>
> 发包人的主体资格除应符合上述基本条件外，还应符合国家发改委发布的《关于实行建设项目法人责任制的暂行规定》、建设部和国家工商行政管理总局所发的《建筑市场管理规定》（建法〔1991〕798号）、建设部印发的《工程项目建设单位管理暂行办法》（建法〔1997〕123号）的具体规定；当建设单位为房地产开发企业时，还应符合《房地产开发企业资质管理规定》（2000年3月29日建设部令第77号发布）。

（2）承包人的主体资格。建设工程合同的承包人分为勘察人、设计人、施工人。对于建设工程承包人，我国实行严格的市场准入制度。承包人进行工程承包并签订建设工程合同时也应具备相应的主体资格条件。

> **相关链接**
>
> 《建筑法》第26条规定，承包建筑工程的单位应当持有依法取得的资质证书，并在其资质等级许可的业务范围内承揽工程。《建设工程质量管理条例》第18条规定，从事建设工程勘察、设计的单位应当依法取得相应等级的资质证书，并在其资质等级许可的范围内承揽工程；第25条规定，施工单位应当依法取得相应等级的资质证书，并在其资质等级许可的范围内承揽工程。

关于建设工程勘察、设计、施工单位的资质等级，建设部已经分别颁布了《建设工程勘察设计企业资质管理规定》、《建筑业企业资质管理规定》予以规范。

2）建设工程合同基本条款

建设工程合同基本条款主要包括发包人、承包人的名称和住所、标的、数量、质量、价款、履行方式、地点、期限、违约责任、解决争议的方法等。如法律对合同中某些内容有特别规定，该规定也应是建设工程合同的必备条款。

（1）建设施工合同的基本条款。施工合同的内容包括工程范围、建设工期、中间交工工程的开工和竣工时间、工程质量、工程造价、技术资料交付时间、材料和设备供应责任、拨款和结算、竣工验收、质量保修范围和质量保证期、双方相互协作等条款。

①工程范围：当事人应在合同中附上工程项目一览表及其工程量，主要包括建筑栋数、结构、层数、资金来源、投资总额以及工程的批准文号等。

②建设工期：即全部建设工程的开工和竣工日期。

③中间交工工程的开工和竣工日期：所谓中间交工工程，是指需要在全部工程完成期限之前完工的工程。对中间交工工程的开工和竣工日期也应当在合同中做出明确约定。

④工程质量：发包人、承包人必须遵守《建设工程质量管理条例》的有关规定，保证工程质量符合工程建设强制性标准。

⑤工程造价：或工程价格，由成本（直接成本、间接成本）、利润（酬金）和税金构成。工程价格包括合同价款、追加合同价款和其他款项。实行招投标的工程应当通过工程所在地招投标监督管理机构采用招投标的方式定价；对于不宜采用招投标的工程，可采用施工图预算加变更洽商的方式定价。

⑥技术资料交付时间：发包人应当在合同约定的时间内按时向承包人提供与本工程项目有关的全部技术资料，否则造成的工期延误或者费用增加应由发包人负责。

⑦材料和设备供应责任：即在工程建设过程中所需要的材料和设备由谁负责提供，并应对材料和设备的验收程序加以约定。

⑧拨款和结算：即发包人向承包人拨付工程价款和结算的方式和时间。

⑨竣工验收：竣工验收应当根据《建设工程质量管理条例》第16条的有关规定执行。

⑩质量保修范围和质量保证期：合同当事人应当根据实际情况确定合理的质量保修范围和质量保证期，但不得低于《建设工程质量管理条例》规定的最低质量保修期限。

除了上述10项基本合同条款以外，当事人还可以约定其他协作条款，如施工准备工作的分工、工程变更时的处理办法等。

（2）建设工程合同文件组成部分：①合同协议书；②中标通知书；③投标书及其附件；④合同通用条款；⑤合同专用条款；⑥洽商、变更等明确双方权利义务的纪要、协议；⑦已标价的工程量清单、工程报价单或工程预算书、图纸；⑧标准、规范和其他有关技术资料、技术要求。

所有合同文件，应能互相解释，互为说明，保持一致。在工程实践中，当发现合同文件出现含糊不清或相互矛盾时，通常按合同文件的优先顺序进行解释，并应按照合同词句与条款、合同目的、交易习惯以及诚实信用原则，确定歧义条款真实意思。如合同文本采用两种以上的文字订立并约定具有同等效力的，应推定各文本具有相同含义。

3. 建设工程合同体系

一个工程建设涉及土建、水电、机械设备、通信等专业设计和施工活动，需要各种材料、设备、资金和劳动力的供应。各方主体之间形成各式各样的经济关系，工程中维系这种关系的纽带就是各式各样的合同，从而组建了一个如图 2.3 所示的合同体系。

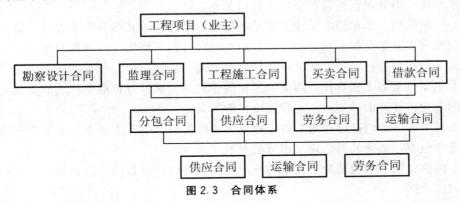

图 2.3　合同体系

在这个体系中，业主和承包商是两个最主要的节点，建设工程施工合同是最有代表性、最普遍也是最复杂的合同类型。它在建设工程项目的合同体系中处于主导地位，无论是业主、监理工程师或承包商都将它作为合同管理的主要对象。合同的履行过程是工程项目建设过程的最重要的环节，是整个建设工程项目合同管理的重点。

1) 业主的主要合同关系

业主是工程的所有者，可能是政府、企业、其他投资者、几个企业的组合、政府与企业的组合（例如合资项目、BOT 项目的业主）。业主根据对工程的需求，通常委派一个代理人（或代表）以业主的身份进行工程的经营管理。确定工程项目的整体目标后，按照工程承包方式和范围的不同，业主可能以不同的方式将建筑工程的勘察设计、各专业工程施工、设备和材料供应等工作委托出去。例如业主可以与一个承包商订立一个总承包合同，由承包商负责整个工程的设计、供应、施工，甚至管理等工作；也可将工程分专业、分阶段委托，将材料和设备供应分别委托，或将上述委托形式合并，如把土建和安装委托给一个承包商，把整个设备供应委托给一个成套设备供应企业。由此可能存在以下合同关系。

(1) 咨询（监理）合同。即业主与咨询（监理）公司签订的合同。咨询（监理）公司负责工程的可行性研究、设计监理、招标和施工阶段监理等某一项或几项工作。

(2) 勘察设计合同。即业主与勘察设计单位签订的合同。勘察设计单位负责工程的地质勘察和技术设计工作。

(3) 供应合同。当由业主负责提供的工程材料和设备时，业主与有关材料和设备供应单位签订供应（采购）合同。

(4) 工程施工合同。即业主与工程承包商签订的工程施工合同。一个或几个承包商分别承包土建、机械安装、电器安装、装饰、通信等工程施工。

(5) 贷款合同。即业主与金融机构签订的合同，后者向业主提供资金保证。按照资金来源的不同，可能有贷款合同、合资合同或 BOT 合同等。

2）承包商的主要合同关系

承包商是工程施工的具体实施者，是工程承包合同的执行者。承包商通过投标接受业主的委托，签订工程总承包合同。承包商要完成承包合同的责任，包括由工程量表所确定的工程范围的施工、竣工和保修，为完成这些工程提供劳动力、施工设备、材料，有时也包括技术设计，由此承包商常产生以下合同关系。

（1）分包合同。承包商将从业主那里承接到的工程中的某些分项工程或工作分包给另一承包商来完成而签订的分包合同。承包商在承包合同下可能订立许多分包合同，而分包商仅完成总承包商分包给自己的工程，与总承包商一起就分包工程承担连带责任。总承包商须向业主担负全部工程责任，即负责工程的管理和所属各分包商工作之间的协调；各分包商之间合同责任界面的划分；工程风险；等等责任。

在投标书中，承包商必须附上拟定的分包商的名单，供业主审查。如果在工程施工中重新委托分包商，必须经过监理工程师的批准。

（2）供应合同。承包商为工程所进行的必要的材料与设备的采购和供应，必须与供应商签订供应合同。

（3）运输合同。这是承包商为解决材料和设备的运输问题而与运输单位签订的合同。

（4）加工合同。即承包商将建筑构配件、特殊构件加工任务委托给加工承揽单位而签订的合同。

（5）租赁合同。在建设工程中，有些设备、周转材料在现场使用率较低，或承包商自己购置需要大量资金投入而自己又不具备这个经济实力时，承包商往往采用租赁方式，与租赁单位签订租赁合同。

（6）劳务供应合同。承包商采用固定工不能满足建筑产品所花费的大量人力、物力和财力时，为了满足任务的临时需要，承包商常与劳务供应商签订劳务供应合同，由劳务供应商向工程提供劳务。

（7）保险合同。承包商按施工合同要求对工程进行保险，与保险公司签订保险合同。

（8）联营合同。在许多大型工程中，尤其是在业主要求总承包的工程中，承包商经常与设备供应商、土建承包商、安装承包商、勘察设计等单位联合投标，进行联营，这时承包商之间订立联营合同。

2.2.2 合同管理的主要内容

1. 业主的合同管理

业主对合同的管理内容主要包括施工合同的前期策划和合同履行期间的监督管理。业主的主要职责包括提供给承包商必要的合同实施条件；派驻业主代表或者聘请监理单位及具备相应资质的人员。

1）合同签订前的各项准备工作

（1）合同文件草案的准备、各项招标工作的准备、评标工作，合同签订前的谈判和合同文稿的拟订。

（2）选择好监理工程师（或业主代表、CM经理等）。

为使合同的各项规定更为完善，最好能及早让监理工程师参与合同的制定（包括谈判、签约等）过程，接受其合理化建议。

2）加强合同实施阶段的合同管理

现场的施工准备一经开始，合同管理的工作重点就转移到施工现场，直到工程全部结束。

3）合同索赔和合同结算

2. 承包商的合同管理

承包商的总体目标是通过工程承包获得赢利。如何减少失误和双方的纠纷，减少延误和不可预见费用支出，这都依赖完善的合同管理。由此承包商的工程承包合同管理体现出复杂性、细致性和困难性等特点，这要求承包商在合同生命期的每个阶段都必须有详细周全的计划和有效的控制。其主要管理内容包括以下几个方面。

（1）制定投标战略，做好市场调研，认真细心地分析研究招标文件，在投标中战胜竞争对手，赢得工程承建机会。

（2）对招标文件中不合理的规定提出自己的建议，签订一个有利的合同。

（3）给项目经理和项目管理职能人员、各工程小组、所属的分包商进行合同关系交底和合同解释，审查来往信件、会谈纪要等。

（4）进行合同控制，保证整个工程按合同、按计划、有步骤、有秩序地施工，防止工程中的失控现象，避免违约责任。

（5）及时预见和防止合同问题，处理合同纠纷和避免合同争执造成的损失。对因干扰事件造成的损失进行索赔，创造赢利。

（6）积极协作，赢得信誉，为将来新项目的合作和扩展业务奠定基础。

3. 监理工程师的合同管理

监理单位受业主雇用，负责进行工程的进度控制、质量控制、投资控制以及做好协调工作。他是业主和承包商合同之外的第三方，是独立的法人单位。发承包合同条件应规定监理工程师的具体职责，如果业主要对监理工程师的某些职权做出限制，他应在合同专用条件中做出明确规定。

监理工程师对合同的监督管理与承包商在实施工程时的管理的方法和要求都不一样。承包商是工程的具体实施者，他需要制定详细的施工进度和施工方法，研究人力、机械的配合和调度，安排各个部位施工的先后次序以及按照合同要求进行质量管理，以保证高速优质地完成工程。监理工程师则不去具体地安排施工和研究如何保证质量的具体措施，而是宏观上控制施工进度，按承包商在开工时提交的施工进度计划以及月计划、周计划进行检查督促。对施工质量则是按照合同中的技术规范、图纸内的要求去进行检查验收。监理工程师可以向承包商提出建议，但并不对如何保证质量负责，监理工程师提出的建议是否采纳，由承包商自己决定，因为他要对工程质量和进度负责。对于成本问题，承包商要精心研究如何去降低成本，提高利润率。而工程师主要是按照合同规定，特别是工程量表的规定，严格为业主把住支付这一关，并且防止承包商的不合理的索赔要求。

2.2.3 合同管理的主要工作流程

合同管理工作流程如图 2.4 所示,作为各方的合同管理人员在合同管理各阶段的主要工作流程如下。

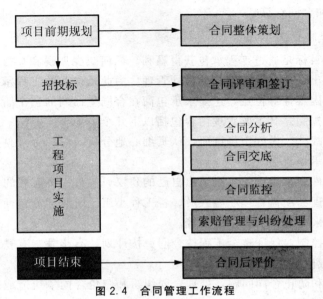

图 2.4　合同管理工作流程

1. 合同总体策划

1) 概念

合同进行总体策划是指在建筑工程项目的开始阶段首先分析解决对整个工程和合同的实施有重大影响的问题,完成对与工程相关合同的合理规划。正确的合同总体策划能够保证各个合同圆满履行,促使各合同能完善协调,最终顺利地实现工程项目的整体目标。

2) 策划内容

合同总体策划不仅仅是针对一个具体的合同,而是确定以下工程合同的一些重大问题。它对工程项目的顺利实施,对项目总目标的实现有决定性作用。

(1) 该项目可分解成几个独立的合同?每个合同有多大的工程范围?

(2) 采用什么样的委托方式和承包方式?采用什么样的合同形式及条件?

(3) 如何确定合同中一些重要条款?如适用法律、违约责任、风险分担、付款方式、奖惩措施、项目实施监控措施以及对承包人的激励措施等。

(4) 合同签订和实施过程中有哪些重大问题?如何决策?

(5) 如何与相关各个合同在内容上、时间上、组织上、技术上进行协调?

3) 策划依据

合同双方有不同的立场和角度,但他们有相同或相似的策划研究内容。以下是合同策划主要依据。

(1) 业主方面:业主的资信、管理水平和能力,业主的目标和动机,对工程管理的介入深度期望值,业主对承包商的信任程度,业主对工程的质量和工期要求,等等。

(2) 承包商方面：承包商的能力、资信、企业规模、管理风格和水平、目标与动机、目前经营状况、过去同类工程经验、企业经营战略等。

(3) 工程方面：工程的类型、规模、特点、技术复杂程度、工程技术设计准确程度、计划程度、招标时间和工期的限制、项目的盈利性、工程风险程度、工程资源（如资金等）供应及限制条件等。

(4) 环境方面：建筑市场竞争激烈程度，物价的稳定性，地质、气候、自然、现场条件的确定性等。

4) 策划过程

合同总体策划过程如下。

(1) 研究企业战略和项目战略，确定企业和项目对合同的要求。合同必须体现和服从企业和项目战略。

(2) 确定合同的总体原则和目标。

(3) 按照上述策划的依据，分层次、分对象对合同的一些重大问题进行研究，采用各种预测、决策方法，风险分析方法、技术经济分析方法，综合分析各种选择的利弊得失。

(4) 对合同的各个重大问题做出决策和安排，提出合同更改措施。

5) 业主的合同总体策划

业主为了实现工程总目标，可能会签订许多主合同。每一个主合同都定义了许多工程活动，分别形成各自的子网络，同时它们又一齐形成一个项目的总网络。因此，各种工程活动不仅应与项目计划（或主合同）的时间要求一致，各活动之间也应在执行时间上保持协调，从而形成一个有序的、有计划的主合同实施活动。例如设计图纸供应与施工，设备、材料供应与运输、土建和安装施工，工程交付与运行，等等之间应合理搭接。其合同策划主要包括以下内容。

(1) 分标策划。

(2) 合同种类的选择。

(3) 招标方式的确定。

(4) 合同条件的选择。

(5) 工程合同体系中各个合同之间的协调。

6) 承包商的合同总体策划

在建筑工程市场中，业主的合同决策（如招标文件、合同条件）常常影响和决定承包商的合同策划。但承包商的合同策划又必须符合企业经营战略，达到盈利的基本目标。因此其合同策划应包括以下几个方面内容。

(1) 投标方向的选择。影响投标方向的因素主要包括承包市场基本现状与竞争形势、工程及业主状况和承包商自身的情况。这几方面是承包商制定报价策略和合同谈判策略的基础。

(2) 合作方式的选择。从经济和自身能力考虑，大多数承包商都不会自己独立完成全部工程。因此，在主承包合同投标前，承包商必须就合作方式做出选择，决定是否及如何与其他承包商合作，以求充分发挥各自的技术、管理、财力的优势和共同承担风险。

(3) 确定投标报价和合同谈判基本战略。承包商如何做好所属各分包合同之间的协调？如何确定分包合同的范围、委托方式、定价方式和主要合同条款？选择什么报价和合同谈判策略？这些是策划的主要内容。

（4）确定合同执行战略。合同执行战略是承包商执行合同的基本方针和履约管理的基础。这部分策划主要是中标后，合同管理部门的主要工作。

2．合同评审和签订工作

该阶段主要指招标、投标、评标、中标、直至合同谈判结束的一整段时间。该阶段工作主要包括业主的招标实务管理、投标方的投标实务管理、各方的合同审查和合同谈判。保证合同的有效性和争取最有利的合同条件是该阶段最主要的工作目标。

3．履约管理

该阶段主要指合同建立后到合同实施直至合同终结的一整段时间。该阶段主要工作是建立完善的合同实施体系，进行有效的合同分析与交底、合同控制、合同索赔与纠纷处理，以保证合同实施过程中的一切日常事务有序进行，最终保证各方合同目标的实现。承包方应做好以下工作。

（1）合同分析与交底。承包商应进行完善的合同分析与交底，分解合同任务，落实到个人，督促各方以积极合作的态度完成自己的合同责任，努力做好自我监督。同时，还应督促和协助业主和工程师完成他们的合同责任，以保证工程顺利进行。

（2）合同监控与变更管理。对合同实施情况进行跟踪；收集合同实施的信息，收集各种工程资料，并做出相应的信息处理；将合同实施情况与合同分析资料进行对比分析，找出其中的偏离，对合同履行情况做出诊断；向项目经理提出合同实施方面的意见、建议，甚至警告。参与变更谈判，对合同变更进行事务性处理，落实变更措施，修改变更相关的资料，检查变更措施的落实情况。

（3）日常的索赔和反索赔。这里主要指承包商与业主之间的索赔和反索赔；承包商与分包商及其他方面之间的索赔和反索赔。该阶段的工作主要包括对于干扰事件引起的损失，向责任者提出索赔要求；收集索赔证据和理由；计算索赔值，起草并提出索赔报告；审查分析对方的索赔报告；收集反驳理由和证据；复核索赔值，起草并提出反索赔报告；参加索赔谈判。许多工程实践证明，如承包商不会行使合同所规定的权力，不会索赔，不敢索赔，超过索赔有效期或没有书面证据，等等，都会导致索赔无效，而使承包商权力得不到保护。

（4）处理合同纠纷。如何及时预见和防止合同问题，处理合同纠纷和避免合同争执造成的损失，这也是合同管理的重点。关键在于做好有关项目的鉴证、公证、调解、仲裁及诉讼工作。

4．工程项目合同的后评价工作

建设项目合同后评价工作是指工程项目结束后，对项目的合同策划、招投标工作、设计施工、合同履行、竣工结算等全过程进行系统评价的一种技术经济活动。它是工程建设管理的一项重要内容，也是合同管理的最后一个环节。它可使发承包双方达到总结经验、吸取教训、改进工作、不断提高项目决策和管理水平的目的。合同实施后评价工作流程如

图 2.5 所示,主要包括如下内容。

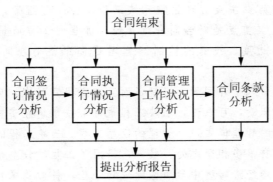

图 2.5 合同实施后评价工作流程

(1) 合同签订情况评价包括①预定的合同战略和策划是否正确?是否已经顺利实现?②招标文件分析和合同风险分析的准确程度;③该合同环境调查、实施方案、工程预算以及报价方面的问题及经验教训;④合同谈判中的问题及经验教训,以后签订同类合同的注意点;⑤各个相关合同之间的协调问题等。

(2) 合同执行情况评价包括①本合同执行战略是否正确?是否符合实际?是否达到预想的结果?②在本合同执行中出现了哪些特殊情况?已采用或应采取什么措施防止、避免或减少损失?③合同风险控制的利弊得失;④各个相关合同在执行中协调的问题等。

(3) 合同管理工作评价。这是对合同管理本身,如工作职能、程序、工作成果的评价,包括①合同管理工作对工程项目的总体贡献或影响;②合同分析的准确程度;③在投标报价和工程实施中,合同管理子系统与其他职能的协调问题,需要改进的地方;④索赔处理和纠纷处理的经验教训等。

(4) 合同条款分析包括①本合同的具体条款,特别对本工程有重大影响的合同条款的表达和执行利弊得失;②本合同签订和执行过程中所遇到的特殊问题的分析结果;③对具体的合同条款如何表达更为有利等。

2.2.4 合同管理体系与制度

▶▶▶引例 2

三峡工程管理体系

举世瞩目的三峡工程(图 2.6),是迄今世界上最大的水利水电枢纽工程,具有防洪、发电、航运、供水等综合效益,2006 年已全面完成了大坝(图 2.7)的施工建设。截至 2009 年 8 月底,三峡工程已累计完成投资约 1514.68 亿元。2010 年 10 月 26 日,三峡水库水位涨至 175 米,首次达到工程设计的最高蓄水位,标志着这一世界最大水利水电枢纽工程的各项功能都可达到设计要求。三峡工程通过多年来的实践,形成了三峡总公司—工程建设部—项目部为主干的管理体系。通过对项目法人职责和权利的进一步细化,在工程施工过程中,实行以项目部为最基本管理单元的项目法管理,体现了"精减、高效"的原则。

　　三峡工程管理的重点及主要管理措施三峡工程以合同为纽带，以项目部为基本管理单元实行项目法管理，其重点是对合同进行管理，加强对工程质量、进度、投资的有效控制，因而工程质量、进度、投资的控制与管理是贯穿整个合同管理活动的3个重要方面。

　　三峡工程一开始即引入了合同管理机制，而且在工程实践中，以合同为纽带，规范各方的行为，明确各方的职责，可以说，三峡工程是一个按市场经济模式组织施工、采用与国际通用管理模式接轨的管理模式进行管理的巨型工程。三峡工程的管理模式与FIDIC所阐述的管理模式相比，有很多相同之处。其一，采用了工程建设监理制。工程建设监理制是我国由计划经济向市场经济转型中参照国际成功经验，针对我国现状而建立的一种管理体制。三峡工程由监理工程师代表业主进行施工现场管理，赋予了相应的权力和义务，同时为了加大项目管理力度，项目部管理人员在现场与监理工程师密切配合。其二，三峡工程所有项目均实行招标，择优选择施工承包商，签订相应的施工承包合同，在整个施工过程中以合同为依据处理有关问题。其三，虽然采用的合同文本格式与FIDIC合同文本格式有所区别，但基本上涵盖了其全部内容。其四，三峡工程项目从立项、招标、实施、验收交接等过程已形成了一套完整的规范程序。三峡工程根据自身特点，结合我国国情，在某些方面采取了一些更为灵活的作法：①虽然建立了索赔、理赔机制，但限于整体管理水平和我国目前的实际，承包商更愿意以补偿的名义代替索赔，因此很多属于索赔的内容以补偿的形式得以协商解决；②在监理工程师授权方面，工程变更、索赔仅限于一般性变更、索赔，工程重大变更、索赔则是由监理、合同业主及承包商共同协商研究解决；③采用了相应的激励机制，以达到控制工程质量、进度的目的，而对承包商造成的质量问题及工期延误，则根据我国国情采取了较为宽容的处理。

图2.6　三峡工程全景图

图2.7　三峡大坝

　　引导问题2：如何建立合同管理体系和相关制度？

　　从引例2我们看到，由于施工合同履行时间长、专业性强、参与单位多，仅靠一个人是很难实现全面管理的。为实现合同的全面管理，需要根据工程规模的大小、复杂程度及合同履行时间的长短，确定合同管理的组织系统，是做好合同管理的首要条件。对于较大型工程项目可以建立决策层的合同管理小组或个人及执行层的合同管理小组或个人。按照合同分析的结果和拟定的合同管理组织，把合同责任和工作范围落实到各责任人，使合同的管理形成一个网络化的管理机构，以减少合同管理中的失误。

1. 合同管理机构及人员设置

1）设置原则

合同管理机构与人员设置的三大原则，即首要原则——对应流程原则、核心原则——权责明确原则及重要补充原则——节约成本原则。

（1）补充原则，也就是节约成本原则，机构与人员的集团应充分考虑企业组织机构现状，不能为进行合同管理而凭空增设不必要的机构或人员。增加现有机构及人员的职责可以节约管理成本。

（2）核心原则，也就是权责明确原则，不同的合同管理机构及人员应当被赋予不同的权责，明确不同的机构及人员的权责，才能实现合同管理的规范化、流程化。

（3）首要原则，也就是对应流程原则，不同的合同可能适用不同的管理流程，在不同的管理流程中，机构及人员的设置及其职责是不同的，这样才能与管理流程相对应、相适应。

2）基本框架

遵循上述原则，合同管理机构可建立由业务部门及人员、法律部门及人员、企业主管机构及人员以及印章管理部门及人员构成的基本管理框架。

主管机构在对重大事项进行决策时，如有必要，可以考虑运用外部专业顾问机构，如律师事务所、业务专门咨询机构，充分听取其意见，并结合企业的实际情况认真论证，以确保决策的科学性。

2. 建立合同管理制度

由于施工合同实施时间长，价额高、变更多、风险大，外界干扰事件频繁，因此从确定合同管理的组织机构到合同责任在实际工程工作中的落实，还需要相适应的工作制度和工作程序作保证。

1）建立报告和行文制度

工程施工合同管理中的行文制度包含两层含义：一是当事人双方对需要行文的事项达成共识的行文；另一层含义是当事人一方要求对方对某一事件给予书面认可的行文。后一种情况往往是施工索赔工作中最重要的。如某工程施工中，应发包方要求，承包方将所有的木制门窗更换为白金材质门窗；在基础施工中遇到罕见的暴雨，已挖基础出现塌方，进而引起工程返工、清理等事情。工程竣工后，承包方以出现不可预见的情况提出索赔要求时，被发包方予以拒绝。理由是"在合同规定时间内没有人提出，也没有人确认这些不可预见的情况"。报告和行文制度包括如下几个方面。

（1）定期的工程实施情况报告，主要由调度部门以周报的形式对工程实施情况做出报告。

（2）工程实施过程中发生特殊情况及其处理的书面文件，如特殊的气候条件、工程环境的突然变化等都应有书面记录，并由监理工程师签署。对在工程中合同双方的任何协商、意见、请示、指示等都应落实在纸上。尽管天天见面，也应养成文字交往的习惯，相信"一字千金"，而不信"一诺千金"。

（3）工程中所有涉及双方的工程活动，如材料、设备、各种工程的检查，场地、图纸、各种文件的交换等，都应有相应的手续，应有签收的证据。

2）建立合同管理会议制度

为了在工程实施中检查或落实合同的执行情况，沟通工程施工中的合同信息，协调合同各方的关系，讨论和解决已经发生和以后可能发生的问题，等等，必须建立有关的会议制度，以求妥善和及时解决问题。会议制度可根据实际需要确定为定期会议和不定期会议。

（1）内部定期会议。内部定期会议内容为定期检查合同执行情况，总结已完成工程合同管理的经验教训，提出当前合同管理工作的具体要求，对后期合同管理可能发生的预料趋向提醒注意的问题，安排日常性合同管理事务。

（2）内部不定期专题会议。内部不定期专题会议主要为解决工程中出现的需要及时解决的问题而临时决定召开的合同管理会议。一般是在发生严重违约事件或重大意外事件的情况下进行。专题会议通常是对严重违约的责任划分、违约后的经济损失情况、索赔的策略及工作安排、减少损失的措施等重大原则问题进行商定。

（3）双方当事人协调会。双方当事人合同协调在多数情况下是情况沟通，一般在发生严重违约事件或重大意外事件的情况之后都需要通过协调会的形式相互说明意向。当双方发生合同争议时，或提请仲裁、诉讼之前，协调会是必不可少的形式。

无论是内部定期或不定期专题会议，还是双方当事人的协调会，合同管理人员都应负责会议资料的准备，明确会议的议题，提出对合同信息搜集的要求，拿出对合同问题解决的方案或意见。并提供相关文件、起草初步文件、整理会谈纪要，对纪要进行合同法律方面的审查。

3）建立文件资料管理制度

一个工程项目建设过程中会有各种各样的文件，其中众多文件都和合同管理密切相关。将工程所发生的文件资料按照预先规定的分类及管理办法进行登记保管，为合同管理中各种工作的需要和问题的处理提供可靠的依据。对某些重要资料，如重大设计变更、工程事故、索赔事件等，甚至需要作为历史文件存入工程档案。

文件资料管理一般包括文件的搜集、分类、编码、归档等。文件资料管理最基础、最重要的工作就是搜集工程建设项目建设过程中的各种文件资料。一个工程项目从建设准备到竣工投入使用，所产生的各种书面资料种类之多、数量之大、内容之广往往是不能事先预料的。工程中常发生这样的情况，即当时认为很简单且不重要的文件，到了工程后期却成为十分重要的索赔证据。所以，从文件资料搜集的角度看问题，只要是发生的、反映当时工程过程中的各种情况的文件都属搜集的范围。对工程勘探报告、施工图纸、施工变更签证、设计变更通知、会议纪要、通知、付款申请、验收证明、工程结算、设备材料产品技术说明、产品考察报告、现场施工日志等都应该搜集。所有搜集到的资料，除了按照有关部门（如城市建设工程档案管理规定）的要求进行分类编目造册的以外，还应按照单位内部的资料管理将其他资料进行分类编码，进行编目造册，按照国家有关规定进行归档管理，以便工作中借阅使用，查找核对，避免因管理人员的变动造成资料的混乱或丢失。

4）信息管理制度

信息管理是指对信息的搜集、加工整理、储存、传递与应用等一系列工作的总称。

建设工程信息管理贯穿建设工程全过程，衔接建设工程各个阶段、各个参建单位和各个方面，其基本环节有信息的收集、传递、加工、整理、检索、分发、存储。信息收集主要涉及项目决策阶段、设计阶段的信息收集、施工招投标阶段、施工阶段和竣工结算5个阶段。

5）工程过程中严格的检查验收制度

合同管理人员应主动地抓好工程和工作质量，协助做好全面质量管理工作，建立一整套质量检查和验收制度，例如每道工序结束应有严格的检查和验收；工序之间、工程小组之间应有交接制度；材料进场和使用应有一定的检验措施；等等。防止由于承包商自己的工程质量问题造成被工程师检查验收不合格，试生产失败而承担违约责任。在工程中，由于工程质量引起的返工、窝工损失、工期的拖延应由承包商自己负责，得不到赔偿。

2.3 任务实施

本项目涉及哪些合同管理工作？涉及哪些当事方？请列出各方工作流程，完成相关知识点梳理。

2.4 任务评价

1. 完成表2-1的填写

表2-1 任务评价表

能力目标	知识要点	权重	自测分数
复习合同基础知识，了解建设工程合同体系	合同基础知识	5%	
	合同体系	5%	
掌握建设工程合同管理主要内容	业主的合同管理	10%	
	承包商的合同管理	10%	
	监理工程师的合同管理	10%	
掌握建设工程合同管理基本工作流程	合同整体策划	10%	
	合同评审和签订	10%	
	合同分析合同交底	5%	
	合同监控	5%	
	索赔管理与纠纷处理	5%	
	合同后评价	5%	
了解合同管理体系与制度	合同管理体系	10%	
	合同管理制度	10%	

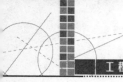

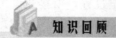

知识回顾

本章主要介绍了合同基础知识与合同体系、合同管理主要内容、合同管理主要工作流程、合同管理体系和制度4部分内容。通过回顾合同基础知识，熟悉合同策划、合同评审与签订、合同分析与交底、合同监控、合同变更、合同索赔与纠纷处理相关程序与工作内容，了解合同管理体系与相关制度，明确合同管理职责，为之后的合同管理实务做好知识准备。

基础训练

一、单项选择题

1. 委托监理合同法律关系的客体是（   ）。
   A. 监理工程   B. 监理服务
   C. 监理规划   D. 监理投标方案

2. 下列选项中，不能作为合同法律关系主体的是（   ）。
   A. 自然人   B. 国家   C. 法人   D. 其他组织

3. 依据《中华人民共和国担保法》的规定，当采用保证方式进行担保时，（   ）。
   A. 债务人与债权人是保证合同的当事人，债务人向债权人保证，当债务人不履行债务时由保证人承担责任
   B. 债务人与债权人是保证合同的当事人，保证人向债权人保证，当债务人不履行债务时，由保证人承担责任
   C. 保证人与债务人是保证合同的当事人，保证人承诺，当债务人不履行债务时，人承担责任
   D. 保证人与债权人是保证合同的当事人，保证人承诺，当债务人不履行债务时，人承担责任

4. 我国《建设工程施工合同（示范文本）》规定，建筑工程一切保险的投保人应是（   ）。
   A. 施工合同的发包人   B. 施工合同的承包人
   C. 施工合同的发包人和承包人 D. 工程项目的代建方和施工合同的发包人

5. 在代理行为中，因授权范围不明确，有被代理人向第三人承担民事责任时，代理人承担连带责任的基础是（   ）。
   A. 该行为不属于代理人的个人行为
   B. 代理人没有证据证明该代理行为是在被代理人不知情的情况下进行的
   C. 代理人没有证据证明该代理行为无效
   D. 被代理人无法承担责任

6. 建设工程施工安装合同法律关系的客体是指（   ）。
   A. 物   B. 货币   C. 行为   D. 智力成果

7. 某小型施工项目，甲乙双方只订立了口头合同，工程完工后，因甲方拖欠乙方工程款而发生纠纷，应当认定该合同(　　)。
　　A. 未成立　　　　　B. 补签后成立　　　C. 成立　　　　　　D. 备案登记后成立
8. 下列选项属于指定代理关系终止的条件的是(　　)。
　　A. 代理期间届满　　　　　　　　　　B. 代理事项完成
　　C. 作为代理人的法人终止　　　　　　D. 被代理人死亡
9. 在提供方式中，比较强烈的担保方式是(　　)。
　　A. 保证　　　　　　B. 质押　　　　　　C. 定金　　　　　　D. 留置
10. 对于投保人而言，保险的根本目的必须通过(　　)实现。
　　A. 调解　　　　　　B. 仲裁　　　　　　C. 诉讼　　　　　　D. 索赔
11. 监理公司具有法人资格的时间为(　　)日。
　　A. 注册资金到位　　　　　　　　　　B. 公司成立
　　C. 工商行政管理机关核准登记　　　　D. 建设行政主管部门颁发资质证书
12. 合同发生纠纷时，通过经济合同管理机关的主持，自愿达成协议，以求解决经济合同纠纷的方法是(　　)。
　　A. 和解　　　　　　B. 调解　　　　　　C. 仲裁　　　　　　D. 协议
13. 建设单位将自己开发的房地产项目抵押给银行，订立了抵押合同，后来又办理了抵押登记，则(　　)。
　　A. 项目转移给银行占有，抵押合同自签订之日起生效
　　B. 项目转移给银行占有，抵押合同自登记之日起生效
　　C. 项目不转移占有，抵押合同自签订之日起生效
　　D. 项目不转移占有，抵押合同自登记之日起生效
14. 甲、乙双方签订的合同中，约定的违约金是5万元，合同履行过程中由于甲的违约造成乙损失1万元，由于乙的违约造成甲损失3万元，那么，损失的承担应为(　　)。
　　A. 各自承担自己的损失　　　　　　　B. 乙赔偿甲3万元损失
　　C. 乙赔偿甲5万元损失　　　　　　　D. 乙赔偿甲2万元损失
15. 发包人根据工程的实际需要确定修改建设工程勘察、设计文件时，应当首先(　　)。
　　A. 报经原审批机关批准　　　　　　　B. 经监理人同意
　　C. 经设计人同意　　　　　　　　　　D. 由原建设勘察、设计单位修改
16. 甲公司与乙公司订立了一份总货款额为20万元的设备供货合同，合同约定的违约金为货款总值的10%，同时甲公司向乙公司给付定金5000元，后乙公司违约，给甲公司造成损失2万元，乙公司应依法向甲公司支付(　　)万元。
　　A. 2　　　　　　　B. 2.5　　　　　　C. 3　　　　　　　D. 3.5
17. 合同双方在订立合同时已形成的文件不包括(　　)。
　　A. 工程量清单　　　B. 图纸　　　　　C. 中标通知书　　　D. 招标文件
18. 施工企业提交的履约保函，属于《中华人民共和国担保法》规定的(　　)担保。
　　A. 留置　　　　　　B. 保证　　　　　　C. 定金　　　　　　D. 质押

19. 开展建筑活动的主要依据是（　　）。
   A. 合同主体　　　　B. 合同内容　　　　C. 合同客体　　　　D. 合同程序
20. 施工企业以自己的资产为抵押向银行借款后，由于资金链断裂无力还款，在依法拍卖该房房产时尚欠银行 500 万元本金、20 万元利息、50 万元违约金，拍卖房产得款 400 万元，拍卖费用 10 万元，则施工企业欠银行的债务为（　　）万元。
   A. 0　　　　　　　B. 100　　　　　　　C. 150　　　　　　　D. 180

二、多项选择题

1. 建设工程项目在实施过程中，下列行为属于委托代理的有（　　）。
   A. 项目法人授权工程招标机构为其办理招标事宜
   B. 施工企业法定代表人代表企业参加施工投标
   C. 监理公司的总监理工程师代表公司执行工程监理任务
   D. 项目监理代表施工企业负责具体工程项目的施工管理
   E. 设计单位的设计负责人向施工单位和监理单位进行设计交底

2. 随着（　　）的颁布，建设工程合同管理法律已经基本健全。
   A. 《民法通则》
   B. 《中华人民共和国经济法》
   C. 《中华人民共和国合同法》
   D. 《中华人民共和国招标投标法》
   E. 《中华人民共和国建筑法》

3. 建筑工程一切险中的除外责任包括（　　）。
   A. 地震
   B. 洪水
   C. 设计错误引起的损失
   D. 自然磨损
   E. 维修保养费用

4. 我国《建设工程施工合同（示范文本）》规定，属于承包人应当完成的工作有（　　）。
   A. 办理施工所需的证件
   B. 提供和维修非夜间施工使用的照明设备
   C. 按规定办理施工噪声有关手续
   D. 负责已完成工程的成品保护
   E. 保证施工场地清洁，符合环境卫生管理的有关规定

5. FIDIC 施工合同通用条款规定，可以给承包商合理延长合同工期的条件通常包括（　　）。
   A. 延误发放图纸
   B. 不可预见的外界条件
   C. 延误移交施工现场
   D. 对施工中废弃物和古迹的干扰
   E. 因质量问题进行的返工

6. 在我国《建设工程施工合同（示范文本）》中，为使用者提供的标准化附件包括（　　）。
   A. 承包人承包工程项目一览表
   B. 发包人提供施工准备一览表
   C. 发包人供应材料设备一览表
   D. 工程竣工验收标准规定一览表
   E. 房屋建筑工程质量保修书

7. 在项目招标的中标通知书发出后，招标人和中标人应按照（　　）订立书面合同。
   A. 招标公告
   B. 招标文件

C. 投标文件　　　　　　　　　　D. 评标价格
E. 最后谈判达成的降价协议

8. 在材料采购合同的履行过程中，供货方如果将货物错发到货地点或接货人时，应(　　)。
A. 通知采购方货物的错发地点或接货　　B. 负责运交合同规定的到货地点或接货人
C. 承担对方因此多支付的一切费用　　　D. 承担逾期交货的违约金
E. 由采购方承担由始发地到合同规定到货地的运杂费

9. 要约应当具备的条件是(　　)。
A. 内容具体确定　　　　　　　　B. 接受要约邀请
C. 希望收到承诺　　　　　　　　D. 合同的一般条款
E. 表明经受要约人承诺，要约人即受该意思约束

10. 监理合同除具有委托合同的共同特点外，还具有(　　)。
A. 委托人必须是具有国家批准的建设项目，落实投资计划的企事业单位
B. 委托合同的标的是服务
C. 委托合同应具有标准形式
D. 当事人双方之间建立的债权和债务关系

三、简答题

1. 建设工程合同的生效要件有哪些？建设工程合同体系的核心是什么？
2. 建设工程合同管理的主要内容有哪些？
3. 建设工程合同管理的主要工作流程与工作内容有哪些？
4. 建设工程合同管理有哪些基本制度？请以实例进行说明。

四、案例分析

2006年1月，某市三建公司（买方）与本市某水泥厂（卖方）签订一份水泥供货合同，约定卖方在一年内分四期向买方供水泥1100吨（分别为450、350、100、200吨），但未明确各期具体供货时间，每吨单价180元，货到付款。第一批450吨于3月中旬交货，买方支付了该批货款。第二批，按照双方交易惯例及当地惯例，应于6月份交付，此时正值施工旺季，水泥需求量极大，卖方为图更高利益，将库存水泥全部高价卖给其他单位。买方因现场急需水泥，多次派人向卖方催货无果，无奈之下只好向他处购买高价水泥。2006年9月，施工进入淡季，卖方向买方送去未交付的三批水泥计650吨，被买方拒收。双方为此出现争议，并诉至法院。卖方认为，因合同未约定履行时间，所以其可以随时履行，并未违约，有权要求买方收货、付款。

问题：该纠纷应如何处理？

 拓展训练

针对某施工企业的具体情况，分析其合同管理办法的优缺点，并设计一份合同管理办法。

学习情境 2

招标实务与纠纷处理

任务3　招标准备与决策

▶▶**引例1**

某大型水利枢纽主体土建工程前期已经完成了图纸的设计任务，现就施工进行招标，招标工作划分成拦河主坝、泄洪排沙系统和引水发电系统3个合同标段进行。第一标段的工作内容为坝顶长1667m、坝底宽864m、坝高154m的黏土心墙堆石坝；第二标段包括3条直径14.5m的孔板消能泄洪洞、1条灌溉洞、1条溢洪道和1条非常溢洪道；第三标段包括6条直径7.8m的引水发电洞、3条断面为12m×19m的尾水洞、一座尾水闸门室、一座251.5m×26.2m×61.44m的地下厂房。

引导问题1：招标准备与决策阶段应包括哪些工作内容？本案例中施工工程划成3个标段招标，你认为合理吗？

3.1　任务导读

3.1.1　任务描述

某高校要建设实训楼，投资约5200万元人民币，建筑面积约30000m^2。目前的任务是就土建施工完成招标准备与决策工作。

3.1.2　任务目标

（1）按照正确的方法和途径，落实招标条件，收集相关信息。
（2）依据信息分析结果选择招标方式及招标组织形式，划分招标标段。
（3）按照招标工作时间限定，进行合同打包，选择合同计价方式。
（4）根据招标决策结果，编写招标方案，完成项目报建和备案。
（5）通过完成该任务，提出后续工作建议，完成自我评价并提出改进意见。

3.2　相关理论知识

在招标准备与决策阶段，招标单位或者招标代理人应当完成项目审批手续，落实所需的资金，落实招标条件，组建招标机构，选择招标方式及招标组织形式，进行标段划分和合同打包，选择合同计价方式，完成招标方案，最后在建设工程交易中心进行报建和招标备案。

3.2.1 落实招标条件

(1) 已经履行以下审批手续内容。
①立项批准文件和固定资产投资许可证。
②已经办理该建设工程用地批准手续。
③已经取得规划许可证。
(2) 工程建设资金或者资金来源已经落实。
(3) 有满足施工招标需要的设计文件及其他技术资料。
(4) 法律法规和规章规定的其他条件。
(5) 到建设行政主管部门完成工程报建手续。

3.2.2 组建招标机构

一般来说，招标工作机构由3类人员组成。
(1) 决策人员：即主管部门的代表以及招标人的授权代表。
(2) 专业技术人员：包括建筑、结构、资料、绘图、设备、工艺等工程师、造价师，以及精通法律及商务业务的人员等。
(3) 事务人员：即负责日常事务处理的秘书等工作人员。

3.2.3 选择招标方式

▶▶引例 2

某市有一轻轨工程将要施工，因该工程技术复杂，建设单位决定采用邀请招标，共邀请A、B、C3家国有特级施工企业参加投标，为节约招标费用，决定自行组织招标事宜。

引导问题2：该项目是否必须招标，是否可以采用邀请招标？

【专家评析】

该项目属于基础设施建设项目，属于必须招标的项目，但根据《工程建设项目施工招标投标办法》，对于必须招标的项目，有下列情形之一的，受邀方为3家以上，经批准可以进行邀请招标。

(1) 项目技术复杂或有特殊要求，只有少数几家潜在投标人可供选择的。
(2) 受自然、地域环境限制的。
(3) 涉及国家安全、国家秘密或抢险救灾，适宜招标但不宜公开招标的。
(4) 拟公开招标的费用与项目的价值相比，不值得的。
(5) 法律、法规规定不宜公开招标的。

综上所述，该项目可以进行邀请招标。

实务中，招标人应根据招标人的条件和招标工程的特点，确定是公开招标还是邀请招标。如土建施工可采用公开招标的形式，在较广泛的范围内选择技术水平高、管理能力强、报价合理的投标人。设备安装工作由于专业技术要求高，可采用邀请招标的方式。

引导问题3：引例2中的项目可否自行招标？招标人自行组织招标需具备什么条件？

要注意什么问题？

【专家评析】

招标人具有编制招标文件和组织评标能力的，可以自行办理招标事宜。本项目招标人如要自行组织招标，必须具备下列条件。

（1）具有项目法人资格。

（2）有与建设项目规模相适应的、熟悉和掌握招投标法律、法规、规章的、专业齐全的技术、经济管理人员。

（3）具有编制招标文件、审查投标人资格和组织开标、评标、定标的能力。

（4）设有财务机构和具有会计从业资格人员，能按有关法规进行财务管理和独立的会计核算。

（5）资质等级与建设项目的投资规模相适应，有从事同类建设项目招标的经验。

该项目属于依法必须进行招标的项目，招标人如自行办理招标事宜，还应当向有关行政监督部门备案。行政监督部门根据第十二条第二款，对招标人能否自行招标的条件进行审查。如不符合以上条件，应委托招标代理机构招标。

可见，实务中在确定招标方式时，招标人还需根据法定要求，确定是自行办理招标事宜还是委托招标代理。确定办理自行招标事宜的要依法办理备案手续。如是委托招标代理，应选择具有相应资质的代理机构办理招标事宜，签订委托代理合同，并在法定时间内到建设行政主管部门备案。

相关链接

工程项目委托招标代理合同的示范文本格式。

合同编号：

工程项目名称：

委托方（甲方）：

代理方（乙方）：

签订日期：

签订地点：

有效期限：

委托招标代理合同（格式）委托方

代理方

（甲方）：

（乙方）：

合同条款

（一）建筑工程基本情况

1. 工程名称：

2. 招标范围：

3. 建设地点：

4. 工程规模：

5. 工程投资额：

（二）建筑工程实施条件
1. 工程批准文号及时间：
2. 图纸设计单位及交付时间：
（三）招标、计价及评标定标方式
1. 招标方式：
2. 计价方式：
3. 评标办法：
（四）代理业务范围（从以下选项中选取）
1. 拟定招标方案。
2. 拟定招标公告或者发出投标邀请书。
3. 派员组织申请人报名登记。
4. 审查报名申请人投标资格。
5. 编制招标文件。.
6. 组织现场踏勘和答疑。
7. 编制标底。
8. 组织开标、评标。
9. 参与开标、评标。
10. 草拟工程合同。
11. 其他。
（五）代理方的义务
1. 严格按照国家法律、法规以及建设行政主管部门的有关规定从事招投标代理活动。
2. 在委托书的受权范围内为委托方提供招标代理服务，不得将本合同所确定的招标代理服务转让给第三方。
3. 有义务向委托方提供招标计划以及相关的招标投标资料，做好相关法律、法规及规章的解释工作。
4. 对影响公平竞争的有关招投标内容保密，代理方工作人员如与本工程潜在投标人有任何利益关系应主动提出回避。
5. 对代理工程中提出的技术方案、数据参数、技术经济分析结论负责。
6. 承担由于自己过失造成委托方的经济损失。
（六）代理方的权利
1. 有权拒绝违反国家法律、法规和规章以及建设行政主管部门的有关规定的人为干预。
2. 依据国家有关法律、法规的规定，在授权范围内办理委托项目的招标工作。
3. 有权要求更换不称职或有其他原因不宜参与招标活动的委托方人员。
（七）委托方的义务
1. 在双方约定的期限内无偿、真实、及时、详细地提供招投标代理工作范围内所需的文件和资料（包括建设批文、资金证明、工程规划许可证、地质勘察资料、施工图纸及审核通知书等）。
2. 在履行本合同期间，委派熟悉业务、知晓法律法规的联系代表配合代理方工作。
3. 在双方约定的期限内，对代理方提出的书面要求在 1 日内做出书面的回答。
4. 承担由于自己过失造成代理方的经济损失。
5. 对影响公平竞争的招投标相关问题的保密。
6. 在规定的有效期内签订完工程施工合同，并在签定合同后 7 目内提交招投标管理中心备案。

7. 委托代理资质项目中如内容、时间等有重大调整，应书面提前1周通知乙方，以便调整相应的工作安排。

（八）委托方的权利

法定代表人或委托代理人有权参加委托代理工程招投标的有关活动。

银行账号：

代理方（乙方）：

法定代表人（签章）

法定代表人委托人（签章）

单位地址：

联系电话：

邮政编码：

开户银行：

银行账号：

签定日期：　　　年　　　月　　　日

▶▶应用案例1

某建筑安装工程项目，招标人委托招标代理机构对施工总承包单位进行公开招标。双方签订招标代理合同，合同规定的服务范围包括组织项目招标的全过程、工程量清单和标底编制、协助合同谈判。该项目在招标过程中发生了下列几件事情。

事件1：施工图2层机房没有详细设计图纸，招标代理机构将此情况告知招标人，招标人要求招标代理机构自行估算该部分清单工程量。

事件2：招标代理机构在编制工程量清单时发现有个别投标人指出施工图中存在几处错误，并在投标过程中提出澄清要求，招标人对澄清要求在答复中未给予修改，招标代理机构就仍按原图纸计算工程量。

事件3：招标人因领导出差，原定的开标时间延后了15日，评标结束后，招标人迟迟不确认中标结果，中标通知书最终在评标结束后两个月方才发出。

事件4：招标人与中标人在合同签订过程中发现图纸中的错误，经核算该部分实际工程量比清单工程量增加了3倍，双方就该部分单价调整问题出现分歧。

事件5：合同实施过程中，中标人对机房做深化设计后，该部分清单子目和工程量均发生较大变化，招标人不得不对大量的变更进行洽商。

招标人认为：

（1）工程量清单编制属于招标代理机构的委托范围，合理估算出工程量应属其分内之事，估算的量出现如此大的偏差，属招标代理机构责任。

（2）按工程量清单招标，报价当然以清单为主，执行固定单价合同，施工图中的错误不影响投标人报价。

（3）招标代理合同中对招标进度已经有规定，招标代理机构应考虑到可能推延的风险。招标进度延误，招标代理机构应负考虑不周的责任。

（4）招标人认为招标代理机构的服务范围包括编制工程量清单和协助合同谈判，因招标代理机构清单编制存在问题，导致合同实施过程中出现单价调整争议和大量变更洽商，纯属招标代理机构的责任。

由此，招标人认为招标代理机构服务质量、进度控制都存在问题，给项目带来了损失，决定后续项目不再合作。

引导问题4：根据应用案例1回答以下问题。

（1）招标人的理解是否正确？为什么？

（2）招标代理机构可采取何种措施避免上述情况的发生？

（3）招标代理机构在签订和执行招标代理合同时，需要注意哪些问题？

【专家评析】

（1）招标人的理解不正确，具体原因如下。

①招标代理机构编制工程量清单以图纸为依据，招标人有责任提供详细正确的图纸。此工程出现预算偏差是因为招标人没有提供给招标代理机构详细的设计图纸而出现的，招标人对此也应承担相应的责任。

②施工图纸的错误会给未来合同实施和投资控制带来潜在风险，招标人应在投标人提出疑问时就及时解决该问题，而不应放任不管，这使招标机构按原图估算出现问题，也有招标人的责任。因此图纸出现问题时，在招标阶段就应慎重对待。

③由于招标人的原因（领导出差、推迟定标）导致招标进度滞后，属招标人责任，招标代理机构不应承担责任。

④后续合同谈判及合同实施过程中出现的问题，是由于以上招标过程中举措不当而埋下的隐患，招标人和招标代理机构同样都有责任。

（2）招标代理机构可以采取以下措施尽量避免上述情况的发生。

①招标代理机构在2层机房施工没有详细设计图纸的情况之下，不应盲目地按照招标人的要求估算工程量，而应根据自身经验，建议招标人以暂估价项目形式处理，以规避双方风险。

②施工图中存在错误可能导致工程量发生较大的量差变化时，招标代理机构有义务提醒招标人利用澄清机会进行更正，并提示可能发生的风险。

③开标延期和定标推迟是招标人的责任，招标代理机构在签订委托协议时应将服务期限考虑得灵活一点，进度延误发生的原因与责任应明确定义。

（3）招标代理机构在签订和执行招标代理合同时，需要注意的问题如下。

①明确招标代理委托范围，同时注意委托范围之内的各项工作所需的前提条件和由此导致的责任归属。如工程量清单编制是以图纸为依据，图纸提供的时间和质量问题导致清单编制时间和误差为招标人责任等。

②协议中的有关要求应结合实际灵活制定，以避免合同风险。如对招标工作进度的要求，招标工作中可能影响招标进度的因素很多，可以按关键里程碑式的相对时间来约定。

③执行委托协议时，招标代理机构应结合自身经验，及时向招标人提出合理化建议，以规避将来可能发生的各类风险。

3.2.4 标段划分与合同打包

1. 定义

标段划分是工程招标以及项目管理的重要内容。项目标段划分结果是合同打包的直接依据。该工作内容主要是对项目的实施阶段（如勘察、设计、施工等）和范围内容进行科学分类，各分类子项单独或组合形成若干标段，再将每个标段分别打包进行招标，以标段（即合同包）为基本单位确定相应的承包商。

> **相关链接**
>
> 对项目标段划分我国法律法规做出了如下规定。
>
> 我国《建筑法》第二十四条规定：
>
> "建筑工程的发包单位可以将建筑工程的勘察、设计、施工、设备采购一并发包给一个工程总承包单位，也可以将建筑工程勘察、设计、施工、设备采购的一项或者多项发包给一个工程总承包单位；但是，不得将应当由一个承包单位完成的建筑工程肢解成若干部分发包给几个承包单位。"
>
> 第二十八条规定：
>
> "禁止承包单位将其承包的全部建筑工程转包给他人，禁止承包单位将其承包的全部建筑工程肢解以后以分包的名义分别转包给他人。"
>
> 第二十九条规定：
>
> "建筑工程总承包单位可以将承包工程中的部分工程发包给具有相应资质条件的分包单位；但是，除总承包合同中约定的分包外，必须经建设单位认可。施工总承包的，建筑工程主体结构的施工必须由总承包单位自行完成。建筑工程总承包单位按照总承包合同的约定对建设单位负责；分包单位按照分包合同的约定对总承包单位负责。总承包单位和分包单位就分包工程对建设单位承担连带责任。"

2. 标段划分和合同打包实务

【引例 1 专家评析】

在招标准备与决策阶段，合同标段的划分是一项很重要的工作。该合同标段的划分主要考虑了以下因素。

（1）施工作业面分布在不同场地和不同高度，作业相对独立，不容易产生施工干扰。主体工程的几项工程可以同时施工，利于节约施工时间，使项目尽早发挥效益。

（2）合同标段考虑了施工内容的专业特点。第一标段主要为露天填筑碾压工程；其他两个标段主要为地下工程施工，利于承包商发挥专业优势。

（3）合同标段划分的相对较少，有利于业主和监理的协调管理、监督控制。但一个标段的工作量较大，对能力较强的承包商具有吸引力，有利于投标竞争。

由此，实务中在标段划分和合同打包时应充分考虑下列因素。

1）项目自身特点和施工内容的专业要求

标段划分应考虑项目自身具体特点，对于一个单项工程，可以优先考虑通过招标采购确定一个总承包单位。对于专业要求不强，技术不复杂的中小型通用项目或施工场地集中、工程量较小且技术简单的工程项目，可不分标，招标人可以直接与各专业承包商签订分包合同，有利于招标人控制项目的总投资和进度等。对于大型复杂性项目可以划分不同的标段，并按专业分包，例如将土建施工和设备安装分别招标，并采取不同的招标方式。对于工程项目线路长、工程量大、技术复杂且专业跨度大的工程项目，也可以按照线路长度划分标段。对于不具备一次性招标条件的项目，可按时间周期划分标段，通过招标确定承包单位。

▶▶应用案例2

某引水式水电站工程，装机容量5000kW，引水隧洞约3.2km，首部枢纽为混凝土闸坝，电站为地面式厂房。招标人在招标时将引水隧洞划分为3个标段，闸坝部分基础处理单独招标，厂房部分作为一个标段进行招标。因此，整个工程共分成了6个标段，招标中共有4家单位中标。这样，使得4家施工单位相互交错进行施工，各单位之间不可避免地出现了这样或那样的干扰，在一定程度上影响了整个工程的施工进度。而且，招标人、监理方为了协调好各施工单位之间的干扰和矛盾，动用了大量的人力，花费了大量的时间。

【专家评析】

从工程本身来讲并不复杂，若将闸坝、引水隧洞、厂房各作为一个标段进行招标，则各部分工程相对较独立，施工干扰也小。

2）各标段之间的协调难度

为避免各标段承包商之间相互干扰，标段划分充分考虑各标段之间的协调配合。施工现场尽可能避免平面和不同高程的作业干扰，而且还应考虑各合同实施过程中在时间和空间的衔接。例如在工程项目的施工管理中，对共用道路、弃碴场应周密安排，尽量减少承包商之间的交叉作业，以避免由此带来的工作责任推诿或扯皮。对不同标段的交接工作面应重点明确，以保证施工总进度计划目标的实现；对关键线路上的标段一定要选择信誉好、施工能力强的承包商，以防止因工期、质量等问题影响其他标段的实施。

▶▶应用案例3

某输水洞工程，洞长共计1500多米，总投资约4400万元，由于进口混凝土浇筑量较大，所以进口部位无施工作业面，仅出口可以进行开挖施工，招标人将整个隧洞划分为两个标段进行招标。为了减少两家承包商之间的干扰，不得不增设支洞一条，增加约240多米，由此使投资增加约250万元。

【专家评析】

该隧洞工程如果作为一个标段进行招标，由一家承包商进行施工，则只需设一条施工支洞即可满足进度要求。但招标人分为两个标段进行招标，因施工干扰增加了投资成本。

3）招标人的协调管理能力

全部施工内容若只作为一个合同包发包，最终招标人仅与一个中标人签订合同，施工合同关系简单，管理难度小，但有能力参与竞争的投标人较少。如果招标人是一个专业化的项目管理单位，拥有很强的项目管理能力和相应的管理经验，则可以把标段划分得更多些，也可以将全部施工内容分解成若干个单位工程或专业工程发包，这样不仅可以发挥投标人的专业特长，而且每个独立合同要比总承包合同更容易落实和控制。否则，项目标段数应该少些，或与一个承包商签订一份项目的总承包合同。虽然总承包模式下招标人对项目标段划分少，且总承包价格相对较高，但是可以避免各专业之间协调配合不当，造成返工浪费、工期延误等风险。

▶▶应用案例 4

某工程泵站进口的土石方开挖、边坡锚索和混凝土浇筑部分作为 3 个标段进行招标，从而使本来由一家承包商进行施工的工作分为三家承包。从表面看好像有利于工程施工质量的提高，然而由于三家承包商要在同一工作面上同时进行施工，使工作面的交接成为矛盾的焦点，边坡超挖欠挖、工期的影响、施工的干扰等问题成为整个施工过程的中心问题。

【专家评析】

标段越多，标段之间的工序交接和验收等问题以及衔接矛盾就越突出。在项目实践中，标段划分过大，容易造成标价过高，建设单位不易控制成本。而标段划分小、过多，容易造成施工现场秩序混乱，建设单位协调难度加大，工程造价增加，工程建设质量受到影响，难以界定责任范围。

4）市场因素和对工程总投资的影响

招标采购往往以寻找合适和优秀的承包商为目的，而分标发包的目的是吸引更多的承包商参与竞争，从而以较低的价格选择最好的承包商。

如不分标，只发一个合同包便于投标人进行合理的施工组织，并合理规划使用人工、施工机械和临时设施，减少窝工、机械的闲置等现象。但大型复杂项目的工程总承包，由于参与竞争的投标人较少，且报价中往往计入分包管理费，从而导致中标的合同价较高。

如分标太大，有资格的承包商数将减少，也可能因竞争不足而导致中标价格较高。

如划分多个合同包．各投标书的报价中都要考虑动员准备费、施工机械闲置费、施工干扰的风险费等。

如分标太小，虽然参加投标的承包商很多，但招标和评标的工作量大大增加，并且很难吸引具有综合实力的承包商参与竞争，同时招标人还要承担更大的项目实施风险。

因此，招标人应根据市场供求状况合理划分标段，标段大小应与承包商的能力大小成正比。有时，可以把一些小的标段捆绑招标，发包给有经验的承包商进行管理。这样，可将一些零碎的协调配合责任，通过市场方法转移给有能力的承包商。虽然招标人由此可能多支付一些费用，但招标人的协调管理成本实际会大幅度降低。

▶▶应用案例 5

某国际机场的飞行区跑道工程的建设，虽然工种简单，但是施工质量要求高，招标人于是将每期跑道工程分为 3~4 个独立的工段，独立采购。

【专家评析】

对于国际机场的飞行区跑道这种大型的单项工程项目，招标人将该项目划分为一系列的分部分项标段，可充分利用市场竞争机会获取更大的益处。

5）其他因素的影响

工程项目施工是个复杂的系统工程，影响合同包的因素很多，如建设资金是否筹措到位、施工图完成进度、工期要求以及政治、经济、法律、自然因素等条件。

相关链接

施工招标的发包工作范围如下。

1. 按施工招标发包工作范围分

(1) 全部工程招标。即将项目建设的所有土建、安装等施工工作内容一次性发包。

(2) 单位工程发包。

(3) 特殊专业工程招标。例如，装饰工程、特殊地基处理工程、设备安装工程都可以作为单独的合同包招标。

2. 按施工阶段的承包方式分

(1) 包工包料。即承包方承包工程在施工过程中的全部劳务和全部材料的供应。例如，某些小型工程由于使用的材料和设备都属于通用性的，在市场上易于采购，就可以采用该种承包方式。

(2) 包工部分包料。即承包方只负责提供承包工程在施工过程中全部劳务和一部分材料供应，其余部分材料由发包方或总承包负责供应。某些大型复杂工程由于建筑材料用量大，尤其是某些材料有特殊材质要求，永久性工程设备大型化、技术复杂，往往采用这种形式。

(3) 包工不包料。又称为包清工，实质上是劳务承包，承包方只提供劳务而不承担任何材料供应义务，这种形式一般在中小型工程中采用。

▶▶应用案例6

某国家重点项目，拟在内地某市郊区新征地上建设，占地 24000m²，总投资 3 亿元人民币，项目地址距离已经建好的公路网 25km，不具备施工机械进场条件。项目建设涉及项目规划区域内的部分农舍拆除及厂内土地平整等前期工作，包括厂区建设及由国家公路干线至该厂的一条长 25km 的三级公路及路边一条 2m 宽排水沟。项目审批核准部门已经对项目进行了核准。其厂区内建设项目概况见表3—1。

表3—1 建设项目概况

序号	工程名称	结构形式	建设规模	特殊设备	备注
1	综合办公楼	框架结构	2600m²	电梯2部	进口设备
2	原料库	钢筋混凝土筒仓	50000t	皮带输送机、斗式提升机成套设备	国产设备
3	预处理车间	钢结构	1200m²	清理、计量成套设备，轧胚机1台	
4	浸出车间		1800m²	浸出、蒸发成套设备	
5	精炼车间		2200m²	脱磷、脱酸、脱色、脱臭工艺成套设备	进口设备
6	灌装车间	砖混结构	800m²	灌装、包装成套设备	
7	成品油罐	钢结构	400000m³	油泵、输油管成套设备	国产设备
8	机修车间	砖混结构	1000m²	车床、刨床、钻床各1台	

续表

序号	工程名称	结构形式	建设规模	特殊设备	备注
9	10kV配电间	框架结构	240m²	10kV变压器1台	
10	锅炉房		580m²	20t蒸汽锅炉1	
11	职工食堂		800m²	厨具1套	
12	消防泵房		120m²	消防泵2台	
13	门卫室	砖混结构	2×24m²		
14	暖气沟道		460m²		
15	厂内上水管		480m²		
16	厂内下水管		510m²		
17	厂内电缆沟		620m²		国产设备
18	厂内道路		620m²		
19	停车场		600m²		
20	厂区绿化		2400m²		
21	围墙		660m²	电动门2个	

项目建设业主××××年××月××日

规划区域内场地较开阔，单体建筑间隔均在10m以上。其中，办公区、辅助区与生产区之间有一条宽6m厂区主道路，路两边设有4m宽绿化带及地上照明设施。工程建设管理模式采用勘察、设计、施工及特殊设计各平行发包模式。批准的建设工期十分紧张，共计18个月，需按照地上建筑工程同时开工，然后进行厂内管网、管线建设的程序组织，并在设备安装前组织设备的采购及进场安装。

该厂组织机构中，设有专门从事工程建设管理的机构基建处，其中财务、工程概预算各1人，工程及技术管理人员6人。基建处人员中，4人从事过粮油加工厂的建设及招标组织工作，对相关工作较熟悉，拟自行组织招标。

引导问题5：根据应用案例6回答以下问题。

(1) 本项目招标至少需要划分多少个招标批次？

(2) 请按照工程建设程序，排列招标时间的先后次序？

(3) 本项目每个批次招标是否需要进一步划分标段或标包？为什么？

【**专家评析**】

(1) 本项目招标至少需要划分以下招标批次。

①工程勘察招标。

②公路干线至厂区公路设计招标。

③公路干线至厂区公路施工招标。

④厂区工程设计招标。

⑤厂区工程场地平整招标。

⑥厂区建筑工程施工招标。
⑦工程施工监理招标。
⑧工程特殊设备采购及安装（国际、国内）。
⑨厂区管网、管线施工招标。
⑩厂区道路施工招标。
⑪停车场施工招标。
⑫厂区绿化招标。
⑬地上照明设施施工招标。
⑭厂区围墙招标等。

（2）按照工程建设程序，其招标时间的先后次序如下。
①工程勘察招标。
②公路干线至厂区公路设计招标。
③厂区工程设计招标。
④工程施工监理招标。
⑤公路干线至厂区公路施工招标。
⑥厂区工程场地平整招标。
⑦厂区围墙招标。
⑧厂区建筑工程施工招标。
⑨工程特殊设备采购及安装。
⑩厂区管网、管线施工招标。
⑪厂区道路施工招标。
⑫停车场施工招标。
⑬地上照明设施安装招标。
⑭厂区绿化招标。

（3）本项目各招标批次在实际招标采购过程中，有些还需要进一步依据项目给定条件进一步划分标段或标包，其中本项目工程及货物采购标段或标包可以划分如下。
①工程勘察招标：1个标段。
②公路干线至厂区公路设计招标：1个标段。
③公路干线至厂区公路施工招标：1个标段。
④厂区工程设计招标：1个标段。
⑤厂区工程场地平整招标：1个标段。
⑥厂区建筑工程施工招标：2个标段，即办公区和辅助区1个标段，生产区1个标段。

因为工期仅18个月，实际施工组织时，如仅采用1个标段，只能采用地上建筑工程同时开工模式，这样在施工组织上，势必造成施工企业一次性投入成本过大、中标价格高的结局。而过多划分标段，又容易造成现场管理混乱、相互界面责任不清，为工程建设管理增加额外负担。这里可以划分为两个标段，同时还可以针对该项目的建设特点，分别进行投标与类似项目经验对比，从而选择与项目技术要求及复杂程度相匹配的承包人。依据背景材料、办公区和辅助区与生产区之间有一条宽6m厂区主道路，加之路两边设有4m

宽绿化带，从物理上允许对两个标段进行分离管理。

⑦工程施工监理招标：2个标段，即公路工程施工监理和厂区建设项目施工监理各1个标段。

⑧工程特殊设备采购及安装：分为国际和国内采购，其中机电产品国际招标采购分为6个标包。

第一包：电梯。

第二包：浸出、蒸发成套设备。

第三包：脱磷、脱酸、脱色、脱臭工艺成套设备。

第四包：灌装、包装成套设备。

第五包：清理、计量成套设备。

第六包：轧胚机。

国内货物招标采购分为7个标包。

第一包：皮带输送机、斗式提升机成套设备。

第二包：油泵、输油管成套设备。

第三包：车床、刨床、钻床。

第四包：变压器。

第五包：蒸汽锅炉。

第六包：消防泵。

第七包：厨具。

⑨厂区管网、管线施工招标：1个标段。

⑩厂区道路施工招标：1个标段。

⑪停车场施工招标：1个标段。

⑫厂区绿化招标：1个标段。

⑬地上照明设施施工招标：1个标段。

⑭厂区围墙招标：1个标段。

3.2.5 选择合同计价方式

▶▶引例3

某大型建筑企业拟自筹资金组织办公楼工程建设，由C公司承建，距工程竣工还有4个月时间。为更进一步发挥该办公楼的功能，该企业拟在办公楼设备室的南侧增加一附属工程，即加建一栋三层小楼，建筑面积20m^2，作为职工休息娱乐专用场所。该附属工程得到计划、规划、建设等管理部门的批准，设计单位也已经按照业主方的需求，对原办公楼设计中的一些管线、设备进行了调整，同时也完成了该附属工程的设计工作，资金也能满足工程发包的需要。

引导问题6：工程合同形式有哪些？选择该附属工程合同形式，说明理由。

【专家评析】

工程承包合同有3种，即固定价格合同、可调价格合同和成本加酬金合同。其中，固定价格合同又分为固定单价合同与固定总价合同两类。

该附属工程建设期短，同时设计单位完成了该附属工程的设计工作，故合同格式适宜选择固定总价合同，并纳入原办公楼施工承包合同的管理。

引导问题7：引例3中的附属工程是否可以采用招标方式确定施工单位？同时应注意哪些问题？

【专家评析】

该附属工程也可以进行招标采购，重新选择一个施工企业签订施工承包合同，但有下列几点需要注意。

（1）处理好两个承包人之间的工作界面及管理界面，落实相应责任。

（2）两个承包人与一个承包人延续施工相比，涉及第二个承包人大型机械、设备进出场、现场临时设施的设置等施工准备事项，合同价格较之原承包人延续施工会有所增加。

（3）施工组织过程中，如进度、材料运输、施工场地安排等争议调解量加大。

（4）合同结算工作量加大等。

所以，除非发生了特殊情况，一般不宜就该附属工程重新选择承包人。

实际操作，招标人应在招标文件中明确规定合同的计价方式。计价方式主要有固定总价合同、单价合同和成本加酬金合同3种，同时规定合同价的调整范围和调整方法。

固定总价合同是指按事先约定的合同总价进行付款，在约定风险范围内，不允许进行价格变动。适用于项目的性质和范围都能明确规定的项目。

单价合同是指按事先约定的合同单价和合同实施过程中实际发生的工作量进行付款的合同。适用于项目范围比较明确，但各项工作的实际工作量不太好实现、确定的项目。

成本加酬金合同是指对各项工作的成本实报实销，再按一定的比例计算管理费和利润。

这3类合同的利与弊对比分析见表3-2。

表3-2 合同的利与弊对比分析

合同类型	风险		合同管理	
	优点	缺点	优点	缺点
总价合同	业主：固定价格，除非允许合同价格调整，没有任何风险	承包商：承担所有的风险	业主：相对简单 承包商：有很大的积极性	业主：因承包商在合同价中考虑风险，合同价高，而且签订合同前的准备工作时间长、要求高 承包商：管理任务重
单价合同	业主和承包商分担风险	合理分担风险是困难的事，合同实施中双方可能对某些风险由哪方承担产生分歧	业主获得合理的合同价格，双方都有积极性	双方的管理工作任务重，承包商可能对某些情况索赔工期和成本，处理索赔费时费力
成本补偿	承包商：没有风险 业主：没有其他合同种类适用时的选择	业主：承担所有风险，很难控制工程成本	招标前的准备工作时间短	业主的管理工作非常繁重，承包商没有积极性来控制成本和工期

3.2.6 编写招标采购方案

▶▶引例 4

某医院决定投资 1 亿余元兴建一幢现代化的住院综合楼。其中土建工程采用公开招标方式选定施工单位,招标人依据项目特点,确定的招标采购各项工作需求时间如下。

①编制并确定招标方案和计划——3 个工作日。

②协商并签订招标代理协议——3 个工作日。

③编制资格预审文件——3 个工作日。

④发布资格预审公告,出售资格预审文件——5 个工作日。

⑤潜在投标人编制资格预审申请文件——5 个工作日。

⑥接受资格预审申请文件并组织资格评审——2 个工作日。

⑦招标人提供施工图纸及有关技术资料——签订委托协议后 3 个工作日内。

⑧编制招标文件——接到图纸后 5 个工作日。

⑨编制工程标底——10 个工作日。

⑩发出资格预审合格通知书,发售招标文件——5 个工作日。

⑪组织投标人现场踏勘并召开开标前答疑会——1 个工作日。

⑫抽取评标专家——1 个工作日。

⑬开标、评标——2 个工作日。

⑭招标人确认评标结果——2 个工作日。

⑮中标公示——5 个工作日。

⑯发出中标通知书——1 个工作日。

⑰签订合同——1 个工作日。

⑱投标人编制投标文件——20 个工作日。

引导问题 8:根据引例 4,回答以下问题。

(1) 对于工程建设施工项目,出售招标文件、投标人编制投标文件、招标文件书面澄清文件发出的时限分别是什么?

(2) 试画出本项目招标工作流程的关键路径,并计算招标全过程所需的总时间。

【专家评析】

(1) 按照国家规定,对于工程建设施工项目,出售招标文件的时间不应少于 5 个工作日,投标人编制投标文件的时间不应少于 20 个工作日,招标书面澄清文件应在投标截止日至少 15 个工作日前发出。

(2) 根据本例中招标各环节的时间和先后顺序,可分析出关键路径如下。

②→③→④→⑤→⑥→⑩→⑱→⑬→⑭→⑮→⑯→⑰

此外:

(1) 招标方案和计划的编制①可与委托协议的签订②同步进行。

(2) 提供图纸⑦和编制招标文件⑧可与资格预审过程同步进行。

（3）编制标底⑨可在开标、评标⑬前 1 个工作日完成。

（4）编制投标文件⑱自出售招标文件⑩开始之日起计算。

（5）现场踏勘及答疑会⑪可在编制投标文件⑱的过程中同步进行（注意答疑会需在开标前 15 日完成）。

（6）抽取评标专家⑫可在开评标⑬前 1 个工作日内完成。

根据上述分析，招标全过程所需的总时间为 57 个工作日。

实务中，招标人对招标方式、分标、合同计价等方面进行决策后，应根据决策结果制定招标方案。引例 4 就是制订招标进度计划，这是招标方案的重要组成部分。一份完整的项目招标方案一般包括以下内容。

（1）工程建设项目背景概况。

（2）工程招标范围、标段划分和投标资格。

（3）工程招标顺序。

（4）工程质量、造价、进度需求目标。

（5）工程招标方式、方法。

（6）工程发包模式与合同类型。

（7）工程招标工作目标和计划。

（8）工程招标工作分解。

（9）工程招标方案实施的措施。

3.2.7 工程报建

（1）按照《工程建设项目报建管理办法》规定，工程建设项目由建设单位或其代理机构在工程项目可行性研究报告或其他立项文件被批准后，须向当地建设行政主管部门或其他授权机构进行报建。

（2）工程建设项目报建范围：各类房屋建筑、土木工程、设备安装、管道线路铺设、装饰装修等固定资产投资的新建、扩建、改建以及技改等建设项目。

（3）工程建设项目的报建主要包括以下内容。

①工程名称。

②建设地点。

③投资规模。

④资金来源。

⑤当年投资额。

⑥工程规模。

⑦开工、竣工日期。

⑧发包方式。

⑨工程筹建情况。

（4）办理工程报建时应交验的文件资料如下。

①立项批准文件或年度投资计划。

②固定资产投资许可证。

③建设工程规划许可证。
④资金证明。

3.2.8 招标备案

招标人自行办理招标的,招标人在发布招标公告或投标邀请书 5 日前,应向建设行政主管部门办理招标备案,建设行政主管部门自收到备案资料之日起 5 个工作日内没有异议的,招标人可以发布招标公告或投标邀请书;不具备招标条件的,责令其停止办理招标事宜。

办理招标备案应提交的材料主要有下列几项。

(1)《招标人自行招标条件备案表》。
(2) 专门的招标组织机构和专职招标业务人员证明材料。
(3) 专业技术人员名单、职称证书或执业资格证书及其工作经历的证明材料。

3.3 任务实施

(1) 根据项目情况,确定本项目的招标方式,并陈述理由。
(2) 确定本项目的发包方式,并陈述理由。
(3) 确定本项目的合同计价方式,并陈述理由。
(4) 完成本项目招标方案。

专家支招

工程项目标段划分与合同打包的具体实践方法应该符合法律法规要求,鼓励投标人竞争,通过有效竞争提高投资效益和工程质量,具体做法如下。

(1) 将类似的工程或服务打包。通过专业化招标投标,可以获得更加优惠的报价。如果将不同专业的工程作为一个合同包,虽然跨专业的合同包可以降低招标人在实施阶段的协调工作量,但由于跨专业资质能力的投标人数量有限,可能因投标人竞争不足而导致投标价格过高,或因有效投标人数不足而流标。

(2) 合同打包和招标计划与工程进度计划适应。计划先实施的工程或先安装的设备要先招标,采购工作最要适当均衡,不能过于集中。

(3) 合理考虑地理因素。一些土木工程,如公路、铁路等要考虑将地理位置比较集中的工程放在一起采购,避免过于分散。

(4) 合同额度要适中,不应过大或过小,以吸引优秀投标人积极竞争投标。如果合同额太大,会限制投标人的条件,导致符合资格的投标人数量太少;如果太小,则许多承包商缺乏投标的兴趣,也会导致竞争不足。

工程施工项目的标段划分与合同打包的常用方法如下。

(1) 分期标段。有些大型、特大型工程项目由于市场需求、资金筹措等方面的原因需要分期招标和实施,但是这些项目经常采用一次整体规划设计、滚动建设的方式。

(2) 单项标段。把准备投入建设的某一整体工程(组合项目)或某一整体工程(组合项目)的某一期工程划分为若干独立的单个项目。譬如,某国际机场二期工程项目可以划分为航站楼土建和安装工程、交通中心工程、货运区工程、飞行区工程、行李系统工程、航空显示系统工程等。

(3) 分部分项标段独立的项目可以划分为一系列的分部分项工程或者标段。分部分项标段可以由招标人划分，然后直接采购，也可能由施工总承包商划分，然后寻找分包商。

(5) 按相关规定完成该项目的报建，并完成表3-3的填写。

表3-3 建设工程项目报建登记表

报建单位：（章）　　　　　　　　　　　　　　NO. 0015727

建设单位			单位性质	
法　　人		经办人		联系电话
工程名称				
工程地点				
投资总额		万元	当年投资	万元
资金来源构成	政府投资　％；自筹　％；贷款　％；外资　％			
批准文件	立项文件名称			
	文　号			
工程规模				平方米
计划开工日期			计划竣工日期	
发包方式				
银行资信证明				
工程筹建情况：		建设行政主管部门意见： 年　月　日		

此表一式二份，建设单位留存一份，报市建委工程处

填报日期：　　年　月　日

> **专家支招**
>
> 报建程序如下。
> (1) 建设单位到建设行政主管部门或其授权机构领取《工程建设项目报建表》。
> (2) 按报建表的内容及要求认真填写。
> (3) 有上级主管部门的需经其批准同意后，一并报送建设行政主管部门，并按要求进行招标准备。
> (4) 工程建设项目的投资和建设规模有变化时，建设单位应及时到建设行政主管部门或其授权机构进行补充登记。筹建负责人变更时，应重新登记。
> 凡未报建的工程建设项目，不得办理招投标手续和发放施工许可证，设计、施工单位不得承接该项工程的设计和施工任务。

3.4 任务评价与总结

1. 任务评价

完成表 3－4 的填写。

表 3－4 任务评价表

考核项目	分数			学生自评	小组互评	教师评价	小 计
	差	中	好				
团队合作精神	1	3	5				
活动参与是否积极	1	3	5				
工作过程安排是否合理规范	2	10	18				
陈述是否完整、清晰	1	3	5				
是否正确灵活运用已学知识	2	6	10				
劳动纪律	1	3	5				
此次信息收集与分析是否满足投标决策要求	2	4	6				
此项目风险评估是否准确	2	4	6				
总 分		60					
教师签字：				年　　月　　日		得 分	

2. 自我总结

(1) 此次任务完成中存在的主要问题有哪些？
(2) 问题产生的原因有哪些？
(3) 请提出相应的解决方法。

(4) 你认为还需加强哪方面的指导（实际工作过程及理论知识）？

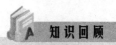 知识回顾

在招标准备与决策阶段，招标单位或者招标代理人应当完成项目审批手续，落实所需的资金，落实招标条件，组建招标机构，选择招标方式及招标组织形式，进行标段划分和合同打包，选择合同计价方式，确定投标人资格，完成招标方案。最后在建设工程交易中心进行报建和招标备案。

招标人应根据招标人的条件和招标工程的特点，确定是公开招标还是邀请招标。与此同时，招标人还需确定是自行办理招标事宜还是委托招标代理。

标段划分和合同打包是指对项目的实施阶段（如勘察、设计、施工等）和范围内容进行科学分类，各分类子项单独或组合形成若干标段，再将每个标段分别打包进行招标，以标段（即合同包）为基本单位确定相应的承包商。这部分工作应充分考虑项目自身特点和施工内容的专业要求、各标段之间的协调难度、招标人的协调管理能力市场因素和对工程总投资的影响，以及建设资金是否筹措到位、施工图完成进度、工期要求，以及政治、经济、法律、自然因素等因素。

选择计价方式是指招标人在招标文件中明确规定合同的计价方式。计价方式主要有固定总价合同、单价合同和成本加酬金合同3种，同时规定合同价的调整范围和调整方法。

招标方案是指招标决策而制定的招标工作计划和控制措施。

 基础训练

一、单项选择题

1. 招标投标活动的公正原则与公平原则的共同之处在于创造了一个公平合理、（　　）的投标机会。
   A. 自由竞争　　　　　　　　B. 平等竞争
   C. 表现企业实力　　　　　　D. 展示企业业绩

2. 应当招标的工程建设项目在（　　）后，已满足招标条件的，均应成立招标组织组织招标，办理招标事宜。
   A. 进行可行性研究　　　　　B. 办理报建登记手续
   C. 选择招标代理机构　　　　D. 发布招标信息

3. 下列关于服务招标的说法中，错误的是（　　）。
   A. 服务招标竞争力主要体现在服务人员素质能力及其服务方案优劣的差异
   B. 服务价格是评价投标人竞争力的主要指标
   C. 服务招标即招标采购除工程和货物以外的各类社会服务、金融服务、科技服务、商业服务
   D. 服务招标包括与工程建设有关的投融资项目前期评估咨询等

4. 依法必须招标的工程建设项目的（　　），可不报项目审批部门核准或招标投标监督部门备案。
   A. 招标范围　　　　　　　　B. 投标人资格条件
   C. 招标方式　　　　　　　　D. 招标组织形式

5. 招标师的主要工作是依法开展招标采购活动,但不包括(　　)。
   A. 编制招标采购计划　　　　　　　B. 编制招标文件和合同文本
   C. 与中标人进行合同谈判,草签项目协议　D. 参与招标采购合同结算和验收
6. 世界银行是全球性的国际金融组织机构,总部设在(　　)。
   A. 中国北京　　　B. 英国伦敦　　　C. 法国巴黎　　　D. 美国华盛顿
7. 下列选项中,不属于世界银行贷款项目的主要采购方式的是(　　)。
   A. 国际竞争性招标　　　　　　　B. 中间金融机构贷款的采购
   C. 有限国际招标　　　　　　　　D. 询价采购
8. 下列有关招标项目标段划分的表述中,错误的是(　　)。
   A. 标段不能划分得太小,一般分解为分部工程进行招标
   B. 若招标项目的几部分内容专业要求接近,则该项目可以考虑作为一个整体进行招标
   C. 当承包商能做好招标项目的协调管理工作时,应考虑整体招标
   D. 标段划分要考虑项目在建设过程中时间和空间的衔接
9. 在各种合同类型中,最为常用的合同形式是(　　)。
   A. 总价合同　　　　　　　　　　B. 固定单价合同
   C. 可调单价合同　　　　　　　　D. 成本加酬金合同
10. 经有关审批部门批准,可以不招标的项目包括(　　)。
    A. 使用国家政策性贷款的污水处理项目,其重要设备采购单项合同估算价为120万元人民币
    B. 某市福利院建设项目,施工单项合同估算价为205万元人民币
    C. 在建工程追加的附属小型工程或者主体加层工程,原中标人仍具备承包能力的
    D. 使用外国政府援助资金、项目总投资额达到3800万元人民币的西部水土保持项目
11. 下列对邀请招标的阐述,正确的是(　　)。
    A. 它是一种无限制的竞争方式
    B. 该方式有较大的选择范围,有助于打破垄断,实现公平竞争
    C. 这是我国《招标投标法》规定之外的一种招标方式
    D. 该方式可能会失去技术上和报价上有竞争力的投标者
12. 下列项目必须进行招标的是(　　)。
    A. 施工主要技术采用特定的专利或者专有技术的
    B. 施工企业自建、自用的工程,且该施工企业资质等级符合工程要求的
    C. 使用国家政策性贷款的项目,施工单项合同估算价在200万元人民币以上的
    D. 在建工程追加的附属小型工程或者主体加层工程,原中标人仍具备承包能力的
13. 有助于承包人公平竞争,提高工程质量,缩短工期和降低建设成本的招标方式是(　　)。
    A. 邀请招标　　　B. 邀请议标　　　C. 公开招标　　　D. 有限竞争招标
14. 经批准可以进行邀请招标的有(　　)。
    A. 项目技术复杂,但也有多家招标人可供选择的项目

B. 受自然、地域环境限制的项目
C. 拟公开招标的费用与项目的价值相比，值得的项目
D. 法律、法规不做规定的项目

15. 下列对标段划分的阐述不正确的是（   ）。
A. 不能将标段划分得太小，太小的标段将失去对实力雄厚的潜在投标人的吸引力
B. 允许将单位工程肢解为分部、分项工程进行招标
C. 如果该项目的几部分内容专业要求相距甚远，则可考虑划分为不同的标段分别招标
D. 标段划分对工程投资也有一定的影响

二、多项选择题

1. 根据《工程建设项目招投标范围和规模标准规定》的规定。下列项目中，必须进行招标的是（   ）。
A. 项目总投资为3500万元，但施工单项合同估算价为60万元的体育中心篮球场工程
B. 某中学新建一栋投资额约150万元的教学楼工程
C. 利用国家扶贫资金300万元，以工代赈且使用农民工的防洪堤工程
D. 项目总投资为2800万元，但合同估算价约为120万元的某市科技服务中心的主要设备采购工程
E. 总投资2400万元，合同估算金额为60万元的某商品住宅的勘察设计工程

2. 设计—建造招标文件中，与施工招标文件相比，增加了（   ）。
A. 项目业主要求　　　B. 测量与估价　　　C. 工程量表　　　D. 竣工后试验

3. 技术规格应（   ），详细描述招标货物的技术要求，应特别注意正确选用技术指标。
A. 从原则到具体　　　　　　　B. 从局部到整体
C. 从一般到特殊　　　　　　　D. 从概略到详细

4. 货物采购合同的（   ）计价类型对供货方非常有利。
A. 总价合同　　　　　　　　　B. 单价合同
C. 可调价格合同　　　　　　　D. 成本补偿合同
E. 成本加酬金合同

5. 工程建设项目的3个最基本特征是（   ），决定或影响了工程建设项目其他技术、经济和管理特征及其管理方式和手段，因而也是工程招标需要把握的3个基本因素。
A. 唯一性　　　B. 系统性　　　C. 产品固定性　　　D. 要素流动性
E. 风险性

6. 以下对工程建设项目规模和标段规模的说法，正确的有（   ）。
A. 规模较大工程其投标的金额相对较大，潜在的盈利规模较大，投标竞争激烈，招投标双方得益的空间都比较大，对投标人的资质业绩条件要求相对较高
B. 规模较小的工程，技术管理、招标要求等一般比较简单，容易操作控制
C. 标段较大的工程建设周期长、风险大，技术、经济、管理因素复杂，要求高，招

标文件的系统性、严密性和技术专用性要求也就比较高，尤其应当认真研究设定评标方法、工程变更、保险、合同价格调整与索赔、技术规范等内容。

D. 标段较小工程，潜在的盈利规模较小，对投标人的资质业绩条件要求比较低，可能参与投标的单位数量较多，但受工程施工固定成本的影响，招标人和投标人从中得益的空间都比较小。

7. 招标人自行组织招标必须满足的基本条件有（　　）。
A. 具有编制招标文件的能力　　　　B. 具有组织开标的能力
C. 具有组织评标的能力　　　　　　D. 具有编制投标文件的能力
E. 具有独立商签合同的能力

8. 建设工程招标包括（　　）等采购的招标。
A. 建设工程的勘察设计　　　　　　B. 机械设备
C. 工程施工　　　　　　　　　　　D. 工程监理
E. 与工程有关的材料

9. 办理工程施工招标备案时应提交的资料包括（　　）。
A. 项目立项批准文件或年度投资计划　B. 建设资金的落实证明
C. 建设工程招标备案登记表　　　　　D. 初步设计及概算已经批
E. 建设工程规划许可证　　　　　　　F. 招标人已经依法成立

三、简答题

1. 什么是招标决策，包括哪些内容？
2. 如何选择招标方式？
3. 如何进行标段划分和合同打包？应考虑哪些因素？
4. 如何选择合同计价方式？应考虑哪些因素？
5. 招标决策阶段应做好哪些准备工作？
6. 如何编写招标进度计划？

四、案例分析

1. 根据应用案例 6 完成以下任务
（1）本项目招标采购方案包括哪几部分内容？
（2）试拟订一份报项目审批核准部门核准的招标基本情况表，其中招标估算金额不用填写。

2. 根据以下案例，解决相关问题

某高校新建教学楼，计划投资 3 亿元人民币，地下 3 层，地上 18 层，总建筑面积约 7 万平方米，要求施工总承包单位能在 2007 年 9 月 1 日之前进驻现场。该高校已于 2007 年 4 月 10 日与 X 招标公司签订委托代理协议，委托 X 公司作为招标代理机构对教学楼全部工程进行招标，招标代理服务费用按原国家计委（计价格〔2002〕1980 号文件）规定的标准正常收取（含标底编制）。

X 公司接受委托后，编制了一份包含招标组织程序、招标计划安排、服务人员组织工程设计计划等内容的招标计划书，并按招标人的要求于 5 月 12 日提交给招标人，还就招标项目中关键性问题提出了一些合理化建议。

招标人于 5 月 20 日向 X 公司提供了工程施工图纸，其中精装修、弱电系统、幕墙、消防以及教学楼顶局部轻钢结构吊顶暂无详细设计图纸。

X 公司根据招标人提供的图纸完成了招标文件的编制，需要二次设计的工程内容以及与工程相关的重大设备采购（电梯、通风空调系统）均以暂估价形式列入清单。5 月 21 日至 7 月 15 日期间，X 公司为招标人完成了施工总承包的招标工作（含资格预审）。

X 公司协助招标人于 8 月 1 日完成了施工总承包合同的谈判和签订工作。8 月 15 日该高校新教学楼项目正式开工建设。

问题：

（1）招标代理机构承接工程类项目招标，通常的代理服务内容都有哪些？

（2）X 公司在施工总承包招标服务过程中，预计存在哪些成本投入？

（3）X 公司编制的招标计划书内容是否妥当？

（4）本案中，后续还有哪些可能需要招标的项目？

（5）试从项目管理的角度分析，招标采购服务方案需要考虑哪些方面的内容

3. 根据以下案例，解决相关问题。

某高校拟扩大校区，在相邻地块征地 500 亩，预计投资 4 亿元人民币并按已批准的规划设计进行建设。项目概况见表 3-5。项目审批核准部门核准各项目均为公开招标。

表 3-5 项目概况

序号	工程名称		结构形式	建筑规模/万 m²	合同估算额/万元	设
1	教学区	教学楼 5 座	4 层砖混	1.5	4500	电梯 10 部，每部 8 万元
2	办公区	现代教育中心	13 层砖混	4	12000	电梯 5 部，每部 15 万元
3	生活区	综合服务楼	3 层钢结构	1.5	600	滚梯 4 部，每部 40 万元
4		学生宿舍 5 座	6 层砖混	2.5	5250	
5	实验区	金工实习车间	2 层钢结构	0.3	1200	货梯 1 部，每部 20 万元
6		实验中心	框架结构	0.2	600	
7		校区道路		60000	600	
8		给水管网		3000	700	
9	附属设施	排水管网		3000	700	
10		校内电网		2500	600	
11		校内网		10000	400	
12		校区绿化		6	600	
13	实验区	校区中心广场	大理石铺装	1	600	
14		运动场	塑胶场地	3	1200	

办公区与教学区、生活区、实验区、休闲区中间均由校园道路相区隔。该项目计划工期 18 个月，工期较紧，设备均采用国产设备，到货期为 2 个月。

问题：
依据项目概况和工程建设程序，试确定招标批、招标段、标包，并安排招标顺序。

 拓展训练

1. 上网进入当地建设工程交易中心网站，选择一个招标项目，完成招标准备工作。
2. 为所选项目完成招标决策工作，并编写招标方案。

任务4　文件编制与审核

▶▶引例1

某建设工程施工招标文件如下，其中投标人须知及前附表见表4—1。

封面（略）

项目名称：A市养老院改造工程

招标编号：NO.20094008

A市政府采购中心

投标邀请书　　年　　月　　日

招标文件的目录（略）

建设工程施工招标文件的正文

第一部分投标须知、合同条件及合同格式

1. A市养老院利用自有资金进行该院整体改造工程。凡符合国家注册施工企业三级以上资质的建筑企业均可参加投标。

2. A市政府采购中心现邀请投标人进行密封投标，为下述工程的建设提供必要的劳力、材料、设备和服务，A市养老院改造工程（招标号：NO.20091008）。

3. 招标文件在A市云台街28号，A市政府采购中心发售，联系人为李小姐，每套收费人民币80元，售后不退。有兴趣的投标人可在此地点索取进一步资料。

4. 所有投标书应用中文编制，1套正本，6套副本，并应附有数额为20000元人民币（现金）的投标保证金。投标文件必须在2009年4月25日14：00时（北京时间）前送到A市政府采购中心开标现场：琴台路25号4楼会议室。逾期送达无效。

5. 定于2009年4月15日上午9：00到施工现场进行踏勘，并召开标前预备会。

6. 将于2009年4月25日14：00（北京时间）在A市琴台路25号4楼会议室公开开标，投标单位代表必须出席。

招标单位名称：A市政府采购中心

地址：A市云台街28号，808房间

电话：＊＊＊＊＊

传真：＊＊＊＊＊

第一章 投标人须知及前附表

表 4－1 投标人须知及前附表

项号	条款号	编列内容
1	1.1	工程综合说明 工程名称：A 市养老院改造工程 工程内容：见技术规范
2	1.1	合同名称：A 市养老院改造工程 （合同号 NO.20094008） 业主名称：A 市养老院
3	2	资金来源：自有资金
4	3	资质与合格条件的要求： 1. 符合国家注册三级以上（含三级）资质的施工企业 2. 禁止挂靠和借用他人名义投标，禁止分包 3. 过去三年平均施工产值不低于 2000 万 4. 财务状况良好，有足够的流动资金 5. 过去三年完成过在工程规模性质及复杂程度上与本次招标工程类似的业绩 6. 主要人员、设备满足本工程需要 7. 过去三年无重大责任事故和被驱逐出工地的劣迹，无重大违约劣迹
5	12.1	投标有效期：投标截止期结束后 28 天（按日历）
6	13.1	投标保证金金额：20000 元人民币（现金）
7	14.1	投标预备会议 时间：2009 年 4 月 15 日上午 9：00 时 地点：A 市养老院（施工现场）
8	15.1	投标书份数为：1 套正本，6 套副本
9	16.4	投标书递交至：A 市政府采购中心开标现场 地址：A 市琴台路 25 号 4 楼会议室 接收人：胡先生
10	17.1	投标截止期：2009 年 4 月 25 日下午 14：00（北京时间）
11	22.1	开标日期：2009 年 4 月 25 日下午 14：00 地点：A 市琴台路 25 号 4 楼会议室
12	25.2	建设部颁布的《建设工程施工招标评标办法》 财政部发布的《政府采购招投标管理暂行办法》

投标人须知

一、总则

1. 工程说明

1.1 本须知前附表中写明的业主现就附表所述工程的施工进行招标。合同名称和编号见前附表。

2. 资金来源

2.1 业主已得到了一笔款项，用于前附表所述工程项目的合同项下的合格支付。

3. 资质与合格条件的要求

3.1 见投标须知前附表第 4 项。

4. 禁止一标多投

4.1 每个投标单位每份合同只能提交一份投标书。对每份合同提交或参与了一份以上投标书的投标人将使其参与的投标全部无效。

5. 投标费用

5.1 投标人应承担其投标书编制与递交所涉及的一切费用。无论投标结果如何，招标单位对上述费用不负任何责任。

二、招标文件

6. 招标文件的内容

6.1 本合同的招标文件包括下列文件及按本须知第 8 条发出的补充资料和第 13 条所述的投标预备会议纪要。

招标文件包括下列内容：

第一部分　投标须知、合同条件及合同格式
　　　　　第一章　投标人须知及其前附表
　　　　　第二章　合同条件
　　　　　第三章　合同协议条款
　　　　　第四章　合同格式

第二部分　技术规范
　　　　　第五章　技术规范

第三部分　投标文件
　　　　　第六章　投标书及投标书附录
　　　　　第七章　工程量清单与报价表
　　　　　第八章　辅助资料表
　　　　　第九章　资格审查表

第四部分　图纸
　　　　　第十章　图纸

6.2 投标单位应认真阅读招标文件中所有的投标须知、合同条件、规定格式、技术规范、工程量清单和图纸。如果投标单位的投标文件不符合招标文件的要求，责任由投标单位自负。实质上不响应招标文件的投标文件将被拒绝。

7. 招标文件的解释

要求澄清招标文件的投标单位应以书面（书面包括手写、打印，也包括电报、电传和传真，本文件下同）形式向招标单位提出。招标单位将以书面形式或投标预备会议的方式予以答复（包括对要求澄清问题的解释，但不指明问题的来源）。答复将发给所有购买招标文件的投标人。

8. 招标文件的修改

8.1 在投标截止期之前，招标单位可以用补遗、补充通知的方式修改招标文件。

8.2 据此发出的补遗书将构成招标文件的组成部分，对投标单位起约束作用。该补遗将以书面方式发给所有购买招标文件的投标单位，投标人应以书面方式通知招标单位确认收到每一份补遗或通知。

8.3 为使投标单位在编制投标书时把补遗、通知考虑进去，招标单位可以酌情延长投标截止期。

三、投标报价说明

9. 投标价格

9.1 投标价格。

9.1.1 除非合同另行规定，具有标价的工程量清单中所报的单价和合价，以及报价汇总表中的价格应包括施工设备、劳务、管理、材料、安装、维护、保险、利润、税金、政策性文件规定及合同包含的所有风险、责任等各项应有费用。

9.1.2 投标单位应按招标单位提供的工程量计算工程项目单价和合价。工程量清单中的每一单项均需计算填写单价和合价，投标单位没有填写单价和合价的项目将不予支付，并认为此项费用已包括在工程量清单中其他单价和合价之中。

9.1.3 本合同实行总价承包。

9.2 固定价格合同。

9.2.1 投标人所报的单价和合价在合同实施期间不因市场变化因素而变动，即市场价格波动对工程成本的影响不予考虑（不调差）。投标单位在计算报价时可考虑一定的风险系数。

9.2.2 投标人应对工程量、设计变更因素做出充分的考虑，合同执行期间除非另行商定，合同价格不再增加。

9.2.3 价格与支付体系详见技术规范及工程量清单前言的说明。

9.3 投标和支付所使用的货币。

投标单位应以人民币填报所有单价和总价，合同实施时亦以人民币支付。

四、投标文件的编制

10. 投标文件的语言

投标文件及投标单位与招标单位之间与投标有关的来往通知、函件和文件均应使用中文。

11. 投标文件的组成

11.1 投标单位所递交的投标文件应包括下述各项内容。

（1）投标书。

（2）投标书附录。

(3) 投标保证金。

(4) 法定代表人资格证明书。

(5) 授权委托书。

(6) 具有标价的工程量清单与报价表。

(7) 辅助资料表。

(8) 资格审查表。

以及根据本须知要求投标人填写和提交的所有其他资料。

11.2 投标单位必须使用招标文件第三部分提供的表格格式，但表格可以按同样格式扩展，投标保证金、履约保证金的方式按本须知有关条款的规定可以选择。

12. 投标有效期

12.1 投标文件应在本须知第17项所规定的投标截止期之后的前附表第5项所规定的日期内保持有效。

12.2 在原定投标有效期之前，如果出现特殊情况，招标单位可以以书面形式提出延长投标有效期的要求。投标单位须以书面形式予以答复。投标单位可以拒绝这种要求而不被没收投标保证金。同意延期的投标单位不允许修改他的投标文件，但需要相应延长保证金的有效期。在延长期内本须知第13条关于投标保证金退还与没收的规定仍然适用。

13. 投标保证金

13.1 投标单位应提供不少于前附表第6项所述金额的投标保证金，此投标保证金是投标文件的一个组成部分。

13.2 根据投标单位的选择，投标保证金应为现金。

13.3 对于未能按要求提交保证金的投标，招标单位将视为不响应而予以拒绝。

13.4 未中标投标单位的投标保证金将尽快退还（无息），最迟不超过投标有效期期满后的14天。

13.5 中标人的投标保证金，按要求提交了履约保证金并签署了合同协议并交纳中标服务费后，予以退还（无息）。

13.6 如有下列情况，将没收投标保证金。

13.6.1 投标人在投标有效期内撤回其投标书。

13.6.2 中标人未能在规定期限内签署合同协议或提供履约保证金。

14. 投标预备会

14.1 投标单位派代表于前附表第7项所述的时间和地点出席投标预备会议。

14.2 投标预备会的目的是澄清、解答投标单位提出的问题和组织投标单位考察现场，了解情况。

14.3 勘察现场

14.3.1 投标单位可能被邀请对工程现场和其周围环境进行勘察，以获取须投标单位自己负责的有关编制投标文件和签署合同所需的所有资料。现场勘察的责任、失误、风险和费用由投标人自己承担。

14.3.2 招标单位向投标单位提供的有关施工现场的资料和数据，是业主现有的能使投标单位利用的资料。招标单位对投标单位由此而做出的推论、理解和结论概不负责。

14.4 投标单位提出的与投标有关的任何问题须在投标预备会前以书面形式送达招标单位。

14.5 会议纪要包括所有问题和答复的副本，将迅速提供给所有获得招标文件的投标单位。由投标预备会而产生的对本须知第6.1款所列的招标文件的修改，由招标单位按照本须知第8条的规定以补遗、补充通知的方式发出。

15. 投标书的份数和签署

15.1 投标人须编制本须知第11条规定的投标书正本1套，并按前附表第8项要求的份数编制副本，并相应的标明"投标文件正本"和"投标文件副本"。正本与副本如有不一致之处，则以正本为准。

15.2 投标书的正本和全部副本均应使用不能擦去的墨料、墨水打印或书写，并由投标单位法定代表人亲自签署并加盖法人单位公章和法定代表人印章。

15.3 全套投标书应无涂改和行间插字，除非这些删改是根据招标单位的指示进行的，或者是为改正投标人造成的必须修改的错误而进行的。修改外应由投标人签字证明加盖印章。

五、投标文件的递交

16. 投标书的密封与标志

16.1 投标单位应将投标书正本和每份副本分别密封在内层包封再密封在一个外层包封中，并在内层包封上正确标明"投标文件正本"或"投标文件副本"。

16.2 内层和外层包封都应写明前招标的名称和地址、工程名称、合同名称、招标编号，标有在开标日期和时间前不得开封的字样。在内层包封上应写明投标人的名称、地址和邮政编码，以便当投标出现逾期送达时原封退回。

16.3 如果内层和外层包封上没有按上述规定密封并加写标志，招标单位不承担招标文件错放或提前开封的责任。由此而造成的提前开封的投标文件将予以拒绝并退还投标单位。

16.4 投标文件递交至前附表第9项所述的招标单位和地址。

17. 投标截止期

17.1 投标单位应按前附表第10项所规定的日期和时间将投标文件递交给招标单位。

17.2 招标单位可以根据本须知第8条的规定发出补充通知，酌情延长递交投标文件的截止期限。在上述情况下，招标单位投标人在原投标截止期方面的全部权利和义务将适用于延长后新的投标截止期。

17.3 招标单位在投标截止期限以后收到的投标文件将原封不动退给投标单位。

18. 投标文件的修改与撤回

18.1 投标单位递交投标文件后，在规定的投标截止期之前，可以以书面形式向招标单位递交修改或撤回其投标文件的通知，对投标价格的修改必须附有详细的分解即修改后的完整工程量清单，否则无效。投标截止期后不能更改投标文件。

18.2 投标人的修改或撤回通知应按本须知第16条的规定编制、密封、标志和递交（在内层包封上标明"修改"或"撤回"字样）。

18.3 根据本须知第13条规定的投标截止期与原投标有效期或根据本须知延长的投标

有效期终止日之间，投标人不能撤回投标书，否则，该投标单位的投标保证金将被没收。

六、开标

19. 开标

19.1 在所有投标单位法定代表人或授权代表在场的情况下，招标单位将于前附表第11项规定的时间和地点举行开标会议，参加开标会议的投标单位代表应签名报到，以证明其出席开标会议。

19.2 开标会议由招标单位组织并主持。对投标文件进行检查，确定它们是否完整，是否按要求提供了投标保证金，文件签署是否正确，以及是否按顺序编制。但按规定提交合格撤回通知的投标文件不予开封。

19.3 投标单位法定代表人或授权代表未参加开标会议的视为自动弃权。投标文件有下列情况之一者将视为无效。

19.3.1 投标文件未按规定密封、标志。

19.3.2 未经投标单位法定代表人签署或未加盖法人单位公章和法定代表人印章。

19.3.3 未按格式填写，内容不全或字迹模糊、辨认不清。

19.3.4 投标截止时间以后送达的投标文件。

19.4 招标单位当众宣布核查结果，并宣读投标单位名称、投标报价、修改内容、工期、质量、主要材料用量、投标保证金以及招标单位认为适当的其他内容。

七、评标

20. 评标过程保密

20.1 公开开标后，直到宣布授予中标单位合同之前，凡属于审查、澄清、评价和比较投标的有关资料及有关合同授予的信息，工程标底情况都不应向投标单位或与该过程无关的其他人透露。

20.2 在投标文件的审查、澄清、评价和比较以及授予合同过程中，投标单位对招标单位和评标机构其他人员施加影响的任何行为，都将会导致其被取消投标资格。

21. 资格审查

21.1 本次招标不采取资格预审，而采取资格后审的方式进行资格审查，只有资格审查合格的投标单位，其投标文件才能进行评标与比较。

22. 投标书的澄清

22.1 为了有助于投标书的审查、评价和比较，评标机构可以个别地要求投标单位澄清其投标文件。有关澄清的要求与答复采用书面形式，但不应寻求、提出或允许更改投标价格或投标书的实质性内容。按照本须知第24条的规定校核时发现算术错误所做改正的确认不在此列。

23. 投标文件审查与响应性的确定

23.1 在详细评标之前，评标委员会将首先审定每份投标文件是否实质上响应了招标文件的要求。

23.2 就本条款而言，实质上响应招标文件要求的投标文件应该与招标文件的所有条款、条件和规范相符，无显著差异或保留。所谓显著差异或保留是指：

（1）对工程的范围、质量及使用性能产生实质性影响。

（2）偏离了招标文件的要求，而对合同中规定的业主的权利或投标人的义务造成实质性限制。

（3）纠正这种差异或保留将会对提交了实质上响应要求的投标书的其他投标人的竞争地位产生不公正的影响。

（4）投标人以中标为目的而不切实际地低报价投标且无明显的特殊降价措施。

23.3 如果投标书实质上没有响应招标文件的要求，业主将予以拒绝，且不允许投标人通过修正或撤销其不符合要求的差异或保留使之成为具有响应性的投标。

24. 错误的修正

24.1 评标委员会将对确定为实质上响应招标文件要求的投标书进行校核，看其是否有计算上的和累计上的算术错误。修正错误的原则如下：

（1）当用数字表示的数额与用文字表示的数额不一致时，以文字为准。

（2）当单价与工程量的乘积与细目总价不一致时，通常以该行填报的单价为准。单价有明显的小数点错位，应以填报的细目总价为准，并修改单价。

24.2 按上述改正错误的原则调整投标书的报价。在投标人同意后，调整后的报价对投标人起约束作用。如果投标人不接受改正后的报价，则其投标将被拒绝并且其投标保证金也将被没收。

25. 投标文件的评价与比较

25.1 评标机构将仅对按照本须知第23条确定为实质上响应招标文件要求的投标书进行评价与比较。

25.2 在评价与比较时，将根据前附表第12项内容的规定，通过对投标单位的投标报价、工期、质量标准、主要材料、施工方案或施工组织设计、优惠条件、支付进度、社会信誉及以往业绩等综合评价。

八、授予合同

26. 合同授予标准

26.1 招标单位把合同授予其投标文件实质上响应招标文件要求且提供合理的最低报价和按本须知第23条规定评选出的投标单位。确定出的投标单位必须具有实施合同的能力和资源。

27. 招标单位接受任何投标和拒绝任何投标或所有投标的权利

27.1 尽管本须知第26条的规定，招标单位在授标前任何时候有权接受或拒绝任何投标、宣布招标程序无效、拒绝所有投标，并对由此引起的对投标单位的影响不承担任何责任，也无须将这样的理由通知受影响的投标人。

28. 中标通知书

28.1 确定中标单位后，在原投标有效期或根据本须知延长的投标有效期截止前，招标单位将以书面形式通知中标的投标单位确认其投标被接受。在该通知书（以下合同条件中称为"中标通知书"）给出招标单位对中标单位按合同实施、完工、修补缺陷和维护工程的中标标价（合同条件中称为"合同价格"）。

28.2 中标通知书价格是合同的组成部分。

28.3 在中标单位按本须知第30条的规定提供履约担保后，招标单位将及时把未中标的结果通知其他投标单位。

29. 合同协议书和签署

29.1 中标单位按中标通知书规定的日期、时间和地点，由法定代表人或授权代表与业主签订合同。

30. 履约担保

30.1 中标单位应按规定向业主提交履约担保。履约担保可由中国注册的银行出具银行保函，银行保函为合同价的10％。

30.2 如果中标单位不按或未能按本须知第29条和30.1条的规定执行，招标单位将有充分理由废标，并没收其投标保证金。

31. 动员预付款

31.1 业主将按照合同条件的规定根据原始合同价格向施工单位提供一笔动员预付款，该笔款项为合同价的10％。

32. 中标服务费

32.1 中标方与业主签订经济合同后，招标方向中标方收取中标总金额1.5％的中标服务费。

32.2 中标方在签订经济合同后7天内向招标方缴纳中标服务费（从投标保证金中扣除）。

32.3 中标方未按第32.1条和32.2条办理，招标方将没收其投标保证金。

33. 补充说明

本招标文件中，"业主"与"甲方"等同。"投标单位"与"投标人"等同。"承包人"、"中标单位"及"乙方"等同。

第二章 合同条件

《建设工程施工公开招标投标文件》的"合同条件"采用国家工商行政管理局和建设部颁发的建设工程施工合同（GF－91－0201）的"合同条件"。

第三章 合同协议条款

（略）

第四章 合同协议书格式及履约保函格式

（略）

第二部分 技术规范

第五章 技术规范

1. 招标范围

本次招标的工程合同内容为A市养老院整体改造工程的3个组成部分。

1.1 给排水采暖工程

1.2 外墙面、阳台、房顶改造工程

1.3 更换塑料钢窗工程

投标人完成的工作内容包括原有相应部分的拆除，材料设备的供货及施工安装，各部分的详细技术要求见各分节。上述3部分内容组成一个合同，投标人的投标必须完整。除非业主特别声明或在招标文件中有特殊说明，建设本工程内容所需要的所有人工、材料、工具、施工设备、设施以及为了完成该工程内容所需一切必须准备的工作等都属于本合同的内容，均应由承包商负责。

本合同为综合总价包干合同，无论工程量清单或图纸有无明确列项或表示，只要是为完成合同所需要做的工作和为了满足工程的完整性所需要做的工作，均视为本合同所包含的内容，承包商可将这些内容计入相关工程量中。承包商应接受由业主委托的监理工程师的监督管理，按照国家有关规范、规程、标准的要求和设计意图正确无误地完成本合同中所有工程的内容。

2. 工程环境概况

2.1 工程位置

A市养老院整体改造工程位于A市上游的心宁湖边，距A市市区约15km。

2.2 地形和地貌

工程地区为山坡地，西北高东南低，起伏较大，标高在280.00～320.00m之间。

2.3 气象和水文

工程地区属北温带大陆性气候，冬天寒冷漫长，从11月份至翌年3月不宜施工。年平均气温3.9℃，最高和最低温度分别为38℃和－37℃。年平均降雨量643.00mm，冰冻深度为1.65～1.9m。

3. 参考标准及提交资料

3.1 参考标准

本招标文件包括有3个部分，每个部分中应执行的标准详见任务7，表7－16。

凡是在技术规范或图纸中提到的材料质量、工程施工或测试的标准或规范，均应采用其最新版本。对于某些属于行业性或地区性的标准和规范，在获得监理工程师的认可后，可以采用等同于或高于该标准的其他权威性标准或规范。

3.2 提交资料

投标人在其投标书中应附有以下资料。

3.2.1 拟选用设备和材料的生产厂家资质证明，包括有厂家的生产许可证、产品质量鉴定证书（或出厂合格证）的复印件；厂家的生产年限资料；所选用产品使用实例资料。

3.2.2 所选用设备的使用操作手册、维护手册、质量保证书等资料。

3.2.3 所有备品、备件和易损件的清单及备有量说明；可选用的备品、备件及易损件的厂家（至少3家）清单。

3.2.4 投标人在其投标文件中必须有资料可证明其选用的给排水管道材料为国家正规厂家的产品，并附有相应的质量鉴定证书，等等。

4. 工程协调

4.1 给排水采暖工程在实施时应与锅炉及其附属设备供货与安装合同（不在本次招标范围内）在管道连接时进行充分协调。连接点的平面位置、标高、连接方式等不但应符合设计图纸的要求，而且在现场施工时，两个合同在时间安排及施工场地使用上应昼夜协调一致，若有冲突时，可通过监理工程师协调解决。

4.2 承包人在安装、施工过程中如果遇到需要与其他合同承包人、行业主管部门或其他第三者等协调的问题而无法自行解决时，应及时通知监理工程师和业主，以便尽早协调解决。

4.3 其他未尽的工程协调事宜按商务条款中的相关内容执行。

5. 施工准备

合同施工前的准备工作除《合同条件》和《合同协议条款》中规定的有关内容外，至少还应包括（但不限于）以下工作内容。

5.1 获得开工前各种必要的许可证（如临时用地、用电、道路占用、取土、环保等）。所需的许可证类型由承包商自行决定，业主协助办理，但如果出现由于许可证不全而产生的各种责任问题均由承包商负责。

5.2 编制详细的施工组织计划，包括施工平面布置图、施工进度计划表、各种施工措施和排水措施的说明、施工人员和施工组织人员的安排、施工设备的配置等。

5.3 承包商装置、设备及看守人员进驻现场。

5.4 建立安全工作程序。

5.5 清理施工区域内妨碍性物质，如废料、垃圾、临时物品等。

6. 给排水采暖工程

6.1 工作范围

本合同的工作内容为室外给排水管道及采暖管道的供货与施工安装工程，包括的具体内容详见设计图纸及工程量清单。本合同包括的室外管线工程为锅炉房外墙皮外 1.5m 处至各构筑物之间的管线施工。

6.2 执行标准（略）

6.3 产品及施工要求（略）

7. 外墙面改造工程

7.1 工作范围

本合同的工作内容为外墙面改造工程，包括的内容详见设计图纸及工程量单。

7.2 执行标准（略）

7.3 提交资料及样品（略）

7.4 运输、装卸及储存（略）

7.5 产品及施工要求（略）

7.6 支付（略）

8. 更换塑料钢窗工程

8.1 工作范围

本合同的工作内容为塑料钢窗的更换工程，包括拆除现有窗户、采购、运输并安装塑钢窗。塑钢窗的数量详见工程量单及设计图纸。

8.2 执行标准（略）

8.3 提交资料

承包商在供货时必需提交塑钢窗的装配图、厂家安装说明、执行标准说明及检验合格报告。

8.4 运输、装卸及储存

承包商在塑钢窗的运输和存放时应尽量使窗体保持垂直、稳定，并应设置保护帆布或其他类似的保护层，避免碰撞、摩擦表面。装卸、搬运时应尽量避免重摔、碰撞，防止窗体扭曲、变形。

8.5 产品及施工要求（略）

8.6 支付

8.6.1 塑料钢窗以平方米综合单价计量支付，其工作内容包括（但不局限于）原窗体拆除、新窗体及相关材料供货、安装、玻璃安装等全部工作内容。

8.6.2 支付数量将以实际完成的平方米计数，实际完成的工程量由承包商测量，并经监理工程师检验确认才能作为支付依据。

8.6.3 其他未预见到而实际发生的工作内容均计入上述的综合单价中。

8.6.4 最终支付以已标价的工程量清单中所报总价为准。

第三部分　投标文件

（略）

第四部分　图纸

（略）

引导问题 1：阅读引例 1，回答以下问题。

（1）什么是"投标邀请书"、"投标截止日期"、"投标有效期"、"投标保证金"、"投标保证期"、"投标费用"、"投标人须知"、"工程量清单"？文件中有哪些术语你不理解？

（2）该招标文件是以哪一版的施工招标文件范本为编制依据？《标准施工招标文件》（2007 年版）与 2002 年版施工招标文件范本有哪些差异？

（3）招标文件由几部分组成？应准备哪些资料？

（4）招标文件编制与审核阶段应包括哪些工作内容？该招标文件有哪些不合理之处？

4.1　任务导读

4.1.1　任务描述

某高校要建设实训楼，投资约 5200 万元人民币，建筑面积约 30000 m^2。现已完成招标准备与决策工作，目前的任务是编制和审核招标文件。

4.1.2　任务目标

（1）按照正确的方法和途径收集招标编制的相关资料。

（2）依据信息分析结果，完成招标文件和标底的编制。

（3）按照招标工作时间限定，完成招标文件的汇总与审核。

（4）通过完成该任务，提出后续工作建议，完成自我评价，并提出改进意见。

4.2　相关理论知识

建设工程招标文件由招标人或招标人委托的招标代理人负责编制，由建设工程招投标管理机构负责审定。未经建设工程招投标管理机构审定，建设工程招标人或招标代理人不得将招标文件分送给投标人。

　　编制招标文件是招标工作中的一项重要工作。招标文件是整个招标过程所遵循的基础性文件，是投标和评标的基础，也是合同的重要组成部分。一般情况下，招标人与投标人之间不进行或进行有限的面对面交流，投标人只能根据招标文件的要求编写投标文件。因此，招标文件是联系、沟通招标人与投标人的桥梁。能否编制出完整、严谨的招标文件，直接影响到招标的质量，也是招标成败的关键。

　　招标文件应根据招标文件范本及工程实际编制。为了规范招标文件编制活动，提高招标文件编制质量，促进招标投标活动的公开、公平和公正，国家发改委等九部委在原2002年版招标文件范本基础上，联合编制了《标准施工招标文件》（2007年版），并于2008年5月1日试行。通过本次任务的完成，我们可以对比这两个版本之间的差异，从而更全面掌握施工招标文件范本的内容。

　　招标文件是工程招投标工作的一个指导性文本文件，是招投标各个具体工作环节执行情况的说明。其内容主要涉及商务、技术、经济、合同等方面，其形式上主要由正式文本、对正式文本的解释和对正式文本的修改3部分构成。招标文件必须表明招标单位选择投标单位的原则和程序；如何投标、建设背景和环境；项目技术经济特点；招标单位对项目在进度、质量、工程管理方式等方面的要求。现以《标准施工招标文件》（2007年版）为例，进行讲解。

> **相关链接**
>
> 　　《标准施工招标文件》是国务院九部委通过总结现有行业施工招标文件范本实施经验，针对实践中存在的问题，并借鉴世界银行、亚洲开发银行做法的基础上编制的。它以规范招投标活动当事人权利义务为目的，定位于通用性，着力解决各行业施工招标文件编制中常见和共性问题，标志着政府对招投标活动的管理已从单纯依靠法律制度深化到结合运用技术操作规程进行科学管理。《标准施工招标文件》现在政府投资项目中试行。试点项目招标人应结合招标项目具体特点和实际需要，根据《标准施工招标文件》和行业标准施工招标文件，按照公开、公平、公正和诚实信用原则编写施工招标资格预审文件或施工招标文件。

4.2.1　招标文件的组成和主要内容

　　施工招标文件正式文本在形式结构上，分卷、章、节，共包括4卷8章。

　　第一卷　第一章　招标公告（投标邀请书）
　　　　　　第二章　投标人须知
　　　　　　第三章　评标办法
　　　　　　第四章　合同条款及格式
　　　　　　第五章　工程量清单
　　第二卷　第六章　图纸
　　第三卷　第七章　技术标准和要求

第四卷 第八章 投标文件格式
第一卷为商务卷，主要包含投标邀请书、投标人须知、评标办法和合同条款及格式（合同条款包括通用条款和专用条款）、工程量清单。第二卷为图纸，第三卷是技术标准和要求，第四卷为投标文件的格式。

4.2.2 招标文件的编写

1. 投标邀请书的编写

投标邀请书是用来邀请资格预审合格的投标人按招标人规定的条件和时间前来投标。编写时应说明以下要点。

（1）招标人名称、地址。
（2）招标性质、资金来源。
（3）招标项目概况、分标情况、工程量、工期。
（4）获取招标文件的时间、地点、费用。
（5）投标文件送交的地点、份数、截止时间。
（6）提交投标保证金的规定额度、时间。
（7）开标的时间、地点。
（8）现场勘察和召开标前会议的时间、地点。

相关链接

《标准施工招标文件》（2007年版）第一卷
招标公告（未进行资格预审）

＿＿＿＿＿＿＿＿＿＿（项目名称）＿＿＿＿＿＿＿＿＿＿标段施工招标公告

1. 招标条件

本招标项目＿＿＿＿＿＿（项目名称已由＿＿＿＿＿＿（项目审批、核准或备案机关名称）以＿＿＿＿＿＿（批文名称及编号）批准建设，项目业主为＿＿＿＿＿＿，建设资金来自＿＿＿＿＿＿（资金来源），项目出资比例为＿＿＿＿＿＿，招标人为＿＿＿＿＿＿。项目已具备招标条件，现对该项目的施工进行公开招标。

2. 项目概况与招标范围
＿＿
（说明本次招标项目的建设地点、规模、计划工期、招标范围、标段划分等）。

3. 投标人资格要求

3.1 本次招标要求投标人须具备＿＿＿＿＿＿＿＿＿＿资质，＿＿＿＿＿＿＿＿＿＿业绩，并在人员、设备、资金等方面具有相应的施工能力。

3.2 本次招标＿＿＿＿＿＿＿＿＿＿（接受或不接受）联合体投标。联合体投标的，应满足下列要求：＿＿＿＿＿＿＿＿＿＿＿＿＿＿＿＿＿＿＿＿＿＿＿＿＿＿＿＿＿＿＿＿。

3.3 各投标人均可就上述标段中的＿＿＿＿＿＿＿＿＿＿（具体数量）个标段投标。

4. 招标文件的获取

4.1 凡有意参加投标者，请于＿＿＿＿年＿＿月＿＿日至＿＿＿＿年＿＿月＿＿日（法定公休日、法定节假日除外），每日上午＿＿＿＿时至＿＿＿＿时，下午＿＿＿＿时至＿＿＿＿时（北京时间，下同），在_____（详细地址）持单位介绍信购买招标文件。

4.2 招标文件每套售价_____元，售后不退。图纸押金_____元，在退还图纸时退还（不计利息）。

4.3 邮购招标文件的，需另加手续费（含邮费）_____元。招标人在收到单位介绍信和邮购款（含手续费）后_____日内寄送。

5. 投标文件的递交

5.1 投标文件递交的截止时间（投标截止时间，下同）为_____年____月____日____时____分，地点为_____。

5.2 逾期送达的或者未送达指定地点的投标文件，招标人不予受理。

6. 发布公告的媒介

本次招标公告同时在_____（发布公告的媒介名称）上发布。

7. 联系方式

招 标 人：_____   招标代理机构：_____
地　　址：_____   地　　　　址：_____
邮　　编：_____   邮　　　　编：_____
联 系 人：_____   联　系　　人：_____
电　　话：_____   电　　　　话：_____
传　　真：_____   传　　　　真：_____
电子邮件：_____   电 子 邮 件：_____
网　　址：_____   网　　　　址：_____
开户银行：_____   开 户 银 行：_____
账　　号：_____   账　　　　号：_____

_____年_____月_____日

第一章　投标邀请书（适用于邀请招标）

_____（项目名称）_____标段施工投标邀请书

_____（被邀请单位名称）：

1. 招标条件

本招标项目_____（项目名称已由_____（项目审批、核准或备案机关名称）以_____（批文名称及编号）批准建设，项目业主为_____，建设资金来自_____（资金来源），项目出资比例为_____，招标人为_____。项目已具备招标条件，现现邀请你单位参加_____（项目名称）_____标段施工投标。

2. 项目概况与招标范围

_____

（说明本次招标项目的建设地点、规模、计划工期、招标范围、标段划分等）。

3. 投标人资格要求

3.1 本次招标要求投标人须具备_____资质，_____业绩，并在人员、设备、资金等方面具有相应的施工能力。

3.2 你单位_____（可以或不可以）组成联合体投标。联合体投标的，应满足下列要求：_____。

4. 招标文件的获取

4.1 凡有意参加投标者，请于_____年____月____日至_____年____月____日（法定公休日、法定节假日除外），每日上午_____时至_____时，下午_____时至_____时（北京时间，下同），在_____（详细地址）持单位介绍信购买招标文件。

4.2 招标文件每套售价_____元，售后不退。图纸押金_____元，在退还图纸时退还（不计利息）。

4.3 邮购招标文件的，需另加手续费（含邮费）_____元。招标人在收到单位介绍信和邮购款（含手续费）后_____日内寄送。

5. 投标文件的递交

5.1 投标文件递交的截止时间（投标截止时间，下同）为_____年___月___日___时___分，地点为_____。

5.2 逾期送达的或者未送达指定地点的投标文件，招标人不予受理。

6. 确认

你单位收到本投标邀请书后，请于_____（具体时间）前以传真或快递方式予以确认。

7. 联系方式

招 标 人：_____	招标代理机构：_____
地　　　址：_____	地　　　址：_____
邮　　　编：_____	邮　　　编：_____
联 系 人：_____	联 系 人：_____
电　　　话：_____	电　　　话：_____
传　　　真：_____	传　　　真：_____
电子邮件：_____	电子邮件：_____
网　　　址：_____	网　　　址：_____
开 户 银 行：_____	开 户 银 行：_____
账　　　号：_____	账　　　号：_____

第一章　投标邀请书（代资格预审通过通知书）

_____（项目名称）_____标段施工投标邀请书

_____（被邀请单位名称）：

你单位已通过资格预审，现邀请你单位按招标文件规定的内容，参加_____（项目名称）_____标段施工投标。

请你单位请于_____年____月____日至___年____月____日（法定公休日、法定节假日除外），每日上午_____时至_____时，下午_____时至_____时（北京时间，下同），在_____（详细地址）持本投标邀请书购买招标文件。

招标文件每套售价_____元，售后不退。图纸押金_____元，在退还图纸时退还（不计利息）。邮购招标文件的，需另加手续费（含邮费）_____元。招标人在收到单位介绍信和邮购款（含手续费）后_____日内寄送。投标文件递交的截止时间（投标截止时间，下同）为_____年___月___日_____时_____分，地点为_____。

逾期送达或者未送达指定地点的投标文件，招标人不予受理。

你单位收到本投标邀请书后，请于（具体时间）前以传真或快递方式予以确认。

招 标 人：_____	招标代理机构：_____
地　　　址：_____	地　　　址：_____
邮　　　编：_____	邮　　　编：_____
联 系 人：_____	联 系 人：_____
电　　　话：_____	电　　　话：_____
传　　　真：_____	传　　　真：_____
电子邮件：_____	电子邮件：_____

网 址： _____	网 址： _____
开户银行： _____	开户银行： _____
账 号： _____	账 号： _____

_____年_____月_____日

2. 投标须知的编写

投标须知是指导投标单位进行报价的依据，投标须知中首先应列出前附表（见表4-2），将项目招标主要内容列在表中，便于投标单位了解。

相关链接

《标准施工招标文件》（2007年版）第一卷
投标须知

表4-2 投标须知前附表

条款号	条款名称	编列内容
1.1.2	招标人	名称： 地址： 联系人： 电话：
1.1.3	招标代理机构	名称： 地址： 联系人： 电话：
1.1.4	项目名称	
1.1.5	建设地点	
1.2.1	资金来源	
1.2.2	出资比例	
1.2.3	资金落实情况	
1.3.2	计划工期	计划工期：_____天 计划开工日期：____年____月____日 计划竣工日期：____年____月____日
1.3.3	质量要求	

续表

条款号	条款名称	编列内容
1.4.1	投标人资质条件、能力和信誉	资质条件： 财务条件： 业绩条件： 信誉要求： 项目经理（建造师，下同）资格： 其他要求：
1.4.2	是否接受联合体投标	□不接受 □接受
1.9.1	踏勘现场	□不组织 □组织，踏勘时间： 　　　　　踏勘集中地点：
1.10.1	投标预备会	□ □
1.10.2	投标人提出问题的截止时间	
1.10.3	招标人书面澄清的时间	
1.11	分包	□不允许 □允许，分包内容要求： 　　　　分包金额要求： 　　　　接受分包的第三人资质要求：
1.12	偏离	□不允许 □允许
2.1	构成招标文件的其他材料	
2.2.1	投标人要求澄清招标文件的截止时间	
2.2.2	投标截止时间	____年____月____日____时____分
2.2.3	投标人确认收到招标文件澄清的时间	
2.3.2	投标人确认收到招标文件修改的时间	
3.1.1	构成投标文件的其他资料	
3.3.1	投标有效期	
3.4.1	投标保证金	投标保证金的形式： 投标保证金的金额：
3.5.2	近年财务状况的年份要求	_____年
3.5.3	近年完成类似项目的年份要求	_____年

续表

条款号	条款名称	编列内容
3.5.5	近年发生诉讼及仲裁情况的年份要求	_____年
3.6	是否允许递交投标备选投标方案	□不允许 □允许
3.7.3	签字或盖章要求	
3.7.4	投标文件副本份数	_____份
4.1.2	封套上写明	招标人的地址： 招标人的名称： (项目名称)____标段投标文件在_____年____月____日____时____分前不得开启
4.2.2	递交投标文件地点	
4.2.3	是否退还投标文件	□否 □是
5.1	开标时间和地点	开标时间：同截止时间 开标地点：
5.2	开标程序	(4) 密封情况检查： (5) 开标顺序：
6.1.1	评标委员会的组建	评标委员会构成：_____人，其中招标代表_____人，专家_____人： 评标专家确定方式：
7.1	是否授权评标委员会确定中标人	□是 □否，推荐的中标候选人数：
7.3.1	履约担保	履约担保的形式： 履约担保的金额：
10	需要补充的其他内容	

编写投标须知时应包括以下 7 个部分的内容。

1) 总则

(1) 工程说明。

(2) 招标范围及工期。

(3) 资金来源。
(4) 合格的投标单位。
(5) 勘察现场。
(6) 投标费用，由投标单位承担。

2) 招标文件

(1) 招标文件的澄清。投标单位提出的疑问和招标单位自行的澄清应规定在什么时间以书面形式说明向各投标单位发送。投标单位收到后以书面形式确认。澄清是招标文件的组成部分。

(2) 招标文件的修改。指招标单位对招标文件的修改，修改的内容应以书面形式发送至每一投标单位；修改的内容为招标文件的组成部分；修改的时间应在招标文件中明确。

3) 对投标文件的编制要求

应规定清楚编制投标文件和投标的一般要求。一般投标文件的编制应符合以下要求。

(1) 投标文件的语言及度量单位。招标文件应规定投标文件适用何种语言；国内项目投标文件使用中华人民共和国法定的计量单位。

(2) 投标文件的组成说明。投标文件由投标函部分、商务部分和技术部分3部分组成。如采用资格后审还包括资格审查文件。

投标资信文件（也称为投标函部分）主要包括法定代表人身份证明书、投标文件签署授权委托书、投标函以及其他投标资料（包括营业执照、房屋建筑工程施工资质、安全生产许可证等）。

(3) 商务部分分两种情况：采用综合单价形式的，包括投标报价说明、投标报价汇总表、主要材料报价表、设备清单报价表、工程量清单报价表、措施项目报价表、其他项目报价表、工程预算书等；采用工料单价形式的，包括编制说明、工程费用计算程序表、三材汇总表、材料汇总表。

(4) 技术部分主要包括下列内容：施工组织设计（包括投标单位应编制的施工组织设计，拟投入的主要施工机械设备表，劳动力计划表，计划开工、竣工日期，施工进度网络图和施工总平面图）、项目管理机构配备情况（包括项目管理机构配备情况表、项目经理简历表、项目技术负责人简历表和项目管理机构配备情况辅助说明资料）和拟分包项目情况表。

(5) 投标担保。投标单位提交投标文件的同时，按照表4-1第13项规定提交投标担保。投标担保可采用银行保函、专业担保公司的保证或保证金担保方式，具体方式由招标单位在招标文件中规定。投标担保的担保金额一般不超过投标总价的2%，最高不得超过80万元人民币。招标单位要求投标单位提交投标担保的，应当在招标文件中载明。投标单位应当按照招标文件要求的方式和金额，在规定的时间内向招标单位提交投标担保。投标单位未提交投标担保或提交的投标担保不符合招标文件要求的，其投标文件无效。投标担保的有效期应当在合同中约定。投标有效期为从招标文件规定的投标截止之日起到完成评标和招标单位与中标人签订合同的30～180天。

相关链接

　　投标单位有下列情况之一的，投标保证金不予返还：在投标有效期内，投标单位撤回其投标文件的；自中标通知书发出之日起 30 日内，中标人未按该工程的招标文件和中标人的投标文件要求与招标单位签订合同的；在投标有效期内，中标人未按招标文件的要求向招标单位提交履约担保的；在招投标活动中被发现有违法违规行为正在立案查处的。

　　招标单位应在与中标人签订合同后 5 个工作日内，向中标人和未中标的投标单位退还投标保证金和投标保函。

　　（6）投标单位的备选方案。如果表 4-1 第 15 项中允许投标单位提交备选方案时，投标单位除提交正式投标文件外，还可提交备选方案。备选方案应包括设计计算书、技术规范、单价分析表、替代方案报价书、所建议的施工方案等资料。

　　（7）投标文件的份数和签署。见表 4-1 第 16 项所列。

4）投标文件的提交要求

投标文件的提交要求包括以下内容。

（1）投标文件的装订、密封和标记。

（2）投标文件的提交。见表 4-1 第 17 项规定。

（3）投标文件提交的截止时间。见表 4-1 第 17 项规定。

（4）迟交的投标文件将被拒绝投标并退回给投标单位。

（5）投标文件的补充、修改与撤回。

（6）资格预审申请书材料的更新。

5）开标

开标应包括以下内容。

（1）开标。见表 4-1 第 18 项规定，并邀请所有投标单位参加。

（2）审查投标文件的有效性。

6）评标

评标应包括以下内容。

（1）评标委员会与评标。

（2）评标过程的保密。

（3）资格后审。

（4）投标文件的澄清。

（5）投标文件的初步评审。

（6）投标文件计算错误的修正。

（7）投标文件的评审、比较和否决。

7）合同的授予

合同的授予包括以下内容。

（1）合同授予标准。招标单位不承诺将合同授予投标报价最低的投标单位。招标单位发出中标通知书前，有权依评标委员会的评标报告拒绝不合格的投标。

（2）中标通知书。中标人确定后，招标单位将于 15 日内向工程所在地的县级以上地方人民政府建设行政主管部门提交施工招标情况的书面报告；建设行政主管部门收到该报告之日起 5 日内，未通知招标单位在招投标活动中有违法行为的，招标单位向中标人发出中标通知书，同时通知所有未中标人；招标单位与中标人订立合同后 5 日内向其他投标单位退还投标保证金。

（3）合同协议书的订立。中标通知书发出之日起 30 日内，根据招标文件和中标人的投标文件订立合同。

（4）履约担保。见表 1－2－2 第 20 项。

3．合同条款与格式的编写

（1）合同条款。合同条款包括合同通用条款和合同专用条款。

（2）合同授予的编写。应写明合同授予标准。一般招标单位不承诺将合同授予投标报价最低的投标单位。招标单位发出中标通知书前，有权依评标委员会的评标报告拒绝不合格的投标。

（3）合同格式。合同文件格式有合同协议书，房屋建设工程质量保修书，承包方银行履约保函或承包方履约担保书、承包方履约保证金，承包方预付款银行保函，发包方支付担保银行保函或发包方支付担保书，等等。

▶▶引例 2

某市中心百货大楼施工工程评标办法编制实例

根据本工程的施工特点，为慎重选择本工程施工单位，根据《招标投标法》并结合市有关施工评标决标的规定，本着保护竞争，维护招标工作公开、公平、公正和诚实信用的原则，制定本评标办法。

（一）评标总则

（1）本工程评标将以招标文件、补充说明中的各项有关要求作为对投标书全面评价的依据。采用两阶段评标法进行评标。

（2）第一阶段为技术标评定。即评定经过公证处编号处理的技术标书（暗标）及投标公函（明标）。经过充分评议分析后，分别用记名评分法进行评定，得出各投标单位的技术标书（暗标）和投标公函（明标）得分。

（3）第二阶段为商务标评定书。对商务报价中没有费用开口要求、非异常报价及非违规技术标的商务标书，以各投标单位的平均价为基数，用基准分加减附加分的评分方法对其报价进行评定，得出各投标单位的商务标得分。最后，进行各投标单位最终得分的计算。

最终得分＝技术标书得分＋投标公函得分＋商务标得分

（二）评标细则

1．暗标的评定（45 分）

1）暗标评分内容

（1）施工技术方案（35 分）

①建筑物（构筑物）的土建、钢结构、装饰以及室外总体等工程施工技术方案是否针

对设计要求制定，套用的规范标准是否准确全面，能否保证本工程施工的质量；工程质量是否符合国家、地方的施工及质量验收标准。

②本工程建筑物（构筑物）单体较多，施工工序安排是否切实可行，施工进度计划安排，其关键线路是否合理可行，能否满足招标人的进度要求，对完成规定工期有何保证措施。

③土建、钢结构、装饰和室外总体工程的施工技术方案是否结合现场实际情况考虑，是否考虑与设备安装工程等招标人另行发包工程的施工协调的方案，是否考虑本工程的总承包管理方案，方案是否具有可操作性、合理性。

④对现场周边环境，特别是原有管线、建筑物及设施的保护有哪些具体措施。

⑤工程中的劳动力及机械设备安排是否合理，对施工中可能遇到的不利因素是否采取了针对性的措施。施工方案是否考虑到向专业分包单位、招标人另行发包的专业工程项目的施工单位提供施工工作面、施工协调等工作。

⑥针对本工程施工重点和难点问题是否有优化方案，是否制订了相应的施工技术措施方案。

综上所述，结合施工质量保证措施、施工总承包管理方案、选用的主要施工机械及其布置、劳动力组织计划等进行综合评定。

（2）工程管理、安全文明施工管理的组织措施（10分）

①对本工程的建设目标有何组织措施，如何达到施工质量目标，如何保证进度目标的实现，采取何种措施确保安全目标的实现。

②对工程现场管理、安全文明施工管理等方面所采取的组织措施是否针对适应本工程专业多的特点，是否遵守《建设工程安全生产管理条例》有关规定。

③施工现场平面布置是否合理，现场临时设施和生活设施的搭设是否满足本市有关规定及招标文件要求；针对本工程施工实际情况（主要是难点、重点）对安全文明施工管理带来的困难以及现场不利条件下施工带来的影响等因素，是否采取了相应的方法，其组织实施的可行性、有效性如何。在工程施工期间，是否配备专职安全员，是否建立动用明火申请批准制度，是否配备一定数量的消防灭火器材，是否建立安全用电制度，等等。在工程进入后期阶段时，是否考虑根据实际情况采取保护措施，确保已建工程的完好无损。

综上所述，结合本工程的施工技术方案，对工程管理及安全文明施工管理进行综合评定。

2）评分办法

以上施工技术方案，工程管理及安全文明施工管理两项指标的评定按如下规定。

（1）先由各评委对所有技术标标书（暗标）进行评议和分析，据此各自记名打分，然后各评委将技术标标书的评分结果（评分表）交公证处，完成暗标的评定。评委打分可以计一位小数，且此小数只能为0.5分。

（2）汇总所有评委对两项指标的评分，从中去掉一个最高分、一个最低分，然后用算术平均法分别求出每一个投标单位的平均得分（简称暗标得分）。平均得分值四舍五入，保留两位小数。

（3）本工程技术标为暗标。标书中所有内容和文字说明一律不能用图签，不注明单位名称，不署名，不带有任何能辨认的标志，不能有任何暗示性的文字，否则将视为违规标书。经评委一致确认后，该技术标将不予评定。同时该投标单位的商务标书不再参与商务标的开标和评标。

2. 投标公函的评定（明标，10分）

1) 投标公函主要评定内容

（1）人员情况（4分）。主要评定拟担任本工程的项目经理及主要管理人员以往同类型工程业绩，以及人员结构工种配备是否齐全，能否满足本工程施工管理的需要。

（2）专业资质情况（3分）。

①不具备钢结构制作安装专业资质及同类工程施工业绩的投标单位，主要评定是否提供了分包或合作单位的专业资质证明、营业执照、诚信手册、近几年同类工程业绩及协议书（其中，协议书必须为盖章原件）。

②具备钢结构制作安装专业资质及同类工程施工业绩的投标单位，主要评定是否提供了本单位专业资质证明及近几年同类工程业绩。

（3）乙供设备材料情况（3分）。对于本工程主要的乙供设备材料，投标单位是否根据主要乙供设备材料表列出详细型号、品牌、规格、生产厂家等资料，该资料是否能满足招标人及设计要求。

2) 评分办法

（1）先由各评委对所有投标公函进行评议和分析，据此再各自记名打分，完成投标公函的评定，评委打分可以计一位小数，且此小数只能为0.5分，最低评分至少为1分。

（2）分别汇总所有评委对每一份投标公函的评分，从中去掉一个最高分、一个最低分，然后用算术平均法求出每一份投标公函的平均得分（简称明标得分）。明标得分值四舍五入，保留两位小数。

3. 技术标得分

技术标得分＝暗标（技术标书）得分＋明标（投标公函）得分

4. 商务标的评定（总分45分）

（1）首先对各投标单位的商务标进行甄别，如果投标单位的商务标书未按招标文件要求编制，则该投标单位的商务标视为无效标，同时该投标单位的商务报价不再进入以下商务标得分的评分程序。

（2）由各位评委集体对各投标单位（不进入商务标得分评分程序的投标单位除外）的总报价进行分析，在取得基本一致意见后进行甄别。

对有下列情况的商务标书只评为分，并且对这些商务标书的总报价不再进行基准分加减附加分的评分：

①最高报价高于平均报价%者（含%）。

②最低报价低于平均报价%者（含%）。

③报价编制说明中有不符合招标文件规定的开口要求者。

④如没有上述①、②、③种情况，对总报价最低的投标者，其报价中如果报价汇总表存在某一单项有明显漏项且未说明其为优惠者（简称单项异常报价）。

注a）百分比＝（最高报价－平均报价）÷平均报价×100%

百分比＝（最低报价—平均报价）÷平均报价×100%

注 b）平均报价等于从各家有效的投标报价中去掉一个最高报价、一个最低报价，然后对剩余的投标报价取算术平均值。

注 c）单项异常报价的标准是：评标工作人员对该单项报价以其他投标单位相同项的平均价纠正后，将使该投标单位的总报价增加10%以上（含10%）。

注 d）上述单项报价指商务标格式文件规定填写的"投标报价汇总表"中所列的项目（有二级子项的计算二级予项）。

注 e）其他投标单位相同项的平均价与其他投标单位相同项费用之和除以其他投标单位数（注：其他投标单位为不去除最高、最低报价的其他投标单位）。

注 f）以上各百分比的计算，百分比数均保留一位小数。

注 g）对商务标单项异常报价情况的认定须经到会评委一致确认。

以上甄别各项只进行一次。

（3）如没有上述（2）中①、②、③、④所列的情况，则去掉一个最高报价、一个最低报价，然后用算术平均法求出本次投标平均价。如有上述情况的一种或几种，则计算投标平均价时不计入这些投标单位的报价，以剩余投标单位总报价之和，除以剩余投标单位数，得出本工程投标平均价。

（4）得出投标平均价后，根据以下规定，求出各投标单位的商务标得分。商务标得分值保留两位小数。

①投标平均价为基准分37.5分。

②总报价每高出投标平均价1%扣0.5分，最多扣7.5分。

③总报价每低于投标平均价1%加0.5分，最多加7.5分。

5）本指标的评分由评标小组指定两位工作人员，会同公证处的公证员根据评标细则的规定进行计算，并将计算结果汇总成表交全体评委审阅。

（三）最终得分与中标单位的确定

（1）各投标单位最终得分按以下公式进行计算

技术标得分＝技术标书得分＋投标公函得分

最终得分＝技术标得分＋商务标得分

（最终得分值四舍五入保留两位小数。）

注 a）对技术标出现违规标书的投标单位，最终得分为零分。

注 b）对商务标视为无效标的投标单位，最终得分只计取技术标得分。

（2）投标单位的最终得分若出现并列分，则并列者中技术标得分高的列前。能因此项确认或调整而要求变更原总报价。

（四）本评标办法经某市建设和管理委员会同意并备案，适用于某百货大楼工程的评标

（五）本工程评标需有2/3以上评委参加为有效

（六）本工程评标由市公证处进行公证

（七）本评标办法由本次招标代理机构负责解释

××公司

年　月　日

引导问题 2：阅读某市中心百货大楼施工工程评标办法编制实例，回答以下问题。
(1) 评标办法的编制内容有哪些？
(2) 评标办法的编制要求和步骤有哪些？
(3) 评标办法的审查内容有哪些？

4. 评标办法

评标办法犹如整个招标活动中的一架天平，一边是招标人的技术商务要求，一边是投标人的实力。招标人选择中标人的尺度是招标文件中的一个重要组成部分，应在招标文件中公布。

1) 评标办法的编制内容

招标人或者其委托的招标代理人编制的评标办法，一般由以下几部分内容组成。

(1) 评标组织。即由招标人设立的负责工程招标评标的临时组织。评标组织的形式为评标委员会，人员构成一般包括招标人和有关方面的技术、经济专家。

(2) 评标原则。它是贯穿于整个评标活动全过程的基本指导思想和根本准则。评标总的原则是平等竞争、机会均等、公正合理、科学正当、择优定标。

(3) 评标程序。评标程序是进行评标活动的次序和步骤。评标只对被确认为有效的投标文件进行，其程序一般可概括为两段（初审、终审）、三审（符合性、技术性、商务性评审）。

(4) 评标的方法。评标的方法是多种多样的，一般主要有最低评标价法、综合评价法、性价比法和两阶段评议法。

(5) 评标的日程安排。评标的时间、地点通常在投标须知中具体阐明。

在评标过程中，可能会发生各种意想不到的争议。为了避免倾向性，有失公允，招标人必须事先制定好对争议问题的澄清、解释规则和协调处理程序。

2) 评标办法的编制要求和步骤

评标办法由建设工程招标人负责编制。建设工程招标人没有编制评标办法的能力的，由其委托招标代理人编制。

(1) 编制要求如下。

①评标办法必须公正，对待所有投标人应当平等，不得含有任何偏向性或歧视性条款。

②评标办法应当科学、合理，据此可以客观、准确地判断出所有投标文件之间的差别和优劣。

③评标办法应当简明扼要、通俗易懂，具有高度的准确性、可操作性。

(2) 编制步骤如下。

①确定评标组织的形式、人员组成和运作制度。

②规定评标活动的原则和程序。

③选择和确定评标的方法。

④明确评标的具体日程安排。

3) 评标办法的审查

评标办法编制完成后，必须按规定报送建设工程招投标管理机构审查认定。主要审查内容如下。

(1) 评标办法与招标文件的有关规定是否一致。

(2) 评标办法是否符合有关法律、法规和政策，体现公开、公正、平等竞争和择优的原则。

(3) 评标组织的组成人员是否符合条件和要求，是否有应当回避的情形。

(4) 评标方法的选择和确定是否适当，如评标因素设置是否合理，分值分配是否恰当，打分标准是否科学合理，打分规则是否清楚，等等。

(5) 评标的程序和日程安排是否妥当。

(6) 评标定标办法是否存在多余、遗漏或不清楚的问题。

5. 工程量清单与报价表的编制

工程量清单是建设工程实行清单计价的专用名词，它表示的是实行工程量清单计价的建设工程中拟建工程的部分项工程项目、措施项目、其他项目、规费项目和税金项目的名称和数量。08工程量清单计价规范新增了规费项目和税金项目两个清单。将拟建工程改为建设工程，适应面更广。

1) 编制依据

(1) 08工程量清单计价规范。

(2) 国家或省级、行业建设主管部门颁发的计价依据和办法。

(3) 建设工程设计文件。

(4) 与建设工程项目有关的标准、规范、技术资料。

(5) 招标文件及其补充通知、答疑纪要。

(6) 施工现场情况、工程特点及常规施工方案。

(7) 其他相关资料。

2) 编制原则

(1) 按工程的施工要求将工作分解立项。注意将不同性质的工程分开，不同等级的工程分开，不同部位的工程分开，不同报价的工程分开，单价、合价分开。

(2) 尽可能不遗漏招标文件规定需施工并报价的项目。

(3) 既便于报价，又便于工程进度款的结算与支付。

3) 工程量清单与报价表的前言说明

工程量清单与报价表的前言说明既指导投标人报价，又对合同价及结算支付控制具有重要作用。通常应做如下说明。

(1) 工程量清单应与投标须知、合同条件、技术规范和图纸一并理解使用。

(2) 工程量清单中的工程量是暂定工程量，仅为报价所用。施工时支付工程款以监理工程师核实的实际完成的工程量为依据。

(3) 工程量清单的单价、合价已经包括了人工费、材料费、施工机械费、其他直接费、间接费、利润、税金、风险等全部费用。

相关链接

08工程量清单计价规范新术语

1. 项目特征

构成分部分项工程量清单项目、措施项目自身价值的本质特征。

2. 暂列金额

招标人在工程量清单中暂定并包括在合同价款中的一笔款项。用于施工合同签订时尚未确定或者不可预见的所需材料、设备、服务的采购，施工中可能发生的工程变更、合同的调整因素出现时的工程价款调整以及发生的索赔、现场签证确认等的费用。

3. 暂估价

招标人在工程量清单中提供的用于支付必然发生但暂时不能确定价格的材料的单价以及专业工程的金额。

4. 计日工

在施工过程中，完成发包人提出的施工图纸以外的零星项目或工作，按合同中约定的综合单价计价的一种计价方式。

5. 索赔

在合同履行过程中，对于非己方的过错而应由对方承担责任的情况造成的损失，向对方提出补偿的要求。

6. 现场签证

发包人现场代表与承包人现场代表就施工过程中涉及的责任事件所做的签认证明。

7. 不可抗力

发承包人都不可预见、不能避免并不能克服的客观情况。包括战争、动乱、空中飞行物体坠落或其他非发承包人责任造成的爆炸、火灾以及合同专用条款约定的风、雨、雪、洪、震等自然灾害。

8. 企业定额

施工企业根据本企业的施工技术和管理水平而编制使用的人工、材料和施工机械台班等的消耗标准。

9. 规费

根据省级政府或省级有关权力部门规定必须缴纳的，应计入建筑安装工程造价的费用。

10. 税金

国家税法规定的应计入建筑安装工程造价内的营业税、城市维护建设税及教育费附加等。

11. 造价工程师

取得造价工程师执业资格，经建设部批准，在一个单位注册从事建设工程造价活动的专业人员。

12. 造价员

取得造价员资格，经中国建设工程造价管理协会或其授权机构批准，在一个单位注册从事建设工程造价活动的专业人员。

13. 工程造价咨询人

取得工程造价咨询资质等级证书，接受委托从事建设工程造价咨询活动的企业。

14. 招标控制价

招标人根据国家或省级、行业建设主管部门颁发的有关计价依据和办法，按设计施工图纸计算的，对招标工程限定的最高工程造价。

15. 投标价

投标人投标时报出的工程造价。

> 16. 合同价
> 发承包双方在施工合同中约定的工程造价。
> 17. 竣工结算价
> 发承包双方依据国家有关法律、法规和标准规定，按照合同约定确定的最终工程造价。

(4) 工程量清单中的每一项目必须填写，未填写项目不予支付。因为此项费用已包含在工程量清单中的其他单价和合价中。

4) 分部分项工程量清单项目特征描述技巧①

(1) 必须描述的内容包括以下几方面。

①涉及正确计量的内容必须描述。如门窗洞口尺寸或框外围尺寸，由于"03规范"将门窗以"樘"计量，1樘门或窗有多大，直接关系到门窗的价格，对门窗洞口或框外围尺寸进行描述就十分必要。"08规范"虽然增加了按"m^2"计量，但采用"樘"计量，上述描述仍是必需的。

②涉及结构要求的内容必须描述。如混凝土构件的混凝土强度等级是使用C20还是C30或C40等，因混凝土强度等级不同，其价格也不同，必须描述。

③涉及材质要求的内容必须描述。如油漆的品种是调和漆、还是硝基清漆等；管材的材质是碳钢管，还是塑钢管、不锈钢管等；还需对管材的规格、型号进行描述。

④涉及安装方式的内容必须描述。如管道工程中的钢管的连接方式是螺纹连接还是焊接；塑料管是粘接连接还是热熔连接；等等就必须描述。

(2) 可以不描述的内容包括以下几方面。

①对计量计价没有实质影响的内容可以不描述。如对现浇混凝土柱的高度、断面大小等的特征规定可以不描述，因为混凝土构件是按"m^3"计量的，对此的描述实质意义不大。

②应由投标人根据施工方案确定的可以不描述。如对石方预裂爆破的单孔深度及装药量的特征描述，如果由清单编制人来描述是困难的，由投标人根据施工要求，在施工方案中确定，自主报价比较恰当。

③应由投标人根据当地材料和施工要求确定的可以不描述。如对混凝土构件中混凝土拌合料使用的石子种类及粒径、砂子种类及特征规定可以不描述。因为混凝土拌合料使用卵石还是碎石，使用粗砂还是中砂，除构件本身特殊要求需要指定外，主要取决于工程所在地砂、石子等材料的供应情况。至于石子的粒径大小主要取决于钢筋配筋的密度。

④应由施工措施解决的可以不描述。如对现浇混凝土板、梁的标高的特征规定可以不描述。因为同样的板或梁，都可以将其归并在同一个清单项目中，但由于标高的不同，将会导致因楼层的变化对同一项目提出多个清单项目，可能有的会讲，不同的楼层工效不一样，但这样的差异可以由投标人在报价中考虑，或在施工措施中去解决。

---

① 节选自马楠《08新版清单计价规范》讲义

(3) 可以不详细描述的内容包括以下几方面。

①无法准确描述的可以不详细描述。如土壤类别，由于我国幅员辽阔，南北东西差异较大，特别是对于南方来说，在同一地点，由于表层土与表层土以下的土壤其类别是不相同的，要求清单编制人准确判定某类土壤的所占比例是困难的，在这种情况下，可考虑将土壤类别描述为综合，注明由投标人根据地勘资料自行确定土壤类别，决定报价。

②施工图纸、标准图集中标注明确，可以不再详细描述。对这些项目可描述为见××图集××页号及节点大样等。由于施工图纸、标准图集是发承包双方都应遵守的技术文件，这样描述，可以有效减少在施工过程中对项目理解的不一致。同时，对不少工程项目，真要将项目特征一一描述清楚，也是一件费力的事情，如果能采用这一方法描述，就可以收到事半功倍的效果。因此，建议这一方法在项目特征描述中能采用的尽可能采用。

③还有一些项目可以不详细描述，但清单编制人在项目特征描述中应注明由招标人自定，如土石方工程中的"取土运距"、"弃土运距"等．首先要清单编制人决定在多远取土，或弃土运往多远时是困难的；其次，有投标人根据在建工程施工情况统筹安排，自主决定取、弃土方的运距，可以充分体现竞争的要求。

(4) 计价规范规定多个计量单位的描述包括以下几方面。

①计价规范对"A.2.1混凝土桩"的"预制钢筋混凝土桩"计量单位有"m"或"根"两个计量单位，但是没有具体的选用规定，在编制该项目清单时，清单编制人可以根据具体情况选择"m"、"根"其中之一作为计量单位。但在项目特征描述时，当以"根"为计量单位，单桩长度应描述为确定值，只描述单桩长度即可；当以"m"为计量单位，单桩长度可以按范围值描述，并注明根数。

②计价规范对"A.3.2砖砌体"中的零星砌砖的计量单位为"m^3、m^2、m、个"4个计量单位，但是规定了砖砌锅台与炉灶可按外形尺寸以"个"计算，砖砌台阶可按水平投影面积以"m^2"计算，小便槽、地垄墙可按长度以"m"计算，其他工程量按"m^3"计算，所以在编制该项目的清单时，应将零星砌砖的项目具体化，并根据计价规范的规定选用计量单位，并按照选定的计量单位进行恰当的特征描述。

(5) 规范没有要求，但又必须描述的内容如下。

对规范中没有项目特征要求的个别项目，但又必须描述的应予以描述。由于计价规范在我国初次实施，难免在个别地方存在考虑不周的地方，需要我们在实际工作中来完善。例如"A.5.1厂库房大门、特种门"，计价规范以"樘"作为计量单位，但又没有规定门大小的特征描述，那么，框外围尺寸就是影响报价的重要因素，因此，就必须描述，以便投标人准确报价。同理，"B.4.1木门"、"B.5.1门油漆"、"B.5.2窗油漆"也是如此，需要我们注意增加描述门窗的洞口尺寸或框外围尺寸。

计量单位用招标文件规定填写，附录中该项目由两个或两个以上计量单位的，应选择最适宜计量的方式决定其中一个填写。工程量应按附录规定的工程量计算规则计算填写。

相关链接

（1）2003年10月15日，建设部、财政部印发了《建筑安装工程费用项目组成》（建标［2003］206号），提出了措施费和规费的概念。

（2）2005年6月7日，建设部办公厅印发了《建筑工程安全防护、文明施工措施费用及使用管理规定》（建办［2005］89号），明确规定上述费用由《建筑安装工程费用项目组成》中的文明施工费、环境保护费、临时设施费、安全施工费组成。并规定"投标方安全防护、文明施工措施的报价，不得低于依据工程所在地工程造价管理机构测定费率计算所需费用总额的90%"。

（3）2006年11月22日，建设部办公厅印发了《关于开展建筑工程实物工程量与建筑工种人工成本信息测算和发布工作的通知》（建办标函［2006］765号），要求自2007年起开展建筑工程实物工程量与建筑工种人工成本信息测算发布工作，并进一步明确了人工成本信息的作用。

（4）2006年12月8日，财政部、国家安全生产监督管理总局印发《高危行业企业安全生产费用财务管理暂行办法》（财企［2006］478号），规定"建筑施工企业提取的安全费用列入工程造价，在竞标时，不得删减"。

（5）2007年11月1日，国家发改委、财务部、建设部等九部委联合颁布了第56号令，在发布的《标准施工招标文件》中，发布了新的通用合同条款，该合同条款对工程变更计价、价格调整、计量与支付、预付款、工程进度款、竣工结算、索赔、争议的解决都有明确的相应规定。并首次提出了暂列金额、计日工、暂估价的概念，并对总承包服务费重新进行了定义，这些术语名词与"03规范"中相应名称意思截然不同。

6. 技术规范的编写

技术规范应主要说明工程现场的自然条件、施工条件及本工程的施工技术要求和采用的技术规范。

1）工程现场的自然条件

说明工程所处的地理位置、现场环境、地形、地貌、地质与水文条件、地震烈度、气温、雨雪量等。

2）施工条件

说明建设用地面积、建筑物占地面积、现场拆迁情况、施工交通、水电、通信等情况。

3）施工技术要求

主要说明施工的材料供应、技术质量标准、工期等以及对分包的要求，各种报表（如开工报告、测量报告、试验报告、材料检验报告、工程进度报告、报价报告、竣工报告等）的要求以及测量、试验、工程检验、施工安装、竣工等要求。

4）技术规范

一般采用国际国内公认的标准规范以及施工图中规定的施工技术要求，一般由招标人委托咨询设计单位编写。

5）现场条件

主要应说明以下几方面。

（1）现场自然条件。包括现场环境、地形、地貌、地质、水文、地震烈度及气温、雨雪量、风向、风力等。

(2) 现场施工条件。包括建设用地面积、建筑物占用面积、场地拆迁及平整情况、施工用水、用电及有关勘探资料等。

(3) 临时设施布置及临时用地表。

> **特别提示**
>
> 在说明现场条件时，应明确临时设施、加工车间、现场办公、设备及仓储、供电、供水、卫生、生活等设施的情况和布置。且招标人因此应提交一份施工现场临时设施布置图表并附文字说明。同时，招标人要列表注明全部临时设施用地的面积、详细用途和需用的时间。

7. 投标书及其附录、投标保函格式

(1) 投标书格式。投标书是由投标人授权的代表签署的一份投标文件，是对承包商具有约束力的合同的重要部分。投标书应附有投标书附录，投标书附录是对合同条件中重要条款的具体化，如列出条款号并列出下述内容：履约保证金、误期赔偿费、预付款、保留金、竣工时间、保修期等。

(2) 投标保函格式。投标保函决定投标人的投标文件能否为招标人所接受。

4.2.3 资格审查文件的编制

1. 资格审查文件编制目的

资格预审程序可以帮助招标人较全面地了解申请投标人各方面的情况，提前将不合格、竞争能力较差的投标人淘汰，节约评标时间，减少招标和投标成本。在编制资格预审文件时应结合招标工程特点，突出对投标人实施能力的考察。

2. 资格审查文件的编制内容

(1) 资格预审申请函。

(2) 法定代表人身份证明或附有法定代表人身份证明的授权委托书。

(3) 联合体协议书。

(4) 申请人基本情况表。

(5) 近年财务状况表。

(6) 近年完成的类似项目情况表。

(7) 正在施工和新承接的项目情况表。

(8) 近年发生的诉讼及仲裁情况。

(9) 其他材料：见申请人须知前附表。

4.2.4 工程招标标底的编写

招标标底是建筑产品价格的表现形式之一，是招标人对招标工程所需费用的预测和控制，是招标工程的期望价格。通俗地讲，招标标底就是招标人定的价格底线。它通常是由招标单位或委托建设行政主管部门批准的具有编制标底资格和能力的中介代理机构编制。

工程标底是招标单位估算的拟发包工程总价，是招标单位评标、决标的参考依据，标底是控制、核实预期投资的重要手段，标底是衡量投标的主要尺度之一，是导致投标书无效的法定事由，也是承担法律责任的常见诱因。

编制标底是工程招标的一项重要工作。标底必须控制在合适的价格水平。标底过高造成招标单位资金浪费；标底过低难以找到合适的工程承包人，项目无法实施。所以在确定标底时，一定要详细地进行大量工程承包市场的行情调查，掌握较多的该地区及条件相近地区同类工程项目的造价资料，经过认真研究与计算，将工程标底的水平控制在低于社会同类工程项目的平均水平。编制标底既要实事求是，符合政策法律，有利于提高投资效益，又要使施工单位经过努力，可以取得较好的经济效益。

相关链接

关于"最高限价"、"预算控制价"和"标底"

为进一步规范房屋建筑和市政基础设施工程项目的施工招投标活动，维护市场秩序，保证工程质量，2005年国家建设部颁布了《关于加强房屋建筑和市政基础设施工程项目施工招标投标行政监督工作的若干意见》建市〔2005〕208号文，其中规定国有资金投资的工程项目中推行《建设工程工程量清单计价规范》方式计价，并为遏制串通投标围标做出"提倡在工程项目的施工招标中设立对投标报价的最高限价，以预防和遏制串通投标和哄抬标价的行为，招标人设定最高限价的，应当在投标截止日3天前公布"的意见。《意见》一经颁布，各地区也对使用工程量清单计价相继出台了自己的各种办法和规定，目的只有一个，即公平、公正、杜绝哄抬标价、低价抢标现象发生。

"最高限价"其实就是俗称的"拦标价"，是指招标人在招标过程中向投标人公示的工程项目总价格的最高限制标准。有时是使用设计概算下浮百分点设定，有时是使用施工图预算上浮百分点设定，但多数是使用概算下浮。如果是使用施工图预算，完全可以将其作为标底参与评标，有标底再使用"拦标价"已经没有多大意义。限制最高价格这种方式，对于投标报价一直是招投标活动中最关注的内容，一个准确、合理又经济的投标报价往往决定了一个投标的成败，而围绕招投标出现的各种竞争最终又都反映在价格上。企业是要讲效益的，为争取更大利润，投标企业会采用各种方式在报价中动脑筋，例如，采用不均衡报价方式（合理的或投机的）或使用各种手段获取"标底"信息等，而最直接和最丑陋的方式是串通投标和围标。为有效控制围标和哄抬标价，招标人也在想尽办法予以控制，事先编制"标底"就是有效控制的极好方法。编制标底办法虽好，可是保密问题不好解决，各个环节都容易出差错。所以政府有关行政主管部门提倡鼓励招标项目不设立标底，进行无标底招标。而无标底招标对价格控制又有些困难，都在不同程度上碰到围标造成的哄抬标价以及低价抢标现象，结果就又有了"最高限价"和"预算控制价"。

编制招标控制价时应遵守计价规定，并体现招标控制价的计价特点：①使用的计价标准、计价政策应是国家或省级、行业建设主管部门颁布的计价定额和相关政策规定的；②采用的材料价格应是工程造价管理机构通过工程造价信息发布材料单价，工程造价信息，未发布材料单价的材料，其材料价格应通过市场调查确定；③国家或省级、行业建设主管部门对工程造价计价中费用或费用标准有政策规定的，应按政策规定执行，费用或费用标准的政策规定有幅度的，应按幅度的上限执行。

1. 招标标底编制原则及依据

1) 工程招标标底编制的原则

（1）根据国家规定的工程项目划分、统一计量单位，统一计算规则以及施工图纸、招标文件，并参照国家编制的基础定额和国家、行业、地方规定的技术标准、规范以及生产要素市场的价格，确定工程量和计算标底价格。

（2）标底的计价内容、计算依据应与招标文件的规定完全一致。

（3）标底价格应尽量与市场的实际变化相吻合。标底价格作为建设单位的预期控制价格，应反映和体现市场的实际变化，尽量与市场的实际变化相吻合，要有利于开展竞争和保证工程质量，让承包商有利可图。标底中的市场价格可参考有关建设工程价格信息服务机构向社会发布的价格行情。

（4）招标人不得因投资原因故意压低标底价格。

（5）一个工程只能编制一个标底，并在开标前保密。

（6）编审分离和回避。承接标底编制业务的单位及其标底编制人员，不得参与标底审定工作；负责审定标底的单位及其人员，也不得参与标底编制业务。受委托编制标底的单位，不得同时承接投标人的投标文件编制业务。

2) 工程招标标底编制的依据

工程招标标底受到诸如项目划分、设计标准、材料价差、施工方案、定额、取费标准、工程量计算准确程度等因素的影响。编制标底时应遵循的依据主要如下。

（1）国家公布的统一工程项目划分、统一计量单位、统一计算规则。

（2）招标文件，包括招标交底纪要。

（3）招标人提供的由具有相应资质的单位设计的施工图及相关说明。

（4）有关技术资料。

（5）工程基础定额和国家、行业、地方规定的技术标准规范。

（6）生产要素市场价格和地区预算材料价格。

（7）经政府批准的取费标准和其他特殊要求。

特别提示

实践中，对上述各种标底编制依据的强制性要求，随编制内容的不同而不同。如对招标文件、设计图纸及有关资料等，各地一般都规定必须作为编制标底的依据，而对技术、经济标准定额和规范等，可只作为编制标底的参照。

2. 招标标底编制内容

建筑工程招标标底，是对一系列反映招标人对招标工程交易预期控制要求的文字说明、数据、指标、图表的统称，是有关标底的定性要求和定量要求的各种书面表达形式。其核心内容是一系列数据指标。由于工程交易最终主要是用价格或酬金来体现的，所以，在招标实践中，工程招标标底文件主要是指有关标底价格的文件，主要由标底报审表和标底正文两部分组成，其格式如下。

1）标底报审表

标底报审表是招标文件和标底正文内容的综合摘要。其内容主要包括以下方面。

（1）招标工程综合说明。包括招标工程的名称；报建建筑面积；结构类型；建筑物层数；设计概算或修正概算总金额；施工质量要求；定额工期；计划工期；计划开工、竣工时间等。另外，在必要时还要附上招标工程（单项工程、单位工程等）一览表。

（2）标底价格。包括招标工程的总造价、单方造价，钢材、木材、水泥等主要材料的总用量及其单方用量。

（3）招标工程总造价中各项费用的说明。包括对包干系数、不可预见费用、工程特殊技术措施费等的说明，以及对增加或减少的项目的审定意见和说明。

2）标底正文

标底正文是详细反映招标人对工程价格、工期等的预期控制数据和具体要求的部分。一般包括以下内容。

（1）总则主要内容如下。

①说明标底编制单位的名称。

②持有的标底编制资质等级证书。

③标底编制的人员及其执业资格证书。

④标底具备条件。

⑤编制标底的原则和方法。

⑥标底的审定机构。

⑦对标底的封存、保密要求。

⑧其他一些相关内容。

（2）标底编制的要求及其编制说明如下。

标底编制应主要说明招标人在方案、质量、期限、价金、方法、措施等诸方面的综合性预期控制指标或要求，并要阐释其依据、包括和不包括的内容、各有关费用的计算方式等。

在标底编制要求中，应明确以下几个方面。

第一，各单项工程、单位工程、室外工程的名称、建筑面积、方案要点、质量、工期、单位造价（或技术经济指标）以及总造价。

第二，钢材、木材、水泥等的总用量及单方用量，甲方供应的设备、构件与特殊材料的用量。

第三，分部、分项直接费，其他直接费，工资及主材的调价，企业经营费，利税取费，等等。

特别提示

在标底编制说明中,要特别注意对标底价格的计算说明。主要应明确以下几个问题。

第一,阐明工程量清单的使用和内容。明确工程量清单必须与投标须知、合同条件、合同协议条款、技术规范和图纸一起使用,工程量清单中不再重复或概括工程及材料的一般说明。在编制和填写工程量清单的每一项的单价和合价时,参考投标须知和合同文件的有关条款。

第二,工程量的结算。明确工程量清单所列的工程量,只作为编制标底价格及投标报价的共同基础,付款则以由承包人计量、监理工程师核准的,实际完成工程量为依据。

第三,说明标底价格的计价方式和采用的货币。其主要内容如下。

(1) 采用工料单价的,工程量清单中所填入的单价与合价应按照现行预算定额的工、料、机消耗标准及预算价格确定,作为直接费的基础。其他直接费、间接费、利润,有关文件规定的调价、材料差价、设备价、现场因素费用、施工技术措施费、赶工措施费以及采用固定价格工程所测算的风险金、税金等的费用,计入其他相应标底价格计算表中。

(2) 采用综合单价的,工程量清单中所填入的单价和合价,应包括人工费、材料费、机械费、其他直接费、间接费、有关文件规定的调价、利润、税金以及现行取费中的有关费用、材料差价以及采用固定价格工程所测算的风险金等的全部费用。标底价格中所有标价以人民币(或其他适当的货币)计价。

(3) 应用工程量清单编制标底的编制要求。

①工程量清单应与投标须知、合同条件、合同协议条款、技术规范和图纸一起使用。

②工程量清单所列的工程量是招标单位估算的和临时的,作为编制标底造价及投标报价的共同基础。付款以实际完成的图纸工程量为依据。

③工程量清单配价采用工料单价法所填入的单价和合价,应按照现行预算定额的工、料、机消耗标准及预算价格确定,作为直接费的基础。其他直接费、间接费、利润、有关文件规定的调价、材料价差、设备价、现场因素费用、施工技术措施费、赶工措施费以及采用固定总价合同的所测算的风险金、税金等费用,计入其他相应标底造价计算表中。

④工程量清单不再重复或概括工程及材料的一般说明,在编制和填写工程量清单的每一项的单价和合价时应参考投标须知和合同文件的有关条款。

(4) 标底价格计算用表。采用工料单价标底价格计算用表与采用综合单价标底价格计算用表,二者有所不同。主要差异见表4-3。

表4-3 工料单价标底价格计算用表与采用综合单价标底价格计算用表差异对比表

工料单价标底价格计算用表主要表名	综合单价标底价格计算用表主要表名
标底价格汇总表	标底价格汇总表
工程量清单汇总及取费表	工程量清单表
工程量清单表	设备清单及价格
材料清单及材料差价	现场因素、施工技术措施及赶工措施费用表
设备清单及价格	材料清单及材料差价

续表

工料单价标底价格计算用表主要表名	综合单价标底价格计算用表主要表名
现场因素、施工技术措施及赶工措施费用表	人工工日及人工费
其他	机械台班及机械费
	其他

(5) 施工方案主要应说明以下几方面内容。

①各分部分项工程的完整的施工方法，保证质量措施。

②各分部位施工进度计划。

③施工机械的进场计划。

④工程材料的进场计划。

⑤施工现场平面布置图及施工道路平面图。

⑥冬、雨期施工措施。

⑦地下管线及其他地上、地下设施的加工措施。

⑧保证安全生产、文明施工，减少扰民、降低环境污染和噪声的措施。

特别提示

在说明施工方案时，应明确各分部分项工程与工程造价有关的施工方法和布置，提交包括临时设施和施工道路的施工总布置图及其他必需的图表、文字说明书等资料。该方案应先进、可行、经济、合理、图文并茂，并能指导施工。

3. 招标标底编制方法

1) 以施工图预算为基础的标底

该编制方法在我国当前建筑工程施工招标中采用较多。它主要包括以下几部分工作。

(1) 根据施工详图和技术说明，按工程预算定额规定的分部分项工程子目，逐项计算工程量。

(2) 套用定额单价（或单位估价表）确定直接费。

(3) 按规定的取费标准确定临时设施费、环境保护费、文明施工费、安全施工费、夜间施工增加费等费用。

(4) 确定利润、材料调价系数和适当的不可预见费，如果拆除旧建筑物，场地"三通一平"以及某些特殊器材的采购也在招标范围之内，则须在工程预算之外再增加相应的费用。

(5) 以上4项费用进行汇总，作为标底的基础。

标底的编制程序和主要工作内容见表4—4。

表4-4 标底的编制程序和主要工作内容

序号	工作步骤	主要工作内容
1	准备工作	图纸及说明;勘察施工现场;拟订施工方案和土方平衡方案;了解建设单位提供的器材落实情况;进行市场调查;等等
2	计算工程量	工程量计算规则,计算分部分项工程量,编制工程量清单
3	确定单价	分项工程选定适合的定额单价,编制必要的补充单价
4	计算直接费	分项工程直接费、措施费(工程用水电费、干净搬运费、大型机械进出场费、高层建筑超高费等)
5	计算间接费	以直接费为基数,按规定费率计算
6	计算主要材料数量和差价	水泥、木材、玻璃、沥青等材料用量及统配价与议价或市场价之差额
7	确定不可预见费	
8	计算利润	确定利润率计算
9	确定标底	确定以上各项并经主管部门审核批准

2) 以工程概算为基础的标底

其编制程序和以施工图预算为基础的标底大体相同,所不同的是采用工程概算定额,分部分项工程子目做了适当的归并与综合,使计算工作有所简化。采用这种方法编制的标底,通常适用于初步设计或技术设计阶段即进行招标的工程。在施工图阶段招标,也可按施工图计算工程量,按概算定额和单价计算直接费,既可提高计算结果的准确性,又能减少计算工作量,节省时间和人力。

3) 以扩大综合定额为基础的标底

它是由工程概算为基础的标底发展而来的,其特点是在工程概算定额的基础上,将措施费、间接费以及法定利润都纳入扩大的分部分项单价内,可使编制工作进一步简化。

4) 以平方米造价包干为基础的标底

主要适用于采用标准图大量建造的住宅工程。一般做法是由地方主管部门对不同结构体系的住宅造价进行测算分析,制定每平方米造价包干标准。在具体招标时,再根据装修、设备情况进行适当调整,确定标底单价。鉴于基础工程因地质条件不同而对造价有很大的影响,所以,平方米造价包干多以工程的正负零以上为对象,基础和地下部分工程仍应以施工图预算为基础确定标底,二者之和才能构成完整的工程标底。

4. 招标标底编制注意事项

1) 做好标底编制前的各项准备工作

(1) 认真研究招标文件。

(2) 踏勘现场。标底编制一定要踏勘现场,了解现场供水、供电、运输和场地状态。

(3) 清点和熟悉施工图。

首先,要检查接受的施工图所表达的工程内容,是否属于招标范围,属于招标范围的工程项目或内容是否都表达在施工图内。

其次，将图纸目录与各张施工图校对，防止目录与实际图纸不一致。

2）计算工程量

工程量是标底编制中最基本和最重要的数据，漏项和错算都会直接影响标底造价的正确程度，而且工程量又作为招标文件的组成内容，即工程量清单，投标单位按工程量清单确定的工程数量进行报价。工程量的工程分项名称以及工程量的计算方法应与所使用定额的规定一致。用什么定额，就按所用的定额列出分项工程名称，依据相应计算规则计算工程量。分项工程名称的描述要全面妥贴。如果名称含糊不清，容易造成理解错误。

3）正确使用定额和补充单价

定额要正确运用。定额不适用的一些分项，如何正确换算和补充，要有依据，不能凭主观想象，生搬硬套。标底中的单价以当地现行的预算定额为依据。对定额中的缺项或有特殊要求的项目，应编制补充单价分析。

另外，各种预制构件的加工地点的远近影响运输费；大型施工机构的进退场费；一次性安装拆卸费用；等等也要慎重仔细考虑。

4）正确计算材料价差

计算材料价差一般都遵循当地工程造价管理部门颁发的材差调整文件。但是标底有别于施工图预算。材料价差系数的颁发有一定的时点，该时点过后才相继出现标底编制时点、工程竣工时点。材料价差系数仅仅考虑了该系数颁发前那一阶段材料价格的浮动，而没有考虑也不可能考虑其后阶段的材料价差问题。

如果招标工程采用固定总价合同，要求在编制标底时特别注意未来市场价格的变化，合理估计涨价因素，原则上要考虑施工单位的风险承受能力。目前常用的处理方法如下。

（1）先按有关文件规定使用材料价差系数。

（2）对地方材料，调查价差系数颁发以来的价格浮动，预测下阶段的价格浮动。对工期长的工程，这种预测尤为重要。综合各项材料，如浮动幅度不大，略去不计，如浮动有一定的幅度，可以采取下述方法。

①按具体材料品名、数量、浮动价格计算价差，列入标底。

②把价差折合成系数，在原材料价差系数基础上递增，列入标底。

（3）对钢材、水泥、木材等主要材料，如由建设单位供应，则价差直接发生在建设单位，不列入标底，施工单位投标报价也不包括这部分价差。如建设单位委托施工单位采购，则材料价差应列在标底内；工程竣工结算时，或允许高进高出调整，或不予调整，应视招标文件规定。

5）正确计算施工措施性费用

施工措施性费用是标底编制中较难处理的问题之一。设计单位只提供施工图，一般不提供施工方案。所以标底编制人员，平时要注意积累收集有关这方面的资料。如缺少资料，要做好调查研究，进行多方案的比较，特别是对一些深基础工程、超重和超大构件的吊装和运输、大规模的混凝土结构工程、工期要求比定额工期缩短过多的工程要采取抢工施工措施、施工机械搬迁费等，更应慎重考虑。

6) 计算直接费、间接费及总造价

在准确核对各项目工程量及相应的预算单价基础上，计算分项直接费后并汇总。然后按地区规定的取费率计算出间接费及利润等，最后加入材料价差、施工措施性费用、代办项目费等，即可得出预算总造价，即招标工程的标底。招标工程的标底应包括如下内容。

（1）工程量清单。

（2）工程项目分部分项的单价，包括补充单价分析表。

（3）招标工程的直接费。

（4）按各地区规定的取费标准计算的间接费及利润。

（5）其他不可预见的费用估计。

（6）招标工程项目的总造价，即标底总价，见表4－5。

表4－5 标底造价汇总   单位：元

项　　目	标底造价组成					合计	备注
工程量清单汇总及取费	工程直接费合计	工程间接费合计	利润	其他费用	税金		
材料差异							
设备费（含运杂费）							
现场各项措施费用							
其他							
风险金							
合计							
标底总价							

（7）钢材、水泥、木材三大材料需用量。钢筋的耗用量应按施工图实际配筋为准。

标底的取费标准，应按照工程主要特征（如高度、跨度、工程结构、技术要求、用途等）和企业等级，以直接费为计算基础，宜采用综合费率。

5. 标底送审

关于标底送审时间，在实践中有不同的做法。

一是，在开始正式招标前，招标人应当将编制完成的标底和招标文件等一起报送招投标管理机构审查认定，经招投标管理机构审查认定后方可组织招标。

二是，在投标截止日期后、开标之前，招标人应将标底报送招投标管理机构审查认定，未经审定的标底一律无效。

招标人申报标底时应提交的有关文件资料主要包括如下内容。

（1）工程施工图纸。

（2）施工方案或施工组织设计。

（3）填有单价与合价的工程量清单。

（4）标底价格计算书。

(5) 标底价格汇总表。

(6) 标底价格审定书（报审表）。

(7) 采用固定价格的工程的风险系数测算明细。

(8) 各种施工措施测算明细。

(9) 材料设备清单。

(10) 其他相关资料。

6. 标底审定交底

一般对结构不太复杂的中小型工程招标标底应在 7d 以内审定完毕，对结构复杂的大型工程招标标底应在 14d 以内审定完毕，并在上述时限内进行必要的标底审定交底。

7. 标底进行封存

标底自编制之日起至公布之日止应严格保密。标底编制单位、审定机构必须严格按规定密封、保存，开标前不得泄露。经审定的标底即为工程招标的最终标底。未经招标投标管理机构同意，任何单位和个人无权变更标底。

4.2.5 招标文件的汇总与审核

招标文件应对照 2007 版招标文件示范文本的组成部分，根据项目具体要求，进行汇总和审核，审核要点如下。

(1) 是否遵守法律、法规、规章和有关方针、政策的规定，符合有关贷款组织的合法要求。保证招标文件的合法性是编制和审定招标文件必须遵循的一个根本原则。不合法的招标文件是无效的，不受法律保护。

(2) 内容是否真实可靠、完整统一、具体明确，体现了诚实信用的原则。招标文件反映的情况和要求必须真实可靠，讲求信用，不能欺骗或误导投标人。招标人或招标代理人对招标文件的真实性负责。招标文件的内容应当全面系统、完整统一，各部分之间必须力求一致，避免相互矛盾或冲突。招标文件确定的目标和提出的要求必须具体明确，不能发生歧义，模棱两可。

(3) 分标是否适当。工程分标是指就工程建设项目全过程（总承包）中的勘察、设计、施工等阶段招标，分别编制招标文件，或者就工程建设项目全过程招标或勘察、设计、施工等阶段招标中的单位工程、特殊专业工程分别编制招标文件。工程分标必须保证工程的完整性、专业性，正确选择分标方案，编制分标工程招标文件，不允许任意肢解工程，一般不能对单位工程再分部、分项招标，编制分部、分项招标文件。属于对单位工程分部、分项单独编制的招标文件，建设工程招投标管理机构不予审定认可。

(4) 工程量清单是否准确无误。

(5) 是否兼顾招标人和投标人的双方利益。招标文件的规定要公平合理，不能不恰当地将招标人的风险转移给投标人。

4.3 任务实施

(1) 根据项目情况，按相关规定，完成该项目的投标须知，并完成投标须知表的填写。

(2) 确定本项目的标底,并陈述理由。

(3) 完成本项目的招标文件审定,并陈述理由。

(4) 参照 2007 示范文本,按照招标文件的组成部分和本项目情况,进行文件汇总与装订。

> **专家支招**
>
> 招标文件(Bidding Document)的作用在于:阐明需要采购货物或工程的性质,通报招标程序将依据的规则和程序,告知订立合同的条件。招标文件既是投标商编制投标文件的依据,又是采购人与中标商签定合同的基础。招标人应本着公平互利的原则,务必使招标文件严密、周到、细致、内容正确。编制招标文件是一项十分重要而又非常烦琐的工作,应有有关专家参加,必要时还要聘请咨询专家参加。招标文件的编制要特别注意以下几个方面:①所有采购的货物、设备或工程的内容,必须详细地一一说明,以构成竞争性招标的基础;②制定技术规格和合同条款不应造成对有资格投标的任何供应商或承包商的歧视;③评标的标准应公开和合理,对偏离招标文件另行提出新的技术规格的标书的评审标准,更应切合实际,力求公平;④符合本国政府的有关规定,如有不一致之处要妥善处理。

4.4 任务评价

1. 任务评价

完成表 4-6 的填写。

表 4-6 任务评价表

考核项目	分数			学生自评	小组互评	教师评价	小 计
	差	中	好				
团队合作精神	1	3	5				
活动参与是否积极	1	3	5				
工作过程安排是否合理规范	2	10	18				
陈述是否完整、清晰	1	3	5				
是否正确灵活运用已学知识	2	6	10				
劳动纪律	1	3	5				
此次任务完成是否满足工作要求	2	4	6				
此项目风险评估是否准确	2	4	6				
总 分		60					
教师签字:				年 月 日		得 分	

2. 自我总结

（1）此次任务完成中存在的主要问题有哪些？

（2）问题产生的原因有哪些？

（3）请提出相应的解决方法。

（4）您认为还需加强哪方面的指导（实际工作过程及理论知识）？

知识回顾

招标文件是工程招投标工作的一个指导性文本文件，是招投标各个具体工作环节执行情况的说明。在招标文件编制与审定阶段，招标单位或者招标代理人应当根据招标决策，按照招标文件的编制依据和内容进行编写。其内容主要涉及商务、技术、经济、合同等方面，其形式上主要由正式文本、对正式文本的解释和对正式文本的修改3部分构成。招标文件必须表明招标单位选择投标单位的原则和程序，如何投标、建设背景和环境，项目技术经济特点，招标单位对项目在进度、质量等方面的要求，工程管理方式，等等。施工招标文件一般包含下列内容，即投标邀请书、投标须知、合同通用条款、合同专用条款、合同格式、技术规范、投标书及其附录与投标保证格式、工程量清单与报价表、辅助资料表、资格审查表、图纸等几个方面的内容。

本次编制工作还包括资格预审文件和招标标底。资格预审程序可以帮助招标人较全面地了解申请投标人各方面的情况，提前将不合格、竞争能力较差的投标人淘汰，节约评标时间，减少招标和投标成本。建筑工程招标标底是对一系列反映招标人对招标工程交易预期控制要求的文字说明、数据、指标、图表的统称，是有关标底的定性要求和定量要求的各种书面表达形式。它是招标人对招标工程所需费用的预测和控制，是招标工程的期望价格。

本次文件编制的重点是工程量清单与报价表的编制和工程招标标底的编写。招标文件的审定原则是遵守法律、法规、规章和有关方针、政策的规定，符合有关贷款组织的合法要求，兼顾招标人和投标人的双方利益，以保证文件真实可靠、完整统一、具体明确、诚实信用。

 基础训练

一、选择题

1. 工程量清单是招标单位按国家颁布的统一工程项目划分、统一计量单位和统一工程量计算规则，根据施工图纸计算工程量，提供给投标单位作为投标报价的基础。结算拨付工程款时以（　　）为依据。

　　A. 工程量清单　　　　　　　　B. 实际工程量
　　C. 承包方报送的工程量　　　　D. 合同中的工程量

2. 我国施工招标文件部分内容的编写应遵循的规定有（　　）。

　　A. 明确投标有效期不超过18天　　B. 明确评标原则和评标方法
　　C. 招标文件的修改，可用各种形式通知所有招标文件接收人
　　D. 明确评标委员会成员名单

3. （　　）一般适用于工程规模较小、技术比较简单、工期较短，且核定合同价格时

已经具备完整、详细的工程设计文件和必需的施工技术管理条件的工程建设项目。

A. 固定总价合同　　　　　　　　B. 固定单价合同
C. 可调价格合同　　　　　　　　D. 成本加酬金合同

4. 工程承包人承担了工程单价风险，工程招标人承担了工程数量的风险的合同形式是（　　）。

A. 固定总价合同　　　　　　　　B. 固定单价合同
C. 可调价格合同　　　　　　　　D. 成本加酬金合同

5. （　　）一般适用于核定合同价格时，工程内容、范围、数量不清楚或难以界定的工程建设项目。

A. 固定总价合同　　　　　　　　B. 固定单价合同
C. 可调价格合同　　　　　　　　D. 成本加酬金合同

6. （　　）是发包人为解决承包人在施工准备阶段资金周转问题提供的协助，性质上属于借款。

A. 预付款　　　　　　　　　　　B. 投标保证金
C. 履约保证金　　　　　　　　　D. 工程进度付款

7. （　　）属于工程量清单中其他项目清单的组成部分。

A. 措施项目清单　　　　　　　　B. 总承包服务费
C. 规费项目清单　　　　　　　　D. 分部分项工程量清单

8. （　　）是工程量清单子目单价组成的一个分解表，主要用于分析清单项目综合单价的合理性，或作为合同履行中计算变更单价、确定新增子目单价的依据。

A. 总承包服务费　　　　　　　　B. 规费项目清单
C. 综合单价分析表　　　　　　　D. 分部分项工程量清单

9. 工程施工招标标底主要用于（　　）。

A. 作为评定投标报价有效性和合理性的唯一和直接依据
B. 评标时依据标底，投标报价最接近标底的投标人为中标人
C. 超出标底价格上下允许浮动范围的投标报价直接做废标处理
D. 评标时分析投标价格的合理性、平衡性、偏离性，分析各投标报价的差异情况，作为防止投标人恶意投标的参考性依据

10. 标底和招标控制价的主要区别是（　　）。

A. 标底应当保密，而招标控制价应当在开标时公布
B. 招标控制价应当保密，而标底应当在开标时公布
C. 标底应当保密，而招标控制价应当在招标文件中公布
D. 招标控制价应当保密，而标底应当在招标文件中公布

11. 关于招标控制价的编制，论述正确的是（　　）。

A. 计价依据包括国家或省级、行业建设主管部门颁发的计价定额和计价办法
B. 招标人在招标文件中公布招标控制价时，应只公布招标控制价总价，不得公布招标控制价各组成部分的详细内容
C. 综合单价中不包括招标文件中要求投标人所承担的风险内容及其范围产生的风险

费用

　　D. 暂列金额一般可以分部分项工程费的 15%～20% 为参考

12. 当投标报价确定分部分项工程综合单价时，下列做法错误的是（　　）。

　　A. 当出现招标文件中分部分项工程量清单特征描述与设计图纸不符时投标人应以分部分项工程量清单的项目特征描述为准，确定投标报价的综合单价

　　B. 承包人不应承担由于法律、法规或有关政策出台导致工程税金、规费、人工费发生变化而产生的风险

　　C. 招标文件中在其他项目清单中提供了暂估单价的材料，应按其暂估单价计入分部分项工程量清单项目的综合单价中

　　D. 对于主要由市场价格波动导致的价格风险，建议可一般采取的方式是承包人承担 8% 以内的材料价格风险，15% 以内的施工机械使用费风险

13. 为了便于评标和比较，投标价中的多种货币将以（　　）统一转换成评标货币。

　　A. 开标当日中国银行公布的投标货币对评标使用货币卖出价
　　B. 开标当日中国银行公布的投标货币对评标使用货币卖出价的中间价
　　C. 开标当日中国人民银行公布的投标货币对评标使用货币卖出价
　　D. 开标当日中国人民银行公布的投标货币对评标使用货币卖出价的中间价

14. 《政府采购货物和服务招标投标管理办法》规定的（　　）属于"经评审的最低投标价法"。

　　A. 综合评价法　　　　　　　　　　B. 最低评标价法
　　C. 综合评分法　　　　　　　　　　D. 性价比法

15. 根据《招标公告发布暂行办法》的规定：《中国日报》、《中国经济导报》、《中国建设报》、"中国采购与招标网"为指定依法必须招标项目的招标公告发布媒体。其中，国际招标项目的招标公告应在（　　）发布。

　　A.《中国日报》　　　　　　　　　B.《中国建设报》
　　C.《中国经济导报》　　　　　　　D."中国采购与招标网"

16. 招标文件的（　　）内容，将来并不构成合同文件。

　　A. 合同条款　　　　　　　　　　　B. 设计图纸
　　C. 投标人须知　　　　　　　　　　D. 技术标准与要求

17. 对于未进行资格预审项目的公开招标项目，招标文件应包括（　　）。

　　A. 招标公告　　　　　　　　　　　B. 投标邀请书
　　C. 资格预审通过通知书　　　　　　D. 投标邀请书（代资格预审通过通知书）

二、多选题

1. 招标文件应当包括（　　）等所有实质性要求和条件以及拟签订合同的主要条款。

　　A. 招标工程的报批文件　　　　　　B. 招标项目的技术要求
　　C. 对投标人资格审查的标准　　　　D. 投标报价要求
　　E. 评标标准

2. 采用工料单价法编制标底时，各分项工程的单价中应包括（　　）。

　　A. 人工费　　　　　　　　　　　　B. 材料费

C. 机械使用费 D. 其他直接费

E. 间接费

3. 编制标底应遵循的原则有（　　）。

A. 工程项目划分、计量单位、计算规则统一　B. 按工程项目类别计价

C. 应包括不可预见费、赶工措施费等　　　　D. 应考虑市场变化

E. 应考虑招标人的资金状况

4. 支付担保的形式有（　　）。

A. 银行保函 B. 质保

C. 履约保证金 D. 担保公司担保

E. 抵押

5. 下列关于国际竞争性招标的适用条件的描述中，正确的是（　　）。

A. 对于世界银行贷款项目，单个土建合同金额超过2000万美元

B. 对于亚洲开发银行贷款项目，单个土建合同金额超过1000万美元

C. 对于世界银行贷款项目，货物合同金额超过700万美元

D. 对于亚洲开发银行贷款项目，咨询顾问合同金额超过20万美元

6. 世亚行对国际竞争性招标的审查程序包括（　　）。

A. 资格预审文件、招标文件需经世亚行的审查和出具"不反对"意见后才可发售

B. 招标人需提交世亚行简要的评标报告和已签订的合同等文件报备

C. 资格预审评审报告、评标报告需经过世亚行的审查和出具"不反对"意见

D. 拒绝所有投标、重新招标或与最低评标价投标人进行谈判之前，需事先得到世亚行的批准

7. 在土建工程招标文件的主要内容中，合同格式文件包括（　　）。

A. 预付款保函格式 B. 合同协议书格式

C. 履约保函格式 D. 中标通知书格式

8. 有关招标控制价的理解，下列阐述中正确的是（　　）。

A. 招标控制价应在招标文件中公布，不应上调或下浮

B. 国有资金投资的工程建设项目应实行工程量清单招标，并应编制招标控制价

C. 招标控制价超过批准的概算时，招标人应将其报原概算审批部门审核

D. 投标人的投标报价高于招标控制价的，其投标应予以拒绝

E. 招标控制价类似标底，需要保密

9. 编制标底应遵循的原则有（　　）。

A. 工程项目划分、计量单位、计算规则统一

B. 按工程项目类别计价

C. 应包括不可预见费、赶工措施费等

D. 应考虑市场变化

E. 应考虑招标人的资金状况

三、简答题

1. 招标文件由几部分组成？

2. 投标须知有哪些编制要点？
3. 编制工程量清单应注意哪些问题？
4. 标底与招标控制价的区别和联系是什么？
5. 标底编制的原则、要求和方法有哪些？
6. 如何进行招标文件的汇总和审核？

 拓展训练

1. 上网进入当地建设工程交易中心网站，选择一个招标项目，完成投标须知的编制工作。
2. 教师可围绕本学校已建或在建项目，指定完成某项目招标文件的审定工作。

任务 5　招标日常事务与纠纷处理

▶▶引例 1

某招标代理单位在接受招标委托后,根据工程的情况,编写了招标文件,其中的招标日程安排见表 5－1。

表 5－1　招标日程安排

序　号	工作内容	日　　期
1	发布公开招标信息	2001.4.30
2	公开接受施工企业报名	2001.5.4 上午 9：00～11：00
3	发放招标文件	2001.5.10 上午 9：00
4	答疑会	2001.5.10 上午 9：00～11：00
5	现场踏勘	2001.5.11 下午 13：00
6	投标截止	2001.5.16
7	开标	2001.5.17
8	询标	2001.5.18～21
9	定标	2001.5.24 下午 14：00
10	发中标通知书	2001.5.24 下午 14：00
11	签订施工合同	2001.5.25 下午 14：00
12	进场施工	2001.5.26 上午 8：00
13	领取标书编制补偿费、保证金	2001.6.8

引导问题 1：根据引例 1 回答以下问题。

（1）上述招标代理单位编制的招投标日程安排有何不妥之处？并简述理由。

（2）简述招标日常事务主要工作内容及重点。

5.1 任务导读

5.1.1 任务描述

某高校要建设实训楼,投资约 5200 万元人民币,建筑面积约 30000m^2。现已完成招标文件编制与审核工作,目前的任务是按照招标文件规定支持招标日常事务和处理相关纠纷。

5.1.2 任务目标

(1) 按照招标文件规定,制订招标工作程序。
(2) 完成资格预审和招标文件发售工作。
(3) 按照招标工作时限,完成招标文件答疑、澄清与修改、开标、评标工作。
(4) 按照招标工作时限,完成定标工作,处理相关纠纷,完成招标资料归档。
(5) 通过完成该任务,提出后续工作建议,完成自我评价,并提出改进意见。

5.2 相关理论知识

建设工程施工招标的主要工作程序如图 5.1 所示,包括以下几个阶段。

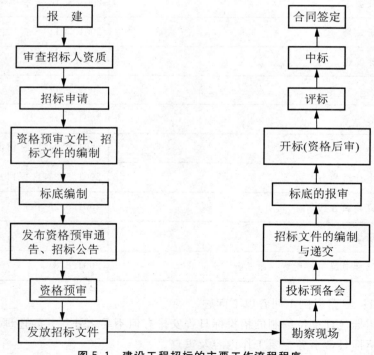

图 5.1 建设工程招标的主要工作流程程序

(1) 建设项目报建。
(2) 编制招标文件。
(3) 发放招标文件。
(4) 开标、评标与定标。
(5) 签订合同。

在完成了招标报建和招标文件编制后，本任务的主要工作内容如图 5.1 所示，包括以下内容：根据招标方式的不同发布招标公告或投标邀请书、审查投标人资格、发标、开标、评标和定标，同时处理招标过程中的相关纠纷。

5.2.1 资格预审

▶▶引例 2

某桩基工程施工投标邀请书（资格预审）

编号：
致
（投标人名称）

1. 某桩基工程已批准建设。资金自筹已毕，现决定对该项目的桩基工程施工进行邀请招标，择优选定承包人。

2. 本次招标工程项目的概况如下：
1) 招标工程类别：一类打桩工程。
2) 建设规模：总建筑面积约 40885.8m^2，建筑高度为 36m。
3) 结构类型：桩基工程采用拍 00 钻孔灌注桩，框架结构，层数 7 层，地下 1 层。
4) 招标范围：某桩基工程设计图纸范围内的桩基工程包括钻孔灌注桩及基坑围护等工程。
5) 工程建设地点为某县某路。
6) 计划开工日期为某年某月某日，竣工日期为某年某月某日，工期为 100 天。
7) 工程质量要求达到国家施工验收规范合格工程标准。

3. 如你方对本工程上述（一个或多个）招标工程项目感兴趣，可向招标人提出资格预审申请，只有资格预审合格，才有可能被邀请参加投标。

4. 请你方按本邀请书后所附招标人或招标代理机构地址从招标人或招标代理机构处获取资格预审文件，时间为某年某月某日至某月某日，每天上午 8 时 30 分至 11 时 30 分，每天下午 14 时 00 分至 17 时 00 分（公休日与节假日除外）。

5. 资格预审文件每套售价 200 元人民币，售后不退。如欲邮购，可以以书面形式通知招标人，并另加邮费每套 25 元，招标人将立即以航空挂号方式向投标人寄送资格预审文件，但在任何情况下，如寄送的文件迟到或丢失招标人均不对此负责。

6. 资格预审申请书必须经密封后，在某年某月某日某时以前送至我方。申请书封面上应清楚地注明"资格预审申请书"（招标工程项目名称和标段名称）字样。

7. 迟到的申请资料（申请书）将被拒绝（以送达招标人的时间为准）。

8. 我方将及时通知你方资格预审结果，并预计于某年某月某日发出资格预审合格通知书。

9. 有关本项目投标的其他事宜，请与我方联系。

招标人地址：

联系人： 传真： 电话： 邮编：

购买招标文件联系电话：

购买招标文件联系人：

▶▶引例3

某公路改造工程施工招标公告（资格后审）

招标编号：

某公路改造工程项目经批准建设，国家补助资金已落实。项目法人为某工程建设指挥部，招标人为某工程建设指挥部，现对本项目在全国范围公开招标，符合条件的申请人均可投标，本项目不接受联合体申请，不得分包。现将招标有关事宜通告如下：

1. 某公路改建工程起于某县，止于某县，路线全长 68km。

2. 标段划分及主要内容：

该项目为一个合同段，全长 68km，工程内容有路基、路面（沥青路面、块石路面）、安全设施等。

3. 施工标段的申请：采用国内竞争性公开招标，资格后审的方式。凡具有独立法人资格、持有营业执照，具有不低于公路工程号业承包三级以上（含三级）资质，且近 5 年无不良业绩的施工企业，均可对上述标段进行报名。

4. 符合条件的申请人须于某年某月某日至某年某月某日 8：30 时至 17：30 时（北京时间，下同）携带企业营业执照正本或副本原件、资质证书正本或副本原件、安全生产许可证副本、经公证的法人授权书原件、被授权人的身份证（原件及复印件）到某县（具体地址）购买标书（含资格后审文件），每套招标文件售价壹仟元整（￥：1000.00 元），图纸资料费：壹仟贰佰元整（￥：1200.00 元），售后不退。

5. 投标人在送交招标文件时，应同时以现金形式向招标人提交投标保证金伍万元整（￥：50000.00 元）作为投标担保。

6. 递交投标文件的截止日期为：某年某月某日某时，投标文件必须在上述时间交到某处。

7. 定于某年某月某日 9：00 时在某处公开开标，投标人应派其授权代表出席。

8. 公告发布媒体：某报。

招标人地址：

联系人： 传真： 电话： 邮编：

招标代理机构地址：

联系人： 传真： 电话： 邮编：

购买招标文件联系电话：

购买招标文件联系人：

日期： 年 月 日

引导问题 2：阅读引例 2、引例 3，回答以下问题。
(1) 资格审查的种类有哪些？
(2) 资格审查的主要内容有哪些？
(3) 资格审查的方法与程序有哪些？

相关链接

招标公告和投标邀请书的媒介传播

(1) 招标公告于 2000 年 7 月 1 日起施行的国家发改委第 4 号令《招标公告发布暂行办法》中规定：《中国日报》、《中国经济导报》、《中国建设报》和"中国采购与招标网"（http://www.chinabidding.com.cn）为发布必须招标项目招标公告的媒介。其中，国际招标项目的招标公告应在《中国日报》上发布。

(2) 投标邀请书。对于邀请投标书，一般由招标人直接向被邀请的投标人通过传真、邮寄方式送达。

---

1. 资格审查的种类

资格审查分为资格预审和资格后审。

资格预审是指在投标前对潜在投标人进行的资格审查，是在招标阶段对申请投标人的第一次筛选，目的是审查投标人的企业总体能力是否适合招标工程的需要。只有在公开招标时才设置此程序。

资格后审是指在开标后对投标人进行的资格审查。已进行资格预审的，一般不再进行资格后审，但招标文件另有规定的除外。资格后审适用于那些工期紧迫、工程较为简单的建设项目，审查的内容与资格预审基本相同。

2. 资格审查的主要内容

资格审查应按资格审查文件的要求，主要审查潜在投标人或者投标人是否符合下列条件。

(1) 具有独立订立和履行合同的能力，主要从专业、技术资格和能力，资金、设备和其他物质设施状况，管理能力、经验、信誉和相应的从业人员方面进行考察。

(2) 营业状况良好，无被责令停业，投标资格被取消，财产被接管、冻结，破产状态等不良状况。

(3) 信誉良好，最近 3 年内无骗取中标、严重违约及重大工程质量问题发生。

(4) 法律、行政法规规定及本项目所需的其他资格条件。

对于需要有专门技术、设备或经验的投标人才能完成的大型复杂项目，应针对工程所需的特别措施或工艺专长、专业工程施工经历和资质及安全文明施工要求等内容进行更加严格的资格审查。

▶▶应用案例 1

某水电站的引水发电隧洞施工招标，招标工程为建造一条洞长 9400m、洞径 8m 的输水隧道。招标人资格审查的标准中要求投标人必须完成过洞长 6000m、洞径 6m 以上的有压隧洞施工经历。

【专家评析】

招标人资格审查的标准中设立的洞长和洞径小于实际招标项目,但要求具有有压隧洞施工经历。这是该招标工程结构受力特点决定的。一般公路或铁路隧洞均为无压隧洞,洞壁受力总是指向洞内的外界山岩压力产生的压缩变形,而水力发电隧洞在洞内无水时受力特点为无压隧洞,但发电隧洞充水时内水压力大于外部的山岩压力,隧洞衬砌部分受拉伸变形。此外,在施工组织、施工技术、施工经验和管理等方面也要求与招标项目在同一数量水平上。

3. 资格审查的方法与程序

1) 资格审查的方法

资格审查办法一般分为合格制和有限数量制两种。合格制即依照考核因素和标准,凡能通过者,均可参加投标,合格者数量不受限定。有限数量制是指预先限定通过资格预审的人数,再量化各项审查指标,依照资格审查标准和程序,最后按得分由高到低确定通过资格预审的申请人。通过者不得超过限定数量。

2) 资格审查的程序

(1) 初步审查。初步审查是一般符合性审查。

(2) 详细审查。审查的重点在于投标人财务能力、技术能力和施工经验等内容。

(3) 资格预审申请文件的澄清。在审查过程中,审查委员会可以以书面形式,要求申请人对所提交的资格预审申请文件中不明确的内容进行必要的澄清或说明。申请人的澄清或说明应采用书面形式,并不得改变资格预审申请文件的实质性内容。申请人的澄清和说明内容属于资格预审申请文件的组成部分。招标人和审查委员会不接受申请人主动提出的澄清或说明。

(4) 提交审查报告。完成资格审查后,审查委员会应确定通过者名单,并向招标人提交书面审查报告。如通过者数量不足3个,招标人应重新组织资格预审或不再组织资格预审而直接招标。

资格预审评审报告一般包括工程项目概述、资格预审工作简介、资格评审结果和资格。评审表等附件内容。

特别提示

资格预审申请人除应满足初步审查和详细审查的标准外,还不得存在下列任何一种情形:
(1) 不按审查委员会要求澄清或说明的。
(2) 在资格预审过程中弄虚作假、行贿或有其他违法违规行为的。
(3) 申请人存在下列情形之一。
①为招标人不具有独立法人资格的附属机构(单位)。
②为本标段前期准备提供设计或咨询服务的,但设计施工总承包的除外。
③为本标段的监理人。
④为本标段的代建人。
⑤为本标段提供招标代理服务的。
⑥与本标段的监理人或代建人或招标代理机构同为一个法定代表人的。
⑦与本标段的监理人或代建人或招标代理机构相互控股或参股的。
⑧与本标段的监理人或代建人或招标代理机构相互任职或工作的。
⑨被责令停业的。

▶▶应用案例2

A 市 B 购物中心建设项目一期工程评审报告见表 5-2。

表 5-2　A 市 B 购物中心建设项目一期工程评审报告

工程名称			A 市 B 购物中心建设项目一期工程			
栋数	4	结构层次	钢构、框架三层	建筑面积（m²）	29 169.9m²	
市政工程建设规模						
标段数量	1	评审时间	2008 年 9 月 24 日	评审地点	A 市建设交易中心	
资格预审评审小组成员名单						
姓名	工作单位		职务	职称	专业工作年限	在小组中担任的工作
张一	大合商贸责任公司		经理	会计师	18 年	评审工作
杨天	天星物流发展有限责任公司		副经理	工程师	15 年	评审工作
王洋	第二建设项目管理有限公司		副总经理	工程师	20 年	评审工作
赵宏	第一建设项目管理有限公司		副总经理	工程师	20 年	评审工作
刘立	第三建设项目管理有限公司		副经理	助理工程师	8 年	评审工作
资格预审评审程序和内容						

A 市 B 购物中心建设项目一期工程于 2008 年 8 月 20 日下午 16：30 至 8 月 23 日下午 16：30 在 A 市建设信息网上发布招标公告，网上报名的有 10 家投标单位。于 2008 年 9 月 24 日 9：00 时至 17：00 时止，共有 15 家投标申请人送达并提交资格证明文件和资料，并在 A 市建设工程交易中心现场受理并核验投标申请人现场提交资格证明文件和资料。

根据招标公告相应条款要求，本着"公开、公平、公正"的原则，在不排除任何潜在投标人的前提下，评审小组现场受理并核验了投标申请人现场提交资格证明文件和资料。审查内容包括企业营业执照副本；组织机构代码证；资质证书副本；安全生产许可证；网上报名记录；外地企业需另携带甲市建委注册登记证或企业资质认证证明单；拟派项目经理执业资格注册证（一级）、身份证、项目经理劳动合同以及项目经理类似工程经验业绩表及证明资料；项目经理担任本工程项目管理工作的承诺函；五大员上岗证；近 3 年经过审计的财务报表；法人代表委托书及被委托人身份证及劳动合同。审查情况为：有 5 家投标单位为合格单位；5 家投标单位为不合格单位（详细情况见下表）。资格预审合格的 5 家投标单位均可参加该施工工程的投标。

资格预审评审结果						
投标申请人	安全生产许可证编号	合格/不合格	抽签入围	标段	未通过资格	预审原因
北海建设集团有限公司	提交（编号略）	合格				
大兴建设集团股份有限公司	提交（编号略）	合格				
东乡建筑第九工程局	提交（编号略）	合格				

续表

资格预审评审结果

投标申请人	安全生产许可证编号	合格/不合格	抽签入围	标段	未通过资格预审原因
A市第一建筑公司	提交（编号略）	合格			
A市第二建筑公司	提交（编号略）	合格			
A市第三建筑工程公司	提交（编号略）	不合格			未提交项目经理身份证，2006年度经审计的财务报表未提交；安全生产许可证未提交
吴中建设有限公司	提交（编号略）	不合格			提交的项目经理业绩；承建类似工程结构形式应为框架而不是钢结构
百川建设有限公司	提交（编号略）	不合格			差2007年度经审计的财务报表；差授权委托书
红日建设有限公司	提交（编号略）	不合格			项目经理资格证明、类似工程经验、项目经理承诺函、五大员上岗证未提交
东升建设有限公司	提交（编号略）	不合格			近3年经审计财务报表未提交，未提交五大员上岗证

引导问题3：根据应用案例2，回答以下问题。

（1）预审评审小组成员组成上有什么要求？

（2）资格预审评审程序和内容有哪些？

（3）资格预审评审报告应包括哪些内容？

特别提示

资格审查应注意的问题如下。

（1）一旦资格审查文件中的条款出现问题，应及时修正和补遗。注意一定在递交资格预审截止日前14天或28天发出，否则投标人来不及响应，从而影响评审的公正性；

（2）应审查资格资料的真实性，以防止申请人弄虚作假，妨碍审查的公正性。

5.2.2 招标文件发售、现场踏勘、招标文件答疑、澄清与修改

1. 发售招标文件

完成资格审查后，招标人向合格投标人发售招标文件，对于其中的设计文件，招标人可以酌收押金，但招标文件的发售价格以工本费为限，招标人不得以此牟利。一旦确定中

标人,设计文件退回后,招标人应同时将其押金退还。

招标文件的澄清或修改内容作为招标文件的组成部分,对招标人和投标人起约束作用。

2. 勘察现场与答疑

1) 踏勘现场

按投标须知规定的时间,招标人可组织投标人自费进行现场考察。其目的是帮助投标人了解工程项目的现场条件、自然条件、施工条件以及周围环境条件,以便确定投标策略,编制投标文件。从而避免中标人在履行合同过程中以不了解现场情况而推卸应承担的责任。投标人在踏勘现场中的疑问,招标人可以以书面形式答复,也可以在投标预备会上答复。

2) 招标文件答疑、澄清与修改

(1) 召开投标预备会与招标答疑。按招标文件中规定的时间和地点,招标人应主持召开投标预备会,也称标前会议或者答疑会。其目的在于解答投标人提出的关于招标文件和踏勘现场的疑问。答疑会结束后,由招标人以书面形式将所有问题及问题的解答向获得招标文件的投标人发放。会议记录作为招标文件的组成部分。凡答疑内容与已发放招标文件不一致之处,应以会议记录的解答为准。问题及解答纪要须同时向建设行政主管部门备案。

(2) 招标文件澄清与修改。招标人对招标文件所作的任何澄清和修改须报建设行政主管部门备案,并在投标截止日期15日前发给获得招标文件的所有投标人。投标人收到招标文件的澄清或修改内容后应以书面形式确认。

招标人可根据招标文件答疑、澄清与修改情况,延长投标截止时间以便于投标人编制投标文件。

▶▶应用案例 3

某市高速公路工程全部由政府投资。该项目为该市建设规划的重点项目之一,并且已经列入地方年度固定资产投资计划,项目概算已经主管部门批准,施工图及有关部门技术资料齐全。现决定对该项目进行施工招标。经过资格预审,为潜在投标人发放招标文件后,业主对投标单位就招标文件所提出的问题统一做出了书面答复,并以备忘录的形式分发给各投标单位,具体格式见表5-3。

表5-3 招标文件备忘录

序号	问题	提问单位	提问时间	答　复
1				
2				
…				
n				

在书面答复投标单位的提问后,业主组织各投标单位进行了施工现场踏勘。在提交投标文件截止时间前10日,业主书面通知各投标单位,由于某种原因,决定将该项工程的

收费站工程从原招标范围内删除。

引导问题 4：该项目施工招标存在哪些问题或不妥之处？

【专家评析】

根据相关法律法规，该项目招标存在以下 3 方面的问题。

(1) 招标工作步骤安排存在问题，现场踏勘环节应安排在书面答复投标单位问题前，因为投标单位可能在现场踏勘环节对施工现场提出问题。

(2) 业主对投标单位的提问只能针对具体问题进行答复，但不应提及具体提问单位（投标单位）。而案例中的《招标文件备忘录》中的"提问单位"栏却透露了潜在投标人的信息。按《招标投标法》第 22 条规定，招标人不得向他人透露获取招标文件的潜在投标人的名称、数量以及可能影响公平竞争的有关招投标的其他情况。

(3) 业主在提交投标文件截止时间前 10 日，业主书面通知各投标单位，由于某种原因，决定将该项工程的收费站工程从原招标范围内删除。这种做法不符合《招标投标法》中第 23 条规定"招标人对已发出的招标文件进行必要澄清或者修改的，应当在招标文件要求提交投标截止时间至少十五日前，以书面形式通知所有招标文件收受人"。若迟于这一时限发出变更招标文件的通知，则应当将原定的投标截止日期适当延长，以便投标单位有足够的时间充分考虑这种变更对投标书的影响。本案例在提交投标文件截止时间前 10 日对招标文件做了变更，但并未说明投标截止日期已经相应延长。

5.2.3 开标

▶▶**引例 4**

某办公楼的招标人于 2000 年 10 月 11 日向具备承担该项目能力的 A、B、C、D、E 5 家承包商发出投标邀请书，其中说明，10 月 17～18 日 9～16 时在该招标人总工程师室领取招标文件，11 月 8 日 14 时为投标截止时间。该 5 家承包商均接受邀请，并按规定时间提交了投标文件。但承包商 A 在送出投标文件后发现报价估算有较严重的失误，遂赶在投标截止时间前 10 分钟递交了一份书面声明，撤回已提交的投标文件。

开标时，开标会议由主管建设的上级主管部门派人主持。由招标人委托的市公证处人员检查投标文件的密封情况，确认无误后，由工作人员当众拆封。由于承包商 A 已撤回投标文件，故招标人宣布有 B、C、D、E 4 家承包商投标，并宣读该 4 家承包商的投标价格、工期和其他主要内容。

引导问题 5：引例 4 中的开标工作是否存在不妥之处？建设工程施工开标有哪些相应规定？

1. 建设工程施工开标的时间、地点

为体现公开、公平和公正原则，公开招标和邀请招标均应举行开标会议。按招标文件确定的时间（一般与招标截止日同时）、地点举行。凡已建立建设工程交易中心的地方，开标都应在当地建设工程交易中心举行。

相关链接

推迟开标时间的情况如下。
(1) 招标文件发布后对原招标文件作了变更或补充。
(2) 开标前发现有影响招标公正情况的不正当行为。
(3) 出现突发事件等。

2. 参加开标会议的人员

招标人代表、招标代理机构代表、各投标人代表、公证机构公证人员、建设行政主管部门及其工程招标投标监督管理机构监督人员等。

3. 建设工程施工开标的程序

(1) 招标人签收投标人递交的投标文件。
(2) 投标方出席开标会的代表签到。
(3) 开标会主持人宣布开标会开始,主持人宣布开标人、唱标人、记录人和监督人员和主要与会人员。

相关链接

主持人一般为招标人代表,也可以是招标人指定的招标代理机构的代表。开标人一般为招标人或招标代理机构的工作人员,唱标人可以是投标人的代表或者招标人或招标代理机构的工作人员,记录人由招标人指派,有形建筑市场工作人员同时记录唱标内容,招标办监管人员或招标办授权的有形建筑市场工作人员进行监督。记录人按开标会记录的要求开始记录。

(4) 宣布开标纪律。
(5) 公布在投标截止时间前递交投标文件的投标人名称,并点名确认投标人是否派人到场。
(6) 按照投标人须知前附表规定检查投标文件的密封情况。
(7) 按照投标人须知前附表的规定确定并宣布投标文件开标顺序。
(8) 如果有标底的,公布标底。
(9) 按照宣布的开标顺序当众开标,公布投标人名称、标段名称、投标保证金的递交情况、投标报价、质量目标、工期及其他内容,并记录在案。
(10) 投标人代表、招标人代表、监督人、记录人等有关人员在开标记录上签字确认。
(11) 投标文件、开标会记录等送封闭评标区封存。

引例 4 中开标会议由主管建设的上级主管部门派人主持,不妥。由招标人委托的市公证处人员检查投标文件的密封情况,不妥。开标会上不应宣读 A 公司的名称,不妥。

特别提示

实行工程量清单招标的,招标文件约定在评标前先进行清标工作的,封存投标文件正本,副本可用于清标工作。

相关链接

开标记录表格式

开标记录表见5—4。

表5-4 开标记录表

_____（项目名称）_____标段施工开标记录表

开标时间：____年____月____日____时____分

序号	投标人	密封情况	投标保证金	投标报价/元	质量目标	工期	备注	签名
1								
2								
3								
4								
5								

招标人编制的标底

招标人代表：_____ 记录人：_____ 监标人：_____

____年____月____日

相关链接

无效投标文件的认定

在开标时，如果投标文件出现下列情形之一，应当场宣布为无效投标文件，不再进入评标。

（1）投标文件未按照招标文件的要求予以标志、密封、盖章。合格的密封标书应将标书装入公文袋内，除袋口粘贴外，在缝口处用白纸条贴封并加盖骑缝章。

（2）投标文件中的投标函未加盖投标人的企业及企业法定代表人印章，或者企业法定代表人委托代理人没有合法、有效的委托书（原件）及委托代理人印章。

（3）投标文件未按照招标文件规定的格式、内容和要求填报，投标文件的关键内容字迹模糊、无法辨认。

（4）投标人在投标文件中对同一招标项目报有两个或多个报价，且未书面声明以哪个报价为准。

（5）投标人未按照招标文件的要求提供投标保证金或者投标保函。

（6）组成联合体投标的，投标文件未附联合体各方共同投标协议。

（7）投标人与通过资格审查的投标申请人在名称和法人地位上发生实质性改变。

（8）投标人未按照招标文件的要求参加开标会议。

5.2.4 评标

1. 评标的程序

1）召开评标会

开标会结束后，工作组整理开标资料，将开标资料转移至评标会地点并分发到评标专家组工作室，安排评标委员会成员报到。评标专家报到后，由评标组织负责人召开第一次全体会议，宣布评标会开始。

首次会议一般由招标人或其代理人主持,评标会监督人员开启并宣布评标委员会名单和评标纪律,评标委员会主任委员宣布专家分组情况、评标原则和评标办法、日程安排和注意事项。招标人代表届时介绍项目基本情况,招标机构介绍项目招标和开标情况。如设有入围条件,招标机构应按评标办法当众确定入围投标人名单;如设有标底,则需要介绍标底设置情况,也可由工作组在评标会监督人员的监督下当众计算评标标底。同时,工作组可按评审项目及评标表格整理投标人的对比资料,分发到专家组,由专家组进行确认。

2) 资格复审或后审

为确认投标人资格条件与投标预审相符,应对采用资格预审的招标项目投标人资格条件进行复审;对于采用资格后审的项目,可以在此阶段进行资格审查,淘汰不符合资格条件的投标人。

3) 投标文件的澄清、说明或补正

对于投标文件中含义不明确、同类问题表述不一致或者有明显文字和计算错误的内容,评标委员会可以书面方式要求投标人以书面方式做必要的澄清、说明或者补正,但不得超出投标文件的范围或者改变投标文件的实质性内容。招标人和投标人不得变更或寻求变更价格、工期、质量等级等实质性内容。开标后,投标人对价格、工期、质量等级等实质性内容提出的任何修正声明或者附加优惠条件,一律不得作为评标组织评标的依据。所澄清和确认的问题,应当采取书面形式,经招标人和投标人双方签字后,作为投标文件的组成部分,列入评标依据范围。

(1) 细微偏差的认定。细微偏差是指投标文件在实质上响应招标文件要求,但在个别地方存存漏项或者提供了不完整的技术信息和数据等情况,并且补正这些遗漏或者不完整不会对其他投标人造成不公平的结果。细微偏差不影响投标文件的有效性。

评标委员应书面要求存在细微偏差的投标人在评标结束前予以补正。拒不补正的,在详细评审时可以对细微偏差做不利于该投标人的量化,量化标准应当在招标文件中规定。

特别提示

投标人的澄清或说明时不允许出现以下情况。
(1) 投标文件没有规定的内容,澄清的时候加以补充。
(2) 投标文件规定的是某一特定条件作为某一承诺的前提,但解释为另一条件。
(3) 澄清或说明时改变了投标文件中的报价、主要技术指标、主要合同条款等实质性内容。

(2) 算术错误的处理。在详细评标前,招标人或评标委员一般按以下原则纠正其算术错误。

①当以数字表示的金额与文字表示的金额有差异时,以文字表示的金额为准。
②当单价与数量相乘不等于总价时,以单价计算为准。
③如果单价有明显的小数点位置差错,应以标出的总价为准,同时对单价予以修正。
④当各细目的合价累计不等于总价时,应以各细目合价累计数为准,修正总价。

按上述方法修正算术错误后,投标金额要相应调整。经投标人同意,修正和调整后的金额对投标人有约束作用。如果投标人不接受修正后的金额,其投标书将被拒绝,其投标保证金也要被没收。

4）投标文件的初步评审

（1）熟悉招标文件和评标方法。

①招标的目标。

②招标项目的范围和性质。

③招标文件中规定的主要技术要求、标准和商务条款。

④招标文件规定的评标标准、评标方法和在评标过程中考虑的相关因素。

（2）鉴定投标文件的响应性。

①评标专家审阅各个投标文件，主要检查确认投标文件是否从实质上响应了招标文件的要求。

②投标文件正、副本之间的内容是否一致。

③投标文件是否按招标文件的要求提交了完整的资料，是否有重大漏项、缺项。

④投标文件是否提出了招标人不能接受的保留条件等，并分别列出各投标文件中的偏差。

（3）淘汰废标。

①违规标。如投标人以他人的名义投标、串通投标、以行贿手段谋取中标或者以其他弄虚作假方式投标的，该投标人的投标应做废标处理。

> **相关链接**
>
> （1）串标，串通投标包括以下两种情况。
>
> 1）投标人之间的串标，即投标人之间相互约定，一致抬高或压低报价，或在招标项目中轮流以高价或者低价位中标，轮流坐庄，利益分摊。
>
> 2）投标人与招标人串通投标，即某些投标人与招标人在招投标活动中，以不正当手段进行私下交易致使招投标流于形式，共同损害国家利益、社会公共利益或者他人合法权益的行为。主要表现包括以下几种形式。
>
> ①招标人在公开开标前，开启标书，并将投标情况告知其他投标人，或者协助投标人撤换标书，更改报价。
>
> ②招标人向投标人泄露标底。
>
> ③招标人与投标人商定，在招投标时压低或者抬高标价，中标后再给投标人或者招标人额外补偿。
>
> ④招标人预先内定中标人，在确定中标人时以此决定取舍。
>
> ⑤招标人和投标人之间其他串通招投标行为。
>
> （2）欺诈投标，主要包括以下两种情况。
>
> ①提供虚假文件投标，即提交虚假资质等级证书、营业执照、虚假工程业绩等资格证明文件以骗取中标的行为。
>
> ②以他人名义投标，即不具备法定的或者投标文件规定资格条件的单位或者个人，采取"挂靠"甚至直接冒名顶替的方法，以其他具备资格条件的企业、事业单位的名义进行投标竞争。

②报价明显低于标底。如投标人报价明显低于其他投标报价或者在设有标底时明显低于标底，使得其投标报价可能低于其个别成本的，投标人又不能以书面形式合理说明或者

不能提供相关证明材料的，评标委员可认定该投标人以低于成本报价竞标，其投标应作废标处理。

> **相关链接**
>
> 《招标投标法》第三十三条规定：
> "投标人不得以低于成本价的方式投标竞争。防止个别投标人恶意压价。"但对于同样的招标项目，由于每个投标人的管理水平、技术能力与资金条件不同，其个别成本不可能完全相同。管理水平高、技术先进的投标人，生产、经营成本低，有条件以较低的报价参加投标竞争，这是竞争实力强的表现。
>
> 所谓"低于成本竞标"是指报价低于投标，人为完成投标项目所需支出的个别成本。实行招标采购的目的，正是为了通过投标人之间的竞争，特别在投标报价方面的竞争，择优选择中标者，因此，只要投标人的报价不低于自身的个别成本，即使是低于同行业平均成本，也是完全可以的。"低于成本的报价"的判定，在实践中是比较复杂的问题，需要根据每个投标人的不同情况加以确定。

③投标人不具备资格。投标人资格条件不符合国家有关规定和招标文件要求的，或者拒不按照要求对投标文件进行澄清、说明或者补正的，评标委员会可以否决其投标。

④出现重大偏差。根据评标定标办法的规定，投标文件出现重大偏差，评标组织成员可将其淘汰。

> **相关链接**
>
> 下列情况属于重大偏差。
> （1）投标文件没有投标人授权代表签字和加盖公章。
> （2）投标文件附有招标人不能接受的条件。
> （3）没有按照招标文件要求提供投标担保或者所提供的投标担保有瑕疵。
> （4）投标文件载明的招标项目完成期限超过招标文件规定的期限。
> （5）明显不符合技术规格、技术标准的要求。
> （6）投标文件载明的货物包装方式、检验标准和方法等不符合招标文件的要求。
> （7）不符合招标文件中规定的其他实质性要求。

评标机构在对各投标人递交的标书进行初步审查后，根据专家的评审意见，将确定详细评审的名单。接下来即将进入详细审查阶段。

5）投标文件的详细评审、比较和否决

在这一阶段，评标委员会根据招标文件确定的评标标准和方法，对各投标文件的技术部分和商务部分做进一步的评审和比较，并向评标委员会提交书面详细评审意见。

（1）技术评审的内容。技术评审的目的是确认和比较投标人完成投标工程的技术能力，以及他们的施工方案的可靠性。技术评审的主要内容如下。

①施工方案的可行性。主要从各类分部分项工程的施工方法，施工人员和施工机械设备的配备，施工现场的布置和临时设施的安排，施工顺序及其相互衔接，等等方面进行评审。应特别注意对该项目的关键工序的技术的最难点、施工方法进行可行性和先进性论证。

②施工进度计划的可靠性。主要审查施工进度计划及措施（如施工机具、劳务的安排）是否满足竣工时间要求，是否科学和合理，是否切实可行。

③施工质量保证。审查投标文件中提出的质量控制和管理措施，如对质量管理人员的配备、质量检验仪器的配置和质量管理制度进行审查。

④工程材料和机器设备的技术性能符合设计技术要求。审查投标文件中关于主要材料和设备的样本、型号、规格和制造厂家的名称、地址等，判断其技术性能是否达到设计标准。

⑤分包商的技术能力和施工经验。如果投标人拟在中标后将中标项目的部分工作分包给他人完成，应当在投标文件中载明。主要应审查确定拟分包的工作是否是非主体、非关键性工作；分包人是否具备招标文件规定的资格条件和完成相应工作的能力和经验。

⑥建议方案的技术评审。如果招标文件中规定可以提交建议方案，则应对投标文件中建议方案的技术可靠性与优缺点进行评审，并与原招标方案进行对比分析。

（2）商务评审。商务评审是指就投标报价的准确性、合理性、经济效益和风险性，从工程成本、财务和经济分析等方面进行评审，比较授标给不同投标人产生的不同后果。商务评审在整个评标工作中通常占有重要地位。商务评审的主要内容如下。

①审查全部报价数据计算的正确性。主要审核投标文件是否有计算上或累计上的算术错误，如果有，则按"投标人须知"中的规定进行改正和处理。

②分析报价构成的合理性。判断报价是否合理，应主要分析报价中直接费、间接费、利润和其他费用的比例关系、主体工程各专业工程价格的比例关系等。同时还应审查工程量清单中的单价有无脱离实际的"不平衡报价"，计日工劳务和机械台班（时）报价是否合理，等等。

③对建议方案的商务评审（如果有的话）。

（3）对投标文件进行综合评价与比较。通过技术和商务评审，再按招标文件确定的评标标准和方法，对投标人的报价、工期、质量、主要材料用量、施工方案或组织设计、以往业绩和合同履行情况、社会信誉、优惠条件等方面进行综合评价和比较，并与标底进行对比分析，最终择优选定中标候选人，以评标报告的形式向项目法人排序推荐不超过3名候选中标人。

> **相关链接**
>
> 《招标投标法》中规定：中标人的投标应当符合下列条件之一。
> （1）能够最大限度地满足招标文件中规定的各项综合评标标准。
> （2）能够满足招标文件的实质性要求，并且经评审的投标价格最低，但是投标价格低于成本的除外。
> 根据该条规定，"最低价中标"并不是在所有投标中报价最低的投标。中标的最低报价还要满足两个条件：①满足招标文件的各项要求；②投标价格不得低于成本。

6）形成评标报告

《招标投标法》第四十条规定，评标委员会完成评标后，应当向招标人提出书面评标报告，并推荐合格的中标候选人。在评标报告中，应当如实记载以下内容。

(1) 基本情况和数据表。
(2) 评标委员会成员名单。
(3) 开标记录。
(4) 符合要求的投标一览表。
(5) 废标情况说明。
(6) 评标标准、评标方法或者评标因素一览表。
(7) 经评审的价格或者评分比较一览表。
(8) 经评审的投标人排序。
(9) 推荐的中标候选人名单与签订合同前要处理的事宜。
(10) 澄清、说明、补正事项纪要。

另外，评标报告还应包括专家对各投标人的技术方案评价、技术、经济分析、比较和详细的比较意见以及中标候选人的方案优势和推荐意见。评标报告由评标委员会全体成员签字。对评标结论持有异议的评标委员会成员可以书面方式阐述其不同意见和理由。评标委员会成员拒绝在评标报告上签字且不陈述其不同意见和理由的，视为同意评标结论。评标委员会应当对此做出书面说明并记录在案。向招标人提交书面评标报告后，评标委员会即告解散。评标过程中使用的文件、表格及其他资料应当即时归还招标人。

2. 评标方法

建筑工程招标评标通常有两阶段评标法、最低评标价法、综合评价法等方法，但目前评标实务中主要采用后两种方式。

▶▶引例5

某年某市启动了一项海塘保滩工程作为集中采购项目，由市政府采购中心和市滩涂管理处共同组织实施。招标范围为某区县，内容包括抛石、管桩顺页坝、大堤护脚、加固原抛石顺坝和护坡翻建及上部结构修复等，预算投资7000万元。

在此次工程中，有部分构筑物是在水下形成，需要施工单位进行水下作业。比如水下的抛石、土工布的排放、坝头的形成等。由于水流作用、河道冲刷及海潮、台风等不确定因素的存在，可能给施工带来较多难度，需要施工单位掌握一些特定的施工技术。

为此，工程组织单位在施工工程招投标中决定采用"两阶段评标"的办法。即要求投标单位在投标时技术标为暗标，且技术标和商务标应分开，技术标暗标不能出现投标单位的有关情况，否则取消投标资格。在技术标评标阶段一般以专家为主，对投标单位的施工组织设计、施工措施、方案等进行评标，投标单位技术标获通过后方可进入第二阶段商务标的竞争，最后确定中标单位。

在海塘保滩项目中，工程组织单位对涉及影响施工技术的每一个主要环节设置了相应分数，采用打分方式对技术标进行评定，满分为100分，要求入围分数为80分。由评标专家对技术标中的工期、施工组织设计等技术措施及其对招标文件的响应程度进行评标，最后得分80分及以上的投标单位准予进入商务标的竞争。在技术标入围的投标单位中，直接选取商务标报价为合理造价以上的最低报价的投标单位为预中标单位。

本工程于某年某月某日发出招标文件，某月某日上午各投标单位递交投标文件，某月某日下午组织专家评标(技术标),某月某日开商务标,并经过技术询标后确定中标单位。整个过程操作下来,效果比较明显,中标单位均为国内行业中实力较强的施工单位,且工程造价较预算造价下降了近16%左右。

引导问题6:阅读引例5,回答以下问题。

(1) 什么是两阶段评标法?

(2) 它的评标程序是什么?

(3) 一般在哪些情况下,使用两阶段评标法?

两阶段评标法是指先对投标的技术方案等非价格因素进行评议,确定若干中标候选人(第一阶段),然后再仅从价格因素对已入选的中标候选人进行评议,从中确定最后的中标人(第二阶段)。从一定意义上讲,两阶段评标法是最低评标价法、综合评价法的混合变通应用。

两阶段评标法适用于技术方案不确定、技术复杂、可选用的技术指标对投标价格影响大的工程项目的招标。两阶段评标法的具体应用范围如下。

(1) 招标工程的技术方案尚处于发展过程中,需要通过第一阶段招标,选出最新、最优的方案,然后在第二阶段中邀请被选中方案的投标者进行详细的报价。例如,建设项目的初步设计阶段,只存在一些对项目的性质、级别、总体规模、投资总额、生产工艺基本流程、建设工期等初步设想,由投标人提出可能的具体实施方案。

(2) 在某些新的大型项目建设中,招标人对项目的技术要求和经营要求缺乏足够的经验,则可以在第一阶段招标中向投标人提出技术方案和项目目标的要求。每个投标人就其最熟悉的技术和经营方式进行投标。经过评价,确定最佳的技术参数和经营要求。然后,由投标人针对相对明确的技术方案和项目目标,再进行第二阶段的详细报价。例如,以交钥匙/设计建造/EPC等合同方式对大型复杂工厂建设、招标特殊土建工程建设进行招标,因为招标时技术规格、具体工作量等指标无法明确,可以采用两阶段招标和评标方法。

▶▶引例6

某公路施工项目投标报价综合评价实例

1. 评标原则与评分办法

(1) 该工程评标工作要求遵循公平、公正、公开的原则。

(2) 评标工作由招标人依法组建的评标委员会负责。

在其评标细则中规定如下。

(1) 合同应授予通过符合性审查、商务及技术评审,报价合理、施工技术先进、施工方案切实可行、重信誉、守合同、能确保工程质量和合同工期的投标人。

(2) 评分时,评标委员会严格按照评标细则的规定,对影响工程质量、合同工期和投资的主要因素逐项评分后,按合同段将投标人的评标总得分由高至低的顺序排列,并提出推荐意见,一个合同段应推荐不超两名的中标候选单位。

(3) 评标时采用综合评分的方法,根据评标细则的规定进行打分,满分100分。

其中各项评分分值如下。

①评标价60分。

②施工能力 11 分。
③施工组织管理 12 分。
④质量保证 10 分。
⑤业绩与信誉 7 分。
(4) 在整个评标过程中，由政府监督人员负责监督，其工作内容包括以下几方面。
①监督复合标底的计算及保密工作。
②监督评标工作是否封闭进行，有无泄漏评标情况。
③监督评标工作有无弄虚作假行为。
④监督人员对违反规定的行为应当及时进行制止和纠正，对违法行为报有关部门依法处理。
(5) 评标工作按以下程序进行。
①投标文件符合性审查与算术性修正。
②投标人资质复查。
③不平衡报价清查。
④投标文件的澄清。
⑤投标文件商务和技术的评审。
⑥确定复合标底和评标价。
⑦综合评分，提出评价意见。
⑧编写评标报告，推荐候选的中标单位。

2．符合性审查及算术性修正

开标时应对投标文件进行一般符合性检查，投标人法人代表或其授权代表应准时参加招标人主持的开标会议，公证单位对开标情况进行公证。

评标阶段应对投标文件的实质性内容进行符合性审查，判定是否满足招标文件的要求，决定是否继续进入详评。未通过符合性审查的投标书将不能进入评分。

1．通过符合性审查的主要条件
(1) 投标文件按照招标文件规定的格式、内容填写，字迹清晰并按招标文件的要求密封。
(2) 投标文件上法定代表人或其代理人的签字齐全，投标文件按要求盖章、签字。
(3) 投标文件上标明的投标人与通过资格预审时无实质性变化。
(4) 按照招标文件的规定提交了投标保函或投标保证金。
(5) 按照招标文件的规定提交了授权代理人授权书。
(6) 有分包计划的提交了分包比例和分包协议。
(7) 按照工程量清单要求填报了单价和总价。
(8) 同一份投标文件中，只应有一个报价。

按照招标文件规定的修正原则，对通过符合性审查的投标报价的计算差错进行算术性修正。

各投标人应接受算术修正后的报价；如不接受，招标人有权宣布其投标无效。

澄清情况根据招标文件的规定，在评标工作中，对投标文件中需要澄清或说明的问题，投标单位发函要求予以澄清、说明或确认。要求说明、澄清或确认的问题主要包括算术修正、工程量清单中计算错误、投标保函有效性等。

投标人的资格条件仍能满足资格预审文件的要求。

投标人应具有类似工程业绩及良好的信誉。

2. 通过技术评审的主要条件

(1) 施工总体计划合理，保证合同工期的措施切实可行。

(2) 机械设备齐全，配置合理，数量充足。

(3) 组织机构和专业技术力量能满足施工需要。

(4) 施工组织设计和方案合理可行。

(5) 工程质量保证措施可靠。

3. 计分标准

施工能力，施工能力总分值11分，以拟投入本工程设备及财务能力因素定分，其中：①施工设备占7分；②财务能力占4分。

(1) 施工设备按下面的规定进行评分。

①土方机械占4分。

机械配套组合合理，评1分，否则评0~0.5分。

机械数量满足要求，评1分，否则评0~0.5分。

新机械占30%以上，评1分，否则评0~0.5分。

有备用机械，评1分，否则评0~0.5分。

②桥梁机械占3分。

机械数量满足要求，评1分，否则评0~0.5分。

机械配套组合合理，评1分，否则评0~0.5分。

有备用机械，评0.5分，否则评0~0.2分。

新机械占30%以上，评0.5分，否则评0~0.2分。

(2) 财务能力按下面的规定评分。

①近3年年均营业额占2分。

5000万元以下的，评分0~0.5分。

5000~7000万元之间的，评分1分。

7000万元以上，评分2分。

②上一年流动比率占2分。

1以下的，评分0~0.5分。

1~1.5之间的，评分1分。

1.5以上，评分2分。

引导问题7：什么是综合评标价法？它的评标程序有哪些？

1) 综合评价法

(1) 概念。综合评价法是对投标人在投标文件中所说明的总体情况（包括投标价格、施工组织设计或施工方案、项目经理的资历和业绩、质量、工期、信誉和业绩等因素）进行综合评价从而确定中标人的评标定标方法，是目前适用最广泛的评标定标方法之一。综合评估法按其具体分析方式的不同,可分为定性综合评估法和定量综合评估法。

(2) 定性综合评估法(评估法)评标程序如下。

①评标组织对工程报价、工期、质量、施工组织设计、主要材料消耗、安全保障措施、业绩、信誉等评审指标,分项进行定性比较分析。

②综合考虑,经评估后选出其中被大多数评标组织成员认为各项条件都比较优良的投标人为中标人。

定性评估法的特点是不量化各项评审指标。它是一种定性的优选法。采用定性综合评估法,一般要按从优到劣的顺序,对各投标人排列名次,排序第一名的即为中标人。

采用定性综合评估法,有利于评标组织成员之间的直接对话和交流,比较简单易行。但这种方法评估标准弹性较大,缺乏客观性,容易造成评标意见悬殊过大。

(3) 定量综合评估法(打分法、百分法)评标程序如下。

①量化各评审因素。事先在招标文件或评标定标办法中对评标的内容进行分类,形成若干评价因素,并确定各项评价因素在百分之内所占的比例和评分标准。通常的做法如下。

a) 价格 30~70 分。

b) 工期 0~10 分。

c) 质量 5~25 分。

d) 施工组织设计 5~20 分。

e) 企业信誉和业绩 5~20 分。

f) 其他 0~5 分。

②对各评标因素进行评分。开标后由评标组织中的每位成员按照评分规定采用无记名方式打分,最后统计投标人的得分,得分最高者(排序第一名)或次高(排序第二名)为中标人。

定量综合评估法的主要特点是要量化各评审因素。确定各个单项评标因素分值分配的做法多种多样,一般需要考虑的原则如下。

a) 各评标因素在整个评标因素中的地位和重要程度。重要或比较重要的评标因素所占的分值应高些,不重要或不太重要的评标因素所占的分值应低些。

b) 各评标因素对竞争性的体现程度。一般对所有的投标人都具有较强的竞争性的因素,如价格因素等,所占分值应高些,而对竞争性体现程度不高的评标因素,如质量因素等,所占分值应低些。

c) 各评标因素对招标意图的体现程度。在坚持公平、公正的前提下,能明显体现出招标意图的评标因素所占的分值可以适当高些,不能体现招标意图的评标因素所占的分值可适当低些。例如为了突出对工程质量的要求高,可以将施工方案、质量等因素所占的分值适当提高些,为了突出工期紧迫,可以将工期等因素所占的分值适当高些,为了突出对履约信誉的重视,可以将信誉、业绩等因素所占的分值适当高些。

③各评标因素与资格审查内容的关系。对某些评标因素,如在资格预审时已作为审查内容审查过了,其所占分值可适当低些;如资格预审未列入审查内容或是采用资格后审的,其所占分值就可适当高些。

▶▶引例 7

某段公路投资 1200 万元，经咨询公司测算的标底为 1200 万元，工期 300 天，每天工期损益价为 2.5 万元，甲、乙、丙 3 家企业的工期和报价以及经评标委员会评审后的评审报价见表 5—5。

表 5—5 评审报价

企业名称	报价/万元	工期/天	工期损益价格/万元	经评审综合价/万元
甲	1000	260	650	1650
乙	1100	200	500	1600
丙	800	310	775	1575

综合考虑报价和工期因素后，以经评审的综合价作为选定中标候选人的依据，因此，最后选定乙企业为中标候选人。

引导问题 8：什么是最低评标价法？它的评标程序有哪些？乙为什么成为中标候选人？

2）最低评标价法

最低评标价是指对招标文件做出了实质性响应，在技术和商务部分能满足招标文件的前提下，将投标人的报价经过算术错误纠正、折扣，为遗漏和偏差进行调整以及其他规定的评比因素修正后得出的最低报价。

由此可见，最低评标价与最低投标价虽然只是一字之差，但两者在内涵上却有本质的区别。最低评标价并不一定是最低投标价，只有在技术和商务部分完全满足招标文件要求，对招标文件中的条款、条件及技术规格无实质性偏离或保留情况下，最低投标价才是最低评标价。

与综合打分法等相比，最低评标价法最大限度地减少了人为因素，降低了"暗箱操作"的机率，能够充分发挥市场机制的作用，有利于促进投标人提高管理水平和工艺水平，降低工程建设成本。有人担心采用最低评标价评标会导致市场竞争过于激烈，对工程的实施带来不利的影响。其实，在市场经济条件下，任何一个投标人都是"理性的经济人"，投标竞争不只是工程造价的竞争，也是投标人之间比实力、比信誉、比管理水平、比应变能力的竞争。通过投标竞争，促使投标人不断改革、不断增强实力，提高管理水平和信誉，达到保证质量、缩短工价、降低造价、提高效益的目的。

事实上，不同的投标人之间的实际成本会有高有低，同时在不同的项目上，对利润的要求也是不一样的，甚至有的企业为了打入新的市场领域，还不惜赔本经营。

最低评标价法的评标程序具体可分为以下 3 个阶段。

（1）初步审核。其目的是发现并拒绝那些实质性不响应的投标书，不给予进一步评标的机会。其主要审核内容包括以下几方面。

①投标人的资格证明文件。审核是否按招标文件的要求，提供了所有证明文件和资料，如投标人法人代表授权书、联营体的联营协议、联营体代表授权书、营业执照、施工

等级证书、过去施工经历、资产负债表等。以上文件若为复印件,应经过公证。

②合格性。主要审查投标人资格是否符合投标人须知中的要求。由于目前世界银行已取消了对合格来源国家的限制,因此,合格性的判定依据一般有我国的法律法规,投标人的法律地位,与为本招标项目提供如设计、编制技术规格和其他文件的咨询服务公司及附属机构是否有隶属关系,是否被世界银行列入不合格名单,等等。

③投标保证金 审查保证金的格式、有效期、金额是否符合招标文件要求。以银行保函的形式提供投标保证金,必须与招标文件中提供的投标保函所写的文字、措施一致,不能接受担保的副本。联营体的投标保证金应以联营体各方的名义联合提供。

④投标书的完整性 投标书应当是对整个工程进行投标。

审查完整性主要审查标书是否按招标文件要求报价、投标文件的修改是否符合要求、正本是否缺页等。没有提供全部所要求的工程细目或工程量清单中的各个支付项的投标,一般被认为是非响应标书,但漏掉了非经常发生细目的报价,应被认为已包括列在其他相关细目的报价中。

⑤实质性响应。其含义是指符合招标文件的全部条款和技术规范的要求,而无显著差异或保留。鉴别哪些属于无显著差异或保留是决定标书是否符合要求的一个十分重要的问题,也是评标中常常遇到的难题,需要认真予以鉴别。

> **相关链接**
>
> 显著差异或保留是指:①对工程的范围、质量及使用性能产生实质性影响;②或偏离了招标文件的要求,而对合同中规定的招标人的权利或投标人的义务造成实质性限制;③或纠正这种差异或保留将会对提交了实质上响应要求投标书的其他投标人的竞争地位产生不公正的影响。

显著差异的认定包括以下内容。

①投标人不合格。
②投标书迟交。
③投标书不完整。
④投标书未按要求填写、签字、盖章,或填写字迹模糊,辩论不清。
⑤投标保证金或投标保函不符合要求,不能接受。
⑥投标人或联营体的身份与资格预审通过者不一致。
⑦一份标书有多个报价。
⑧对规定为不调价的合同,投标人提出了价格调整。
⑨提出的替代设计方案不能接受。
⑩施工的时间安排不符合要求。
⑪提出的分包额和分包方式不能接受。
⑫拒绝承担招标文件中赋予的重大责任和义务,如履约保函的提交和担保额、担保银行,以及保险范围的规定。
⑬对关键性条款,如适用法律、争议解决程序表示反对。

对存在上述之一问题的标书,将视为未实质性响应,不能进入详评。

对出现下列差异的,在初评时一般不能构成拒标理由,在详评时进一步考虑。

①出现和招标文件不同的支付项。
②与完工期或维护期的要求有偏离。
③提出的施工方案特殊，难以鉴别和接受。
④在分项工程上有漏项。
⑤材料、工艺、设计等标准或型号代码与技术规范要求不同。
⑥对延期违约金的规定或金额有修改、限定。
⑦其他。

（2）详细审核。只有通过初审，被确定为实质上符合要求的投标书才能进入详评，此阶段的审核主要包括以下5点。

①勘误包括计算错误和暂定金两项。

a）计算错误的纠正。计算错误的纠正方法是：当用数字表示的数额与用文字表示的数字不一致时，以文字为准；当单价与工程量的乘积与细目总价不一致时，通常以该行填报的单价为准，修改总价。除非招标人认为单价有明显的小数点错位，此时应以填报的细目总价为准，并修改单价。纠正的错误应在脚注中说明原因。此项修正后的金额对投标人起约束作用。

b）暂定金的纠正。暂定金的纠正方法是：暂定金是招标人为不可预见费用或指定分包人等预留的金额，有时用投标价的百分比表示，有时用同定的一笔金额表示。如果是用固定的一笔金额表示，在评标时可以从唱标价中减去，以便其后评标步骤中对投标的比较。但对于暂定金额中包括的计日工，如果已给予了竞争性，则不应予以扣减。

②无条件折扣。根据投标人在开标前提交的对投标书中的原投标价的修正。

③增加对投标中的遗漏项，取其他投标人的该项报价的平均值进行比较。

④调整是对投标书中可接受的、具有令人满意的技术或财务效果，而且是可以量化的变化、偏离或其他选择方案所进行的适当调整。

⑤偏差折扣。对投标人提出的可接受的偏差进行货币量化。如完工期、付款进度与安排等。

（3）授标建议。若对投标人进行了资格预审，此时应把合同授予最低评标价的投标人。否则，应先进行资格后审。只有资格后审合格，才能被授予合同。若具有最低评标价的投标人未通过资格后审，则拒绝其投标；此时，应继续对下一个具有最低评标价的投标人进行资格后审，直至确定中标人。

在对同一个投标人授予一个以上合同时，应考虑交叉折扣（即有条件折扣）。在满足资格条件的前提下，以总合同包成本最低为原则选择授标的最佳组合。交叉折扣是该合同与其他合同以组合标的形式同时授予为条件而提供的折扣。交叉折扣只在完成评标和各个步骤的最后一步时才予以考虑。

特别提示

最低评标价法不设定标底，不能以投标价高于或低于标底某一限度而废标。招标人编制的标底在评标时仅作为参考。

可见，工程报价最低并不是工程评审综合价格最低。在评审时要将所有实质性要求如工期、质量等因素综合考虑到评审价格中。如工期提前可能为投资者节约各种利息，项目及时投入使用后及早回收建设资金，创造经济效益。又如可能因为工程质量不合格、合格而未达到优良，将给业主带来销售困难，因工程质量问题给投资者带来不良的社会影响，等等问题。评审的综合价格是符合招标实质性条件的全部费用，报价不是定标的唯一依据。引例7中，丙报价最低，但工期已经超过了标底的工期，因此不予考虑。甲企业报价虽比乙企业低，但综合考虑工期的损益价后，乙公司较甲公司的价格低，最后选定乙企业为中标候选人。

5.2.5 定标

评标委员会推荐的中标候选人应当限定在1~3人，并标明排列顺序。招标人根据评标委员会提出的书面评标报告和推荐的中标候选人来确定最后的中标人，也可以授权评标委员会直接定标。

定标程序与所选用的评标定标方法有直接关系。一般来说，采用直接定标法（即以评标委员会的评标意见直接确定中标人）的，没有独立的定标程序；采用间接定标法（或称复议定标法，指以评标委员会的评标意见为基础，再由定标组织进行评议，从中选择确定中标人）的，才有相对独立的定标程序，但通常也比较简略。大体说来，定标程序主要有以下几个环节。

（1）由定标组织对评标报告进行审议，审议的方式可以是直接进行书面审查，也可以采用类似评标会的方式召开定标会进行审查。

（2）定标组织形成定标意见。

（3）将定标意见报建设工程招投标管理机构核准。

（4）按经核准的定标意见发出中标通知书。

至此，定标程序结束。

相关链接

《中标通知书》格式
中标通知书

_____（中标单位名称）：

　　_____（建设单位名称）的_____（建设地点）_____工程，结构类型为_____，建设规模为_____，经_____年_____月_____日公开开标后，经评标小组评定并报招标管理机构核准，确定_____为中标单位，中标标价人民币_____元，中标工期自_____年_____月_____日竣工，工期_____天。

　　工程质量标准达到国家施工验收规范（优良、合格）标准。

　　中标单位收到中标通知书后，在_____年_____月_____日前到_____（地点）与建设单位商定合同。

　　建设单位：（盖章）

　　法定代表人：（签字、盖章）

日期：_____年_____月_____日

招标单位：（盖章）法定代表人：（签字、盖章）

日期：_____年_____月_____日

招标管理机构：（盖章）审核人：（签字、盖章）

审核日期：_____年_____月_____日

5.2.6 招标综合案例分析

▶▶应用案例4

某建设项目实行公开招标，招标过程中出现了下列事件。

(1) 招标方于5月8日起发出招标文件，文件中特别强调由于时间较紧要求各投标人不迟于5月23日之前提交投标文件（即确定5月23日为投标截止时间），并于5月10日停止出售招标文件，6家单位领取了招标文件。

(2) 招标文件中规定：如果投标人的报价高于标底15%以上一律确定为无效标。招标方请咨询机构代为编制了标底，并考虑投标人存在着为招标方有无垫资施工的情况编制了两个不同的标底，以适应投标人情况。

(3) 5月15日招标方通知各投标人，原招标工程中的土方量增加20%，项目范围也进行了调整，各投标人据此对投标报价进行计算。

(4) 招标文件中规定，投标人可以用抵押方式进行投标担保，并规定投标保证金额为投标价格的5%，不得少于100万元，投标保证金有效期时间同投标有效期。

(5) 按照5月23日的投标截止时间要求，外地的一个投标人于5月21日从邮局寄出了投标文件，由于天气原因，5月25日招标人收到投标文件。本地A公司于5月22日将投标文件密封加盖了本企业公章并由准备承担此项目的项目经理本人签字按时送达招标方。本地B公司于5月20日送达投标文件后，5月22日又递送了降低报价的补充文件，补充文件未对5月20日送达文件的有效性进行说明。本地C公司于5月19日送达投标文件后，考虑自身竞争实力，于5月22日通知招标方退出竞标。

(6) 开标会议由本市常务副市长主持。开标会议上对退出竞标的C公司未宣布其单位名称，本次参加投标单位仅有5个单位，开标后宣布各单位报价与标底时发现5个投标报价均高于标底20%以上，投标人对标底的合理性当场提出异议。与此同时，招标方代表宣布5家投标报价均不符合招标文件规定，此次招标作废，请投标人等待通知（若某投标人退出竞标其保证金在确定中标人后退还）。3d后招标方决定于6月1日重新招标，招标方调整标底，原投标文件有效。7月15日经评标委员会评定本地区无中标单位，由于外地某公司报价最低，故确定其为中标人。

(7) 7月16日发出中标通知书。通知书中规定，中标人自收到中标书之日起30d内按照招标文件和中标人的投标文件签订书面合同。与此同时，招标方通知中标人与未中标人。投标保证金在开工前30d内退还。中标人提出投标保证金不需归还，当作履约担保使用。

(8) 中标单位签订合同后，将中标工程项目中三分之二工程量分包某未中标人E，未中标人E又将其转包给外地的农民施工单位。

公开招标时，经资格预审5家单位参加投标，招标方确定的评标准则如下。

采取综合评分法选择综合分值最高单位为中标单位。评标中，技术性评分占总分的40%，投标报价占60%。技术性评分中包括施工工期、施工方案、质量保证措施、企业信誉4项内容各占总评分的10%，其中每单项评分满分为100分。

计划工期为40个月，每减少一个月加5分（单项），超过40个月为废标。设置复合标底，其中招标方标底（6000万元）占60%，投标方有效报价的算术平均数占40%。各单位报价与复合标底的偏差度（取整数）在±3%内为有效标，其中−3%对应满分100分，每上升1%扣5分。

企业信誉评分原则是以企业近3年工程优良率为准，100%为满分，如有国家级获奖工程，每项加20分，如有省级优良工程每项加10分；项目班子施工经验评分原则是以近3年来承建类似工程与承建总工程百分比计算100%为100分。该项组织施工方案质量保证措施得分由评委会专家评出。该项得分＝优良率*100＋优质工程加分＋类似工程比*100。投标单位相关数据表见表5−6、表5−7、表5−8。

表5−6 投标单位相关数据表1

投标单位	报价/万元	工期/月	企业信誉（近3年优良工程率及获奖工程）	项目班子施工经验（承建类似工程百分比）	施工方案得分	质保措施得分
A	5970	36	50%获省优工程一项	30%	85	90
B	5880	37	40%	30%	80	85
C	5850	34	55%获鲁班奖工程一项	40%	75	80
D	6150	38	40%	50%	95	85
E	6090	35	50%	20%	90	80

表5−7 投标单位相关数据表2

投标单位	施工方案	质保措施	施工工期	企业信誉	得分
A	85	90	120	90	38.5
B	80	85	115	70	35
C	75	80	130	115	40
D	95	85	110	90	38
E	90	80	125	70	36.5

表5−8 投标单位相关数据表3

投标单位	投标报价	报价偏离值	报价偏离度	得分
A	5970		−0.42%	
B	5880	−115	−1.92%	
C	5850	−145	−2.42%	
D	6150	155	2.59%	
E	6090	95	1.58%	

引导问题 9：根据应用案例 4 回答以下问题。

（1）说明投标担保、投标保证金的相关规定。

（2）说明投标过程出现的 8 个事件的正确性及其理由。

（3）采用综合评价法确定中标人，其中投标报价评分时以复合标底为基准值确定各投标人商务标得分。

【专家评析】

问题 1：

投标担保是指投标人保证其投标被接受后对其投标中规定的责任不得撤销或反悔，否则投标保证金将予以没收。投标保证金的数额一般为投标价的 2% 左右，一般不超过 80 万元人民币，投标保证金有效期应当超出投标有效期 30d。投标人不按招标文件要求提交投标保证金的，该投标文件将被拒绝，按作废标处理。

投标保证金的形式有现金、支票、银行汇票、不可撤销信用证、银行保函、保险、担保公司出具的投标保证书，不包括质押和抵押。

招标人与中标人签订合同后 5d 内，应当向中标人和未中标人退还投标保证金。若投标无效需重新招标时，不参加重新招标的投标人的保证金可以退回，继续参加投标的投标保证金有效期应延长。

问题 2：

事件 1 中，招标文件发出之日起至投标文件截止时间不得少于 20d，招标文件发售之日至停售之日时间最短不得少于 5 个工作日。

事件 2 中，编制两个标底不符合规定。

事件 3 中，改变招标工程范围应在投标截止之日 15 个工作日前通知投标人。

事件 4 中，投标保证金数额应为投标价格的 2%，最多不能超过 80 万元，投标保证金有效期要比投标有效期多 30 天。

事件 5 中，5 月 25 日招标人收到的投标文件为无效文件。A 公司投标文件无法人代表签字为无效文件。B 公司报送的降价补充文件未对前后两个文件的有效性加以说明，也为无效文件。

事件 6 中，招标开标会应由招标方主持，开标会上应宣读退出竞标的 C 单位名称，而不宣布其报价。宣布招标作废是允许的。退出投标的投标保证金应归还。重新招标评标过程一般应在 15d 内确定中标人。

事件 7 中，应从 7 月 16 日发出中标通知书之日起 30d 内签订合同，签订合同后 5d 内退还全部投标保证金。中标人提出将投标保证金当作履约保证金使用的提法不正确。

事件 8 中，中标人的分包做法及后续的转包行为是错误的。

问题 3：

经计算，复合标底 $=6000\times 60\%+(5970+5880+5850+6150+6090)/5\times 40\%=5885$ 万元

投标单位报价得分：

A 单位得分 $=100-5\times(3-0.42)=87.1$ 分

B 单位得分 $=100-5\times(3-1.92)=94.6$ 分

C 单位得分＝100－5×（3－2.42）＝97.6 分
D 单位得分＝100－5×（3－2.59）＝72.05 分
投标单位综合得分：
A 单位得分＝38.5＋87.1×0.6＝90.76 分
B 单位得分＝35＋64.6×0.6＝91.76 分
C 单位得分＝40＋97.6×0.6＝98.56 分
D 单位得分＝38＋72.05×0.6＝81.23 分
E 单位得分＝36.5＋77.1×0.6＝82.6 分
根据综合评分法规定，应选择 C 单位为中标单位。

▶▶应用案例 5

某建设项目经主管机构批准进行公开招标，分为Ⅰ、Ⅱ两个标段分别招标。建设单位委托招标代理机构编制了Ⅰ标段标底为 800 万元，州标文件要求Ⅰ标段总工期不得超过365d（按国家定额规定应为 460d）。通过资格预审并参加投标的有 A、B、C、D、E5 家施工单位。开标会议由招标代理机构主持，开标时 5 个投标人的最低报价为 1100 万元。为了避免招标失败，业主提出休会，由招标代理机构重新复核和制定新的标底。招标代理机关复核后确认由工作失误，对部分项目工程量漏算，致使标底偏低，修正错误后复会。招标代理机构重新确定了新的标底，A、B、C3 家投标人认为新的标底不合理，向招标人提出要求撤回投标文件，由于上述问题导致定标工作在原定投标有效期内没有完成。评标时由于 D 的报价中包含了赶工措施费被认为是废标，最后确定 E 为中标人，但 E 提出由于公司资金调度原因，请招标方在签订合同同时退还投标保证金为早日开工，招标方同意了E 的要求。招标代理机构编制的Ⅱ标段标底为 2000 万元，额定工期为 20 个月，招标文件对下列问题作了说明。

（1）项目公开招标采取资格后审方式。

（2）投标人应具有一级施工企业资质。

（3）评标时采用考虑其他因素的评标价为依据的最低标价法确定中标人。

（4）承包工程款按实际工程量计算，月终支付，招标人同意允许投标人提出的对工程款支付的具体要求。评标时计算投标报价按月终支付形式计算的等额支付现值与投标人具体支付方案现值的差值作为对招标方的支付优惠，在评标时予以考虑。施工后实际支付仍按投标人中标报价支付。

（5）中外联合体参加投标时，按有关规定，评标价为投标报价的 93%。

（6）投标人报送施工方案中的施工工期比招标文件中规定工期提前 1 个月，可使招标方产生 50 万元超前效益，在其投标报价扣减超前效益后作为评标价。

（7）招标文件规定了施工技术方案的具体要求，并允许投标人结合企业的技术水平、管理水平提出新的技术方案并报价。

G、H、I、J、K、L、M、N8 个投标人参加了投标，评标情况见表 5－9。

表 5-9 评标情况表

投标人	投标报价/万元	施工工期/月	其他情况
G	1800	16	一级资质。投标报价文字数额为壹仟捌佰叁拾万元。按招标文件支付
H	2050	18	中外联合体。中方资质一级，附有联合体协议。按招标文件支付
I	1920	20	一级资质。支付条件为第3、6、9、12、15、18月共6次等额支付工程款，第20个月支取余值
J	2010	15	一级资质。报价单中某分项工程报价错误 400（元/m^3）* 1500m^3＝48 万元，按招标文件支付
K	1600	22	一级资质。按招标文件支付
L	1750	19	国内联合体。一级资质一个；三级资质两个。按招标文件支付
M	2050	20	一级资质。投标截止日前报送补充施工方案，工期18个月，报价1900万元。对原报价有效性未做说明。
N	1830	20	一级资质。拟将主体工程分包给 T 公司，此部分报价为 T 公司报价

引导问题 10：根据应用案例 5 回答以下问题。

（1）I 标段招标工作存在着什么问题？撤标单位的做法是否正确？招标失败可否另行招标，投标单位损失可否赔偿？

（2）确定 II 标段 8 个投标人的投标文件的有效性，并说明理由。

（3）列出有效投标人的评标价格计算表。

（4）确定中标人和中标价格。

【专家评析】

问题1：

错误1：开标后重新确定标底，且未经行业主管机构批准。

错误2：没有在投标有效期内完成定标工作，不符合《招标投标法》的相关规定。

错误3：评标时确定 D 投标为废标，因为按照目前国内规定，当项目实际工期比定额工期减少 20% 以上时，投标报价中允许包括赶工措施费。

错误4：确定 E 为中标人并接受 E 提出提前归还投标保证金的要求是错误的。因为目前国内规定，招标人与中标人签订合同后 5 个工作日内应当向中标和未中标的投标人退还投标保证金。

错误5：A、B、C 3 个投标人撤回投标文件的做法错误，因为投标是一种要约行为。当招标文件中内容（如标底）存在明显与所有投标人意向区别（如报价偏高或偏低时）可以重新招标。对投标人损失不予赔偿。

问题 2:

评标结论说明表见表 5—10。

表 5—10　评标结论说明表

投标人	评标结论	理　由
K	废标	理由是实际工期为 22 个月,超过招标文件中规定的 20 个月,即表示投标人在工期问题上与招标人要求矛盾,未做实质响应
L	废标	理由是联合体中包含三级资质企业,联合体资质评定为三级
M	废标	理由是多方案报价时投标人必须对新旧技术方案做出两种报价,投标截止期前递送补充文件合理,但应在补充文件中说明原投标文件的有效性
N	废标	理由是不能将工程主要部分分包且报价非 N 本身报价
G	有效标	其报价应调整为 1830 万元
H	有效标	其报价的 93% 作为评标价,即扣除 2050*7%=144.9 万元
I	有效标	应计算报价优惠调整值
J	有效标	但其投标报价应调控,增加报价 12 万元,即 400*1500=60 万元,60-48=12 万元

问题 3:

有效投标人的评标价格计算表见表 5—11。

表 5—11　有效投标人的评标价格计算表

序号	项目	投标人			
		G	H	I	J
1	投标报价	1830	2050	1920	2022
2	支付优惠			−9.346	
3	国内优惠		−143.5		
4	工期超前优惠	−200	−100		−250
5	评标价	1630	1806.5	1910.65	1772

问题 4:

按照评标价最低值确定中标人的规定,中标人为 G,中标价格为 1830 万元。

5.2.7 招标纠纷处理

▶▶引例 8

某区一学校场坪施工招标项目,招标文件中要求投标人将缴纳投标保证金的银行进账单装入商务文件袋子中,而潜在投标人共 10 家,其中由于有 6 家在编制投标文件时没有认真阅读招标文件的要求,也可能由于时间紧等方面的原因,没有按此办理,仅有 4 家装入了商务标的文件袋子中,在这种情况下,如果将 6 家都作废,那就有可能导致本次招标失败。具体处理时,通过评标专家认定,对 6 家单位的此种情况作为细微偏差来予以处置。

▶▶引例 9

某县一档案馆工程施工招标,招标文件中要求投标人将所有资料刻录成完整的光盘,然而有的投标人根本没有进行刻录,有的只刻录了一部分。本来资料上已经有的内容,再刻录光盘是否有那个必要?但是,招标代理机构在进行招标时,由于监督机构与招标代理机构、招标人之间在整个招标过程中存在各种倾向性,评标专家不能发挥独立的评标职能,在整个评标活动中受到监督机构及招标代理机构的左右,最后只好都借此一点将所有投标人的投标都判定为废标。但是,这样一来,就给招标人实施项目管理活动在时间上和经济上带来了极大的损失。

引导问题 11:如何判定重大偏差与细微偏差?

【专家评析】

作为招标人和招标代理机构在制作招标文件时,一定要将重大偏差和细微偏差进行充分的界定,以使专家在进行评标时能够清晰界定偏差程度,从而大大降低招标失败的概率。目前推行的《标准施工招标文件》对于此有明确的规定,但是作为招标代理机构在制作特定建设项目施工招标文件中也应予以明确,如果笼统地按照某某规定执行,或是按照《标准施工招标文件》规定执行,如果专家在审的时候还得去找规定,就会带来审查的困难。

▶▶引例 10

某项目施工招标实行资格后审,专家在评审某投标人的资格时,具体审查某投标人拟派项目经理建造师资格时,由于该项目要求拟派项目经理具有市政建造师执业资格,但是该项目经理具有两个资格,其主项资格是建筑工程建造师,增项资质是市政工程建造师,由于某市建设工程信息网有两个版本,一个版本上怎么查也查不到他的市政增项资质,因为这个版本上没有挂"建造师(项目经理)管理系统",另一个版本上挂了这个查询系统,就能够查得到他的增项资质"市政建造师执业资格",就因为如此,该投标人就被判定为资质后审没有通过。对于这种情况,给某投标人带来的损失应该由谁来承担?对于这种情况,引发的投拆及争议应该如何处理?是由招标代理机构来承担呢?还是由评标专家来承担,还是由网络供应商来承担?或是信息披露部门来承担?

引导问题 12：评标专家进行网络查询时，无法查找招标文件规定的资格证书和相关资料，怎么办？

对于特定的某次招标，专家是不为投标人知晓的，具体如何界定是谁的责任很值得研究。为了避免出现类似的情况，在开标和评标前，作为招标代理机构一定要做好准备工作，最好的办法是规范招投标披露查询网络系统并保证网络畅通，将规范而畅通的网络查询系统作为评标系统的重要组成部分。建设系统披露的相关资料与发展改革系统管理的招标网有机无缝连接，真正实现资源共享，减少评标失误或偏差，也减少招标投标中的投诉现象。

▶▶引例 11

某区图书馆工程项目的施工招标，在开标会上，主持开标的主持人一边宣布投标人的投标报价、工期、质量、安全文明施工专项费等相关内容，在宣读投标保证金的缴纳情况时，就将投标保证金符合和不符合的情况宣读来说，刚宣读了 2 家，监督机构的人员就说，投标保证金是否有效不是招标代理机构来说的，这应该由评标专家来确认。这位监督人员说了几次，但是代理机构还是照样如此宣读。

引导问题 13：开标会的主持人，应在招标会上宣布哪些内容？

【专家评析】

第一，哪些投标人购买了招标文件而没有来参与投标，哪些是在投标文件递交时间截止后，被予以拒收投标文件的，哪些是没有按规定缴纳投标保证金的，这些都应该在开标会开场时予以公布。第二，作为招标代理机构的主持人，宣读投标人的投标文件时，应该将密封、印章情况示意给台下的各位投标人看，哪些密封和印章规范符合要求，哪些不符合要求。不符合要求的就不得予以开启投标文件。只有密封和印章符合要求的投标文件才能予以开启。第三，作为主持人在宣读密封、印章符合要求的投标文件中载明的投标报价、工期、质量、投标保证金以及安全文明施工专项费等必备内容时，口齿一定要清楚、明确，台风一定要正，要给人一种严肃认真的感觉。第四，这就要求招标代理机构的设施设备如麦克风及相关的电器设备使用效果在正式开标会开始前一定要予以落实并检查。第五，作为招标代理机构一定要有一套完整的评标系统，并且工作人员对此套系统的使用一定要熟练，计算结果一定要正确，否则很难达到招标人的目的，也很容易引发投拆。

▶▶引例 12

某次开标，本来是下午 2：30 开标，到了时间，招标监督机构人员还没有来。这是由于招标人与招标代理机构没有联系衔接得好，两个单位都没有通知，结果影响了开标的正常进行。

引导问题 14：监督机构人员到场的通知，具体由谁来通知落实？

【专家评析】

招标人还是招标代理机构，不能因没有落实好通知，导致监督机构人员不知道时间或是时间有误，最终造成监督机构人员不能按照开标时间准时到场，而且牌子、位子一定要事先安排好。招标代理机构通知时还应做好会议通知记录,以备将来查阅。

▶▶引例 13

某县职教中心实验楼工程施工招标,共有 52 家施工单位招投标,在下午 3：00～3：30 分投标时,递交投标文件共计 50 家单位。投标文件内容包括商务标书和技术标书两部分。对于商务标书的编制要求第三条补遗明确"商务标书的正本应使用打印、复印或不能擦去的墨水书写,文字要清晰、语义要明确,并按招标文件的要求逐页加盖投标人单位公章……""否则将作为无效标书,即废标处理"。开标过程中,经过审查有 16 家单位没有"逐页加盖投标人单位公章",而被判定为废标;有一家单位拟派项目经理与出席开标会的项目经理不一致,也被作为废标处理。

▶▶引例 14

某次开标会,规定提交投标文件的截止时间是 15 点 30 分前,结果有 3 家投标人的经办人员来递交投标文件时,将招标代理机构工作人员交给他们填写的登记记录表上的递交时间填写为 4 点 10 分、3 点 40 分、4 点 12 分,是内行的一看就明白是为了什么？毫无疑问,这 3 家肯定是做的废标。他们不得不来投标,是因为招标文件规定了,作为潜在投标人报了名,也交了投标保证金,必须来参与投标,否则投标单位将进入不诚信档案中,同时也担心投标保证金得不到退回。

引导问题 16：针对引例 13、14 中出现的情形,招标代理机构应如何应对？

【专家评析】

招标方应认真做好招标文件等文件资料的草拟、修改、签发等工作,确保所发出的各种文件资料经得起法律法规的检验,不能给伺机搞投标小动作的投标人以任何可乘之机。补遗的发出必须做好记录,并要求潜在投标人收到后,以传真方式做出收到的确认记录。如果引例 13 中的招标人或招标代理机构不对补遗收发做好细致的登记记录,或补遗的内容缺乏合法性,一旦遇到投诉,受到行政处罚也就不可避免。如发生引例 14 类似事件,招标人或代理机构的工作人员一定要坚持原则,真实记录递交的投标文件的时间和内容,不能为自己将来受到质疑和行政处罚埋下隐患。

5.2.7 招投标资料归档

招标结束后,招标办将备案资料与其他招投标过程资料一并整理成册,作为招投标资料归档。

中标项目归档应提交的资料包括以下内容。

(1) 报建表（含项目批准文件）。

(2) 发包方案（含招标条件的相关证明文件）。

(3) 自行办理招标事宜备案表（含相关证明材料）。

(4) 委托招标代理合同书。

(5) 招标公告（公开招标项目）。

(6) 资格预审报告书（含投标报名申请书或邀请投标函、资格预审文件、招标投标资格预审合格通知书、招标投标预审结果通知书）。

（7）招标文件（公开招标项目包括工程量清单等其他资料）、答疑纪要、工程标底（如有时）。

（8）评标报告。

（9）中标结果公示书。

（10）书面报告。

（11）中标通知书。

（12）施工合同。

5.3　任务实施

（1）根据本项目情况，提交资格预审报告。

（2）根据本项目情况，按相关规定，完成该项目的投标答疑。

（3）根据本项目情况，提交评标报告。

（4）根据本项目情况，提出招标纠纷预防措施。

（5）根据本项目招标情况，进行招投标资料归档。

专家支招

（1）在立项工作细节中应注意以下问题。

①应当在报送的可行性研究报告中将货物招标范围、招标方式（公开招标或邀请招标）、招标组织形式（自行招标或委托招标）等有关招标内容报项目审批部门核准。项目审批部门应当将核准招标内容的意见抄送有关行政监督部门。需审批项目的《可研报告》包括项目的《初步设计书》以及《环境评估报告》时，应该注意突出项目的节能性和环境生态保护性。

②如果项目属于扶贫/减贫性质，则应该突出项目的社会扶贫/减贫效益。

③如果项目涉及移民搬迁，则在《移民报告》中要突出项目的社会效益以及移民搬迁工作的透明度，补偿标准和民意调查的结果。

④项目建成后的财务评估和资金或贷款的还款保证。

⑤要有整个项目的资金落实情况，并应附上各有关银行或单位的贷款或出资证明。

（2）准备招标文件应注意的问题。

招标文件基本上由商务和技术两部分所组成，两个部分既有不同又互相有联系，要避免在内容中出现互相矛盾的描述。因此负责招标文件整合工作的招标公司应该注意仔细核查标书的各细节，避免出现矛盾，发标以后无法弥补。准备发售的招标文件和资格预审文件应加盖印章。

（3）广告的发布要根据我国有关招标管理部门的规定，在国家制定的报刊或信息网络上刊登广告。同时还应该注意资金贷款银行或国际金融组织的特殊要求，如采用国际竞争性招标方式时，世行和亚行往往还要求在世行和亚行的有关专门刊物或媒体上刊登同样的广告，有时还要求在中国全国发行的英文刊物，例如《中国日报》上刊登英文广告。

5.4 任务评价与总结

1. 任务评价

完成表 5—12 的填写。

表 5—12 任务评价表

考核项目	分数			学生自评	小组互评	教师评价	小 计
	差	中	好				
团队合作精神	1	3	5				
活动参与是否积极	1	3	5				
工作过程安排是否合理规范	2	10	18				
陈述是否完整、清晰	1	3	5				
是否正确灵活运用已学知识	2	6	10				
劳动纪律	1	3	5				
此次任务完成是否满足工作要求	2	4	6				
此项目风险评估是否准确	2	4	6				
总　　分		60					
教师签字：				年　　月　　日			得　分

2. 自我总结

（1）此次任务完成中存在的主要问题有哪些？
（2）问题产生的原因有哪些？
（3）请提出相应的解决方法。
（4）您认为还需加强哪方面的指导（实际工作过程及理论知识）？

知识回顾

本次任务主要包括审查投标人资格、发标、投标答疑、开标、评标、定标等工作，同时还应处理招标过程中的相关纠纷，最后完成相关招标资料归档工作。

通过完成任务，应掌握开标、评标、定标等工作流程，熟悉评标过程的初步评审和详细评审内容，掌握综合评标法和最低投标标价法，完成典型工程的案例分析。

基础训练

一、单选题

1. 工程总承包招标主要以（　　）作为选择中标人的综合评标因素。

A. 服务人员素质能力及其服务方案优劣的差异

B. 产品的价格、使用功能、质量标准、技术工艺、售后服务

C. 投标报价竞争的合理性、技术管理方案的可行性、工程技术经济和管理能力及信誉的可靠性

D. 投标人报价竞争的合理性，工程施工质量、造价、进度、安全目标等控制体系的完备性和管理措施的可靠性，施工方案及其技术措施的可行性，组织机构的完善性及其实施能力、信誉的可靠性

2. 招标人甲欲完成一项招标工作，则依我国《招标投标法》规定，以下（　　）活动是必须的。

A. 招标人甲发布招标公告或寄送投标邀请书

B. 招标人甲编制相应的招标文件

C. 招标人甲组织潜在投标人踏勘项目现场

D. 招标人甲要求潜在投标人提供有关资质证明文件和业绩情况，并对潜在投标人进行资格审查

E. 计算出标底并报招标主管部门审定

3. 资格预审程序中，确定资格审查方法的时间为（　　）。

A. 由资格审查委员会确定

B. 发售资格预审文件后确定

C. 在资格预审申请文件中明确

D. 在发布资格预审公告前确定

4. 招标人和中标人应当自（　　）内，按照招标文件和中标人的投标文件订立书面合同。

A. 评标结束后 15 日

B. 中标通知书发出之日起 15 日

C. 评标结束后 30 日

D. 中标通知书发出之日起 30 日

5. 招标人对已发出的招标文件要进行必要的澄清或修改的，应当在招标文件所要求的投标文件截止时间至少（　　）日前，以书面形式通知所有招标文件接受人。

A. 7　　　　　　B. 15　　　　　　C. 14　　　　　　D. 30

6. 某工程项目在估算时算得成本是 1 000 万元人民币，概算时算得成本是 950 万元人民币，预算时算得成本是 900 万元人民币，投标时某承包商根据自己企业定额算得成本是 800 万元人民币。根据《招标投标法》中规定"投标人不得以低于成本的报价竞标"，该

承包商投标时报价不得低于( )。

    A. 1000 万元　　　B. 950 万元　　　C. 900 万元　　　D. 800 万元

7. 招标信息公开是相对的，对于一些需要保密的事项是不可以公开的。例如，( )在确定中标结果之前就不可以公开。

    A. 评标委员会成员名单　　　　　　B. 投标邀请书

    C. 资格预审公告　　　　　　　　　D. 招标活动的信息

8. 按照《招标投标法》和相关法规的规定，开标后允许( )。

    A. 投标人更改投标书的内容和报价

    B. 投标人再增加优惠条件

    C. 评标委员会对投标书的错误加以修正

    D. 招标人更改评标、标准和办法

9. 评标委员会推荐的中标候选人应当限定在( )，并标明排列顺序。

    A. 1～2 人　　　　　　　　　　　B. 1～3 人

    C. 1～4 人　　　　　　　　　　　D. 1～5 人

10. 根据《招标投标法》的有关规定，下列说法符合开标程序的是( )。

    A. 开标应当在招标文件确定的提交投标文件截止时间的同一时间公开进行

    B. 开标地点由招标人在开标前通知

    C. 开标由建设行政主管部门主持，邀请中标人参加

    D. 开标由建设行政主管部门主持，邀请所有投标人参加

11. 投标单位在投标报价中，对工程量清单中的每一单项均需计算填写单价和合价在开标后，发现投标单位没有填写单价和合价的项目，则( )。

    A. 允许投标单位补充填写

    B. 视为废标

    C. 退回投标书

    D. 认为此项费用已包括在工程量清单的其他单价和合价中

12. 采用百分法对各投标单位的标书进行评分，( )的投标单位为中标单位。

    A. 总得分最低　　　　　　　　　　B. 总得分最高

    C. 投标价最低　　　　　　　　　　D. 投标价最高

13. 投标文件中总价金额与单价金额不一致的，应( )。

    A. 以单价金额为准　　　　　　　　B. 以总价金额为准

    C. 由投标人确认　　　　　　　　　D. 由招标人确认

14. 我国《招标投标法》规定，开标时由( )检查投标文件密封情况，确认无误后当众拆封。

    A. 招标人　　　　　　　　　　　　B. 投标人或投标人推选的代表

    C. 评标委员会　　　　　　　　　　D. 地方政府相关行政主管部门

    E. 公证机构

二、多选题

1. 关于工程评标方法的叙述正确的有（　　）。

　　A. 评标方法一般包括经评审的最低投标价法、综合评估法或者法律、行政法规允许的其他评标方法

　　B. 经评审的最低投标价法一般适用于具有通用技术、性能标准或者招标人对其技术、性能没有特殊要求，工程施工技术管理方案的选择性较小，且工程质量、工期、成本受施工技术管理方案影响较小，工程管理要求简单的施工招标项目的评标

　　C. 经评审的最低投标价法一般适用于工程建设规模较大，履约工期较长，技术复杂，工程施工技术管理方案的选择性较大，且工程质量、工期和成本受不同施工技术管理方案影响较大，工程管理要求较高的施工招标项目的评标

　　D. 综合评估法一般适用于具有通用技术、性能标准或者招标人对其技术、性能没有特殊要求，工程施工技术管理方案的选择性较小，且工程质量、工期、成本受施工技术管理方案影响较小，工程管理要求简单的施工招标项目的评标

　　E. 综合评估法一般适用于工程建设规模较大，履约工期较长，技术复杂，工程施工技术管理方案的选择性较大，且工程质量、工期和成本受不同施工技术管理方案影响较大，工程管理要求较高的施工招标项目的评标

2. 采用综合评估法进行工程施工招标项目的详细评标时，通常从（　　）方面进行详细评审和量化评价。

　　A. 形式评审　　　　　　　　　　B. 项目管理机构
　　C. 施工组织设计　　　　　　　　D. 投标报价
　　E. 响应性评审

3. 土建工程招标文件内容中的资格标准包括（　　）。

　　A. 业绩要求　　　　　　　　　　B. 财务能力要求
　　C. 关键设备的要求　　　　　　　D. 投标人需要更新的信息
　　E. 未决诉讼

4. 土建工程的初步评审工作需要重点评审的内容包括（　　）。

　　A. 土建工程施工组织计划的合理性

　　B. 关键施工设备是否满足施工的最低要求

　　C. 报价是否有重大漏项

　　D. 主要工程细目单价的合理性分析

　　E. 施工安全保障措施、环境保护措施是否满足要求

5. 综合评价法明确规定投标人出现下列（　　）情形之一的，将不得推荐为中标候选人。

　　A. 投标人的评标价格超过全体有效投标人的评标价格平均值规定比例（不得高于30%）以上的

　　B. 投标人的评标价格超过全体有效投标人的评标价格平均值规定比例（不得高于40%）以上的

C. 投标人的技术得分低于全体有效投标人的技术得分平均值规定比例（不得高于30%）以上的

D. 投标人的技术得分低于全体有效投标人的技术得分平均值规定比例（不得高于40%）以上的

E. 评标委员会成员的分项评分偏差超过评标委员会全体成员的评分均值±20%

6. 以下关于组建评标委员会的说法中正确的有（　　）。

A. 应当在评标前依法组建

B. 成员人数为3人以上单数

C. 技术、经济等专家不少于成员总数的2/3

D. 特殊招标项目可以由招标人从评标专家库中直接确定

7. 以下关于开标的说法中正确的有（　　）。

A. 由投标人代表确认开标结果

B. 按招标文件规定，宣布开标次序，公布标底

C. 投标人应按招标文件要求参加开标会议，投标人不参加开标，投标文件无效

D. 投标人代表检查确认投标文件的密封情况，也可以由招标人委托的公证机构检查确认并公证

8. 有下列情形之一的人员，应当主动提出回避，不得担任评标委员会成员：（　　）。

A. 投标人主要负责人的近亲属

B. 项目主管部门或者行政监督部门的人员

C. 与投标人有经济利益关系，可能影响投标公正评审的

D. 曾因在招投标有关活动中从事违法行为而受到行政处罚或刑事处罚的

9. 中标人的投标应当符合下列条件之一：（　　）。

A. 能够最大限度地满足招标文件中规定的各项综合评价标准

B. 能够满足招标文件的各项要求，并经评审的价格最低，但投标价格低于成本的除外

C. 未能实质上响应招标文件的投标，投标文件与招标文件有重大偏差

D. 投标人的投标弄虚做假，以他人名义投标、串通投标、行贿谋取中标等其他方式投标的

10. 重大偏差的投标文件包括以下情形：（　　）。

A. 没有按照招标文件要求提供投标担保或提供的投标担保有瑕疵

B. 没有按照招标文件要求由投标人授权代表签字并加盖公章

C. 投标文件记载的招标项目完成期限超过招标文件规定的完成期限

D. 明显不符合技术规格、技术标准的要求

E. 投标附有招标人不能接受的条件

11. 由于工程项目的规模不同、各类招标的标的不同，大型工程评审方法可以分为哪两大类：（　　）。

A. 经评审的最低投标价法　　　　B. 综合评估法
C. 低投标价夺标发　　　　　　　D. 联合保标法

12. 投标文件的初步评审主要包括以下内容：（　　）。
A. 投标文件的符合性鉴定　　　　B. 投标文件的技术评估
C. 投标文件的商务评估　　　　　D. 投标文件的澄清
E. 响应性审查　　　　　　　　　F. 废标文件的审定

13. 推迟开标时间的情况有下列几种情形：（　　）。
A. 招标文件发布后对原招标文件做了变更或补充
B. 开标前发现有影响招标公正情况的不正当行为
C. 出现突发严重的事件
D. 因为某个投标人坐公交车延误了时间

三、简答题

1. 资格预审的主要内容有哪些？
2. 招标方投标答疑应注意哪些问题？
3. 开标时作为无效投标文件的情形有哪些？
4. 简述评标的程序。
5. 常见建设工程评标的方法主要有哪几种？
6. 评标报告应包括哪些内容？
7. 废标的情况有哪些？
8. 招投标结束后，归档资料包括哪些？

四、案例分析

案例1

某招标代理机构受某业主的委托办理该单位办公大楼装饰（含幕墙）工程施工项目招投标事宜。该办公大楼装饰（含幕墙）工程施工招标于2006年5月23日公开发布招标公告，到报名截止日2006年5月27日，因响应的供应商报名数（仅有一个）未能达到法定要求，使招标失败。遂于2006年5月28日在答建设工程信息时延长了7天报名时间，又对该工程进行第二次公开招标，招标人还从当地建筑企业应应商库中电话邀请了7家符合资质的供应商参与竞标。到2006年7月5日投标截止时间，有3家投标单位参与投标，经资格审查，有两家投标企业资格不符合招标文件要求，使招标再次失败。依据省里有关规定现拟采用直接发包方式确定施工单位。

监督管理机构的经办人员在资料审查过程中发现，评标委员会出具评审报告中的综合评审意见与评审中反映的问题存在以下几个问题："A公司与B公司组建了联合体投标，投标报价173万元，工期100天，联合体不符合法律规定应做废标处理。原因是双方只有建筑装修装饰工程专业承包资质，没有建筑基墙工程专业承包资质。评标委员会一致认为联合体资质不符合要求，应做废标处理。C公司投标报价149万元，工期105天，无幕墙工程施工资质应做废标处理。在其企业资质证书变更栏中载明：可承担单位工程造价60

万元及以下建筑室内、室外装修装饰工程（建筑幕墙工程除外）的施工。无幕墙工程施工资专应作废标处理。而第三投标人D公司的投标报价为161万元，工期102天，该公司既有装饰资质又有幕墙工程专业承包资质，从其评标报告的施工组织方案来看，只对其工序中的某一环节作了调整，完全符合招标文件的要求，属于合格标。这样3家投标，两家为废标，只有一家投标人为有效投标，明显失去了竞争力。因此，评标委员会的评审报告最后结论是："有效投标少于3家，建议宣布招标失败。"

监督管理机构的审查人员对这个项目招标投标的全过程进行了综合分析。从招标文件的内容来看，比较周密、科学，体现了公开招标的公平性；从3家投标人的投标文件所反映的施工组织设计和预算报价来看，是认真、慎重的，3家报价悬殊且具有一定的竞争性。因此，审查人认为：这次招标程序合法，操作比较规范，体现了我国《招标投标法》的基本精神实质，应当确定第三投标人为中标人，评标委员会的评审结论不够科学。所以，向领导反映审查情况的同时，审查人建议提交当地建设工程专家鉴定委员会评审。

经过建设工程争议评标项目专家鉴定委员会专家详细评审和对有关法律条款的充分讨论，一致认为：应当根据两次公开招标的实际情况，推荐有效投标人为中标单位。

最终监管机构经集体研究，不予同意招标代理机构要求采用直接发包方式确定施工单位。要求其采纳专家鉴定委员会的建议确认其有效投标人为中标单位，并按法定程序，予以公示，无异议后发给中标通知书。

问题：该评标委员会出具的评标报告存在哪些问题？监管机构最后的裁定是否合理？

案例2

某工程项目业主邀请甲、乙、丙3家承包商参加投标。根据招标文件的要求，这3家投标单位分别将各自报价按施工进度计划分解为逐月工程款，见表5-13。招标文件中规定按逐月进度拨付工程款，若甲方不能及时拨付工程款，则以每月1%的利率计息；若乙方不能保证逐月进度，则以每月拖欠工程部分的2倍工程款滞留至工程竣工（滞留工程款不计息）。

评标规则规定，按综合百分制评标，商务标和技术标分别评分，商务标权重为60%，技术标权重为40%。

商务标的评标规则为，以3家投标单位的工程款现值的算术平均数（取整数）为评标基数，工程款现值等于评标基数的得100分，工程款现值每高出评标基数1万元扣1分，每低于评标基数1万元扣0.5分（商务标评分结果取1位小数）。

技术标评分结果为甲、乙、丙3家投标单位分别得98、96、94分。

表5-13 各投标单位逐月工程款汇总表　　　　　　　　　　　　　　单位：万元

单位	1	2	3	4	5	6	7	8	9	10	11	12	工程款合计
甲	90	90	90	180	180	180	180	180	230	230	230	230	2090
乙	70	70	70	160	160	160	160	160	270	270	270	270	2090
丙	100	100	140	140	140	140	300	300	180	180	180	180	2080

问题：
1. 试计算 3 家投标单位的综合得分。
2. 试以得分最高者中标为原则，确定中标单位。

 拓展训练

教师可围绕本学校已建或在建项目，就某项目招标工作进行评价，并提出建议。

学习情境3

投标实务与合同签署

任务6　投标前期决策与工作流程

▶▶引例1

赤峰农牧学校综合教学楼施工招标公告

赤峰农牧学校综合教学楼建筑工程已经具备招标条件，现面向社会公开进行施工招标。

一、工程名称及基本概况：

项目名称：赤峰农牧学校综合教学楼工程。

建筑面积：17532m^2

计划投资：3500万元。

二、招标内容：土建、装饰、安装工程。

三、质量等级：合格。

四、资金来源：财政资金，已落实。

五、建设地点：赤峰市穆家营镇。

六、工期要求：365日历天。

七、报名条件：

1. 资质要求：投标申请人必须具有二级及以上建筑工程施工总承包资质的施工单位。

2. 报名：投标单位法定代表人授权委托人（委托代理人必须是拟承担本项目的项目负责人）报名时必须提交以下材料原件及两份复印件（复印件需加盖单位公章）：法定代表人授权委托书、其本人注册建造师证书、安全生产考核合格证书、身份证、企业营业执照（副本）、资质证书（副本）、安全生产许可证（副本）。请同时携带项目管理机构人员的岗位证书（安全员需同时携带安全生产考核合格证书），并提交项目管理机构人员与投标单位签订的一年以上的劳动合同和养老保险缴纳手册原件，在报名合格后进行投标资格复核。外埠投标企业报名时必须提供内蒙古自治区建设厅备案手续原件，备案材料从内蒙古建设网下载。

八、招标人：赤峰农牧学校。

九、招标代理单位：赤峰正合工程项目管理有限公司。

十、报名时间：自公告发布之日起5个工作日（2010年7月20日至2010年7月26日），每日受理时间为上午9：00～11：30，下午14：30～17：00。（节假日不受理）

十一、报名地点：赤峰市建设工程招投标服务交易中心（新城区玉龙大街建委三楼）。

联系人：×××、×××

联系电话：×××、×××

某建筑施工企业从建设部门的相关网站上获知了这则招标公告。该公司具备一定经济、技术实力,并取得相应的资质等级,该公司现在要决定是否参加该工程项目的投标工作。

引导问题 1:根据引例 1,回答以下问题。

(1)什么是投标前期决策,投标决策的依据有哪些?

(2)简述投标决策日常事务中主要工作重点。

(3)根据该公告,初步制定投标工作流程。

【专家评析】

所谓投标前期决策,就是依据信息分析结果,对于某一项目要不要投标做出决断。决策正确与否,关系到企业能否中标和中标后的效益问题,关系到施工企业的信誉、发展前景和职工切身经济利益。前期决策的主要依据是招标公告以及企业对招标工程、建筑市场、招标人及潜在竞争人情况的调研和了解程度,如果是国际工程,还包括对工程所在国和工程所在地的调研和了解程度。投标决策日常事务主要工作重点是收集决策依据和据此做出决策。

6.1 任务导读

6.1.1 任务描述

某高校要建设实验楼,投资约 5200 万元人民币,建筑面积约 30000m^2。你所在企业已获知招标信息,目前的任务是收集和分析相关信息,进行投标前期决策。

6.1.2 任务目标

(1)按照正确的方法和途径,收集和分析投标决策所需信息。

(2)按照投标工作时间限定,准备投标决策资料,进行投标决策。

(3)依据决策结果,制定投标工作流程,并提出后续工作建议。

(4)通过完成该任务,提出后续工作建议,完成自我评价,并提出改进意见。

6.2 相关理论知识

投标决策是指承包商通过对工程承包市场进行详尽的调查研究,广泛收集招标项目信息,并认真进行选择,确定适合本公司投标项目的过程。项目建设的复杂性、项目环境的诸多不确定性以及其实施持续时间长、资金规模大等特点决定了建筑企业的承包经营存在很大风险。因而,建设工程单位在争取项目的承包权投标时要慎重决策,尽可能使预期效益最大化,分析评定各方面的影响因素,否则不容易中标。即使中标也将难以盈利,以至造成大量资金和机会的浪费,最终影响自身的生存及发展。所以决策人在投标决策时应遵循以下原则[1]。

---

① 李健,王宏涛,等. 浅谈工程投标决策[J]. 河南建筑,2009,(1).

6.2.1 决策原则

1. 可靠性原则

在投标之前要对招标项目是否通过正式批准,资金来源是否可靠,主要材料和设备供应是否有保证,设计文件完成的阶段情况、设计深度是否满足要求,等等情况进行了解。除此之外,还要了解业主的资信条件及合同条款的宽严程度,有无重大风险性。应当尽早回避那些利润小而风险大的招标项目以及本企业没有条件承担的项目。

2. 可行性原则

在投标决策时,首先要考虑的是施工企业本身的经济实力、资源设备、技术生产以及施工经验情况。要量力而行,选择适合发挥自己优势的项目进行投标,避免选择本身不擅长并且缺乏经验的项目,而且应估计竞争对手的实力情况,不宜陪标,进而影响本企业未来的发展。

3. 盈利性原则

利润是承包商追求的目标之一。拟投标项目是否有利可图是投标人前期决策的重要因素。继续决策时应分析竞争形势,掌握当时当地的一般利润水平,并综合考虑本企业近期及长远目标,注意近期利润和远期利润的关系。

4. 审慎性原则

参与每次投标,都要花费不少人力、物力,付出一定的代价。如能夺标,才有利润可言。特别在基建任务不足的情况下,竞争非常激烈,承包商为了生存都在拼命压价,盈利甚微。承包商要审慎选择投标对象,除非在迫不得已的情况下,决不能承揽亏本的施工任务。

6.2.2 影响投标决策的各种因素

1. 企业自身因素

影响投标决策的企业自身因素主要包括以下方面。

1) 技术实力

(1) 拥有一支由估算师、建筑师、工程师、会计师和管理专家组成的经验丰富、业务精湛的专家队伍。

(2) 具有工程项目设计、施工专业特长,有解决各类工程施工中的技术难题的能力。

(3) 具有类似工程施工经验。

(4) 具有一定技术实力的合作伙伴,如实力强的分包商、合营伙伴和代理人。

2) 经济实力

(1) 垫资能力。有的招标人要求承包商"带资承包工程"、"实物支付工程",根本没有预付款。所谓"带资承包工程"是指工程由承包商筹资兴建,从建设中期或建成后某一时期开始,招标人分批偿还承包商的投资及利息,但有时这种利率低于银行贷款利息。承包这种工程时,承包商需投入大部分工程项目建设投资,而不止是一般承包所需的少量流动资金。所谓"实物支付工程"是指有的招标人用滞销的农产品、矿产品折价支付工程款,而承包商推销上述物资而谋求利润将存在一定难度。因此,投标人必须事先判断可获预付款的数额，取得预付款的条件，根据自己的垫资能力做出投标决策。

（2）固定资产和机具设备提供及投入所需的资金能力。大型施工机械的投入不可能一次摊销，新增施工机械将会占用一定资金。另外，为完成项目必须要有一批周转材料，如模板、脚手架等，这也是占用资金的组成部分。因此投标人必须根据招标项目对以上能力做出判断。

（3）支付施工用款的资金周转能力。一般在建筑工程中对已完成的工程量需要监理工程师确认后并经过一定手续，才能将工程款拨入承包人账户。因此投标人必须具备一定的支付施工用款的资金周转能力。

（4）支付各种担保的能力。担保内容主要包括投标保函（或担保）、履约保函（或担保）、预付款保函（或担保）、缺陷责任期保函（或担保）等。

（5）支付各种纳税和保险的能力。

（6）承担风险的能力。

3）资信状况

承包商良好的信誉是对施工安全、工期和质量等方面的有力保证，是投标中标的一条重要标准。

4）经营管理实力

具有高素质的项目管理人员，特别是懂技术、会经营、善管理的项目经理人选，能够根据合同的要求，高效率地完成项目管理的各项目标，通过项目管理活动为企业创造较好的经济效益和社会效益。

2. 企业外部因素

影响投标决策的企业外部因素主要包括以下方面。

1）招标人和监理工程师的情况

（1）招标人资信。主要包括招标人的合法地位、支付能力、公平性、公正性、履约信誉、招标人在招标项目的倾向性及招标人倾向对象基本情况等因素。

（2）监理工程师的情况。监理工程师处理问题的公正性、合理性等因素也会影响企业投标决策。

2）竞争对手和竞争形势

（1）竞争对手。企业是否投标，应注意竞争对手的实力、优势及投标环境的优劣情况。另外，竞争对手的在建工程情况也十分重要。如果对手的在建工程即将完工，可能急于获得新承包项目心切，投标报价不会很高；如果对手在建工程规模大、时间长，如仍参加投标，则标价可能很高。

（2）竞争形势。从总的竞争形势来看，大型工程的承包公司技术水平高，善于管理大型复杂工程，其适应性强，承包大型工程的可能性大。中小型公司因为在当地有熟悉的材料、劳力供应渠道、惯用的特殊施工方法、管理人员相对较少等优势，承包中小型工程的可能性大。

3. 风险问题

工程承包风险可分为政治风险、经济风险、技术风险、市场风险、商务及公共关系风险和管理方面的风险等。投标决策应对拟投标项目的各种风险进行深入研究，进行风险因素辨识，以便有效规避各种风险，避免或减少经济损失。

信息缺失风险是前期决策阶段的主要风险，主要包括两方面：一是由于投标信息不真实、不准确而导致投标失误；二是工程项目的资料掌握不全，由于信息缺失而出现经济损失。

4. 法律、法规的情况

对于国内工程承包，我国法律、法规具有统一或基本统一的特点，但各地也有一些特别规定。

6.2.3 决策工作

如图 6.1 所示，投标前期决策工作主要分为 3 个阶段，即信息收集、分析和决策。

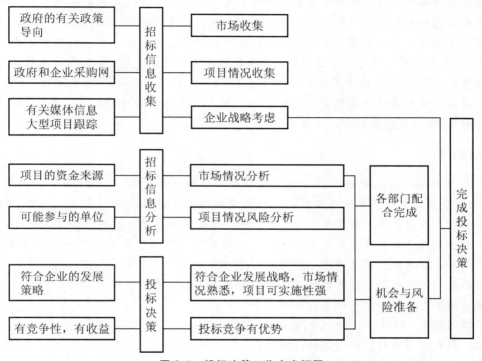

图 6.1 投标决策工作内容框图

▶▶引例 2

1996 年底，某水利枢纽工程开工之后，D 投标商通过建设单位得知，Y 市有一批库区淹没复建工程，主要为交通道路复建工程，而且将在近两三年内开工。

D 投标商早于 1993 年先后在 Y 市承担了两条公路的施工任务，这样就与当地政府的一些主管职能部门建立了联系，而且关系比较融洽。当得知上述信息后，D 投标商的主要领导便与这些部门的领导见面交流，证实确有其事。从此，D 投标商的领导经常与当地部门联系，并表示了想承担若干施工任务的意向。

经过长期的项目跟踪，D 投标商向建设单位表达愿意承担任务的诚意和决心，期间 D 投标商承担了两个城镇道路的施工，并以较低的价格履行义务，同时对其支付条件也降低要求，充分表现了自己的诚意和信用，双方建立了良好的关系，为今后的投标打下了良好的基础。

1999 年 3 月，D 投标商及时得到淹没复建工程将公开招标的信息，4 个项目分两次进行，其中桥梁2座，2个标段；土坝2座亦分2个标段。根据这些有价值的招标信息，投标商进行综合分析，先期招标的桥梁投中等标价，后期招标的土坝投中等偏上报价。这种巧妙的报价策略具有较强的竞争力和针对性，结果两个标都被D投标商收入囊中。

▶▶引例3

JL市的调蓄水库沉砂条渠工程由该市公用事业管理局负责招标，竞标单位有SS投标商、TX投标商、地方具有一级资质施工单位等，共10家投标商，招标日期为1998年8月。这次业主招标跟以往不同，将整个水库划为7个标，而且不是同时招标。先行招标的工程是水库沉砂条渠工程，而此工程投资不大，施工难度却不小。当时，建筑市场运行不够规范，该地区又有几家单位参加投标，很有可能一家只能中一个标，这个标是否参加投标，SS投标商也有所顾虑。经过对前期收集的信息专门研究，SS投标商认为对该项目信息掌握充分，不能放过这次机会，必须抢占先机，先打入市场，再寻求发展。1998年3月，该投标商顺利通过资格预审，同年8月，购买了该招标工程的标书。最后SS投标商以第一标1938.2万元的报价，一举中标。

▶▶引例4

2002年某城市污水处理厂的土建工程招标，招标公告规定：工期150天，标底价的±5%为有效标。该投标是以邀请招标的方式进行的，A投标商收到了邀请。对于是否投标，A投标商在投标资讯的收集上下了大工夫。为了使获取该工程信息和情报的速度更快一些，并保证信息和情报真实可靠的程度，从而对投标商报价具有重要参考价值的作用，A投标商在工程建设所在地建立了临时的信息、情报、公共关系工作站，通过信息工作站专职信息员的信息收集、分析筛选，为投标前期决策提供依据。终于工夫不负有心人，在强手如林的环境中脱颖而出，A投标商一举中标。

引导问题2：根据引例2~4回答以下问题。
（1）获取投标项目信息的途径有哪些？
（2）如何进行信息的收集和分析？

收集招标相关信息是投标决策的基础，也是投标成败的关键。及时获取真实、准确的投标信息是建设工程施工投标工作良好的开端和保障。

1. 招标信息收集

多数公开招标项目属于政府投资或国家融资的工程，会在报刊等媒体刊登招标公告或资格预审通告。但对于一些大型或复杂的项目，获悉招标公告后再做投标准备工作，往往会因时间仓促而陷于被动，同时保证信息的真实可靠也至关重要。因此，投标人必须提前跟踪招标项目，注意信息、资料的积累整理，并做好查证信息工作。通常获取投标项目信息有如下途径。

（1）根据我国国民经济建设的建设规划和投资方向，从近期国家的财政、金融政策所确定的中央和地方重点建设项目、企业技术改造项目计划中收集项目信息。

（2）从投资主管部门获取建设银行、金融机构的具体投资规划信息，跟踪发展改革委员会立项的项目。

（3）跟踪大型企业的新建、扩建和改建项目计划，获取招标信息。

（4）收集同行业其他投标单位对工程建设项目的意向，把握招标动向。

（5）注意有关项目的新闻报道。

在该阶段投标人应做好两方面的工作。

第一，前期信息收集工作。单位应该指定有关人员具体负责招标信息收集工作，其主要任务是每天阅读济源日报的招标公告，浏览招标信息网页和其他相关招标媒体公告，将符合单位资质要求的招标信息及时记录下来，报请主管领导批示。

第二，外围协调工作。投标外围协调工作任务十分艰巨，责任重大，面对当前激烈的市场竞争机制，结合单位的实际情况，外围协调人员必须审时度势，权衡利弊，将协调工作从平常做起，从细处做起，主要做好与往来单位之间的协调沟通，树立单位良好的对外形象和构建和谐的合作诚意，根据前期信息采集人员获取的相关资料，提前跟业主单位技术管理人员进行沟通，获取更有价值的工程信息，为投标工作奠定较好的人脉基础。

2. 招标信息分析

1）分析招标公告

（1）根据《招标投标法》、《政府采购法》以及国家各个主管部委的政令来分析公告的合法性。首先要搞清招标项目属于什么类别的项目，是"政府采购"，还是"法定的必须招标项目"。不同的类别，可能分别属于不同的主管部门，施行不同的具体办法。

（2）招标人资信情况。项目的审批和资金是否落实，支付能力和信誉如何。

（3）公告的真实性。是否在"法定指定媒体"上，发布同样的招标公告。

2）根据各种影响决策的因素对投标与否做出论证

3. 投标决策

在对信息充分分析的基础上，选择投标对象，做出投标决策。

1）确定投标项目

一般应选择与企业的装备条件和管理水平相适应，技术先进，招标人的资信条件及合作条件较好，施工所需的材料、劳动力、水电供应等有保障，盈利可能性大的工程项目去参加竞标。通常以下项目应放弃投标。

（1）本施工企业主营和兼营能力之外的项目。

（2）工程规模、技术要求超过本施工企业技术等级的项目。

（3）本施工企业生产任务饱满，而招标工程的盈利水平较低或风险较大的项目。

（4）本施工企业技术等级、信誉、施工水平明显不如竞争对手的项目。

2）决策注意事项

在选择投标对象时应注意避免以下两种情况。

（1）工程项目不多时，为争夺工程任务而压低标价，结果即使中标却盈利的可能性很小，甚至要亏损。

（2）工程项目较多时，企业总想多中标而到处投标，结果造成投标工作量大大增加而导致考虑不周，承包了一盈利可能性甚微或本企业并不擅长的工程，而失去可能盈利较多的工程。

【专家评析】

引例2说明了在大型工程或滚动发展的区域市场中，精明的投标商一般都是先介入工程，即在项目的规划阶段进行公关联络、信息收集，最先吃透招标信息，一旦招标，先期介入的投标商即可运用资讯优势，压倒对手，战而胜之。

引例3说明了招标虽然是按一定的规则和程序实施，但每次招标的项目不仅内容不同，形式、方法也有所不同，投标商需要通过工程市场资讯，把招标的内容和形式都了解得十分清楚，然后才能有的放矢去投标。

引例4说明了市场经济"资讯重于一切"，这里的资讯就是市场有效信息和有用情报、资料、消息等的总称。市场中成功交易的条件是交易主体占有充分完备的信息，如果信息流堵塞，信息中断或失真，都容易使交易主体做出错误的交易决策，导致交易行为失误。A投标商的成功在于其对工程信息重要性有充分的认识，具有捕捉信息的能力，善于应用收集加工信息的方法和技巧，把工程信息生产加工的附加值转化为投标决策的依据。

6.2.4 投标工作流程

1. 投标主要工作内容

如图6.2所示，投标主要工作内容主要包括投标决策阶段、投标资料准备和投标文件编制3项工作。

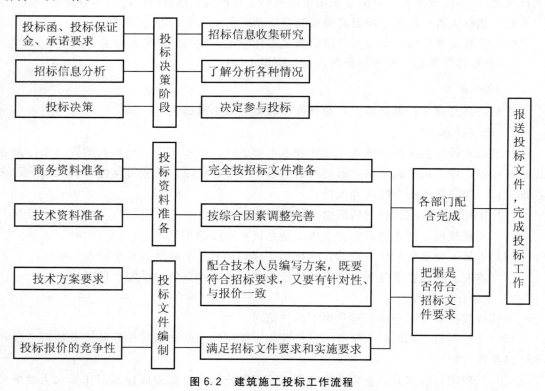

图6.2 建筑施工投标工作流程

2. 投标主要步骤

投标步骤主要从以下 8 个阶段展开。

（1）建筑企业根据招标公告或投标邀请书，向招标人提交有关资格预审资料。

（2）接受招标人的资格审查。

（3）购买招标文件及有关技术资料。

（4）参加现场踏勘，并对有关疑问提出书面询问。

（5）参加投标答疑会。

（6）编制投标书及报价。投标书是投标人的投标文件，是对招标文件提出的要求和条件做出实质性响应的文本。

（7）参加开标会议。

（8）如果中标，接受中标通知书，与招标人签订合同。

6.3 任务实施

（1）根据本项目要求，检查本次投标决策所需资料是否齐全，完成表 6-1 的填写。

表 6-1 投标决策资料清查表

决策资料清单	完成时间	责任人	任务完成则划"√"
			□
			□

（2）根据本项目收集情况，完成信息收集分析表。

（3）对本次投标项目进行风险评估，完成风险评估表。

（4）请决定本次项目是否投标，并陈述决策理由。

专家支招

1. 影响投标决策的主观因素

（1）技术方面的实力。

（2）经济方面的实力。

（3）管理方面的实力。

（4）信誉方面的实力。

2. 决定投标或弃标的客观因素

（1）业主或监理工程师的情况。

（2）竞争对手和竞争形势的分析。

（3）法律、法规的情况。

6.4　任务评价与总结

1. 任务评价

完成表 6-2 的填写。

表 6-2　任务评价表

考核项目	分数			学生自评	小组互评	教师评价	小　计
	差	中	好				
团队合作精神	1	3	5				
活动参与是否积极	1	3	5				
工作过程安排是否合理规范	2	10	18				
陈述是否完整、清晰	1	3	5				
是否正确灵活运用已学知识	2	6	10				
劳动纪律	1	3	5				
此次信息收集与分析是否满足投标决策要求	2	4	6				
此项目风险评估是否准确	2	4	6				
总　　分	60						
教师签字：				年　　月　　日		得　分	

2. 自我总结

（1）此次任务完成中存在的主要问题有哪些？
（2）问题产生的原因有哪些？
（3）请提出相应的解决方法。
（4）您认为还需加强哪方面的指导（实际工作过程及理论知识）？

知识回顾

　　投标前期决策是指承包商通过对工程承包市场进行详尽的调查研究，广泛收集招标项目信息，并认真地进行选择，确定适合本公司的投标项目的过程。通过本任务的完成，我们应熟悉决策原则、影响决策的因素和决策工作过程，确定相应投标工作流程。重点应掌握如何进行信息收集、分析和风险分析。学会资料归档和填写。

基础训练

一、不定项选择题

1. 以下哪些是招标信息的收集途径？（　　）
   A. 注意有关项目的新闻报道
   B. 收集同行业其他投标单位对工程建设项目的意向，把握招标动向
   C. 跟踪大型企业的新建、扩建和改建项目计划，获取招标信息
   D. 从投资主管部门获取建设银行、金融机构的具体投资规划信息，跟踪发展改革委员会立项的项目
   E. 根据我国国民经济建设的建设规划和投资方向，从近期国家的财政、金融政策所确定的中央和地方重点建设项目、企业技术改造项目计划中收集项目信息。

2. 投标决策的原则有哪些？（　　）
   A. 可靠性原则　　　　　　　B. 有序性原则
   C. 可行性原则　　　　　　　D. 盈利性原则
   E. 审慎性原则

3. 施工招标中，投标人的必要合格条件包括（　　）。
   A. 营业执照　　　　　　　　B. 固定资产
   C. 资质等级　　　　　　　　D. 履约情况
   E. 分包计划

4. 某省地税局办公楼扩建工程项目招标，十多家单位参与竞标，根据《招标投标法》关于联合体投标的规定，下列说法正确的有（　　）。
   A. 甲单位资质不够，可以与别的单位组成联合体参与竞标
   B. 乙、丙两单位组成联合体投标，它们应当签订共同投标协议
   C. 丁、戊两单位构成联合体，它们签订的共同投标协议应当提交招标人
   D. 寅、庚两单位构成联合体，它们各自对招标人承担责任
   E. H、I两单位构成联合体，两家单位对投标人承担连带责任

二、简答题

1. 什么是投标前期决策？
2. 投标前期决策包括几个工作阶段？每个阶段的工作重点是什么？
3. 投标决策应考虑哪些因素？
4. 哪些情形下应放弃投标？

三、案例分析

案例1

"合肥新桥国际机场临时工作通道工程施工项目"招标公告

一、项目概况：

1. 招标编号：2008GCFZ0994
2. 项目名称：合肥新桥国际机场临时工作通道工程施工

3. 工程地点：肥西县

4. 建设单位：安徽省合肥新桥国际机场建设工作协调推进领导小组办公室

5. 工程概况：路基、排水等，详见图纸

6. 项目概算：1000 万元

7. 招标类别：市政施工

8. 标段划分：共分为 1 个标段

二、投标人资质要求：

1. 投标人资质：须具备市政公用工程或公路工程施工总承包三级及其以上资质，企业近 3 年内具备类似道路工程业绩，且须获得大建设先进施工企业。其中企业近 3 年内具备类似道路工程业绩，且须获得大建设先进施工企业。

2. 项目经理资质：建造师须为市政或公路工程专业二级建造师及以上，中级职称及以上。近 3 年内具备类似工程业绩，不能有在建工程。项目经理应为二级建造师及以上执业资格。

3. 资格审查方式：资格后审

三、报名或领取招标文件和资格审查文件时间及地点：

1. 报名时间：2008 年 12 月 31 日～2009 年 01 月 07 日（上午：08：00～12：00，下午 14：30～17：30）

2. 报名地点：兴泰大厦二楼 2003 室

3. 报名资料：身份证

四、联系方式：

单位：合肥招标投标中心

地址：合肥市九狮桥街 45 号兴泰大厦二楼（长江剧院对面）

本项目联系人：

电话：

传真：

邮箱：

邮编：

五、其他事项说明：

1. 招标文件（含光盘）收取成本费人民币 500 元，图纸及其他资料收取成本费 100 元，以上文件售后不退。

2. 外地建安企业在合肥招投标中心投标并中标后必须在合肥市注册子公司，以子公司名义与业主单位签订合同。

问题：该招标公告存在哪些问题，如投标，存在哪些风险？

案例 2

C 投标商于 2001 年 3 月底中标 F 市某水库扩建工程，并于当年 4 月中旬开工。该水库扩建工程是 F 市城市供水工程，工程施工进度计划安排很紧，施工质量要求也很高，业主由地方的水利主管部门构成。

C 投标商能顺利中标，与其在当地有较广泛的社会关系，以及地方领导对 C 投标商的了解和支持是有内在联系的。C投标商单位的领导通过招标项目所在地的人脉关系，向他们积极宣传、介绍本企业的竞标优势，希望他们为本企业的投标助一臂之力。事实上在后来的投标中，人脉关系为投标商收集招标工程的基本信息创造了有利条件。以社会关系为主体的地方信息网络的建立使C投标商准确掌握了该地区若干年水利工程建设计划的详细情况。

2000年底，C投标商获取了该市水库扩建工程招标信息，投标商单位的领导立即前去联系，工程信息十分可靠。把有关工程概况掌握清楚后，投标商组织了投标专门班子，做好投标工作。由于掌握的情况详细、具体，C投标商标书中的施工进度计划、施工方案和质量保证措施针对性极强。在工程报价中，C投标商根据社会信息网络提供的市场商务信息，及时对已做的方案进行调整，最后顺利通过了开标、评审，直至中标，签订施工承包合同，使C投标商第一次进入该地区水利工程施工项目招投标市场。

C投标商之所以在该项目采用最低价投标，是因为社会信息网络准确介绍项目业主的资信状况，使C投标商了解到只要承包商工程质量好，施工进度上去了，业主对承包商的价款结算是比较优惠的。在实际施工中很多事实都证明了这一信息是确切的，虽然该投标商是低价中标，但在合同实施中业主对承包商还是给予了应有的补偿。

为了进入该区域市场，而且要站稳脚跟，C投标商项目部决定把该项目作为一个示范工程来抓，保证在施工进度完成的同时，狠抓工程质量，交付满意工程。在合同实施期间，承包商已完成的坝基开挖、清理、基础混凝土浇筑、混凝土砌石等项目共97个单元工程，其中95个单元工程质量评定为优良，仅2个单元工程评为合格。业主和监理对此十分满意。该市正、副市长3次来工地检查工作，称赞C投标商不愧为施工企业的优秀代表，工程干得好，并表示市民不会忘记建设有功之臣，要求业主保证工程施工所需的款项，还特别叮嘱业主单位，尽快制定一个工程进度和工程质量的奖励办法，拿出专款来奖励有功施工单位。

在F市水库扩建工程中，C投标商从投标、中标到施工的顺利实施，与社会信息网络提供的准确资讯是密不可分的，因为准确的资讯使其投标有了明确的针对性和可操作性，同时与当地政府的大力支持和业主的充分信任也是息息相关的。C投标商中标后承诺在工程质量、施工进度方面一定对业主负责，他们是这样说的，也是这样做的。社会信息网络为投标商进入市场搭建了一座"便桥"，投标商通过一定的社会信息网络关系与地方政府及业主建立融洽的合作关系，通过抓住机会使双方的合作关系再上升到信赖关系，投标商与招标人建立良性的承发包互动关系，这是投标商提升投标资讯力的必要条件。

问题：阅读案例2，总结投标前期决策应从哪些方面开展工作？

 拓展训练

教师可围绕本学校已建或在建项目，就某项目投标前期决策进行描述和评价。

任务 7　投标资料准备与文件编制

▶▶引例 1

建设工程施工投标案例

以下是某建筑工程有限公司对某高校实训楼翻建工程的投标资料。

施工投标文件

工程名称：某学院实训楼翻建工程

投标文件内容：第一部分（商务标）

法定代表人或委托代理人：＿＿＿＿＿＿＿＿＿＿（签字或盖章）

投　标　单　位：＿＿＿＿＿＿＿＿＿＿（盖章）

日　　　　期：＿＿＿＿年＿＿＿＿月＿＿＿＿日

第一部分　投标文件商务标部分目录

1. 法定代表人资格证明书
2. 投标文件签署授权委托书
3. 投标函
4. 投标函附录
5. 投标担保
（1）投标银行保函
（2）投标担保书
6. 建设工程施工项目投标书汇总表（开标一览表）
7. 投标报价预算汇总表
8. 建筑工程价差调整表
9. 投标报价预算书（略）

法定代表人资格证明书

单位名称：＊＊＊建筑工程有限责任公司

投标文件内容：＊＊＊＊西路＊＊＊号码

姓名：＊＊＊＊　性别：男　年龄：48　职务：总经理

　　　系＊＊＊＊建筑工程有限责任公司的法定代表人。施工、竣工和保修某学院实训楼翻建工程，签署上述工程的投标文件、进行合同谈判、签署合同和处理与之有关的一切事务，特此证明。

附：法定代表人身份证复印件

投标单位：＊＊＊建筑工程有限责任公司（盖章）

日　期：二零零八年六月十日

授权委托书

本授权委托书声明：我＊＊＊系＊＊＊建筑工程有限责任公司的法定代表人，现授权委托＊＊＊建筑工程有限责任公司的＊＊＊为我公司的法定代表人的授权委托书代理人，代理人全权代表我所签署的本工程已递交的投标文件内容我均承认，并处理招投标和合同签署的有关事宜。

代理人无转委托，特此委托。

投标函

致：＊＊＊＊学院

1. 根据已收到贵方的招标编号为 NJYZMLS2006LJ009 工程的招标文件，遵照《中华人民共和国招标投标法》等有关规定，我单位经考察现场和研究上述招标文件的投标须知、合同条款、技术规范及其他有关文件后，我方愿以人民币（大写）陆佰陆拾万零壹佰陆拾元整（6600160.00）的投标报价并按工程图纸、合同条款、技术规范的条件要求承包上述工程的施工、竣工并修补任何缺陷。

2. 我方已详细审核全部招标文件及有关附件，并响应招标文件所有条款。

3. 我方的金额为人民币（大写）伍万元的投标保证金与本投标函同时递交。

4. 一旦我方中标，我方保证按合同中规定的开工日期开工，按合同中规定的竣工日期交付全部工程。

5. 我方同意所递交的投标文件在"投标须知"规定的投标有效期内有效，在此期间内我方的投标有可能中标，我方将受此约束。

6. 除非另外达成协议并生效，贵方的中标通知书和本投标文件将构成约束我们双方的合同。

投标单位：（盖章）×××建筑工程有限责任公司

单位地址：×××西路××号

法定代表人或其委托代理人：（签字或盖章）

邮政编码：×××

电话：×××

投标函附录

序号	项目内容	合同条款号	约定内容	备注
1	银行保函金额		合同价款的（　）%	
2	施工准备时间		签订合同后（　）天	
3	误期违约金额		（　）元/天	
4	误期赔偿费限额		合同价款的（　）%	
5	提前工期奖		（　）元/天	

续表

序号	项目内容	合同条款号	约定内容	备注
6	施工总工期		（　　）（日历）天	
7	质量标准			
8	工程质量违约金最高限额		（　　）元	
9	预付款金额		合同价款的（　　）%	
10	预付款保函金额		合同价款的（　　）%	
11	进度款付款时间		签发月付款凭证后（　　）天	
12	竣工结算款付款时间		签发竣工结算付款凭证后（　　）天	
13	保修期		依据保修书约定的期限	
14	…			

投标担保银行保函

致：＊＊＊招标单位（全称）

鉴于（投标单位全称）（下称"投标单位"）于____年____月____日参加招标单位全称（下称"招标单位"）工程的投标。

（银行全称）（下称"本银行"）在此承担向招标单位支付总金额人民币_____元的责任。

本责任的条件是：

一、如果投标单位在招标文件规定的投标有效期内撤回投标。

二、如果投标单位在投标有效期内收到招标单位的中标通知书后：

1. 不能或拒绝按投标须知的要求签署合同协议书。

2. 不能或拒绝按投标须知规定提交履约保证金。

只要招标单位指明投标单位出现上述情况的条件，则本银行在接到你方以书面形式的通知要求后，就支付上述金额之内的任何金额，并不需要招标单位申述和证实其他的要求。

本保函在投标有效期后或招标单位这段时间内延长的招标有效期 28 天后保持有效，本银行不要求得到延长有效期的通知，但任何索款要求应在有效期内送到银行。

担保银行：____（银行全称）（盖章）

法定代表人或其授权的代表人：_____（职务）

_____（姓名）

_____（签字）

____年____月____日

投标担保书

致：（招标人名称）

根据本担保书，（投标人名称）（以下简称"投标人"）作为委托人和（担保机构名称）

作为担保人（以下简称"担保人"）共同向（招标人名称）（以下简称"招标人"）承担支付（币种，金额，单位）_____元（RMB_____元）的责任，投标人和担保人均受本担保书的约束。

鉴于投标人于_____年_____月_____日参加招标人的（工程项目名称）的投标，本担保人愿为投标人提供投标担保。

本担保书的条件是，如果投标人在投标有效期内收到你方的中标通知书后：

1. 不能或拒绝按投标须知的要求签署合同协议书。
2. 不能或拒绝按投标须知的规定提交履约保证金。

只要你方指明产生上述任何一种情况的条件时，则本担保人在接到你方以书面形式的要求后，即向你方支付上述全部款额，无须你方提出充分证据证明其要求。

本担保人不承担支付下述金额的责任。

1. 大于本担保书规定的金额。
2. 大于投标人投标价与招标人中标价之间的差额的金额。

担保人在此确认，本担保书责任在投标有效期或延长的投标有效期满后 28 天内有效，若延长投标有效期无须通知本担保人，但任何索款要求应在上述投标有效期内送达本担保人。

担保人：_____（盖章）

法定代表人或委托代理人：_____（签字或盖章）

地址：_____

邮政编码：_____

日　期：　　　年　　　月　　　日

建设工程施工项目投标书汇总表

（开标一览表）

投标单位	×××建筑工程有限责任公司				
地址	×××西路×××号				
法定代表人	×××	企业性质	有限责任	企业等级	总承包一级
投标项目	×××学院实训楼翻建工程				
工程概况（结构、规模）	框架6层　S＝6030.38平方米				
承包范围	施工图包括的全部土建、水、电、暖等工程				
报价	2008年6月12日至2009年1月14日共（日历）216天				
工期					
质量等级	优质工程				
主要材料耗量	材料名称	单位	数量		
	钢材	t			
	木材	m^3			
	水泥	t			

投标报价预算汇总表

工程名称：×××学院实训楼翻建工程

工程项目	报价	备注
土建		
电气		
给排水		
采暖		
…		
合计		

建筑工程材差调整表

工程名称：×××学院实训楼翻建工程　　　　面积：　　m² 　　共　　页第　　页

代码	名称	单位	数量	定额单价	调整单价	调整额
aa0010	普通硅酸盐水泥｜325#	t	44.388	289.70	270.00	−874.44
aa0020	普通硅酸盐水泥｜425#	t	458.070	310.10	330.00	9115.59
aa0030	普通硅酸盐水泥｜525#	t	554.840	340.70	356.00	8489.05
ab0470	浮石块	m³	908.347	127.00	135.00	7266.78
ac0530	中粗砂	m³	2310.990	16.40	18.00	3697.58
acll00	毛石	m³	56.908	41.00	43.00	113.82
ap0310	聚苯乙烯硬泡塑料	m³	104.305	352.30	124.00	−23812.83
ca0290	框本材｜二等	m³	8.292	1226.00	1350.00	1028.21
ca0310	扇木材｜一等	m³	9.061	1506.00	1350.00	−1413.52
dal870	圆钢｜φ9	t	0.002	2583.00	2789.00	0.41
dal880	圆钢｜Ⅰ级 φ10 以内	t	128.210	2634.00	2789.00	19872.55
dal890	圆钢｜Ⅰ级 φ10 以上	t	0.358	2523.00	2738.00	76.97
da2200	螺纹钢｜Ⅱ级 φ10 以上	t	211.577	2722.00	2840.00	24966.09
ae0030	不锈钢全玻地弹门	m²	61.517	669.60	480.00	−11663.62
ae0150	铝合金地弹门	m²	37.061	370.90	225.00	−5407.20
ae190	铝合金单开门	m²	10.491	247.30	150.00	−1020.77
ae0520	铝合金固定窗	m²	83.339	226.60	128.00	−8217.23

续表

代码	名称	单位	数量	定额单价	调整单价	调整额
ae0550	铝合金推拉窗	m²	875.467	247.30	133.00	－100065.88
ah0030	玻璃｜4mm	m²	90.860	14.40	18.40	363.20
	X光室玻璃	m²	2.400		80.00	192.00
	雨篷钢架玻璃	项	1.000		10000.00	10000.00
	X光室M17	樘	1.000		5000.00	5000.00
	外墙涂料	m²	3073.120	14.71	45.00	93084.80
	GRC通风道	m²	51.200		18.00	921.60
	合　计					31713.16

施工投标文件

工程名称：<u>某学院实训楼翻建工程</u>
投标文件内容：<u>第一部分（商务标）</u>
法定代表人或委托代理人：_____（签字或盖章）
投　标　单　位：_____（盖章）
日　　　　　　期：_____年_____月_____日

第二部分　投标文件技术标部分目录

一、施工组织设计（略）

1. 工程概况
2. 施工部署
3. 施工准备
4. 施工方法及质量通病防治措施
5. 各项计划
6. 工程技术管理结构及组织措施

二、项目管理机构配备情况表

1. 项目管理班子配备情况表
2. 项目经理简历表
3. 项目技术负责人简历表
4. 项目管理班子配备情况辅助说明资料表
   （1）项目管理班子机构设置
   （2）各管理人员岗位职责
   （3）各管理人员岗位证、职称证、毕业证
   （4）特种作业人员岗位证

项目管理班子配备情况表

投标工程名称：×××学院实训楼翻建工程

拟任职务	姓名	资格证明		施工经历（近3年）			
		职称	专业	项目名称	施工年限	结构	面积/m²
项目经理	×××	工程师	工民建	×××	1998—2000年 1999—2000年 2001年	框剪十二层 框剪六层 砖混六层	23134 8300 6830
项目总工	×××	高级工程师	质量管理	×××	1994—1996年 1998—1999年 2000—2002年	框剪层 框剪 框剪	30758 24000 31000
施工员	×××	工程师	工民建	×××	2000年 2001.6—2001.10 2001.6—2002.10	混合五层 框架三层 框架十四层	3610 1876 13249
质检员	×××	工程师	工民建	×××	2000年 2001.6—2001.10 2001.6—2002.10	混合五层 框架三层 框架十四层	3610 1876 13249
安全员	×××	助理工程师	工民建	×××	2001.3—2001.12 2002.5—2002.10	砖混六层 砖混三层	6280 3426
预算员	×××	工程师	工民建	×××	2000年 2001.6—2001.10 2001.6—2002.10	混合五层 框架三层 框架十四层	3610 1876 13249
材料员	×××	助理工程师	工民建	×××	2000.3—2001.4 2001.6—2002.10	框剪六层 框剪十二层	44390 13249
会计	×××	经济师	经济	×××	1998.4—2000.5 1999.5—2000.3	框剪十二层 框剪六层 砖混六层	23134 8300 6830
水暖施工员	×××	助理工程师	工民建	×××	2000年 2001.6—2001.10 2001.6—2002.10	混合五层 框架三层 框架十四层	3610 1876 13249
电气施工员	×××	工程师	工民建	×××	2000年 2001.6—2001.10 2001.6—2002.10	混合五层 框架三层 框架十四层	3610 1876 13249

项目经理简历表

姓名	×××	性别	男	年龄	41
职称	工程师		学历		大学
参加工作时间		1984.9	从事项目经理年限		15 年
项目经理资格证书编号		×××	资质等级		壹级
近 3 年施工类似工程及其他工程情况					
建设单位	项目名称	结构规模、层数	开、竣工日期		工程质量
×××	×××	框剪十二层 23134m²	1998.4—2000.7		优良
×××	×××	框剪六层 8300m²	1999.5—2000.8		优良
×××	×××	砖混六层 6830m²	2001.3—2001.12		优良
×××	×××				
×××	×××	框剪十一层 30758m²	1994.7—1996.5		鲁班奖
×××	×××	24000m²	1998.3—1999.1		优良
×××	×××	31000m²	2000.9—2002.7		优良

项目技术负责人简历表

姓名	×××	性别	男	年龄	66
职称	高级工程师		学历		大专
参加工作时间		1957.9	从事技术负责人年限		20 年
近 3 年施工类似工程及其他工程情况					
建设单位	项目名称	结构规模、层数	开、竣工日期		工程质量
×××	×××	框剪十一层 30758m²	1994.7—1996.5		鲁班奖
×××	×××	24000m²	1998.3—1999.1		优良
×××	×××	31000m²	2000.9—2002.7		优良

5. 税务登记证

6. 项目经理资格证书

7. 2000—2002 年经审计的财务报表

8. 投标人综合业绩资料

(1) 企业简介

(2) 近 3 年获区、市级样板工程奖证书

(3) 近 3 年获区、市级优良工程奖证书

(4) 近 3 年获安全文明工地奖证书

(5) 近 3 年建筑工程安全无事故证明、服从建筑市场证明

(6) 近 3 年项目经理类似工程业绩证书

(7) 企业社会荣誉、在建筑业检查评比中获奖证书

(8) 获区、市级重合同守信誉证书

(9) 安全生产资格证、ISO9000 体系认证证书

(10) "承包工程履行合同评价"的证明

(11) 资信证明

三、附表

1. 投标人一般情况表
2. 年营业额数据表
3. 近 3 年已完工程一览表
4. 在建工程一览表
5. 财务状况表
6. 最近 3 年逐年的实际资产负债表
7. 类似工程经验
8. 关于诉讼和仲裁资料的说明

投标人一般情况表

企业名称	×××建筑工程有限责任公司			法定代表人		×××	
注册地址	×××南路×××号			注册日期		1966 年 4 月	
资质等级	房屋建筑施工总承包壹级			企业性质		有限责任	
电 话	×××			传 真		×××	
经营范围	房屋建筑施工总承包壹级						
企业职工总数	（人）	有职称的管理人员数/人					工人/人
		高工	工程师	助工	技术员	高级	中级	初级
		49	189	391	96	1043	1358	474
主要施工机械设备	名称	型号		数量	产地		生产日期
	挖掘机	PC220—6		5	日本		2000 年 5 月
	推土机	T160—1		6	山东		2001 年 6 月
主要施工机械设备	自卸汽车	CQ3260		13	重庆		2002 年 4 月
	装载机	WA300—1		8	济南		2001 年 3 月
	塔吊	QTZ80A		9	济南		2002 年 2 月
	卷扬机	TK1		41	济南		2002 年 9 月
	砼搅拌机	JDY350		36	山东		2000 年 7 月
	砼输送泵	1NJ5240		8	济南		2001 年 4 月
其他需说明的情况：无							

年营业额数据表

单位：万元

财　年	营业额（工程收入）	备　注
2003 年	12660	
2004 年	15177	
2005 年	17513	

近 3 年已完工程一览表（5000m² 以上）

序号	工程名称	合同金额/万元	质量标准	竣工日期
1	×××	1970	优良	2005.11.20
2	×××	2140	优良	2005.8.31
3	×××	3701	优良	2005.4.30
4	×××	429	优良	2005.6.15
5	×××	1035	优良	2005.9.3
6	×××	600	优良	2005.11.30
7	×××	329	优良	2004.6.20
8	×××	1229	优良	2004.8.20
9	×××	512	优良	2004.9.15
10	×××	570	优良	2004.7.15
11	×××	3320	优良	2004.7.15
12	×××	446	优良	2004.10.20
13	×××	376	优良	2003.11.30
14	×××	2228	优良	2003.10.10
15	×××	2160	优良	2003.8.16
16	×××	321	优良	2003.9.28
17	×××	355	优良	2003.9.27
18	×××	355	优良	2003.9.15

在建工程一览表

序号	工程名称	合同金额/万元	未完成部分金额/万元	竣工日期
1	×××	330	200	2005.6.20
2	×××	231	83	2005.5.10
3	×××	738	101	2005.5.30
4	×××	345	223	2005.5.31
5	×××	307	68	2005.6.5

续表

序号	工程名称	合同金额/万元	未完成部分金额/万元	竣工日期
6	×××	480	240	2005.7.15
7	×××	355	312	2005.6.8
8	×××	525	468	2005.7.30
9	×××	1706	1000	2005.8.15
10	×××	145	69	2005.9.1
11	×××	626	431	2005.11.30

财务状况表

银行	银行名称	×××商业银行北路支行		
	银行地址	×××西路××号		
	电话	×××	联系人及职务	×××
	传真	×××		

最近3年逐年的实际资产负债表 单位：元

财务状况	2003年	2004年	2005年
1. 总资产	384979555.03	413753899.13	305157742.32
2. 流动资产	287603663.65	288497074.18	241272768.82
3. 总负债	298539485.07	330259129.67	253024816.63
4. 流动负债	140438724.93	140161231.53	102930638.49
5. 税前利润	1858666.19	819636.81	378010.98
6. 税后利润	1245306.35	549156.66	206815.97

类似工程经验（2003—2004年）

序号	工程名称	建设单位	工程概况	竣工日期	质量标准	合同价（元）
1	×××	×××	排架 13777m²	2003.9.10	优良	18290000
2	×××	×××	框剪六层 14189m²	2004.11.20	优良	19700000
3	×××	×××	框剪十一层 10504m²	2004.11.15	优良	21410000
4	×××	×××	剪五层 6275m²	2004.11.30	优良	6000000
5	×××	×××	框剪三层 15728m²	2004.8.20	优良	12290000
6	×××	×××	框剪六层 5275m²	2004.9.15	优良	5120000
7	×××	×××	框剪十四层 13249m²	2004.10.10	优良	22280000
8	×××	×××	框架七层 6263m²	2004.7.15	优良	5700000
9	×××	×××	框架八层 26200m²	2003.6.16	自治区优质工程	28820000

其他资料

公司在近 3 年没有介入过任何诉讼或仲裁。

引导问题 1：阅读引例 1 中的投标文件，回答以下问题。
（1）投标文件由哪几部分组成？
（2）编制投标文件需要准备哪些资料？
（3）该投标文件存在哪些问题？

7.1 任务导读

7.1.1 任务描述

某高校要建设实训楼，投资约 5200 万元人民币，建筑面积约 30000 平方米。你所在企业已决定投标，目前的任务是进行投标资料准备和编制投标文件。

7.1.2 任务目标

（1）分析招标文件的要求和内容，制定施工投标所需资料的清单。
（2）按照招标文件的要求和投标工作时间限定，准备投标资料。
（3）按照建设工程施工投标文件编制规定和招标文件要求，制订施工投标文件编制工作的计划。
（4）正确使用投标所需资料，协助其他人员，按照招标文件要求和投标时间限定，确定投标策略和技巧，完成投标文件编制。
（5）按照单位管理流程，完成对投标文件的审核和按要求完善已有投标文件。
（6）通过完成该任务，提出后续工作建议，完成自我评价，并提出改进意见。

7.2 相关理论知识

建设工程投标文件是招标单位判断投标单位是否愿意参加投标的依据，也是评标委员会进行评审和比较的对象，中标的投标文件还和招标文件一起成为招标单位和中标人订立合同的法定根据，因此，投标单位必须高度重视建设工程投标文件的编制工作。

建设工程投标文件，是建设工程投标单位单方面阐述自己响应招标文件要求，旨在向招标单位提出愿意订立合同的意思表示，是投标单位确定、修改和解释有关投标事项的各种书面表达形式的统称，属于一种要约，必须符合以下条件才能发生约束力。
（1）必须明确向招标单位表示愿意以招标文件的内容订立合同的意思。
（2）必须对招标文件提出的实质性要求和条件做出响应，不得以低于成本的报价竞标。

7.2.1 建设工程投标文件的组成

建设工程投标文件是由一系列有关投标方面的书面资料组成的。一般来说，投标人按照招标文件规定的内容和格式编制并提交投标文件。投标文件包括以下内容。

第一卷 商务部分

1. 投标函及附录
2. 法定代表人证明文件及授权委托书
3. 联合体协议（如采取联合体投标）
4. 投标保证金
5. 已标价的工程量清单
1) 工程量清单说明
2) 投标报价编制说明
3) 投标报价汇总表
4) 分组工程量清单
6. 投标辅助资料（商务部分）
1) 单价汇总表
2) 材料费汇总表
3) 机械使用费汇总表
4) 单价分析表
5) 资金流量估算表
7. 资信资料
1) 投标人基本情况表
2) 营业执照、资质证书复印件
3) 近 5 年内完成的类似工程汇总表和类似工程情况表
4) 近 5 年内完成的其他工程汇总表和其他工程情况表
5) 正在施工的和准备承接的类似工程汇总表和类似工程情况表
6) 近 5 年内省部级以上奖励情况汇总表及证明资料
7) 银行资信等级、重合同守信用企业等信誉证明证书复印件
8) 近 5 年内诉讼情况汇总表
9) 财务状况

第二卷 技术部分

1. 编制说明
2. 施工规划总说明
3. 施工总布置
4. 施工总进度
5. 施工组织及资源配置
6. 施工方法与技术措施
7. 施工质量控制与管理措施
8. 安全保证与管理措施
9. 环境保护措施与文明施工
10. 信息管理
11. 投标辅助资料（技术部分）

1) 拟投入本合同工作的施工队伍简要情况表
2) 拟投入本合同工作的主要人员表
3) 拟投入本合同工作的主要施工设备表
4) 劳动力计划表
5) 主要材料和水、电需用量计划表
6) 分包情况表

12. 投标人按本投标须知要求或投标人认为需要提供的其他资料

第三卷 替代方案（如果有的话）

7.2.2 建设工程投标文件编制工作内容

如图7.1所示，投标文件编制工作内容包括商务文件、报价文件和技术文件的编制3部分。商务文件与报价文件组成以报价为核心的商务标，技术文件构成技术标，是投标报价的基础。

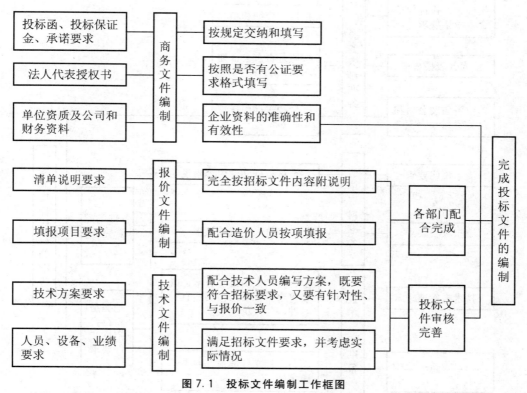

图7.1 投标文件编制工作框图

7.2.3 编制建设工程投标文件的步骤

投标单位在完成资料准备后，就要进行投标文件的编制工作。编制投标文件的一般步骤如下。

(1) 熟悉招标文件、图纸、资料，如对图纸、资料存在疑问，用书面或口头方式向招标人询问、澄清。

(2) 参加招标单位施工现场情况介绍和答疑会。
(3) 调查当地材料供应和价格情况。
(4) 了解交通运输条件和有关事项。
(5) 编制施工组织设计，复查、计算图纸工程量。
(6) 编制或套用投标单价。
(7) 计算取费标准或确定采用取费标准。
(8) 计算投标造价。
(9) 核对调整投标造价。
(10) 确定投标报价。

7.2.4 投标文件资料准备

如图 7.2 所示，投标资料应从 3 个方面进行准备。

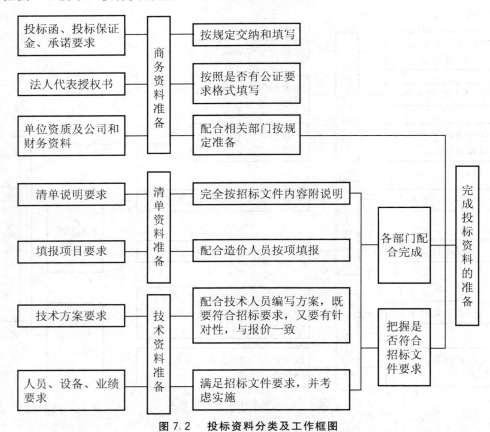

图 7.2 投标资料分类及工作框图

1. 商务资料准备

商务资料主要包括投标函及附录、法定代表人证明文件及授权委托书、联合体协议、投标保证金以及证明投标人施工和管理能力的单位资质、财务状况、物资装备和公司业绩等资料。

2. 清单资料准备

清单资料主要包括清单说明要求和填报项目要求。具体涉及投标报价汇总表、分组工程量清单、单价汇总表、材料费汇总表、机械使用费汇总表、单价分析表、资金流量估算表等资料。

3. 技术资料准备

技术资料主要包括根据招标文件对技术方案、人员、设备、业绩等方面提出的要求而准备的资料。具体涉及施工程序与方案、施工方法、施工进度计划、施工机械、材料的选定、设备、临时生产生活设施的安排、劳动力计划、施工现场平面和空间的布置等内容。

7.2.5 编制施工规划或施工组织设计

施工规划和施工组织设计都是关于施工方法、施工进度计划的技术经济文件，是指导施工生产全过程组织管理的重要设计文件，是确定施工方案、施工进度计划和进行现场科学管理的主要依据之一。施工组织设计的要求比施工规划的要求详细得多，编制起来要比施工规划更为复杂。为避免未中标的投标人因编制施工组织设计而造成人力、物力、财力上的浪费，投标人在投标时一般只需编制施工规划即可，可在中标后再编制施工组织设计。但实践中，招标人为了让投标人更充分地展示实力，也常要求投标人投标时完成编制施工组织设计。施工进度安排是否合理，施工方案选择是否恰当，对工程成本与报价有密切关系。编制一个好的施工组织设计可以大大降低标价，提高竞争力。其编制原则是力争在保证工期和工程质量的前提下，尽可能使工程成本最低，投标价格合理。

1. 施工组织设计的编制原则

在编制施工组织设计时，应根据施工的特点和以往积累的经验，遵循以下几项原则。

（1）严格执行建设程序，严格遵守招标文件中要求的工程竣工及交付使用期限，制订科学的进度计划。认真执行基本建设程序，是保证建筑安装工程顺利进行的重要条件。另外在工程建设过程中，必须认真贯彻执行国家对工程建设的有关方针和政策。

（2）合理安排工程施工程序和施工顺序，选择施工方案。积极采用新材料、新设备、新工艺和新技术，结合工程特点和现场条件，使技术的先进适用性和经济合理性相结合。

（3）注意防止单纯追求先进而忽视经济效益的做法。遵守施工验收规范、操作规程的要求和遵守有关防火、保安及环卫等规定，确保工程质量和施工安全。对于那些必须进入冬、雨季施工的工程项目，应落实季节性施工措施，保证全年的施工生产的连续性和均衡性。

（4）尽量利用正式工程、已有设施，减少各种临时设施；尽量利用当地资源，合理安排运输、装卸与储存作业，减少物资运输量，避免二次搬运；精心进行场地规划布置，节约施工用地，不占或少占农田。

（5）根据构件的种类、运输和安装条件以及加工生产的水平等因素，通过技术经济比较，恰当地选择预制方案或现场浇注方案。充分利用现有机械设备，扩大机械化施工范围，提高机械化程度。同时充分发挥机械设备的生产率，保持作业的连续性，提高机械设备的利用率。

（6）制定质量、安全保证的措施，预防和控制影响工程质量、安全的各种因素。

2. 施工组织设计的编制依据

施工组织设计应以工程对象的类型和性质、建设地区的自然条件和技术经济条件及企业收集的其他资料等作为编制依据。主要应包括以下内容。

（1）工程施工招标文件、复核过的工程量清单及开工、竣工的日期要求。

（2）设计图纸和技术规范。

（3）建设单位可能提供的条件和水、电等的供应情况。

（4）对市场材料、机械设备、劳动力价格的调查。

（5）施工现场的自然条件、现场施工条件和技术经济条件资料。

（6）有关现行规范、规程等资料。

3. 施工组织设计的编制程序与内容

编制施工组织设计应按照如图7.3所示的施工组织设计编制程序图，完成以下内容的编写。

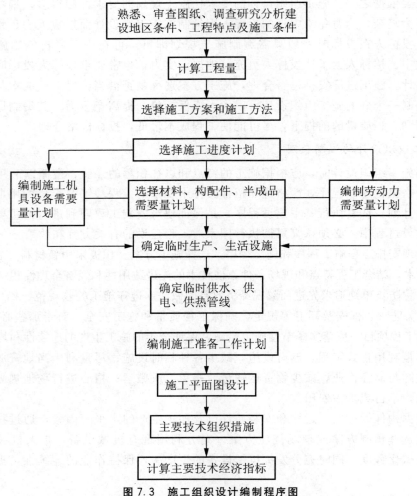

图7.3 施工组织设计编制程序图

综合说明；施工现场平面布置项目管理班子主要管理人员；劳动力计划；施工进度计划；施工进度、施工工期保证措施；主要施工机械设备；基础施工方案和方法；基础质量保证措施；基础排水和防沉降措施；地下管线、地上设施、周围建筑物保护措施；主体结构主要施工方法或方案和措施；主体结构质量保证措施；采用新技术新工艺的专利技术；各种管道、线路等非主体结构质量保证措施；各工序的协调措施；冬、雨季施工措施；施工安全保证措施；现场文明施工措施；施工现场保护措施；施工现场维护措施；工程交验后服务措施；等等内容。

4. 施工组织设计的编制要求

编制施工组织设计，要在保证工期和工程质量的前提下，尽可能使成本最低、利润最大。具体要求如下。

（1）根据工程类型编制出最合理的施工程序。

（2）选择和确定技术上先进、经济上合理的施工方法。

（3）选择最有效的施工设备、施工设施和劳动组织。

（4）周密、均衡地安排人力、物力和生产。

（5）正确编制施工进度计划。

（6）合理布置施工现场的平面和空间。

7.2.6 工程项目投标报价

投标报价是投标文件编制过程中的核心内容。

投标报价是承包商采取投标方式承揽工程项目时，在工程估价的基础上，考虑投标技巧及其风险等所确定的承包该项工程的投标总价格。投标报价编制和确定的最基本特征是投标人自主报价，它是市场竞争形成价格的体现。

在满足招标文件要求的前提下，报价的高低是决定承包商能否中标的关键。同时报价又是中标人在今后与招标人进行合同谈判的基础，并直接关系到中标人的未来经济效益。因而承包商必须研究投标报价规律，提高报价能力，从而提高投标竞争能力与获益能力。

1. 投标报价应遵循的原则

（1）遵守有关规范、标准和建设工程设计文件的要求。

（2）遵守国家或省级、行业建设主管部门及其工程造价管理机构制定的有关工程造价的政策要求。

（3）遵守招标文件中的有关投标报价的要求。

（4）遵守投标报价不得低于成本的要求。

2. 投标报价的主要依据

（1）设计图纸。

（2）工程量清单。

（3）合同条件，尤其是有关工期、支付条件、外汇比例的规定。

（4）有关法规。

（5）拟采用的施工方案、进度计划。

(6) 施工规范和施工说明书。
(7) 工程材料、设备的价格及运费。
(8) 劳务工资标准。
(9) 当地生活物资价格水平。
此外，投标报价还应考虑各种有关间接费用。

3. 投标报价的范围

▶▶引例 2

A 方通过招标与 B 方签订施工合同，A 方提供的工程量清单中，没有屋面防水工程量，但投标单位把屋面防水费用列入了报价，在评标时没有发现。

引导问题 2：防水费用能否得到支付？

▶▶引例 3

甲方通过招标与乙方签订了施工合同。在施工现场有 3 个很大的水塘，设计前勘察人员未走到水塘处，地形图上有明显的等高线，但未注明是水塘。承包商现场考察时也未注意到水塘。施工后发现水塘，按工程要求必须清除淤泥，并要回填。乙方认为招标文件中未标明水塘，应作为新增工程分项处理，提出 6600 立方米的淤泥外运量、费用 133000 元索赔要求。甲方工程师认为，对此合同双方都有责任。甲方未在图上标明，提供了不详细的信息；而乙方未认真考察现场。最终甲方还是同意这项补偿，但仅支付 60000 元的赔偿。

引导问题 3：引例 3 中的纠纷如何解决？

【专家评析】
引例 2 中的防水工程量能否得到支付关键在于对投标工程范围的认定。
引例 3 涉及纠纷解决的关键在于对于工程实施地点，招投标双方权利义务的规定。
投标报价范围是投标人支付投标文件中满足招标文件各项要求的金额总和。这个总金额应包括按投标须知所列在规定工期内完成的全部项目。投标人应按工程量清单中列出的所有工程项目和数量填报单价和合价，每一项目只允许有一个报价，招标人不接受有选择的报价。工程量清单中投标人没有填入单价或价格的子目，其费用视为已分摊在工程量清单中其他相关子目的单价或价格之中。因此引例 2 中，A 方有权拒绝支付费用。

工程实施地点为投标须知前附表所列的建设地点。投标人应踏勘现场，充分了解工地位置、道路条件、储存空间、运输装卸限制以及可能影响报价的其他任何情况，而在报价中予以适当考虑。任何因忽视或误解工地情况而导致的索赔或延长工期的申请都将得不到批准。因此，招标方对招标文件提供了不详细的工程现场信息承担责任，而承包方应自己承担因忽视或误解工地情况而带来的工期和费用损失。

据此，工程量清单中标价的单价或金额，应包括所需人工费、施工机械使用费、材料费、其他（运杂费、质检费、安装费、缺陷修复费、保险费以及合同明示或暗示的风险、责任和义务等），以及管理费、利润等。

4. 投标报价的内容

目前，国内工程投标报价的内容具体就是指建筑安装工程费的全部内容，包括下列项目。

1) 直接费

直接费由直接工程费和措施费组成。

(1) 直接工程费：即施工过程中耗费的构成工程实体的各项费用，包括人工费、材料费、施工机械使用费。

①人工费：即直接从事建筑安装工程施工的生产工人开支的各项费用，内容包括以下几方面。

a) 基本工资：即发放给生产工人的基本工资。

b) 工资性补贴：即按规定标准发放的物价补贴，煤、燃气补贴，交通补贴，住房补贴，流动施工津贴；等等。

c) 生产工人辅助工资：即生产工人年有效施工天数以外非作业天数的工资，包括职工学习、培训期间的工资，调动工作、探亲、休假期间的工资，因气候影响的停工工资，女工哺乳时间的工资，病假在6个月以内的工资及产、婚、丧假期的工资。

d) 职工福利费：即按规定标准计提的职工福利费。

e) 生产工人劳动保护费：即按规定标准发放的劳动保护用品的购置费及修理费，徒工服装补贴，防暑降温费，在有碍身体健康环境中施工的保健费用等。

②材料费：即施工过程中耗费的构成工程实体的原材料、辅助材料、构配件、零件、半成品的费用。内容包括以下几方面。

a) 材料原价（或供应价格）。

b) 材料运杂费：即材料自来源地运至工地仓库或指定堆放地点所发生的全部费用。

c) 运输损耗费：即材料在运输装卸过程中不可避免的损耗。

d) 采购及保管费：即为组织采购、供应和保管材料过程中所需要的各项费用。包括采购费、仓储费、工地保管费、仓储损耗。

e) 检验试验费：即对建筑材料、构件和建筑安装物进行一般鉴定、检查所发生的费用，包括自设试验室进行试验所耗用的材料和化学药品等费用。不包括新结构、新材料的试验费和建设单位对具有出厂合格证明的材料进行检验，对构件做破坏性试验及其他特殊要求检验试验的费用。

③施工机械使用费：即施工机械作业所发生的机械使用费以及机械安拆费和场外运费。施工机械台班单价应罗列各项费用。

a) 折旧费：施工机械在规定的使用年限内，陆续收回其原值及购置资金的时间价值。

b) 大修理费：施工机械按规定的大修理间隔台班进行必要的大修理，以恢复其正常功能所需的费用。

c) 经常修理费：施工机械除大修理以外的各级保养和临时故障排除所需的费用。包括为保障机械正常运转所需替换设备与随机配备工具附具的摊销和维护费用，机械运转中日常保养所需润滑与擦拭的材料费用及机械停滞期间的维护和保养费用等。

d) 安拆费及场外运费：安拆费指施工机械在现场进行安装、拆卸所需的人工、材料、机械和试运转费用以及机械辅助设施的折旧、搭设、拆除等费用；场外运费指施工机械整体或分体自停放地点运至施工现场或由一施工地点运至另一施工地点的运输、装卸、辅助材料及架线等费用。

e) 人工费：指机上驾驶员（司炉）和其他操作人员的工作日人工费及上述人员在施工机械规定的年工作台班以外的人工费。

f) 燃料动力费：指施工机械在运转作业中所消耗的固体燃料（煤、木材）、液体燃料（汽油、柴油）及水、电等。

g) 养路费及车船使用税：指施工机械按照国家规定和有关部门规定应缴纳的养路费、车船使用税、保险费及年检费等。

（2）措施费：即为完成工程项目施工，发生于该工程施工前和施工过程中非工程实体项目的费用。内容包括以下几方面。

①环境保护费：即施工现场为达到环保部门要求所需要的各项费用。

②文明施工费：即施工现场文明施工所需要的各项费用。

③安全施工费：即施工现场安全施工所需要的各项费用。

④临时设施费：即施工企业为进行建筑工程施工所必须搭设的生活和生产用的临时建筑物、构筑物和其他临时设施费用等。临时设施一般包括临时宿舍、文化福利及公用事业房屋与构筑物，仓库、办公室、加工厂以及规定范围内道路、水、电、管线等临时设施和小型临时设施。

⑤夜间施工费：即因夜间施工所发生的夜班补助费、夜间施工降效、夜间施工照明设备摊销及照明用电等费用。

⑥二次搬运费：即因施工场地狭小等特殊情况而发生的二次搬运费用。

⑦大型机械设备进出场及安拆费：即机械整体或分体自停放场地运至施工现场或由一个施工地点运至另一个施工地点所发生的机械进出场运输及转移费用及机械在施工现场进行安装、拆卸所需的人工费、材料费、机械费、试运转费和安装所需的辅助设施的费用。

⑧混凝土、钢筋混凝土模板及支架费：即混凝土施工中需要的各种钢模板、木模板、支架等的支、拆、运输费用及模板、支架的摊销（或租赁）费用。

⑨脚手架费：即施工需要的各种脚手架搭、拆、运输费用及脚手架的摊销（或租赁）费用。

⑩已完工工程保护费：即竣工验收前，对已完工程及设备进行保护所需的费用。

⑪施工排水、降水费：即为确保工程在正常条件下施工，采取各种排水、降水措施所发生的各种费用。

2）间接费

间接费由规费、企业管理费组成。

（1）规费：即政府和有关权力部门规定必须缴纳的费用（简称规费）。内容包括以下几方面。

①工程排污费：即施工现场按规定缴纳的工程排污费。

②工程定额测定费：即按规定支付工程造价（定额）管理部门的定额测定费。

③社会保障费。

a) 养老保险费：即企业按照规定标准为职工缴纳的基本养老保险费。

b) 失业保险费：即企业按照规定标准为职工缴纳的失业保险费。

c) 医疗保险费：即企业按照规定标准为职工缴纳的基本医疗保险费。

d) 住房公积金：即企业按照规定标准为职工缴纳的住房公积金。

e) 危险作业意外伤害保险：即按照建筑法规定，企业为从事危险作业的建筑安装施工人员支付的意外伤害保险费。

(2) 企业管理费：即建筑安装企业组织施工生产和经营管理所需费用。内容包括以下几方面。

①管理人员工资：即管理人员的基本工资、工资性补贴、职工福利费、劳动保护费等。

②办公费：即企业管理办公用的文具、纸张、账表、印刷、邮电、书报、会议、水电、烧水和集体取暖（包括现场临时宿舍取暖）用煤等费用。

③差旅交通费：即职工因公出差、调动工作的差旅费、住宿补助费，市内交通费和误餐补助费，职工探亲路费，劳动力招募费，职工离退休、退职一次性路费，工伤人员就医路费，工地转移费以及管理部门使用的交通工具的油料、燃料、养路费及牌照费。

④固定资产使用费：即管理和试验部门及附属生产单位使用的属于固定资产的房屋、设备仪器等的折旧、大修、维修或租赁费。

⑤工具用具使用费：即管理使用的不属于固定资产的生产工具、器具、家具、交通工具和检验、试验、测绘、消防用具等的购置、维修和摊销费。

⑥劳动保险费：即由企业支付离退休职工的易地安家补助费、职工退职金、6个月以上的病假人员工资、职工死亡丧葬补助费、抚恤费、按规定支付给离休干部的各项经费。

⑦工会经费：即企业按职工工资总额计提的工会经费。

⑧职工教育经费：即企业为职工学习先进技术和提高文化水平，按职工工资总额计提的费用。

⑨财产保险费：即施工管理用财产、车辆保险。

⑩财务费：即企业为筹集资金而发生的各种费用。

⑪税金：即企业按规定缴纳的房产税、车船使用税、土地使用税、印花税等。

⑫其他：包括技术转让费、技术开发费、业务招待费、绿化费、广告费、公证费、法律顾问费、审计费、咨询费等。

3) 利润

即施工企业完成所承包工程获得的盈利。

4) 税金

即国家税法规定的应计入建筑安装工程造价内的营业税、城市维护建设税及教育附加费等。

凡是报价范围内的各项目报价都应包括上述建筑安装工程费的各个项目，不可重复或遗漏。

5. 投标报价的步骤

与编制投标文件的步骤一致，投标报价的步骤如下。

（1）熟悉招标文件，对工程项目进行调查与现场考察。

（2）结合工程项目的特点、竞争对手的实力和本企业的自身状况、经验、习惯，制定投标策略。

（3）核算招标项目实际工程量。

（4）编制施工组织设计。

（5）考虑工程承包市场的行情以及人工、机械及材料供应的费用，计算分项工程直接费。

（6）分摊项目费用，编制单价分析表。

（7）计算投标基础价。

（8）根据企业的施工管理水平、工程经验与信誉、技术能力与机械装备能力、财务能力、应变能力、抵御风险的能力、降低工程成本增加经济效益的能力等，进行获胜分析、盈利分析。

（9）提出备选投标报价方案。

（10）编制出合理的报价，以争取中标。

6. 综合单价法投标报价的步骤

用综合单价法编制投标价，就是根据招标文件中提供的各项目清单工程量乘以相应的清单项目的综合单价并相加，即得到单位工程的费用，在此基础上运用一定的报价策略，获得工程投标报价。其报价步骤主要如下。

（1）准备资料，熟悉施工图纸，广泛搜集、准备各种资料，包括施工图纸、设计要求、施工现场实际情况、施工组织设计、施工方案、现行的建筑安装预算定额（或企业定额）、取费标准和地区材料预算价格等。

（2）测定分部分项工程清单项目的综合单价，计算分部分项工程费。

分部分项工程清单项目的综合单价是确定投标报价的关键数据。由于工程投标报价所用的分部分项工程的工程量是招标文件中统一给定的，因此整个工程的投标报价是否具有竞争性主要取决于企业测定的各清单项目综合单价的高低。

例如，挖基础土方工程量，在招标文件的工程量清单中是按基础垫层底面积乘以挖土深度计算的，未将放坡的土石方量计入工程量内。投标单位在投标报价时，可以按自己的企业水平和施工方案的具体情况，将基础土方挖填的放坡量计入综合单价内。显然，增加的量越小越有竞标能力。

> **相关链接**
>
> 综合单价＝人工费＋材料费＋机械费＋管理费＋利润＋由投标人承担的风险费用＋其他项目清单中的材料暂估价。
>
> 根据我国工程建设特点，投标人应完全承担的风险是技术风险和管理风险，如管理费和利润；应有限度承担的是市场风险，如材料价格、施工机械使用费等的风险；应完全不承担的是法律、法规、规章和政策变化的风险。所以综合单价中不包含规费和税金。

材料价格的风险宜控制在5%以内，施工机械使用费的风险可控制在10%以内，超过者予以调整。

为方便合同管理，需要纳入分部分项工程量清单项目综合单价中的暂估价应只是材料费，以方便投标人组价。暂估价中的材料单价应按照工程造价管理机构发布的工程造价信息或参考市场价格确定。

7. 工程量清单计价格式填写规定

相关链接

1）封面及扉页

（1）封面形式：

_____工程

工程量清单报价表

投标人：_____（单位签字盖章）

法定代表人：_____（签字盖章）

造价工程师及注册证书号_____（签字盖执业专用章）

编制时间：_____

（2）扉页形式：

投标总价

建设单位：_____

工程名称：_____

投标总价（小写）：_____

　　　　（大写）：_____

投标人：_____（单位签字盖章）

法定代表人：_____（签字盖章）

编制时间：_____

2）工程量清单计价表

表7-1 工程项目招标控制价/投标报价汇总表

工程名称　　　　　　　　　　　第　页　共　页

序号	单项工程名称	金额/元	其中：/元		
			暂估价	安全文明施工费	规费
合计					

表7－2　单项工程招标控制价/投标报价汇总表

工程名称　　　　　　　　　　　　　　　第　页　共　页

序号	单项工程名称	金额/元	其中：/元		
			暂估价	安全文明施工费	规费
合计					

表7－3　单位工程招标控制价/投标报价汇总表

工程名称　　　　　　　　　标段　　　　　　　第　页　共　页

序号	汇总内容	金额/元	其中：暂估价/元
1	分部分项工程		
1.1			
1.2			
……	……		
2	措施项目		
2.1	其中：文明安全施工费		
3	其他项目		
3.1	其中：暂列金额		
3.2	其中：专业工程暂估价		
3.3	其中：计日工		
3.4	其中：总承包服务费		
4	规费		
5	税金		
招标控制价合计＝1＋2＋3＋4＋5			

表7－4　分部分项工程量清单与计价表

工程名称　　　　　　　　　标段　　　　　　　第　页　共　页

序号	项目编码	项目名称	项目特征	计量单位	工程量	金额/元		
						综合单价	合价	其中：暂估价
				本页合计				
				合计				

表 7-5 其他项目清单与计价汇总表

工程名称　　　　　　　　　　标段　　　　　　　　　　第　页　共　页

序　号	项目名称	计量单位	金额/元	备　注
1	暂列金额			
2	暂估价			
2.1	材料暂估价			
2.2	专业工程暂估价			
3	计日工			
4	总承包服务费			
5				
	合计			

注：材料暂估单价进入清单项目综合单价，此处不汇总。

表 7-6 暂列金额明细表

工程名称　　　　　　　　　　标段　　　　　　　　　　第　页　共　页

序号	项目名称	计量单位	金额/元	备　注
1				例：此项目设计图纸有待完善
2				
3				
		合计		

注：此表由招标人填写，如不能详列明细，也可只列暂定金额总额，投标人应将上述暂列金额计入投标总价中。

表 7-7 材料暂估价表

序号	材料名称、规格、型号	计量单位	数量	金额/元 单价	合价	备　注
1						
2						
3						
		合计				

注：1. 此表由招标人填写，并在备注栏说明暂估价的材料拟用在哪些清单项目上，投标人应将上述材料暂估单价计入工程量清单综合单价报价中。
2. 材料包括原材料、燃料、构配件以及按规定应计入建筑安装工程造价的设备。

表7-8 专业工程暂估价表

工程名称   标段   第 页 共 页

序号	工程名称	工程内容	金额/元	备注
1				例：此项目设计图纸有待完善
2				
3				
	合计			

注：此表由招标人填写，投标人应将上述专业工程暂估价计入投标总价中。

表7-9 计日工作项目计价表

工程名称：   第 页 共 页

序号	项目名称	单位	暂定数量	单价	合价
一	人工				
1					
2					
	人工小计				
二	材料				
1					
2					
	材料小计				
三	施工机械				
1					
2					
	施工机械小计				
	合计				

注：1. 此表暂定项目、数量由招标人填写，编制招标控制价，单价由招标人按有关计价规定确定。
2. 投标时，工程项目、数量按招标人提供数据计算，单价由投标人自主报价，计入投标总价中。

表7-10 总承包服务费计价表

工程名称：   第 页 共 页

序号	项目名称	项目价值/元	金额/元	费率/%	金额
1	发包人发包专业工程				
2	发包人供应材料				
3					
	合计				

表 7-11 工程量清单综合单价分析表

工程名称		标段		第 页 共 页	
项目编码		项目名称		计量单位	

清单综合单价组成明细									
定额编号	定额名称	定额单位	数量	单价				合价			
				人工费	材料费	机械费	管理费和利润	人工费	材料费	机械费	管理费和利润
人工单价		小计									
元/工日		未计价材料费									
清单项目综合单价											

材料费明细	主要材料名称、规格、型号	单位	数量	单价/元	合价/元	暂估单价/元	暂估合价/元
	其他材料费						
	材料费小计						

注: 1. 如不使用省级或行业建设主管部门发布的计价依据,可不填定额项目、编号等。
2. 招标文件提供了暂估单价的材料,按暂估的单价填入表内"暂估单价"栏及"暂估合价"栏。

表 7-12 措施项目清单与计价表(一)

工程名称　　　　　　　　　标段　　　　　　　第 页 共 页

序 号	项目名称	计算基础	费率/%	金额/元
1	安全文明施工费			
2	夜间施工费			
3	二次搬运费			
4	冬、雨季施工			
5	大型机械设备进出场安拆费			
6	施工排水、降水			
7	地上、地下设施、建筑物的临时保护设施			
8	已完工程及设备保护			
9	各专业工程的措施项目			
10	合计			

表 7-13 措施项目清单与计价表（二）

工程名称　　　　　　　　　标段　　　　　　　第　页　共　页

序号	项目编码	项目名称	项目特征	计量单位	工程量	合价/元	
						综合单价	合价
本页合计							
合计							

注：本表适用于以综合单价形式计价的措施项目。

表 7-14 主要材料价格表

工程名称：　　　　　　　　　　　　　　　　　第　页　共　页

序号	材料编码	材料名称	规格、型号等特殊要求	单位	单价/元

(1) 封面应按规定内容填写、签字、盖章。
(2) 投标总价应按工程项目总价表合计金额填写。
(3) 工程项目总价表，见表 7-1。
①表中单项工程名称应按单项工程费汇总表的工程名称填写。
②表中金额应按单项工程费汇总表的合计金额填写。
(4) 单项工程费汇总表，见表 7-2。
①表中单位工程名称应按单位工程费汇总表的工程名称填写。
②表中金额应按单位工程费汇总表的合计金额填写。
(5) 单位工程费汇总表，见表 7-3，表中的金额应分别按照分部分项工程量清单计价表、措施项目清单计价表和其他项目清单计价表的合计金额和按有关规定计算的规费、税金填写。
(6) 分部分项工程量清单计价表，见表 7-4，表中的序号、项目编码、项目名称、计量单位、工程数量必须按分部分项工程量清单中的相应内容填写。
(7) 措施项目清单计价表。
①表中的序号、项目名称必须按措施项目清单中的相应内容填写。
②投标人可根据施工组织设计采取的措施增加项目。
(8) 其他项目清单计价表，见表 7-5。
①表中的序号、项目名称必须按其他项目清单中的相应内容填写。
②招标人部分的金额必须按招标人提出的数额填写。

(9) 计日工作项目计价表，见表7—9。

表中的人工、材料、机械名称、计量单位和相应数量应按计日工作项目表中相应的内容填写，工程竣工后计日工作费应按实际完成的工程量所需费用结算。

(10) 分部分项工程量清单综合单价分析表（见表7—11）和措施项目费分析表，应由招标人根据需要提出要求后填写。

(11) 主要材料价格表，见表7—13。

①招标人提供的主要材料价格表应包括详细的材料编码、材料名称、规格型号和计量单位等。

②所填写的单价必须与工程量清单计价中采用的相应材料的单价一致。

8. 投标报价注意事项

(1) 分部分项工程量清单综合单价的组成内容应符合本规范术语的规定，对招标人给定了暂估单价的材料，应按暂估的单价计入综合单价中。

(2) 分部分项工程费报价的最重要依据之一是该项目的特征描述，投标人应依据招标文件中分部分项工程量清单项目的特征描述确定清单项目的综合单价，当出现招标文件中分部分项工程量清单项目的特征描述与设计图纸不符时，应以工程量清单项目的特征描述为准；当施工中施工图纸或设计变更与工程量清单项目的特征描述不一致时，发承包双方应按实际施工的项目特征，依据合同约定重新确定综合单价。

(3) 投标人在自主决定投标报价时，还应考虑招标文件中要求投标人承担的风险内容及其范围（幅度）以及相应的风险费用。在施工过程中，当出现的风险内容及其范围（幅度）在招标文件规定的范围内时，综合单价不得变更，工程价款不做调整。

(4) 规费和税金必须按国家或省级、行业建设主管部门的有关规定计算。规费和税金的计取标准是依据有关法律、法规和政策规定指定的，具有强制性，投标人不得任意修改。

(5) 在进行工程量清单招标的投标报价时，不能进行投标总价优惠（或降价、让利），投标人对招标人的任何优惠（或降价、让利）均应反映在相应清单项目的综合单价中。

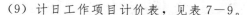

特别提示

08工程量清单计价规范措施项目组价方式的变化

1. 可以计算工程量的项目

典型的是混凝土浇注的模板工程，适宜计算工程量分部分项工程量清单方式的措施项目应采用综合单价计价。

2. 不宜计算工程量的项目

其费用的发生和金额的大小与使用时间、施工方法或者两个以上工序相关，与实际完成的实体工程量的多少关系不大，典型的是大中型施工机械、临时设施等，以"项"为单位的方式计价，应包括除规费、税金外的全部费用。

3. 安全文明施工费

应按照国家或省级、行业建设主管部门的规定计价，不得作为竞争性费用。

7.2.7 报价策略

1. 不平衡报价

不平衡报价指在总价基本确定的前提下，如何调整内部各个子项的报价，以期既不影响总报价，又在中标后投标人可尽早收回垫支于工程中的资金和获取较好的经济效益。但要注意避免畸高畸低现象，避免失去中标机会。通常采用的不平衡报价有下列几种情况。

（1）对能早期结账收回工程款的项目（如土方、基础等）的单价可报以较高价，以利于资金周转；对后期项目（如装饰、电气设备安装等）单价可适当降低。

（2）估计今后工程量可能增加的项目，其单价可提高，而工程量可能减少的项目，其单价可降低。

> **特别提示**
>
> 上述两点要统筹考虑。对于工程量数量有错误的早期工程，如不可能完成工程量表中的数量，则不能盲目抬高单价，需要具体分析后再确定。

（3）图纸内容不明确或有错误，估计修改后工程量要增加的，其单价可提高；而工程内容不明确的，其单价可降低。

（4）没有工程量只填报单价的项目（如疏浚工程中的开挖淤泥工作等），其单价宜高。这样，既不影响总的投标报价，又多获利。

（5）对于暂定项目，其实施的可能性大的项目，价格可定高价；估计该工程不一定实施的可定低价。

（6）计日工一般可稍高于工程单价表中的工资单价。

> **特别提示**
>
> 不平衡报价一定要建立在对工程量仔细核对分析的基础上，特别是对于单价报得太低的子目，如这类子目实施过程中工程量大幅增加，将对承包商造成重大损失。另外不平衡报价一定要控制在合理幅度内（一般可在10%左右），以免引起招标人反对，甚至导致废标。如果不注意这一点，有时招标人会挑选出过高的项目，要求投标人进行单价分析，并围绕单价分析中过高的内容压价，以致承包商得不偿失。

2. 多方案报价法

当有些工程说明书或合同条款不够明确时，往往使投标人承担较大风险。为了减少风险就必须扩大工程单价，增加"不可预见费"，但这样做又会因报价过高而增加被淘汰的可能性。多方案报价法正是为对付这种两难局面，利用工程说明书或合同条款不够明确之处，以争取达到修改工程说明书和合同为目的的一种报价方法。

其具体做法是在标书上报两个价目单价，一是按原工程说明书合同条款报一个价，二是加以注解，如工程说明书或合同条款可做某些改变时，则可降低多少的费用，使报价成为最低，以吸引业主修改说明书和合同条款。

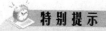
特别提示

多方案报价并不是多报价，如果不按招标文件要求编制一个，并申明其为有效报价，其投标文件将被作为废标处理。

3. 增加建议方案

有时招标文件中规定，可以提一个建议方案，即是可以修改原设计的方案，提出投标者的方案。投标人这时应抓住机会，组织一批有经验的设计和施工工程师，对原招标文件的设计和施工方案仔细研究，提出更合理的方案以吸引业主，促成自己的方案中标。这种新的建议方案可以降低总造价或提前竣工或使工程运用更合理，但要注意的是对原招标方案一定也要报价，以供业主比较。

特别提示

提交增加建议方案时，不要将方案写得太具体，保留方案的技术关键，防止业主将此方案交给其他承包商，同时要强调的是，建议方案一定要比较成熟或过去有实践经验。如果仅为中标而匆忙提出一些没有把握的方案，可能引起后患。

4. 突然降价法

突然降价法是指在报价时先采取迷惑对方的手法，即先按一般情况报价或表现出自己对该工程兴趣不大，到快投标截止时，再突然降价。鲁布革水电站引水系统工程招标时，日本大成公司知道它的主要竞争对手是前田公司，因而在临近开标前把总报价突然降低8.04%，取得最低标，为以后中标打下基础。其采取的方法正是突然降价法。

应用突然降价法，一般是采取降价函格式装订在标书中。降价函通常是一个简短的价格调整声明，叫做"修正报价的声明书'或"投标报价调整函"。在降价函中，投标人根据招标人要求或出于对降价合理性的解释，来决定声明中是否叙述及如何叙述降价理由。

相关链接

降价函1（修正报价的声明书）

致：_____（招标人名称）

经过进一步的分析和测算，我单位决定对（投标项目名称）投标书的原报价____（大写）____（小写）进行调整，调整后的最终报价为____（大写）____（小写）。

投标人：_____

法人代表：_____

授权代理人：_____

投标日期：_____

降价函 2（投标报价调整函）

致：_____（招标人）

在充分研究招标文件及其补遗书的基础上，通过对施工现场的仔细勘察，结合我单位的综合实力及以往的施工经验，我们详细分析了原投标报价，在确保工程质量达到招标文件要求的前提下，认真测算了本标段工程成本，本着保本微利的原则，对原投标报价____（大写）____（小写）进行调整，调整后的最终报价为____（大写）____（小写）。工程量清单中各项费用按比例相应下调。

降价理由：

（1）我单位有着丰富的同类工程施工经验，一旦中标，我们将立即组织工程技术人员优化施工组织设计，使其更加科学合理。在施工中，我们将广泛地采用国内外先进的施工技术和我们长期以来积累的优秀的施工工法、先进的施工经验，有效地降低成本，提高效益。

（2）我单位在本工程所在地附近施工的某项目已基本结束，人员、设备处于待命状态，且所有机械设备都已维修、保养完毕，处于良好状况，一旦我单位中标，施工队伍可以就近调遣，保证人员、设备及时到场，并且可以减少调遣费用。

（3）严把材料采购和使用关。对建筑材料的采购坚持做到货比三家，利用本项目地理位置优势，随用随购，不积压，不浪费，同时确定经济合理的运输工具和运输方法，把材料费严格控制在投标价范围内，在建筑材料使用上，必须严格按招标程序文件执行，杜绝材料浪费，把废料降低到最低限度。

（4）缩短工期，提高劳动生产率，周密科学地制订工期计划，合理安排工序间的衔接，巧妙组织上场施工队伍，充分有效地使用劳动力，做到既不窝工也不误工，少投入，多产出，最大限度地挖掘企业内部潜力。

（5）降低非生产人员的比例，减少管理费用和其他开支。所设立的项目经理部要做到精干高效，一专多能，此项目的项目经理由具有丰富的同类工程施工经验的某同志担任。

（6）减少临时工程和临时设施，尽量利用施工现场附近的原有房屋和构筑物，以满足施工需要。

（7）文明施工，安全生产。文明施工措施得力可行，杜绝各类事故发生，减少不必要的各种费用开支。

投标人：

法人代表：

授权的代理人：

投标日期：____年____月____日

特别提示

采用这种方法时，一定要在准备投标报价的过程中考虑好降价的幅度，在临近投标截止日期前，根据情报信息与分析判断，再做最后决策。

如果由于采用突然降价法而中标，因为开标只降总价，在签订合同后可采用不平衡报价的思想调整工程量表内的各项单价或价格，以期取得更高的效益。

5. 先亏后盈法

有的承包商，为了打进某一地区，依靠国家、某财团或自身的雄厚资本实力，而采取一种不惜代价、只求中标的低价投标方案。应用这种手法的承包商必须有较好的资信条件，并且提出的施工方案也是先进可行的，同时要加强对公司情况的宣传，否则即使低标价，也不一定被业主选中。

6. 开口升级法

将工程中的一些风险大、花钱多的分项工程或工作抛开，仅在报价单中注明，由双方再度商讨决定。这样大大降低了报价，用最低价吸引业主，取得与业主商谈的机会，而在议价谈判和合同谈判中逐渐提高报价。

7. 无利润算标

缺乏竞争优势的承包商，在不得已的情况下，只好在算标中根本不考虑利润去夺标。这种办法一般是处于以下条件时采用。

（1）有可能在得标后，将大部分工程分包给索价较低的一些分包商，对于分期建设的项目，先以低价获得首期工程，而后赢得机会创造第二期工程中的竞争优势，并在以后的实施中赚得利润。

（2）较长时间内承包商没有在建的工程项目，如果再不得标，就难以维持生存。因此，虽然本工程无利可图，只要能有一定的管理费维持公司的日常运转，就可设法渡过暂时难关，以图东山再起。

7.2.8 投标文件相关内容编制技巧

在投标文件中，除了最终的投标报价清单外，报价中所附的单价分析表是以后追加项目计算费的主要依据。编制单价分析表和合同用款估算表时，在保证费合理的前提下，着重点应该主要考虑如何反映投标人以后的利润空间。另外，在投标书中装订一份有吸引力的投标致函，是非常必要的。

1. 投标致函编制技巧

编写投标致函的目的是使招标人对投标人的优势有一个全面的了解。

投标致函一般装订在标书首页，其中逐一列出标书中的各种优惠条件以及公司优于其他竞争对手的优势，其意义在于一方面宣传投标人的优势，另一方面解释投标报价的合理性，另外附加对招标人的优惠条件，给招标人和评标人留下深刻印象。

投标致函中通常应包含以下内容。

（1）结合项目具体情况，针对招标人感兴趣的方面，有重点地说明本公司的优势，特别是说明自己类似工程的经验和能力，使评标人感到满意。

（2）宣布最终投标报价。投标人出于保密的需要，或由于时间的紧迫性，在填写工程量清单时单价一般都较高，如果招标人容许，可以采取降价函的形式降低初步投标报价；另外如果投标人有选择性技术方案，标书内可能会出现两种报价，在投标致函中应明确最终投标报价。按惯例，投标书中出现两个投标报价，招标人可以按废标处理。

（3）声明由于最终报价的调整，标书内其他和投标报价相关内容也做相应变化。

（4）着重声明投标报价附带的优惠条件。如果企业有能力和条件向招标人提供某些优惠的利益，可以专门列出说明。例如主动提出支付条件的优惠、工期提前、赠给施工设备或免费转让新技术或技术专利、免费技术协作、代为培训人员等。

（5）如果发现招标文件中有某些明显的错误，而又不便在原招标和投标文件上修改，可以在此函中说明，如进行这项修改调整将是有益的，还可说明其对报价的影响。

（6）如果需要，对所选择的施工方案的突出特点做简要说明，主要表明选择这种施工方案可以更好地保证质量和加快工程进度，保证实现预定的工期。

（7）替代方案。如果招标人容许投标人有替代方案时，要在投标致函中做些重点的论述，着重宣传替代方案的突出优点。

（8）如果招标人容许，可以提出某些对投标人有利的建议。譬如：如果同时取得两个标段则拟再降价多少；适当提高预付款，则拟再降价多少；适当改变某种材料或者某种结构，不仅完全可保证同等质量、功能，而且可降低价格；等等。致函中一定要声明这些建议只是供招标人参考的，如果本公司中标，而且招标人愿意接受这些建议时，可在投标人中标后商签合同时探讨细节。如果招标人不接受这些建议，投标人将按照招标人和招标人的意见签订合同。

2. 单价分析表编制技巧

招标人有时在招标文件中明确规定投标人在标书中要附单价分析表。其目的一是为考察单价的合理性，目的二就是为了在以后增加项目时，可以参考单价分析表中的数据来决定单价。

为了给以后补充项目留有利润空间，编制单价分析表时，应将人工费及机械设备费报得较高，而材料费报得较低。其意义在于编制新的补充项目单价，一般是按照单价分析表中较高的人工费或机械设备费，而材料则往往采用市场价，因而可以获得较高的收益。

由于每个工程都有其特点，如现场道路情况、现场水源情况、供电情况、当地风土人情、气候条件、地貌与地质状况、工程的复杂程度、工期长短、对材料设备的要求等。在编制单价分析表之前，要充分了解项目的特殊性以及具体的施工方案，对单价进行逐项研究，确定合理的消耗量，然后根据施工步骤进行组价。

3. 合同用款估算表的编制

合同用款估算表是根据投标书中编制的施工进度填制的，用款额根据工程量清单内的单价和总报价估算。在编制合同用款估算表时应结合单价分析表，运用不平衡报价技巧，尽量提高前期支付比例，减少资金呆滞和沉淀。

在编制合同用款估算过程中，要充分考虑监理工程师签发支付证书到实际支付的时间间隔，尽量提前收回资金。

在编制过程中要考虑保留金的扣留和退还。保留金一般规定为5%，保留期一般是1年，保留期满后，招标人会返还全部保留金。但是如果按FIDIC条款（国际咨询工程师联合会编写的《土木工程合同条件》的条款）执行，一旦工程拿到临时验交证书，即便以后还有一段时间的保修责任，承包商就可以提交一个保留金银行保函，保函金额是合同款的2.5%，招标人在拿到银行保函后，要退还2.5%的现金给承包商。即承包商可以拿银行提供的保留金保函提前向招标人换回2.5%的保留金现金。合同用款估算见表7-15。

表 7-15　合同用款估算表

从开工算起的时间/月	招标人/监理工程师的估算		投标单位的估算			
	分期	累计	分期		累计	
	%	%	金额	%	金额	%
第一次开工预付款						
1～3						
4～6						
7～9						
10～12						
13～15						
16～18						
缺陷责任期						
小计						
预算费和意外费（暂定金额）						
投标价/元						
说明						

7.2.9　建设工程投标文件的审核

1. 报价审核要点

（1）报价编制说明是否符合招标文件要求，繁简得当。

（2）报价表格式是否按照招标文件要求格式，子目排序是否正确。

（3）"投标报价汇总表合计"、"投标报价汇总表"、"综合报价表"及其他报价表是否按照招标文件规定填写，编制人、审核人、投标人是否按规定签字盖章。

（4）"投标报价汇总表合计"与"投标报价汇总表"的数字是否吻合，是否有算术错误。

（5）"投标报价汇总表"与"综合报价表"的数字是否吻合，是否有算术错误。

（6）"综合报价表"的单价与"单项概预算表"的指标是否吻合，是否有算术错误。"综合报价表"费用是否齐全，特别是来回改动时要特别注意。

（7）"单项概预算表"与"补充单价分析表"、"运杂费单价分析表"的数字是否吻合，工程数量与招标工程量清单是否一致，是否有算术错误。

（8）"补充单价分析表"、"运杂费单价分析表"是否有偏高、偏低现象，分析原因，所用工、料、机单价是否合理、准确。

（9）"运杂费单价分析表"所用运距是否符合招标文件规定，是否符合调查实际。

（10）配合辅助工程费是否与标段设计概算相接近，降造幅度是否满足招标文件要求，是否与投标书其他内容的有关说明一致,招标文件要求的其他报价资料是否准确、齐全。

(11)定额套用是否与施工组织设计安排的施工方法一致,机具配置尽量与施工方案相吻合,避免工料机统计表与机具配置表出现较大差异。

(12)定额计量单位、数量与报价项目单位、数量是否相符合。

(13)"工程量清单"表中工程项目所含内容与套用定额是否一致。

(14)"投标报价汇总表"、"工程量清单"采用 Excel 表自动计算,数量乘单价是否等于合价(合价按四舍五入规则取整)。合计项目反求单价,单价保留两位小数。

相关链接

报价审核指标

1. 每单位建筑面积用工、用料数量指标

施工企业在施工中可以按工程类型的不同编制出各种工程的每单位建筑面积用工、用料的数量,将这些数据作为施工企业投标报价的参考值。

2. 主要分部分项工程占工程实体消耗项目的比例指标

一个单位工程是由若干分部分项工程组成的,控制各分部分项工程的价格是提高报价准确度的重要途径之一。例如,一般民用建筑的土建工程,是由土方、基础、砖石、钢筋混凝土、木结构、金属结构、楼地面、屋面、装饰等分部分项工程构成,它们在工程实体消耗项目中都有一个合理的大体比例。投标企业应善于利用这些数据审核各分部分项工程的小计价格是否存在特别过大或过小的偏差。

3. 工、料、机三费占工程实体消耗项目的比例指标

在计算投标报价时,工程实体消耗项目中的工、料、机三费是计算投标报价的基础,这三项费用分别占工程实体消耗部分一个合理的比例。根据这个比例,也可以审核投标报价的准确性。

---

2. 施工组织及施工进度安排审核

(1)工程概况是否准确描述。

(2)计划开、竣工日期是否符合招标文件中工期安排与规定,分项工程的阶段工期、节点工期是否满足招标文件规定。工期提前要合理,要有相应措施,不能提前的决不提前,如铺架工程工期。

(3)工期的文字叙述、施工顺序安排与"形象进度图"、"横道图"、"网络图"是否一致,特别是铺架工程工期要针对具体情况仔细安排,以免造成与实际情况不符的现象。

(4)总体部署:施工队伍及主要负责人与资审方案是否一致,文字叙述与"平面图"、"组织机构框图"、"人员简历"及拟人职务等是否吻合。

(5)施工方案与施工方法、工艺是否匹配。

(6)施工方案与招标文件要求、投标书有关承诺是否一致。材料供应是否与甲方要求一致,是否统一代储代运,是否甲方供应或招标采购。临时通信方案是否按招标文件要求办理(有要求架空线的,不能按无线报价)。施工队伍数量是否按照招标文件规定配置。

(7)工程进度计划:总工期是否满足招标文件要求,关键工程工期是否满足招标文件要求。

(8)特殊工程项目是否有特殊安排。在冬季施工的项目措施要得当,影响质量的必须停工,膨胀土雨季要考虑停工,跨越季节性河流的桥涵基础雨季前要完成,工序、工期安

排要合理。

(9)"网络图"工序安排是否合理,关键线路是否正确。

(10)"网络图"如需中断时,是否正确表示,各项目结束是否归到相应位置,虚作业是否合理。

(11)"形象进度图"、"横道图"、"网络图"中工程项目是否齐全,路基、桥涵、轨道或路面、房屋、给排水及站场设备、大临等。

(12)"平面图"是否按招标文件布置了队伍驻地、施工场地及大临设施等位置,驻地、施工场地及大临工程占地数量及工程数量是否与文字叙述相符。

(13)劳动力、材料计划及机械设备、检测试验仪器表是否齐全。

(14)劳动力、材料是否按照招标要求编制了年、季、月计划。

(15)劳动力配置与劳动力曲线是否吻合,总工天数量与预算表中总工天数量差异要合理,标书中的施工方案、施工方法描述是否符合设计文件及标书要求,采用的数据是否与设计一致。

(16)施工方法和工艺的描述是否符合现行设计规范和现行设计标准。

(17)是否有防汛措施(如果需要),措施是否有力、具体、可行。

(18)是否有治安、消防措施及农忙季节劳动力调节措施。

(19)主要工程材料数量与预算表工料机统计表数量是否吻合一致。

(20)机械设备、检测试验仪器表中设备种类、型号与施工方法、工艺描述是否一致,数量是否满足工程实施需要。

(21)施工方法、工艺的文字描述及框图与施工方案是否一致,与重点工程施工组织安排的工艺描述是否一致,总进度图与重点工程进度图是否一致。

(22)施工组织及施工进度安排的叙述与质量保证措施、安全保证措施、工期保证措施叙述是否一致。

(23)投标文件的主要工程项目工艺框图是否齐全。

(24)主要工程项目的施工方法与设计单位的建议方案是否一致,理由是否合理、充分。

(25)施工方案、方法是否考虑与相邻标段、前后工序的配合与衔接。

(26)临时工程布置是否合理,数量是否满足施工需要及招标文件要求。临时占地位置及数量是否符合招标文件的规定。

(27)过渡方案是否合理、可行,与招标文件及设计意图是否相符。

3. 工程质量

(1)质量目标与招标文件及合同条款要求是否一致。

(2)质量目标与质量保证措施"创全优目标管理图"叙述是否一致。

(3)质量保证体系是否健全,是否运用ISO9002质量管理模式,是否实行项目负责人对工程质量负终身责任制。

(4)技术保证措施是否完善,特殊工程项目如膨胀土、集中土石方、软土路基、大型立交、特大桥及长大隧道等是否单独有保证措施。

(5)是否有完善的冬、雨季施工保证措施及特殊地区施工质量保证措施。

4．安全保证措施、环境保护措施及文明施工保证措施

（1）安全目标是否与招标文件及企业安全目标要求口径一致。

（2）确保既有铁路运营及施工安全措施是否符合铁路部门有关规定，投标书是否附有安全责任状。

（3）安全保证体系及安全生产制度是否健全，责任是否明确。

（4）安全保证技术措施是否完善，安全工作重点是否单独有保证措施。

（5）环境保护措施是否完善，是否符合环保法规，文明施工措施是否明确、完善。

5．工期保证措施

（1）工期目标与进度计划叙述是否一致，与"形象进度图"、"横道图"、"网络图"是否吻合。

（2）工期保证措施是否可行、可靠，并符合招标文件要求。

6．控制（降低）造价措施

（1）招标文件是否要求有此方面的措施（没有要求不提）。

（2）若有要求，措施要切实可行，具体可信（不做过头承诺、不吹牛）。

（3）遇到特殊有利条件时，是否能发挥优势，如队伍临近、就近制梁、利用原有大临等。

7.3 任务实施

（1）根据本项目情况，准备本次任务需要的投标资料。

（2）完成投标资料清查表。

（3）本项目商务标的编制要点有哪些？

（4）本项目技术标的编制要点有哪些？

（5）本项目可采取哪些投标策略与技巧？

（6）本次评标标准表见表7-16和表7-17，按照该要求完成本次投标文件的审查，完成投标文件审查表的填写。

表7-16 评标标准表

条款号	评审因素		评审标准
2.1.1	形式评审标准	投标人名称	与营业执照、资质证书、安全生产许可证一致
		签字、盖章	符合招标文件第二章"投标人须知"第3.7.3项要求
		副本份数	符合招标文件第二章"投标人须知"第3.7.4项要求
		装订	符合招标文件第二章"投标人须知"第3.7.5项要求
		编页码和小签	符合招标文件第二章"投标人须知"第10.1款规定
		投标文件格式	符合招标文件第八章"投标文件格式"的要求和第二章"投标人须知"第3.7.1项要求
		联合体投标人	提交联合体协议书，并明确联合体牵头人（如有）
		报价唯一	只能有一个有效报价，即符合招标文件第二章"投标人须知"第10.3款要求

续表

条款号	评审因素		评审标准
2.1.3	响应性评审标准	投标内容	符合招标文件第二章"投标人须知"第1.3.1项规定
		工期	符合招标文件第二章"投标人须知"第1.3.2项规定
		工程质量	符合招标文件第二章"投标人须知"第1.3.3项规定
		投标有效期	符合招标文件第二章"投标人须知"第3.3.1项规定
		投标保证金	符合招标文件第二章"投标人须知"第3.4.1项规定
		权利义务	符合招标文件第四章"合同条款及格式"规定
		已标价工程量清单	符合招标文件第五章"工程量清单"给出的范围及数量以及"说明"中对投标人的要求
		技术标准和要求	符合招标文件第七章"技术标准和要求"规定
		成本	低于成本报价,按招标文件第二章"投标人须知"第10.4款规定进行认定
		最高限价	扣除10%的不可预见费后的投标报价(修正价)不得超过招标文件第二章"投标人须知"7.3.1项规定的最高限价
2.1.4	施工组织设计和项目管理机构评审标准	施工方案与技术措施	方案与技术措施是否详尽、合理,与其他工种配合措施是否明确
		质量管理体系与措施	是否有质量认证证明资料,且质量措施完善、可行
		安全管理体系与措施	安全施工措施完善、可行、有保障
		环境保护管理体系与措施	环境保护措施完善、可行、有保障
		工程进度计划与措施	进度是否合理,施工措施是否明确、周密
		资源配备计划	满足招标文件要求
		施工设备	须配备与施工合同段工程规模、工期要求相适应的机械设备
		试验、检测仪器设备	满足工程要求
		施工组织机构	组织机构体系完整,管理机制有效运行
		综合管理水平	综合管理水平合格

表 7-17 评标标准续表

条款号	量化因素	量化标准
2.2	单价遗漏	工程量报价清单如某项未填写报价的，视为已经分摊在其他项目中
	付款条件	投标文件承诺满足专用合同条款要求
	算术性修正	算术性修正 　　评标委员会只对通过初审、初评后的投标文件从报价方面进行算术性修正评审，看其是否有计算上、累计上或表达上的错误，修正错误的原则如下： （1）如果数字表示的金额和用文字表示的金额不一致时，应以文字表示的金额为准 （2）当单价与数量的乘积与合价不一致时，以单价为准，除非评标委员会认为单价有明显的小数点错误，此时应以标出的合价为准，并修改单价 （3）当各细目的合价累计不等于总价时，应以各细目合价累计数为准，修正总价 （4）按上述修正错误的原则及方法调整或修正投标文件的投标报价，应得投标人的同意，并确认修正后的最终投标价。如果投标人拒绝确认或在规定时间内未予澄清，则视为投标人放弃投标 （5）按上述修正错误的原则及方法调整或修正投标文件的投标报价，如高于投标函中的文字报价数额，则在招标范围内的所有项目的价格或费用仍以投标函中的文字报价为准，不得调增。如调整或修正后的投标总价低于投标函中的文字报价数额，则以修正后的投标总价为准，并按中标价与修正后的投标总价的降幅同比例降低招标范围内的所有项目的价格或费用

专家支招

1. 技术标编制注意事项

施工方案的制定要从工期要求、技术可行性、保证质量、降低成本等方面综合考虑。选择和确定各项工程的主要施工方法和适用、经济的施工方案。在投标阶段编制的进度计划不是施工阶段的工程施工计划，除招标文件专门规定必须用网络图以外，一般用横道图表示即可，但须满足以下要求。

（1）符合招标文件总工期的要求，如合同要求分期、分批竣工交付使用，应标明分期、分批交付使用的时间和数量。

（2）各项主要工程开始和结束时间应标明。例如房屋建筑中的土方工程、基础工程、混凝土结构工程、屋面工程、装修工程、水电安装工程等的开始和结束时间。

（3）主要工序应相互衔接，尽可能避免现场劳动力数量急剧起落，提高工效和节省临时设施。

（4）充分利用施工机械设备，减少机械设备占用周期。

（5）便于编制资金流动计划，尽量降低流动资金占用量，节省资金利息。

2. 商务标编制注意事项

（1）投标单位编制投标文件时必须使用招标文件提供的投标文件表格格式，但表格可以按同样格式扩展。投标保证金、履约保证金的方式按招标文件有关条款的规定选择。投标单位根据招标文件的要求和条件填写投标文件的空格时，凡要求填写的空格都必须填写，不得空着不填；否则，即被视为放弃意见。实质性的项目或数字如工期、质量等级、价格等未填写的，将被作为无效或作废的投标文件处理。

（2）应当编制的投标文件正本与副本均应使用不能擦去的墨水书写或打印，各种投标文件的填写要字迹清晰、端正，补充设计图纸要整洁、美观。正本仅一份，副本则按招标文件前附表所述的份数提供，同时要明确标明"投标文件正本"和"投标文件副本"字样。投标文件正本和副本如有不一致之处，以正本为准。

（3）如招标文件规定投标保证金为合同总价的某百分比时，开投标保函不要太早，以防泄漏己方报价。但有的投标商提前开出并故意加大保函金额，以麻痹竞争对手的情况也是存在的。

7.4 任务评价与总结

1. 任务评价

完成表7－18的填写。

表7－18 任务评价表

考核项目	分数			学生自评	小组互评	教师评价	小 计
	差	中	好				
团队合作精神	1	3	5				
活动参与是否积极	1	3	5				
工作过程安排是否合理规范	2	10	18				
陈述是否完整、清晰	1	3	5				
是否正确灵活运用已学知识	2	6	10				
劳动纪律	1	3	5				
此次任务完成是否满足工作要求	2	4	6				
此项目风险评估是否准确	2	4	6				
总　　分	60						
教师签字：				年　　月　　日		得　分	

2. 自我总结

（1）此次任务完成中存在的主要问题有哪些？

（2）问题产生的原因有哪些？

（3）请提出相应的解决方法。
（4）您认为还需加强哪方面的指导（实际工作过程及理论知识）？

知识回顾

　　投标文件编制工作内容包括商务文件、报价文件和技术文件的编制三部分。商务文件与报价文件组成以报价为核心的商务标，技术文件构成技术标，是投标报价的基础。投标文件资料准备包括商务资料、清单资料和技术资料准备。
　　施工规划和施工组织设计是技术标的核心，其编制原则是力争在保证工期和工程质量的前提下，尽可能使工程成本最低，投标价格合理。投标报价是投标文件编制过程中的核心内容。在工程估价的基础上，考虑投标技巧及其风险等所确定的承包该项工程的投标总价格。在用综合单价法编制投标价的基础上运用一定的报价策略，获得工程投标报价。报价策略包括不平衡报价、多方案报价、增加建议方案、突然降价、先亏后盈、开口升级、无利润算标等方法。
　　投标文件相关内容编制技巧包括投标函编制技巧、单价分析表编制技巧和合同用款估算表编制技巧。建设工程投标文件的审核可参照每单位建筑面积用工、用料数量指标，主要分部分项工程占工程实体消耗项目的比例指标，工、料、机三费占工程实体消耗项目的比例指标和主要分部分项工程占工程实体消耗项目的比例指标，每单位建筑面积用工、用料数量指标进行审核。

一、单选题

1. 投标书是投标人的投标文件，是对招标文件提出的要求和条件做出（　　）的文本。
　A. 附和　　　　　B. 否定　　　　　C. 响应　　　　　D. 实质性响应
2. 投标文件正本（　　），副本份数见投标人须知前附表。正本和副本的封面上应清楚地标记"正本"或"副本"的字样。当副本和正本不一致时，以正本为准。
　A. 1份　　　　　B. 2份　　　　　C. 3份　　　　　D. 4份
3. 投标文件应用不褪色的材料书写或打印，并由投标人的法定代表人或其委托代理人签字或盖单位章。委托代理人签字的，投标文件应附法定代表人签署的（　　）。
　A. 意见书　　　　B. 法定委托书　　C. 指定委托书　　D. 授权委托书
4. 投标人的投标团队成员应包括经营管理类人才、专业技术人才和（　　）。
　A. 法律人才　　　B. 财经类人才　　C. 公关人才　　　D. 保险类人才
5. 直接费是指施工过程中耗费的构成工程实体和有助于工程形成的各项费用，包括人工费、材料费和（　　）。
　A. 临时设施费　　　　　　　　　　B. 现场管理费
　C. 施工机械租赁费　　　　　　　　D. 施工机械使用费
6. 业主为防止投标者随意撤标或拒签正式合同而设置的保证金为（　　）。
　A. 投标保证金　　　　　　　　　　B. 履约保证金
　C. 担保保证金

二、多选题

1. 按编制工程概、预算的方法编制的投标报价，主要由（　　）几部分组成。
   A. 直接工程费　　　　　　　　B. 间接费
   C. 计划利润　　　　　　　　　D. 税金
   E. 临时设施费

2. 按工程预算方法编制投标报价中不属于间接费的有（　　）。
   A. 规费　　　　　　　　　　　B. 环境保护费
   C. 企业管理费　　　　　　　　D. 安全施工费
   E. 文明施工费

3. 建筑安装工程税金应包括（　　）。
   A. 营业税　　　　　　　　　　B. 城市维护建设税
   C. 工程排污费　　　　　　　　D. 教育费附加
   E. 社会保障费

4. 下列内容是投标文件的是（　　）。
   A. 施工组织设计　　　　　　　B. 投标函及投标函附录
   C. 缴税证明　　　　　　　　　D. 固定资产证明
   E. 投标保证金或保函

5. 投标文件一般情况下（　　）附带条件。
   A. 都带　　　　B. 不能带　　　C. 上级批准可带

三、判断题

1. 投标是承包单位以报标价的形式争取承包建设工程项目的经济活动，是目前承包商取得工程项目的一种最常见的行之有效的活动。（　　）
2. 在不平衡报价中，对暂定项目要报高价。（　　）
3. 投标决策就是决定要不要投标。（　　）
4. 由于企业的任务并不全依赖于投标获得，所以企业没有必要设立专门的投标班子。（　　）
5. 在制作投标报价时，应根据企业的具体情况，在施工预算的基础上确定，而不应该把施工预算作为投标报价。（　　）
6. 投标技巧中的不平衡报价是指在总价基本确定的前提下，如何调整内部各个子项的报价，既不影响总报价，又能在中标后可以获取较好的经济效益，所以在操作中对于早期结账收回工程款的项目（如土方、基础）其单价应降低。（　　）

四、简答题

1. 投标文件由哪些文件组成，具体包括哪些内容？
2. 投标资料准备工作包括哪些工作内容和步骤？
3. 技术标的编制要点有哪些？
4. 商务标的编制要点有哪些？
5. 常见的投标策略和技巧有哪些？分别用在哪些情形下？

6. 如何进行报价审核？

五、综合案例分析

案例 1

某建筑工程的招标文件中标明，距离施工现场 1km 处存在一个天然砂场，并且该砂可以免费取用。现场实地考察后承包商没有提出疑问，在投标报价中没有考虑工程买砂的费用，只计算了取砂和运输费用。由于承包商没有仔细了解天然砂场中天然砂的具体情况，中标后，在工程施工中准备使用该砂时，工程师认为该砂级别不符合工程施工要求，而不允许在施工中使用，于是承包商只得自己另行购买符合要求的砂。

承包商以招标文件中标明现场有砂而投标报价中没有考虑为理由，要求业主补偿现在必须购买砂的差价，工程师不同意承包商的补偿要求。

问题：工程师不同意承包商的补偿要求是否合法？

案例 2

业主招标制造两台 50t 的塔式起重机。招标文件包括 98 页的技术规范，并详细规定了设计要求。投标负责人在读过 2～3 页，了解了主要的要求后，认为所要求的塔式起重机属于投标人公司的轻型塔式起重机，只要将投标人公司的相应塔式起重机加以改造就可以了。实际上后 90 多页的内容对塔式起重机有更具体的要求，塔式起重机根本不是轻型塔式起重机而是重型塔式起重机。投标人的报价低于 400 万美元，而次低报价超过 700 万美元。由于差距太大，业主要求投标人确认自己的报价。投标人对标价进行了书面确认。业主对确认还不放心，在授标以前召开了会议，进一步确定投标人是否理解了技术规范的要求以及能否完成该要求。业主审查了技术和设计要求，但没有就巨大的报价差距进行磋商。业主要求投标人提供费用分析资料，投标人没有提供，但声称除了一个微不足道的错误外，没有其他错误，错误对总报价没有影响。考虑到投标人一再表示保证按照技术规范的要求履行合同，业主将合同授予投标人。在进行初步设计时，业主意识到履约可能存在问题并决定开会讨论，这时投标人才发觉价格上的巨大偏差。投标人要求修改合同，延长工期并增加费用。投标人认为如果合同价格远远偏离实际成本是由于双方的错误造成的，那么业主无权要求投标人履行合同；如果业主坚持要求履行合同，那就得对合同的价格和工期进行公平的调整以使合同价格反映实际成本。

问题：投标人修改合同或撤销合同的诉讼请求能否得到支持？

案例 3

某项工程公开招标，在投标文件的编制与递交阶段，某投标单位认为该工程原设计结构方案采用框架剪力墙体系过于保守，该投标单位在投标报价书中建议，将框架剪力墙体系改为框架体系，经技术经济分析和比较，可降低造价约 2.5%。该投标单位将技术标和商务标分别封装，在投标截止日期前一天上午将投标文件报送业主。次日（即投标截止日当天）下午，在规定的开标时间前 1 小时，该投标单位又递交了一份补充资料，其中声明将原报价降低 4%。但招标单位的有关工作人员认为一个投标单位不能递交两份投标文件，因而拒收投标单位的补充资料。

该项目开标会由市招标办的工作人员主持，市公证处有关人员到会，各投标单位代表

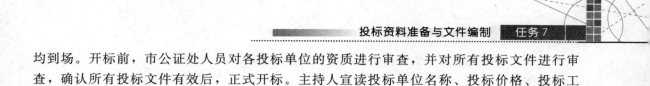

均到场。开标前,市公证处人员对各投标单位的资质进行审查,并对所有投标文件进行审查,确认所有投标文件有效后,正式开标。主持人宣读投标单位名称、投标价格、投标工期和有关投标文件的重要说明。

问题:

1. 招标单位的有关工作人员是否应拒绝该投标单位的投标?说明理由。该投标单位在投标中运用了哪几种报价技巧?其是否得当?并加以说明。

2. 开标会中存在哪些问题,并加以说明。

某建筑工程施工项目实行公开招标,确定的招标程序如下。

1. 成立招标工作小组。
2. 编制招标文件。
3. 发布招标邀请书。
4. 对报名参加投标者进行资格预审,并将审查结果通知各申请投标者。
5. 向合格的投标者分发招标文件及设计图、技术资料等。
6. 建立评标组织,制定评标定标方法。
7. 召开开标会议,审查投标书。
8. 组织评标,决定中标通知书。
9. 发出中标通知书。
10. 签订承发包合同。

参加投标的某施工企业制定了自己的投标报价策略。经分析研究,制定了高标和低标两种方案。其中标概率与效益情况分析见表7-19。若未中标,则损失投标费用3万元。

表7-19 中标概率与效益情况分析表

	中标概率	效果	利润(300万元)	效果概率		中标概率	效果	利润(300万元)	效果概率
高标	0.4	好	250	0.4	低标	0.5	好	200	0.5
		中	150	0.5			中	80	0.3
		差	-200	0.1			差	-250	0.2

问题:

1. 上述招投标程序有何不妥之处,请加以指正。
2. 请用决策树的方法协助该施工企业确定具体的投标报价策略。

案例 4

某企业准备在一项工程上投标,根据掌握的资料,对手在该类工程上的标价(P)和本企业的估价(A)存在一定比值关系,各种比值出现的频数见表7-20。

表7-20 P/A 比值表

P/A	0.8	0.9	1.0	1.1	1.2	1.3	1.4	1.5	合计
频数	1	2	7	12	21	18	7	2	70

问题:请用竞争定价法为该企业确定最佳报价策略。

案例 5

某工程项目业主邀请了 3 家施工单位参加投标竞争。各投标单位的报价见表 7-21,施工进度计划安排见表 7-22。若以工程开工日期为折现点,贷款月利率为 1%,并假设各分部工程每月完成的工程量相等,并且能按月及时收到工程款。等额年金系数和一次支付现值系数如系数表 7-23。

表 7-21 各投标单位的报价表　　　　　　　　　　　　　　　　单位:万元

投标单位项目报价	基础工程	主体工程	装饰工程	总报价
甲	270	950	900	2120
乙	210	840	1080	2130
丙	210	840	1080	2130

问题:

1. 就甲、乙两家投标单位而言,若不考虑资金时间价值,判断并简要分析业主应优先选择哪家投标单位?

2. 就乙、丙两家投标单位而言,若考虑资金时间价值,判断并简要分析业主应优先选择哪家投标单位?

表 7-22 系数表

月份		2	3	4	5	6	7	8
等额年金系数	(P/A,1%,n)	1.9704	2.9410	3.9020	4.8534	5.7955	6.7282	7.6517
一次支付现值系数	(P/F,1%,n)	0.9803	0.9706	0.9610	0.9515	0.9420	0.9327	0.9235

注:计算结果保留小数点后 2 位。

表 7-23 施工进度计划安排表

投标单位	项目	施工进度计划											
		1	2	3	4	5	6	7	8	9	10	11	12
甲	基础工程												
	主体工程												
	装饰工程												
乙	基础工程												
	主体工程												
	装饰工程												
丙	基础工程												
	主体工程												
	装饰工程												

3. 评标委员会对甲、乙、丙 3 家投标单位的技术标评审结果见表 7-24。评审办法规定：各投标单位报价比标底每下降 1%，扣 1 分，最多扣 10 分；报价比标底每增加 1%，扣 2 分，扣分不保底。报价与标底价差额在 1% 以内时可按比例平均扣减。评标时，不考虑资金时间价值，设标底价为 2125 万元，根据得分最高者中标原则，试确定中标单位。

表 7-24 技术标评审结果

项 目	权 重	评审得分		
		甲	乙	丙
业绩、信誉管理水平、施工组织设计	0.4	98.70	98.85	98.80
投标报价	0.6			

案例 6

某承包商决定参与一高层建筑的投标。由于该工程施工对临近建筑物影响很大，因此必须慎重选择基础围护工程的施工方案。经营部经理要求造价工程师运用价值工程方法对技术部门所提出的 3 个施工方案进行比较，从中选出最优投标方案，根据工程技术人员提出的 4 项技术评价指标及其相对重要性的描述，造价工程师运用 0-4 评分法得出各指标的相对重要性如表 7-25 所示。

表 7-25 相对重要性得分表

指 标	F_1	F_2	F_3	F_4
技术可靠性 F_1		1	3	3
围护效果 F_2	3		3	4
施工便利性 F_3	1	1		2
工期 F_4	1	0	2	

经公司内专家评定，A、B、C 3 方案的各指标得分表见表 7-26 所示，A、B、C 3 个方案的成本分别为 617、554 和 529 万元。

表 7-26 各指标得分表

方案 \ 得分 指标	F_1	F_2	F_3	F_4
A	10	9	8	7
B	7	10	9	8
C	8	7	10	9

问题：
请运用价值工程方法选出最优方案投标。

拓展训练

1. 教师可围绕本学校已建或在建项目，指定完成某项目施工投标文件的审核。
2. 完成某项目施工投标文件技术标的编写。

任务 8　投标日常事务与纠纷处理

▶▶引例 1

　　某大型工程项目由政府投资建设，一期工程业主委托某招标代理公司代理施工招标。招标代理公司确定该项目采用公开招标方式招标，招标公告在当地政府规定的招标信息网上发布。招标文件中规定，投标担保可采用投标保证金或投标保函方式担保。评标方法采用经评审的最低投标价法。投标有效期为60d。

　　业主对招标代理公司提出以下要求：为了避免潜在的投标人过多，项目招标公告只在本市日报上发布，且采用邀请招标方式招标。

　　项目施工招标信息发布以后，共有12家潜在的投标人报名参加投标。业主认为报名参加投标的人数太多，为减少评标工作量，要求招标代理公司仅对报名的潜在投标人的资质条件、业绩进行资格审查。

　　开标后发现：①A投标人的投标报价为8000万元，为最低投标价，经评审后推荐其为中标候选人；②B投标人在开标后又提交了一份补充说明，提出可以降价5%；③C投标人提交的银行投标保函有效期为70d；④D投标人投标文件的投标保函盖有企业及企业法定代表人的印章，但没有加盖项目负责人的印章；⑤E投标人与其他投标人组成了联合体投标，附有各方资质证书，但没有联合体共同投标协议书；⑥F投标人的投标报价最高，故F投标人在开标后第二天撤回了其投标文件。

　　经过标书评审，A投标人被确定为中标候选人。发出中标通知书后，招标人和A投标人进行合同谈判，希望A投标人能再压缩工期、降低费用。经谈判后双方达成一致：不压缩工期，降价3%。

　　二期工程投资1亿余元，兴建一幢现代化的综合楼，其中土建工程采用公开招标的方式选定施工单位，但招标文件对省内的投标人与省外的投标人提出了不同的要求，也明确了投标保证金的数额。该院委托某建筑事务所为该项工程编制标底；2000年10月6日招标公告发出后，共有A、B、C、D、E、F等6家省内的建设单位参加了投标。招标文件规定，2000年10月30日为提交投标文件的截止时间，2000年11月3日举行开标会。招标文件规定2000年10月30日前提交投标文件，但E单位在2000年11月1日才提交投标保证金。开标会由该省建委主持。结果，编制的标底高达6200多万元，A、B、C、D等4个投标人的投标报价均在5200万元以下，与标底相差1000万余元，引起了投标人的异议。这4家投标单位向该省建委投诉，称招标标底计算存在问题，夸大了工程量，使标底高出实际估算近1000万元。同时，D单位向某医院要求撤回投标文件。为此，该院请求省建委对原标底进行复核。2001年1月28日，被指定进行标底复核的省建设工程造价总站（以下简称总站）拿出了复核报告，证明某建筑事务所在编制标底的过程中确实存在这4家投标单位所提出的问题，复核标底额与原标底额相关近1000万元。

由于上述问题久拖不决，导致中标书在开标后3个月一直未能发出。为了能早日开工，该院在获得了省建委的同意后，更改了标底金额和工程结算方式，确定某省某公司为中标单位。

引导问题1：根据引例1回答以下问题。

(1) 一期工程中，业主对招标代理公司提出的要求是否正确？A、B、C、D、E投标人投标文件是否有效？F投标人撤回投标文件的行为应如何处理？项目施工合同如何签订？合同价格应是多少？

(2) 二期工程中，投标程序是否妥当？E投标文件应当如何处理？D单位撤回投标文件应如何处理？

(3) 二期工程问题久拖不决，是否可以重新招标？若重新招标给投标人造成的损失如何赔偿？

(4) 总结投标日常工作内容与工作重点。

【专家评析】

问题1：

(1) "业主提出的仅对潜在投标人的资质条件、业绩进行资格审查"不正确。

理由：公开招标项目的招标公告必须在指定媒介发布，任何单位和个人不得非法限制招标公告的发布范围。

"业主要求采用邀请招标"不正确。

理由：因该工程项目由政府投资建设，相关法规规定"全部使用国有资金投资或者国有资金投资占控股或者主导地位的项目"，应当采用公开招标方式招标。如果采用邀请招标方式招标，应由有关部门批准。

(2) A投标人的投标文件有效。

B投标人的投标文件（或原投标文件）有效。但补充说明无效，因开标后投标人不能变更（或更改）投标文件的实质内容。

C投标人投标文件无效，因投标保函有效期应超过投标有效期30天。

D投标人投标文件有效。

E投标人投标文件无效。因为组成联合体投标的，投标文件应附联合体各方共同投标协议。

(3) F投标人的投标文件有效。

招标人可以没收其投标保证金。给招标人造成损失超过投标保证金的，招标人可以要求其赔偿。

(4) 该项目应自中标通知书发出后30日内按招标文件和A投标人的投标文件签订书面合同，双方不得再签订背离合同实质性内容的其他协议。

合同价格应为8000万元。

问题 2：

在上述招标投标程序中，不妥之处包括以下几方面。

（1）公开招标应当平等地对待所有的投标人，不允许对不同的投标人提出不同的要求。

（2）提交投标文件的截止时间与举行开标会的时间不是同一时间。按照《招标投标法》的规定，开标应当在招标文件确定的提交招标文件截止时间的同一时间公开进行。

（3）开标应当由招标人或者招标代理人主持，省建委作为行政管理机关只能监督招投标活动，不能作为开标会的主持人。

（4）中标书在开标会 3 个月后一直未能发出，评标工作不宜久拖不决，如果在评标中出现无法克服的困难，应当及早采取其他措施（如宣布招标失败）。

（5）更改中标金额和工程结算方式，确定某省某公司为中标单位。如果不宣布招标失败，则招标人和投标人应当按照招标文件和中标人的投标文件订立书面合同，招标人和中标人不得再行订立背离合同实质内容的其他协议。

E 单位的投标文件应当被认为是无效投标而拒绝。因为招标文件规定的投标保证金是投标文件的组成部分，因此，对于未能按照要求提交投标保证金的投标（包括期限），招标单位将视为不响应投标而予以拒绝。

对 D 单位撤回投标文件的要求，应当没收其投标保证金。因此，投标行为是一种要约，在投标有效期内撤回其投标文件的应当视为违约行为。因此，招标单位可以没收 D 单位的投标保证金。

问题 3：

问题久拖不决后，某医院可以要求重新进行招标，理由如下。

（1）一个工程只能编制一个标底。如果在开标后（即标底公开后）再复核标底，将导致具体的评标条件发生变化。实际上属于招标单位的评标准备工作不够充分。

（2）问题久拖不决，使得各方面的条件发生变化。再按照最初招标文件中设定的条件订立合同是不公平的。

如果重新进行招标，给投标人造成的损失不能要求某医院赔偿，虽然重新招标是由于招标人的准备工作不够充分导致的，但并非属于欺诈等违反诚信的行为。而招标在合同订立中仅仅是要约邀请，对招标人不具有合同意义上的约束力，招标并不能保证投标人中标，投标的费用应当由投标人自己承担。

问题 4：

投标主要工作内容主要包括投标决策、投标资料准备与文件编制、投标日常事务与纠纷处理。前两项任务我们已经完成。投标日常事务与纠纷处理具体包括以下工作任务。

（1）建筑企业根据招标公告或投标邀请书，向招标人提交有关资格预审资料。

（2）接受招标人的资格审查。

（3）购买招标文件及有关技术资料。

（4）参加现场踏勘，并对有关疑问提出书面询问。

（5）参加投标答疑会。

（6）审核与递送投标文件。

(7) 参加开标会议，完成投标文件答疑、澄清和修正。
(8) 如果中标，接受中标通知书，与招标人签订合同。
(9) 处理相关投标纠纷。

8.1 任务导读

8.1.1 任务描述

某高校要建设实训楼，投资约 5200 万元人民币，建筑面积约 30000 平方米。你所在企业正在进行投标工作，目前的任务是根据投标前期决策，完成相关事务与纠纷处理。

8.1.2 任务目标

（1）描述工程施工投标工作流程，并分析流程涉及的规定和内容，确定投标工作的思路和工作方式。

（2）按投标流程，完成资格预审、现场踏勘、投标预备会。分析招标文件的要求和内容，制订施工投标文件编制工作的计划。

（3）按照招标文件要求和投标时间限定，递送投标文件，出席开标会议，对投标文件进行答疑、澄清和修正。

（4）按照正确的方法和途径，处理相关投标纠纷。

（5）通过完成该任务，提出后续工作建议，完成自我评价，并提出改进意见。

8.2 相关理论知识

8.2.1 资格预审

投标是招标的对称词，是承包商对招标人的工程项目招标的响应。投标人在获悉招标人的招标公告或投标邀请后，应当按照招标公告或投标邀请书中所提出的资格预审要求，向招标人申报资格审查。

资格预审是投标人投标过程中的第一关。对于企业来说，只要参加一个工程的招标资格预审，就要全力以赴，力争通过资格预审，成为可以投标的合格投标人。有关资格预审文件的要求、内容以及资格预审评定，在前面的章节中已有所了解。这里仅就承包商申报资格预审时需注意的事项做一一介绍。

1. 积累资格预审有关资料

平时注意收集信息，发现可投标的项目，并做好资格预审的预备。平常应将一般资格预审的有关资料准备齐全，进行计算机归档和存储。如需针对某个项目填写资格预审调查表时，可将有关资料随时调出，并加以补充完善。如果平时不准备资料，临时填写往往会因达不到招标人的要求而失去机会。

2. 填表时应突出重点

在填表时应加强分析，要针对工程特点，下功夫填好重点部位，特别是要反映出本企业的施工经验、施工水平和施工组织能力。这往往是招标人考虑的重点。

3. 考虑联合体投标策略

当认为本企业某些方面难以满足投标要求，则应考虑与合适的其他施工企业组成联合体参加资格预审。

4. 做好跟踪工作

企业应做好递交资格预审调查表后的跟踪工作，发现不足之处，及时补送资料。

8.2.2 购领招标文件

投标人经资格预审合格后，便可向招标人申购招标文件和有关资料，同时要缴纳投标保证金。

交纳投标保证金时应按招标文件的要求进行。一般来说，投标保证金可以采用现金，也可以采用支票、银行汇票，还可以是银行出具的银行保函。银行保函的格式应符合招标文件提出的格式要求。

投标保证金的额度，根据工程投资大小由招标人在招标文件中确定。在国际上，投标保证金的数额较高，一般设定在占投资总额的 1‰～5‰。投标保证金有效期为直到签订合同或提供履约保函为止，通常为 3～6 个月，一般应超过投标有效期的 28 天。

8.2.3 组建投标机构

投标如同参加一场赛事竞争，这场赛事不仅在报价高低，而且在技术、经验、实力和信誉上进行比拼。一方面承包商在技术上应具有先进的科学技术，能够完成高、新、尖、难工程；另一方面承包商在管理上应具有现代先进的组织管理水平，能够以较低价中标，靠管理获利。因此，企业做出投标决策后，建立一个强有力的、内行的投标机构，对投标全部活动过程加以组织和管理，实施工程投标，是投标获得成功的重要保证。这个投标工作机构不但要做到个体素质良好，更重要的是做到共同参与、协同作战、发挥群体力量。在参加投标活动中，各类人才应相互补充，形成人才整体优势。该机构应由如下 3 种类型的人才组成。

1. 经营管理类人才

即制定和贯彻经营方针与规划，负责工作的全面筹划和安排，有决策能力的人。包括以下几种人才。

(1) 经理。

(2) 副经理。

(3) 总工程师。

(4) 总经济师。

(5) 其他经营管理人才。

2. 专业技术类人才

（1）建筑师。

（2）结构工程师。

（3）设备工程师。

（4）其他各类专业技术人员。

这些人应具备熟练的专业技能，丰富的专业知识，能从本公司的实际技术水平出发，制定投标用的专业实施方案。

3. 商务金融类人才

即概预算、财务、合同、金融、保函、保险等方面的人才。

> **特别提示**
>
> 组建投标机构应注意以下问题。
> （1）项目经理是未来项目施工的执行者，为使其更深入地了解该项目的内在规律，把握工作要点，提高项目管理的水平，在可能的情况下，应吸收项目经理人选进入投标机构。
> （2）在国际工程（含境内涉外工程）投标时，还应配备懂得专业和合同管理的翻译人员。
> （3）承包商的投标工作机构应保持相对稳定，这样有利于不断提高工作机构中各成员及整体的素质和水平，提高投标的竞争力。

8.2.4　现场考察和参加标前会议

投标班子组建后，接下来的工作就是要组织人员对招标工程进行现场考察以及参加招标单位组织的标前会议。

▶▶**引例 2**

我国某承包公司作为分包商与奥地利某总承包公司签订了一房建项目的分包合同。该合同在伊拉克实施。奥方在谈判中称每平方米单价只要 114 美元即可完成合同规定的工程量，而实际上按当地市场情况，工程花费不低于每平方米 500 美元。奥方对经双方共同商讨确定的条款利用打字机会将对自己有利的内容塞进去；在准备签字的合同中擅自增加工程量；等等。该工程的分包合同价为 553 万美元，工期 24 个月。而在工程进行到 11 个月时，中方已投入 654 万美元，但仅完成工程量的 25%。预计如果全部履行分包合同，还要再投入 1000 万美元以上。结果中方不得不抛弃全部投入资金，彻底废除分包合同。

▶▶**引例 3**

某工程业主出于安全的考虑，要求承包商在工程四周增加围墙。当然这是合同内的附加工程。业主提出了基本要求：围墙高 2 米，上部为压顶、花墙，下部为实心砖墙，再下面为条型大放脚基础，再下为道渣垫层。业主要求承包商延长报价，所报单价包括所有材料、土方工程。承包商的估算师未到现场详细调查，仅按照正常的地平以上 2 米高、地下为大放脚和道渣、正常土质的挖基槽计算费用，而忽视了当地为丘陵地带，而且有许多藕塘和稻田，淤泥很多，施工难度极大。结果实际土方量、道渣的用量和砌砖工程量大大超过预算。由于按延长报价，业主不予补偿。

引导问题 2：引例 2、引例 3 中中国承包公司的主要失误是什么？现场考察对于投标工作起着什么作用？

1. 现场考察

现场考察即投标人去工地现场进行考察，招标人一般在招标文件中要注明现场考察的时间和地点，在文件发出后就应安排投标人进行现场考察的准备工作。

施工现场考察是投标人必须经过的投标程序。按照国际惯例，投标人提出的报价单一般被认为是在现场考察的基础上编制报价的。一旦报价单提出之后，投标人就无权因为现场考察不周、情况了解不细或因素考虑不全面而提出修改投标、调整报价或提出补偿等要求。

现场考察既是投标人的权利，又是其职责。因此，投标人在报价前必须认真地进行施工现场考察，全面地、仔细地调查了解工地及其周围的政治、经济、地理等情况。在去现场考察之前，投标人应先仔细地研究招标文件，特别是文件中的工作范围、专用条款以及设计图纸和说明，然后拟定出调研提纲，确定重点要解决的问题，做到事先有准备，因为有时招标人只组织投标人进行一次工地现场考察。

现场考察均由投标人自费进行。如果是国际工程，招标人应协助办理现场考察人员出入项目所在国境签证和居留许可证。引例 2、3 中，承包公司由于没有进行全面的现场考察，是承包工程失败的主要原因。

进行现场考察应从下述几方面调查了解。

1) 自然地理条件
(1) 施工现场的地理位置、地形、地貌、用地范围。
(2) 气象、水文情况。
(3) 地质情况。
(4) 地震及设防烈度，洪水、台风及其他自然灾害情况。
(5) 其他一些自然地理情况。

2) 市场情况
(1) 建筑材料、施工机械设备、燃料、动力和生活用品的供应状况。
(2) 价格水平与变动趋势。
(3) 劳务市场状况。
(4) 银行利率和外汇汇率。
(5) 其他一些市场情况。

3) 施工条件
(1) 施工场地四周情况、临时设施、生活营地如何安排。
(2) 给水排水、供电、道路条件、通信设施现状。
(3) 引接或新修给水排水线路、电源、通信线路和道路的可能性和最近的线路与距离。
(4) 附近现有建筑工程情况。

(5) 其他一些情况。

4) 其他条件

(1) 交通运输条件，如运输方式、运输工具与运费。

(2) 编制报价的有关规定。

(3) 工地现场附近的治安情况。

5) 招标人的情况

主要是招标人的资信情况，包括以下两方面内容。

(1) 资金来源与支付能力。

(2) 履约情况、招标人的信誉。

6) 竞争对手情况

(1) 竞争对手的数量。

(2) 竞争对手的资质等级。

(3) 竞争对手的社会信誉。

(4) 竞争对手类似工程的施工经验。

(5) 竞争对手在承揽该项目竞争中的优势与劣势。

(6) 竞争对手的其他一些情况。

2. 参加标前会议

▶▶引例 4

×××中学教学综合楼——新建教学楼工程招投标答疑文件
一、招标文件部分

1. 问：抽签工程，投标单位可否不提供分部分项工程量清单综合单价分析表（简表），或由中标单位中标后提供此表？

答：投标单位需提供分部分项工程量清单综合单价分析表（简表）。

2. 问：招标文件第 84 页第（4）条没有打勾，与第 83 页矛盾。请给与确认。

答：招标文件第 84 页第（4）条应打上勾，与第 83 页内容一致。

3. 问：招标文件 P15 页 16.3 投标报价书内容，P82 页商务标部分目录都没有措施项目费分析表，而 P83 页工程量清单报价表说明及 P93 页有措施项目费分析表，请问商务标组成是否加入措施项目费分析表？

答：无需提交。

4. 问：招标文件 P15 页 16.3 投标报价书内容，P83 页、P91 页都有分部分项工程量清单综合单价分析表（简表），而 P82 页商务标部分目录没有要求此表，请问商务标组成是否加入分部分项工程量清单综合单价分析表（简表）？

答：是，需提交分部分项工程量清单综合单价分析表（简表）。

5. 问：开发商提供的清单工程量与现有图纸计算工程量结果有差异时怎么办？能否按双方认可的施工图将计算结果进行调整？（主要是针对招标文件第三章合同条款第十八条补充条款 1（2）中所列，按实际完成工程量计量以外的其他子目工程量）。

答：根据招标文件17页第21.6条的规定执行。

6. 问：开发商提供的工程造价预算报告书中，施工措施费部分的构成依据能否提供？（工程量清单中也无措施项目工程量）。

答：否，请投标人自行测算。

二、工程量清单部分

经过预算编制单位及审核单位共同对投标单位所提出的疑问进行详细复核后，具体答复如下。

1. 问：土建部分——工程造价预算报告书中分部分项工程量清单计价表第8页八、门窗工程 020402007001 钢质防火门 FM1 800×200 是否应为 800×2000？

答：应为 800×2000。

2. 问：土建部分——教学楼清单计价表第14页 拆除工程工程量无法复核？

答：分部分项工程量清单计价表项目第126项是一层六角阶梯教室的主体建筑的拆除与装运，六角阶梯教室的面积为395㎡。第127项按照招标文件第64页第（6）条的规定执行，预算子目调整如下。

序号	项目编码	项目名称	计量单位	工程量	金额/元	
					综合单价	合价
127	010901001001	拆除混凝土及钢筋混凝土构件（1）阶梯教室地面拆除（含基础拆除以及装、运费弃物）	项	1	35000.00	35000.00

其他拆除工程量见施工图现状平面图 ZS—03。

3. 问：土建部分——序号46 010702001001 层面卷材防水 屋一工程量原为 1090.62㎡，实际为 1460.48㎡？

答：应为 1090.62㎡。

4. 问：土建部分——序号47 010702001002 层面卷材防水 屋二工程量原为 575.74㎡，实际为 168.92㎡？

答：应为 575.74㎡。

5. 问：土建部分——序号51 020101002002 楼1 浅灰色水磨石楼地面 二六屋教室、办公室、阅览室等原工程量为 3604.12㎡，实际为 4145.7㎡？

答：应为 3604.12㎡。

6. 问：土建部分——序号52 020101002002 楼2块料楼地面 二六屋卫生间原工程量为 444.20㎡，实际为 453.79㎡？

答：应为 444.20㎡。

7. 问：土建部分——序号103 020302001001 天棚吊顶 卫生间 原工程量为 531.62㎡，实际为 584.4㎡？

答：应为 531.62㎡。

8. 问：土建部分——序号104 020302001002 天棚吊顶 教师办公室 原工程量为 1199.44㎡，实际为 1286.4㎡？

答：应为 1199.44 ㎡。

9. 问：土建部分——序号 107　020603001001 洗漱台应为中国黑大理石洗面台？

答：按照中国黑大理石洗面台报价，具体做法按照施工图。预算子目单价调整如下。

序号	项目编码	项目名称	计量单位	工程量	金额/元	
					综合单价	合　价
107	020603001001	洗漱台 (1) 大理石洗面台 4 [中国黑大理石洗面台]	m2	28.62	624.61	17876.48

10. 问：土建部分——清单未含教室黑板项（长4090 高1095，型号：详98ZJ501 第34页第2），详图纸变更。

答：本次招标不包含教室黑板。

11. 问：土建部分——JS－15 窗大样，门窗统计表说明第13条本工程为90系列推拉铝合金窗，采用普通铝合金窗材料，表面粉沫喷涂电泳涂漆不锈钢金属色，而清单中所用部分材料为38系列。

答：分部分项工程量清单计价表项目内容修正见附表。

12. 问：土建部分——当工程量清单——分部分项工程量清单项目内容与预算报告书中分部分项工程量清单计价表的项目内容有出入时以谁为准，如门窗工程。

答：分部分项工程量清单计价表项目内容修正见附表。

13. 问：电气部分——序号 9　030204018009 配电箱 AP 是否应为 1AP？

答：应为 1AP。

14. 问：电气部分——序号 39　030212001009 刚性阻燃管应为 PC50？

答：应为刚性阴燃管 PC50。

15. 问：电气部分——序号 40　030212001010 刚性阻燃管 PC32 原工程量为 173.6m，实际为 1320.1m？

答：经核实电气部分——序号 40 工程量修改为 1320.1m；序号 38 工程量修改为 1835.85m。本子目工程量和预算综合单价调整如下。

序号	项目编码	项目名称	计量单位	工程量	金额/元	
					综合单价	合　价
38	030212001008	电气配管 (1) 砖、混凝土结构暗配 [刚性阻燃管 $\phi 25\times 1.9$]	m	1835.85	7.62	13990.83
……						
40	030212001010	电气配管 (1) 砖、混凝土结构暗配 [刚性阻燃管 $\phi 32\times 2.5$] (2) 暗装 [塑料接线盒 86系列]	m	1320.10	10.99	14501.65

16. 问：电气部分——序号 46　030212003002 导线 BV－4 原工程量为 4372.15m，实际为 4764m？

答：经核实工程量修改为 4764.00m。

17. 问：电气部分——清单遗漏导线 BV－10 的工程量，实际应为 5977.5m？

答：经复核，本子目漏计，本次投标报价不包括此项目，结算根据招标文件专用条款第 31 款约定的计价方式进行调整。相应的电气部分——序号 47　中导线 BV－6 工程量 8030.75m 取消。

18. 问：电气部分——清单遗漏导线 BV－25 的工程量，实际应为 231m？

答：经复核，本子目漏计，本次投标报价不包括此项目，结算根据招标文件专用条款第 31 款约定的计价方式进行调整。

19. 问：电气部分——序号 63　030212001015 刚性阻燃管 PC25 原工程量为 62.7m，实际为 167.7m？

答：经核实工程量修改为 160.00m。

20. 问：电气部分——序号 69　030212001019 刚性阻燃管 PC20 原工程量为 399.9m，实际为 430.05m？

答：经核实工程量修改为 430.00m。

21. 问：电气部分——序号 79　030212003005 导线 BV－4 原工程量为 268.4m，实际为 326.6m？

答：经核实工程量修改为 326.6m。

22. 问：电气部分——清单遗漏建筑物配线架的工程量，实际应为 1 台？

答：经复核，本子目漏计，本次投标报价不包括此项目，结算根据招标文件专用条款第 31 款约定的计价方式进行调整。

23. 问：给排水部分——序号 12　030801005004　PPR 管 DN25　原工程量为 218.57m，实际为 349.4m？

答：经核实工程量修改为 307.00m。

24. 问：给排水部分——序号 14　030801005006　PPR 管 DN15　原工程量为 30.62m，实际为 183.6m？

答：经核实工程量修改为 67.00m。

25. 问：工程量清单中，文汇中学新建教学楼（给排水）工程第 92 项中没有计量单位，请确认？

答：×××中学新建教学楼（给排水）工程第 92 项的计量单位为"m^3"。

26. 问：连廊及室外工程电气部分——序号 11　030213004001 节能环型吸顶灯 1＊22W　原工程量为 9 套，实际为 12 套？

答：经核实工程量应为 9 套。

27. 问：连廊及室外工程电气部分——序号 12　030204031001 单联照明开关　原工程量为 3 套，实际为 4 套？

答：经核实工程量应为 3 套。

三、施工图部分

1. 问：GS—06 地梁配筋平面图地梁顶标高与 GS—02 桩位平面图承台顶标高矛盾？

答：以桩位平面图为准。

2. 问：JS—06 新 1 五层局部平面图 CD 交 10 轴轴线位置与平面图不符？

答：以新建教学楼的轴线为准。

招标人：××××

招标代理：深圳市×××工程项目管理有限公司

2008 年 04 月 07 日

引导问题 3：阅读引例 4，回答以下问题。

（1）投标人参加投标答疑会，可以提出哪些问题？应注意什么？

（2）投标人参加答疑会应做好哪些准备工作？

【专家评析】

标前会议是招标人组织召开的答疑形式的会议，一般在现场考察之后的 1～2 天内举行。投标人可就现场踏勘中发现的问题，在招标文件、施工图纸中说明不清楚或表示不明白的地以及清单不明确或描述不清、工程量有误及漏项的问题，只要是施工方认为有疑问的地方，都可以在答疑会上以书面或口头的形式提出疑问，招标方应在答疑会上给出相应的答复。需商量当场答复不了的，在会后以书面形式，连同其他问题一起给予答复，并发放到投标方手中。招标人的书面答疑将成为招标文件的组成部分。

1）常见问题

（1）招标文件及设计图纸交待不清或有矛盾的地方。

（2）土方是否外购外运。

（3）施工场地与工程地点的距离。

（4）建设单位建设前期准备工作是否到位，是否达到三通一平，这些工作如何处理。

（5）对于新材料、新技术的规定，是否在当地能实行，或国内的实行。

（6）建设单位对工程的其他要求等。

（7）招标的合理预算时间，做投标、施工组织方案的时间，判断本公司能否在规定的时间内完成。

2）投标人准备工作

投标人参加答疑会应做好以下准备工作。

（1）做好勘察现场工作。

（2）召集相关人员（技术、预算、施工）仔细研究招标文件，熟悉投标文件（清单）及图纸，提出各自的疑问，将所有疑问记录下来。

（3）跟主管领导进行沟通，询问有没有什么需要补充提问的地方。

（4）汇总所有问题，最好形成书面材料，防止到了现场遗忘。

（5）答疑会上仔细记录其他单位提出的问题和招标方的回答，如发现新问题，随时要求招标方给予解答。

（6）会议结束后，将所有问题和解答整理后，要求招标方签字盖章认可（一般招标方会提供一份完整的答疑记录）。

8.2.5 准备备忘录提要

招标文件中一般都明确规定，不允许投标人对招标文件的各项要求进行随意取舍、修改或提出保留。但是在投标过程中，投标人对招标文件反复深入地进行研究后，往往会发现很多问题需要处理。

（1）对投标人有利的，可以在投标时加以利用或在以后提出索赔要求的，这类问题投标人一般在投标时是不提的。

（2）发现的错误明显对投标人不利的，如总价包干合同工程项目漏项或是工程量偏少，这类问题投标人应及时向招标人提出质疑，要求招标人更正。

（3）投标人企图通过修改某些招标文件的条款或是希望补充某些规定以使自己在合同实施时能处于主动地位的问题。

上述问题在准备投标文件时应单独写成一份备忘录提要。第三类问题留待合同谈判时根据当时情况，再将这些问题逐一谈判，并将谈判结果写入合同协议书的备忘录中。

> **特别提示**
>
> 备忘录提要不能附在投标文件中提交，只能自己保存。在投标阶段除第二类问题外，最好少提问题，以免影响中标。

8.2.6 投标文件复核与递送

为了保证投标文件的有效性，所有的投标文件必须反复校核。实务中，主要从以下方面进行复核。

（1）投标文件格式、内容是否与招标文件要求一致。

（2）投标文件是否有缺页、重页、装倒、涂改等错误。

（3）复印完成后的投标文件如有改动或抽换页，其内容与上下页是否连续。

（4）工期、机构、设备配置等修改后，与其相关的内容是否修改换页。

（5）投标文件内前后引用的内容，其序号、标题是否相符。

（6）如有综合说明书，其内容与投标文件的叙述是否一致。

（7）招标文件要求逐条承诺的内容是否逐条承诺。

（8）按招标文件要求是否逐页小签，修改处是否由法人或代理人小签。

（9）投标文件的底稿是否齐备、完整，所有投标文件是否建立电子文件。

（10）投标文件是否按规定格式密封包装、加盖正副本章、密封章。

（11）投标文件的纸张大小、页面设置、页边距、页眉、页脚、字体、字号、字型等是否按规定统一。

（12）页眉标识是否与本页内容相符。

（13）页面设置中"字符数/行数"是否使用了默认字符数。

（14）附图的图标、图幅、画面重心平衡，标题字选择得当，颜色搭配悦目，层次合理。

（15）一个工程项目同时投多个标段时，共用部分内容是否与所投标段相符。

（16）国际投标以英文标书为准时，加强中英文对照复核，尤其是对英文标书的重点章节的复核（如工期、质量、造价、承诺等）。

（17）各项图表是否图标齐全，设计、审核、审定人员是否签字。

（18）采用施工组织模块或摘录其他标书的施工组织内容是否符合本次投标的工程对象。

（19）标书内容描述用语是否符合行业专业语言，打印是否有错别字。

（20）改制后，其相应机构组织名称是否做了相应的修改。

8.2.7 投标文件递送

递送投标文件也称递标，是指投标商在规定的投标截止日期之前，将准备好的所有投标文件密封递送到招标单位的行为。投标方应按投标须知要求，认真细致地将分装密封包装起来，由投标人亲自在截标之前送交收标单位，或者通过邮寄递交。邮寄递交要考虑路途的时间，并且注意投标文件的完整性，一次递交，以免因迟交或文件不完整而作废。

有许多工程项目的截止收标时间和开标时间几乎同时进行，交标后立即组织当场开标。迟交的标书即宣布为无效。因此，不论采用什么方法送交标书，一定要保证准时送达。对于已送出的标书若发现有错误要修改，可致函、发紧急电报或电传通知招标单位，修改或撤销投标书的通知不得迟于招标文件规定的截标时间。总之，要避免因为细节的疏忽与技术上的缺陷使投标文件失效或无效中标。

同时，要求招标者签收或通知投标商已收到其投标文件，记录收到日期和时间，采取措施确保投标文件的安全，并保证在收到投标文件到开标之前，所有投标文件均不得启封。

8.2.8 出席开标会议

参加开标会议对投标人来说，既是权利也是义务。很多地方规定，投标人不参加开标会议的，视为弃权，其投标文件将无效，不允许参加评标。投标人参加开标会议，要注意其投标文件是否被正确启封、宣读，对于被错误地认定为无效的投标文件或唱标出现的错误，应当场提出异议。

8.2.9 投标文件答疑、澄清与修正

在评标期间，评标组织要求澄清投标文件中不清楚的问题，投标人应积极予以说明、解释、澄清。澄清有助于对投标文件的审查、评价和比较，说明、澄清和确认的问题，经招标人和投标人双方签字后，作为投标书的组成部分。

相关链接

澄清招标文件分为书面询问和口头询问。前者一般可以采用向投标人发出书面询问，由投标人书面做出说明或澄清。后者常采用当面澄清的方式，有关澄清的要求和答复，最后均应以书面形式进行。

在澄清会谈中，投标人不得更改标价、工期等实质性内容，开标后和定标前提出的任何修改声明或附加优惠条件，一律不作为评标的依据。但评标组织按照投标须知规定，对确定为实质上响应招标文件要求的投标文件进行校核时发现的计算上或累计上的计算错误，不在此列。

8.2.10 接受中标通知书

经评标，投标人被确定为中标人后，应接受招标人发出的中标通知书。未中标的投标人有权要求招标人退还其投标保证金。

中标人收到中标通知书后，应在规定的时间和地点与招标人签订合同，同时按照招标文件的要求，提交履约保证金或履约保函，招标人同时退还中标人的投标保证金。中标人如拒绝在规定的时间内提交履约担保和签订合同，招标人报请招投标管理机构批准同意后取消其中标资格，并按规定不退还其投标保证金，并考虑在其余投标人中重新确定中标人，与之签订合同，或重新招标。

中标人与招标人正式签订合同后，应按要求将合同副本分送有关主管部门备案。

8.2.11 投标纠纷处理

常见投标纠纷主要包括串标纠纷、标书有效性认定纠纷、缔约过失纠纷等。我们可从以下案例进一步了解纠纷的起因和解决方式。

▶▶ 引例 5

2003年，某单位拟新建办公楼，向社会公开招标。某建筑公司参加投标并中标，某单位送达给某建筑公司《中标通知书》。某建筑公司并交纳履约保证金50万元。后某单位拒绝与某建筑公司签订施工合同，且书面通知某建筑公司废标。某建筑公司遂诉至法院，要求双倍返还履约保证金。

引导问题4：引例5中的建筑公司要求是否能得到支持？
【专家评析】

履约保证金是否具有定金性质，是本案的关键。定金必须基于合同当事人的约定而产生，并应当采用书面形式；定金作为担保方式是双方担保，而非担保某一方，定金对支付定金的一方和接受定金的一方均有约束力。担保的是双方特定的行为；区别定金与其他金钱的关键在于当事人订立的合同内容中是否有对符合定金特性的定金法则的约定，而不能拘泥于名称。本案中当事双方对"履约保证金"没有做出符合定金特性的定金法则的约定，故"履约保证金"不具有定金性质，更不应双倍返还。

▶▶ 引例 6

江西富煌公司是由安徽富煌公司与江西省地勘局物化探大队联合投资兴办的企业法人单位，安徽富煌公司占70%的股份。2003年10月，原告安徽富煌公司获悉被告巨源公司的钢结构厂房工程正在公开招标，即与巨源公司联系，递交了资格证明文件。经巨源公司审核，认为安徽富煌公司具备参与钢结构厂房投标资格，便于2003年11月10日向安徽富煌公司发出招标邀请书，并提交了江西省工程施工招标文件。安徽富煌公司受邀后，在投标截止时间前递交了投标文件。投标总价为 1640 万元，其中 5 栋厂房钢结构部分报价为 1335 万元（每栋 267 万元），5 栋厂房土建部分报价为 305 万元（每栋 61 万元），工期 90 天。安徽富煌公司委托江西富煌公司的员工徐明光、余清平为代理人参加投标活动，代理人在投标、评标、合同谈判过程中所签署的一切文件和处理与之有关的一切事务，安徽富煌公司均予以承认，但代理人无转委托权。安徽富煌公司还委托江西富煌公司代其向巨源公司支付了投标保证金 20 万元。2003 年 11 月 15 日上午 9 点 30 分巨源公司召开开标会，共有 5 家单位投标，公开开标后，没有单位中标，但安徽富煌公司与其他 2 家投标单位与巨源公司进行了协商即议标。在议标过程中，除了徐明光、余清平作为安徽富煌公司的代理人参加商议外，江西富煌公司总经理黄继红亦在后阶段参加了商议，并于 2003 年 11 月 19 日以黄继红本人的名义出具书面承诺，同意以每幢 232 万元的造价承包两幢厂房的钢结构工程，并对付款方式做了计划。2003 年 12 月 5 日巨源公司据此向安徽富煌公司发出中标通知书，2003 年 12 月 15 日安徽富煌公司发函给巨源公司，以钢材价格上涨和支付工程款的方式欠佳为由，决定放弃该项工程，并要求巨源公司退回投标保证金。2003 年 12 月 24 日安徽富煌公司再次发函给巨源公司，决定以每栋 240 万元的价格承揽厂房工程，巨源公司未同意。为此双方产生争议，安徽富煌公司诉至法院要求巨源公司退回 20 万元保证金。

引导问题 5：该纠纷应如何处理？

【专家评析】

原、被告按照正常程序进行招、投标活动，开标后，投标单位无一中标，在所有投标被否决的情况下，此次投标活动应视为结束，投标单位所交的投标保证金应退回。巨源公司与安徽富煌公司的委托代理人及其江西富煌公司总经理黄继红之间的商议行为以及随后的函件往来等，均属于议标行为，虽然与前面的招投标行为有一定关联，但它不是招投标行为本身，巨源公司所收取的投标保证金理当返还，继续占有则构成不当得利。至于黄继红的承诺行为，虽然黄继红本人未受委托，但黄继红所在公司的员工是委托代理人，而黄继红又是该委托代理人的直接上级领导，且安徽富煌公司与江西富煌公司之间形成了控股关系，因此，巨源公司有理由相信黄继红有相应的代理权，而且安徽富煌公司事后也在黄继红所做承诺的基础上与巨源公司进行过协商，只是以材料涨价等理由而未达成最终协议。据此安徽富煌公司在与巨源公司议标过程中，如因承诺等行为而使巨源公司的工程进度、工程安排产生不利影响，造成损失，巨源公司可另行起诉或双方协商解决。江西巨源公司应返还 20 万元投标保证金给安徽省巢湖市富煌轻型建材有限责任公司。

▶▶引例 7

2003 年 8 月，原告湖南省建筑工程集团总公司获悉第一被告九江市林科所有天花井森林公园道路、隧道工程准备招标，同年 8 月 2 日原告湖南建总向九江市林科所天花井国家森林公园建设指挥部出具介绍信及法人委托书，委托刘峥以公司的名义参加九江市林科所天花井国家森林公园建设指挥部隧道、桥梁、道路、土石方及房屋建筑工程的业务投标活动。2003 年 8 月 30 日九江市林科所编制出工程施工招标文件，8 月 31 日九江市林科所与第二被告签订建设工程招标代理委托合同。2003年9月15日，九江市林科所以专家库抽取方式组建了评标委员会，共5名成员，包括4名专家和1名业主代表。2003年9月15日，天花井森林公园道路（隧道）工程的开标评标会在九江市建筑交易市场进行，包括原告湖南省建筑工程集团总公司在内的7家单位参加了投标。在开标前由九江市工商局进行资格预审，九江市建设局进行资质预审。同日上午8：30分，原告湖南建总的代表刘纪文、刘毅在开标会签到簿上签到。当天，九江市林科所收到两份湖南建总关于参加开标评标事宜的授权委托书，代理人分别为冯海军与刘纪文。在工商局进行资格预审时，建设局提出"湖南建总的代理人更换了，到场的代理人刘纪文在建设部门没有备案"。2003年9月15日，评标委员会做出初审报告，涉案内容为"在对湖南省建筑工程总公司的投标文件进行审查时，发现湖南省建筑工程集团总公司擅自变更法人委托人，又不澄清和说明，依据2003年中华人民共和国七部委30号令及《评标委员会和评标方法暂行规定》之规定，评标委员会对其投标按废标处理"。原告湖南建总不服废标决定，遂提起诉讼。另查明，第二被告向原告湖南建总收取投标保证金10000元、图纸押金1500元、工本费350元。原告湖南建总制作标书花费6000元，因投标及处理投标纠纷花费旅差费1342.3元。

引导问题6：该纠纷应如何处理？

【**专家评析**】

本案所涉工程是必须进行招标的项目。评标委员会的专家委员虽是招标人从符合法律规定条件的专家库中抽取的，但专家委员的专业素养并不保证其认识及评标行为永远正确。在因评标委员会认识错误下的行为造成投标人的损失时，投标人有权获得司法救济，评标委员会的非实体及无自身利益的性质决定了其不应作为承担民事责任的主体。招标人虽不能控制这种风险，但这种风险早已隐藏在招标人组建评标委员会时所包含的对专家委员的信任关系之中，亦应由招标人承担。评标委员会与招标人可界定为委托关系，评标委员会行为的法律后果由招标人承担。评标委员会的评标活动应依法进行，做到客观、公正。本案中，评标委员会以原告湖南建总擅自变更法人委托人为由做出了废标决定，但是评标委员会依据的2003年中华人民共和国七部委第30号令及《评标委员会和评标方法暂行规定》均没有规定投标人擅自变更委托人可予以废标。参加投标作为投标人的一种经营活动，委托及变更委托均为投标人的意志自由，受托人行为的法律后果由委托人承担，受托人的变更并不影响委托人的信用，对合同缔约相对方而言不形成任何商业风险。投标人湖南建总的工作人员持投标人的委托书参加投标，评标委员会做出废标决定属错误理解行政法规，违背了合同缔约过程中的诚信原则，对投标人造成的损失应由评标委员会的委托人——九江市林科所承担。

8.3 任务实施

（1）根据招标文件要求准备资格预审资料，制订资格预审工作计划。

（2）拟订投标答疑所提问题。

（3）对本项目投标文件进行复核，并列出复核意见书。

（4）针对评委提问，完成投标答辩、澄清和修正。

> **专家支招**
>
> **如何做好投标工作**
>
> （1）组建高素质的投标队伍。企业应聘请业务精练、经验丰富、知识面广、了解市场、敬业的带头人，对于大型复杂的项目还应成立攻关组。此外所有投标人员都要认真仔细地阅读招标文件，尤其是招标范围、投标报价原则、质量标准、工期要求、废标条件、评标原则、合同条款中的专用条款等。忽视了任何一项都有可能造成废标。
>
> （2）合理选择投标项目。面对招标公告发布的投标信息，施工企业必须综合考虑企业、项目和市场的情况，选择适合企业参加的项目投标。
>
> （3）仔细计算工程量。把招标文件和图纸吃透是工程量计算的首要前提。
>
> （4）编制高质量的施工组织设计不仅要求科学、合理，而且能够节约费用。在施工方案的确定中应优先选用先进的施工工艺、合理的施工方案。技术标一般采用暗标，在招标文件中，一般对技术标的要求比较严格，比如凡可能暴露或识别投标人身份的内容不得出现在技术暗标中，其他如纸张要求、字号、装订方式等一般都有统一规定，技术标编制人员一定要高度注意，这些都有可能是废标的条件。
>
> （5）结合招标文件，做好现场踏勘和参加投标答疑会的准备工作，力争获得招标人准确的书面答疑。
>
> （6）做好投标文件复核，避免废标出现。
>
> （7）做好文件递送工作。正本和每份副本分别密封在内层包封中，再密封在一个外层包封中，并在内包封上正确标明"投标文件正本"和"投标文件副本"。内层和外层包封都应写明招标单位名称和地址、合同名称、工程名称、招标编号，并注明开标时间以前不得开封。在内层包封上还应写明投标单位的名称与地址、邮政编码，以便投标出现逾期送达时能原封退回。如果内外层包封没有按上述规定密封并加写标志，招标单位将不承担投标文件错放或提前开封的责任，由此造成的提前开封的投标文件将被拒绝，并退还给投标单位。填报投标文件应反复校核，保证分项和汇总计算均无错误。全套投标文件均应无涂改和插字，除非这些删改是根据招标单位的要求进行的，或者是投标单位造成的必须修改的错误。修改处应由投标文件签字人签字证明并加盖印章。
>
> （8）按时参加开标会，根据评委要求，做好投标文件的答辩、澄清与修正工作。

8.4 任务评价与总结

1. 任务评价

完成表 8-1 的填写。

表 8-1 任务评价表

考核项目	分数			学生自评	小组互评	教师评价	小 计
	差	中	好				
团队合作精神	1	3	5				
活动参与是否积极	1	3	5				

续表

考核项目	分数			学生自评	小组互评	教师评价	小　计
	差	中	好				
工作过程安排是否合理规范	2	10	18				
陈述是否完整、清晰	1	3	5				
是否正确灵活运用已学知识	2	6	10				
劳动纪律	1	3	5				
此次任务完成是否满足工作要求	2	4	6				
此项目风险评估是否准确	2	4	6				
总　　分		60					
教师签字：			年　　月　　日			得　分	

2. 自我总结

（1）此次任务完成中存在的主要问题有哪些？

（2）问题产生的原因有哪些？

（3）提出相应的解决方法。

（4）您认为还需加强哪方面的指导（实际工作过程及理论知识）？

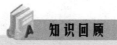

完成本次投标日常事务与纠纷处理任务涉及以下知识点。

（1）如何通过资格预审。

（2）如何组建投标班子。

（3）如何参加现场踏勘，并对有关疑问提出书面询问。

（4）参加投标答疑会的注意事项。

（5）投标文件审核要点。

（6）如何递送投标文件。

（7）如何开标会议、完成投标文件答疑、澄清和修正。

（8）如何处理相关投标纠纷。

 基础训练

一、单选题

1. 当有效投标人少于（　　）时，招标人应当依法重新组织招标。

A. 三家　　　　　　B. 二家　　　　　　C. 五家　　　　　　D. 四家

2. 公布中标结果后，未中标的投标人应当在发出中标通知书后的（　　）日内退回招标文件和相关的图样资料，同时招标人应当退回未中标人的投标文件和发放招标文件时收取的押金。

A. 7　　　　　　　B. 15　　　　　　　C. 10　　　　　　　D. 30

3. 评标委员会成员应从事相关专业领域工作满（　　）年，并具有高级职称或者具有同等专业水平的工程技术、经济管理人员，并实行动态管理。

A. 8　　　　　　　B. 10　　　　　　　C. 5　　　　　　　D. 12

4. 某工程项目在估算时算得成本是1 000万元人民币，概算时算得成本是950万元人民币，预算时算得成本是900万元人民币，投标时某承包商根据自己企业定额算得成本是800万元人民币。根据《招标投标法》中规定"投标人不得以低于成本的报价竞标"，该承包商投标时报价不得低于（　　）。

A. 1 000万元　　　B. 950万元　　　C. 900万元　　　D. 800万元

5. 开标应当在招标文件确定的提交投标文件截止时间的（　　）进行。

A. 当天公开　　　　　　　　　　B. 当天不公开
C. 同一时间公开　　　　　　　　D. 同一时间不公开

6. 某建设单位就一个办公楼群项目进行招标，依据《招标投标法》，该项目的评标工作应由（　　）来完成。

A. 该建设单位的领导　　　　　　B. 该建设单位的上级主管部门
C. 当地的政府部门　　　　　　　D. 该建设单位依法组建的评标委员会

7. 已经具备投标资格并愿意投标的投标人，只要填写资格预审调查表，申报资格预审后（　　）进入下一轮工作和竞争。

A. 经领导和主管部门同意也可以　　B. 就可以
C. 当资格预审通过后才可以　　　　D. 经招标方同意也可以

8. 招标过程中投标者的现场考察费用应由（　　）承担。

A. 招标者　　　　　B. 投标者　　　　　C. 招标者和投标者

9. 按照《招标投标法》和相关法规的规定，开标后允许（　　）。

A. 投标人更改投标书的内容和报价
B. 投标人再增加优惠条件
C. 评标委员会对投标书的错误加以修正
D. 招标人更改评标、标准和办法

10. 关于评标委员会成员的义务，下列说法中错误的是（　　）。

A. 评标委员会成员应当客观、公正地履行职务
B. 评标委员会成员可以私下接触投标人，但不得收受投标人的财物或者其他好处
C. 评标委员会成员不得透露对投标文件的评审和比较的情况
D. 评标委员会成员不得透露对中标候选人的推荐情况

二、多选题

1. 有下列情形之一的人员，应当主动提出回避，不得担任评标委员会成员：（　　）。

A. 投标方主要负责人的近亲属

B. 项目主管部门或者行政监督部门的人员
C. 与投标人有经济利益关系，可能影响投标公正评审的
D. 曾因在招投标有关活动中从事违法行为而受到行政处罚或刑事处罚的

2. 中标人的投标应当符合下列条件之一：（   ）。
A. 能够最大限度地满足招标文件中规定的各项综合评价标准
B. 能够满足招标文件的各项要求，并经评审的价格最低，但投标价格低于成本的除外
C. 未能实质上响应招标文件的投标，投标文件与招标文件有重大偏差
D. 投标人的投标弄虚作假，以他人名义投标、串通投标、行贿谋取中标等其他方式投标的

3. 重大偏差的投标文件包括以下情形：（   ）。
A. 没有按照招标文件要求提供投标担保或提供的投标担保有瑕疵
B. 没有按照招标文件要求由投标人授权代表签字并加盖公章
C. 投标文件记载的招标项目完成期限超过招标文件规定的完成期限
D. 明显不符合技术规格、技术标准的要求
E. 投标附有招标人不能接受的条件

4. 投标文件的初步评审主要包括以下内容：（   ）。
A. 投标文件的符合性鉴定   B. 投标文件的技术评估
C. 投标文件的商务评估   D. 投标文件的澄清
E. 响应性审查   F. 废标文件的审定

5. 推迟开标时间的情况有下列几种情形：（   ）。
A. 招标文件发布后对原招标文件做了变更或补充
B. 开标前发现有影响招标公正情况的不正当行为
C. 出现突发严重的事件
D. 因为某个投标人坐公交车延误了时间

6. 在开标时，如果投标文件出现下列情形之一，应当当场宣布为无效投标文件，不再进入评标：（   ）。
A. 投标文件未按照招标文件的要求予以标志、密封、盖章
B. 投标文件未按照招标文件规定的格式、内容和要求填报，投标文件的关键内容字迹模糊、无法辨认
C. 投标人在投标文件中对同一招标项目报有两个或多个报价，且未书面声明以哪个报价为准
D. 投标人未按照招标文件的要求提供投标保证金或者投标保函
E. 组成联合体投标的，投标文件未附联合体各方共同投标协议
F. 投标人未按照招标文件的要求参加开标会议

三、思考题
1. 如何组建投标班子，对其成员有什么要求？投标人参加资格预审，应做好哪些工作？

2. 投标人参加现场踏勘和投标答疑会时,应注意哪些问题?
3. 如何进行投标文件的最后审核和递送工作?
4. 开标时作为无效投标文件的情形有哪些?投标人应注意哪些问题?
5. 常见投标纠纷有哪些?应如何处理?

四、案例分析

案例1

其办公楼的招标人于2000年10月11日向具备承担该项目能力的A、B、C、D、E 5家承包商发出投标邀请书,其中说明,10月17~18日9~16时在该招标人总工程师室领取招标文件,11月8日14时为投标截止时间。该5家承包商均接受邀请,并按规定时间提交了投标文件。但承包商A在送出投标文件后发现报价估算有较严重的失误,遂赶在投标截止时间前10分钟递交了一份书面声明,撤回已提交的投标文件。

开标时,由招标人委托的市公证处人员检查投标文件的密封情况,确认无误后,由工作人员当众拆封。由于承包商A已撤回投标文件,故招标人宣布有B、C、D、E 4家承包商投标,并宣读该4家承包商的投标价格、工期和其他主要内容。

评标委员会委员由招标人直接确定,共由7人组成,其中招标人代表2人,本系统技术专家2人、经济专家1人、外系统技术专家1人、经济专家1人。

在评标过程中,评标委员会要求B、D两投标人分别对施工方案做详细说明,并对若干技术要点和难点提出问题,要求其提出具体、可靠的实行措施,作为评标委员的招标人代表,希望承包商B再适当考虑一下降低报价的可能性。

按照招标文件中确定的综合评标标准,4个投标人综合得分从高到低的依次顺序为B、D、C、E,故评标委员会确定承包商B为中标人。由于承包商B为外地企业,招标人于11月10日将中标通知书以挂号方式寄出,承包商B于11月14日收到中标通知书。

由于从报价情况来看,4个投标人的报价从低到高的依次顺序为D、C、B、E,因此,从11月16日至12月11日,招标人又与承包商B就合同价格进行了多次谈判,结果承包商B将价格降到略低于承包商C的报价水平,最终B方于12月12日签订了书面合同。

问题:

1. 从招投标的性质看,本案例中的要约邀请、要约和承诺的具体表现是什么?
2. 从所介绍的背景资料来看,在该项目的招投标程序中在哪些方面不符合《招标投标法》的有关规定?请逐一说明。

案例2

2002年8月13日,禹州市第一火力发电厂(以下简称禹州电厂)以邀请方式对本厂热电联产供热管网工程进行招标,濮阳市双星防腐有限公司(以下简称双星公司)参加了投标。9月6日15时,经过开标、评标,20时招标办宣布双星公司以标价716万元成为禹州电厂招标工程第二标段的唯一中标候选单位。9月9日,禹州电厂电传双星公司,称双星公司投标价高出预算价,且差距较大,若双星公司无意对投标价做出修改,则视为其放弃中标候选单位资格。次日双星公司致函禹州电厂,明确指出其行为违法,并表示了不同意见,同时派出副总经理闫玉存作为全权代表赴禹州电厂协调此事,由于双星公司方不能接受禹州电厂对已投标文件做出实质性修改,亦即按禹州电厂要求大幅度压低标的价,禹州电厂退回了双星公司投标押金、图纸押金,将工程转包他人。

问题:该纠纷应如何解决?

拓展训练

1. 教师可围绕本学校已建或在建项目,指定复核某项目投标文件。
2. 提出投标工作建议。

任务9　合同评审与谈判

▶▶ **引例 1**

引导问题 1：请对图 9.1、图 9.2 所示的问题进行描述，简述常见的施工合同问题。

图 9.1

图 9.2

【专家评析】

中标通知书发出后，招标方与中标方应按照中标文件签署施工合同。施工合同作为建筑工程中约束甲乙双方的法律文件，具有极为重要的意义。在日常工作处理中，尤其是工程结算时，往往如图 9.1、图 9.2 所示，因为双方对具体合同条款理解的不同，对工作范围、责任、技术标准等极易产生分歧，进而对工程进度、工程造价等产生影响。

然而在项目实施过程中，众多风险因素犹如一张普罗透斯的脸（a Protean face），变幻无常，随时可呈现出不同形状并具有极不相同的面貌。例如，建筑材料市场的剧烈价格波动就可能远远超过当事人的预期。据资料显示，2003 年钢材价格几乎上涨了一倍，水泥、黄沙等建材一度上涨 30% 以上，随之而来的混凝土价格也大幅度上涨。由此可见，一份完善的施工合同是合同顺利履行的前提条件。

相关链接

普罗透斯（Proteus）是希腊神话中的一个早期海神，荷马所称的"海洋老人"之一，他是波塞冬的侍从，在埃及附近的一个海岛上为波塞冬放牧海豹。普罗透斯能预见未来，能够变出各种形状。但是，如果抓住他不放，等到他恢复原形时，他将回答向他提出的问题。

▶▶ **引例 2**

某业主与某施工单位就某住宅楼施工工程签订了施工总承包合同，该工程采用边设计边施工的方式进行，合同的部分条款如下。

××工程施工合同书（节选）

1. 协议书

1）工程概况

该工程位于某市的××路段，建筑面积 3000m^2，砌体结构住宅楼（其他概况略）。

2）承包范围

承包范围为该工程施工图所包括的土建工程。

3）合同工期

合同工期为 2008 年 2 月 21 日～2008 年 9 月 20 日，合同工期总日历天数为 223 天。

4）合同价款

本工程采用总价合同形式，合同总价为贰佰叁拾肆万元整人民币（￥234.00 万元）。

5）质量标准

本工程质量标准要求达到承包商最优的工程质量。

6）质量保修

施工单位在该项目的设计规定的使用年限内承担全部保修责任。

7）工程款支付

在工程基本竣工时，支付全部合同价款，为确保工程如期竣工，乙方不得因甲方资金的暂时不到位而停工和拖延工期。

2. 其他补充协议

(1) 乙方在施工前不允许将工程分包，只可以转包。

(2) 甲方不负责提供施工场地的工程地质和地下主要管网线路资料。

(3) 乙方应按项目经理批准的施工组织设计组织施工。

(4) 涉及质量标准的变更由乙方自行解决。

(5) 合同变更时，按有关程序确定变更工程价款。

引导问题 2：根据引例 2 回答以下问题。

(1) 从节选的项目来看，该项工程施工合同协议书中有哪些不妥之处？

(2) 该项工程施工合同的其他补充协议中有哪些不妥之处？

(3) 该工程按工期定额来计算，其工期为 212 天，那么你认为该工程的合同工期应为多少天？

(4) 合同评审和谈判的主要工作内容包括哪些？

【专家评析】

(1) 该项工程施工合同协议书存在以下 6 处不妥之处。

①施工单位承包工程，应将工程的土建、装饰、水暖电等作为一个标包承包，不能将其分解。因此，协议中承包范围不妥，应为施工图所包括的土建、装饰、水暖电等全部工程。

②本工程采用总价合同形式不妥。因为该工程采用边设计边施工的方式进行，对工程总价估算难度大，所以最好采用单价合同。

③工程质量标准应以《建筑工程施工质量验收统一标准》中规定的质量标准为准。因此以达到承包商最优的工程质量为质量标准不妥。

④质量保修条款不妥。应按《建设工程质量管理条例》的有关规定进行。

⑤约定在工程基本竣工时支付全部合同价款不妥。"基本竣工"概念不明确，容易发生分歧，支付合同价款时间应在合同中明确指出。

⑥约定乙方不得因甲方资金的暂时不到位而停工和拖延工期不妥。应说明甲方资金不到位在什么期限内乙方不得停工和拖延工期。

(2) 补充协议有以下3处不妥之处。

①约定乙方在施工前不允许将工程分包，只可以转包，不妥。法律禁止转包，但可在法定条件下分包。

②约定甲方不负责提供施工场地的工程地质和地下主要管网线资料，不妥。如果不提供施工场地的工程地质和地下主要管网资料，将会严重影响施工单位正常施工，因此，甲方应负责提供工程地质和地下主要管网线的资料。

③约定乙方应按项目经理批准的施工组织设计组织施工，不妥。乙方应按工程师（或业主代表）批准的施工组织设计组织施工。

(3) 合同工期是建设方与施工方在施工合同中签订的工期，不因工期定额计算的工期的改变而改变，因此，该工程的合同工期仍为223天。

(4) 从引例2可见，一份完善的合同来自于成功的合同评审和谈判。在合同履行过程中或履行完毕后才显现出来的大多建设工程施工合同风险，源于合同签订过程中遗留下来的风险因素。对建设工程施工合同订立阶段的风险进行识别，也是进行合同后期风险处理的基础。因此，合同评审与谈判工作是建设工程施工合同风险管理的重要环节。在该阶段，我们应学习如何查找各种合同问题、识别合同风险、制定合同评审程序、掌握评审技巧、撰写评审报告、组织合同谈判，争取有利合同条件。

9.1 任务导读

9.1.1 任务描述

某高校要建设实训楼，投资约5200万元人民币，建筑面积约30000平方米。现通过招标已确定乙方为中标方。目前的任务是招标方与中标方应在规定的时间内按照该项目招投标工作流程和前期资料，完成施工合同评审与谈判工作。

9.1.2 任务目标

(1) 根据项目实际情况，收集、阅读、分析所需要的资料，并能得出自己的结论。

(2) 形成自己的合同评审程序和评审技巧，在规定的时间内完成，提交评审报告和风险分析与对策报告。

(3) 根据评审结果，制订谈判计划，完成合同签署，并提出后续工作建议。

(4) 通过完成该任务，完成自我评价，并提出改进意见。

9.2 相关理论知识

9.2.1 施工合同常见问题

完善的合同条款是合同顺利履行的前提和基础，是企业盈利的保障。而完善的合同条款来源于对合同问题的查找。我们可通过以下案例分析，总结常见施工合同问题。

▶▶ 引例 3

某市准备建设一个大型发电站，相关部门组织成立了建设项目法人，估计工程总造价为 25 亿元。在可行性研究报告、项目建议书、设计任务书等经市计划主管部门审核后，报国务院、国家发改委审批申请国家重大建设工程立项。审批过程中项目法人以公开招标的方式与具有施工资质的企业签订了《建筑工程总承包合同》，并约定因本协议产生的纠纷，合同双方应当先本着诚信原则友好协商，协商不成的，提交该市贸易仲裁委员会仲裁处理。合同签订后，国务院计划主管部门公布该工程为国家重大建设项目，批准的投资计划中主体工程部分调整为 20 亿元。该计划下达后，项目法人要求承包人修改合同，降低包干造价，承包人不同意，双方因此产生矛盾。此后项目法人向该市人民法院提起诉讼，请求解除合同。

引导问题 3：该工程建设合同是否合法有效？为什么？该项目法人要求解除合同是否可行？合同的有效性主要涉及哪些具体情形？

1. 合同的有效性

合同的有效性是合同履行的前提。合同的无效包括合同整体无效和合同部分无效。导致建设工程施工合同无效的风险因素有多种，主要集中在以合法形式掩盖非法目的和违反法律、行政法规的强制性规定两个方面，主要有以下几种情形。

1）未依法进行招投标

违反招投标法律、规定的行为主要表现为：应当招标的工程而未招标的；当事人泄露标底的；投标人串通作弊、哄抬标价，致使定标困难或无法定标的；招标人与个别投标人恶意串通，内定投标人的。

引例 3 中发电站建设项目属于大型建设项目，且被列入国家重大建设项目，依法不得任意扩大投资规模，应经国务院有关部门审批并按国家批准的投资计划订立合同。本案中合同双方在审批过程中签订了建筑施工承包合同，确定时并未取得审批权限主管部门的批准文件，缺乏合同成立的前提条件，合同金额也超出国家批准的投资的有关规定，扩大了同定资产投资规模，违反了国家计划，属于无效合同，该项目法人是可以要求解除合同的。但是发包人应当对订立无效合同的后果承担主要责任，赔偿施工企业的相应损失。

2）合同主体不合格

实践中，合同主体不合格是导致所签订建设工程施工合同无效的主要原因。建设工程施工合同法律关系中的主体主要涉及发包方和承包方。无论是发包方还是承包方，其主体资格都要受以下两方面的限制：一是经营范围的限制，主要表现为营业执照对行为能力的规定和限制；二是行业特殊规定的建筑施工企业，在注册资本、专业技术人员、技术装备和已完成建筑工程业绩等方面应具备相应条件，取得相应资质等级证书后，方可在其资质许可范围内从事建筑施工活动。而且，根据我国法律规定，自然人不能成为施工合同的承包人。建筑企业的资质是建筑企业的从业条件，是建筑企业的"上岗证"。

实践中，未取得资质或者资质等级不合格的主体往往采用挂靠经营的方式来规避对资质的审查。所谓挂靠经营是指施工企业或个人（也称挂靠企业、挂靠人）由于自身企业资质任、技术力量薄弱等原因不能直接参与某项工程项目的投标，便私下与符合资质要求的施工企业（被挂靠企业）达成协议，以该企业的名义参加投标报价和承接工程，并以其名义参加招投标活动，中标后完全由挂靠企业来组织实施管理，并向被挂靠企业交纳一定的管理费。

实践中的挂靠主要有以下情形：第一，技术挂靠型。挂靠企业以被挂靠企业的名义承接业务，中标后由被挂靠企业派几位有相应资质的管理人员，但是仍然由挂靠企业负责组织工程项目的施工和管理工作，并向被挂靠企业交纳一定的管理费。第二，"以包代管"挂靠型。企业内部的项目经理以本企业的名义参加招投标活动，中标后项目经理自行组织施工队伍进行施工，并且向所属企业上交管理费。

挂靠经营行为违反了行政管理规定，扰乱了建筑市场管理秩序，是一种违反诚信原则、具有欺诈性质并损害国家利益的行为。

3）违法分包与非法转包

违法分包主要是指下列行为：总承包单位将建设工程分包给不具备相应资质条件的单位的；建设工程总承包合同中未有约定，又未经建设单位认可，承包单位将其承包的部分工程交由其他单位完成的；施工总承包单位将建设工程主体结构的施工分包给其他单位的；分包单位将其承包的建设工程再分包的。

工程转包是指承包单位承包建设工程后，不履行合同约定的责任和义务，将其承包的全部建设工程转给他人或者将其承包的全部建设工程肢解以后以分包的名义分别转给其他单位承包的行为。

> **特别提示**
>
> 工程分包主要有以下方式：①由中标单位成立项目部，自行完成主体工程的施工，对部分专业工程（如绿化、桩基成孔等）分包给专业施工队，这属于合理分包；②由中标单位成立项目部，下设工区（路基、桥梁、防护排水、隧道），由长期挂靠的施工班组负责各工区进行施工，这属于超限分包；③项目部组成人员中，只有个别是中标单位人员，其余人员皆为临时聘用，表面上是劳务分包，实际是各单项工程都进行了分包，这属于超限分包；④低资质企业或个人挂靠高资质企业进行投标，采取上交管理费的方式承揽工程，这属于违反法律禁止性规定的转包行为。

违法分包和非法转包除引起建设工程合同无效的风险外，还存在着以下风险。一是总承包商的风险，如遇到分包商违约，不能按时完成分包工程，使整个工程进度受到影响的风险，或者对分包商协商、组织工作做得不好而影响全局。如果某项工程的分包商比较多，更容易引起干扰因素和连锁反应。二是分包商的风险。总承包商往往利用分包合同向分包商转嫁风险，使分包商在工程施工过程中承担的风险与享有的权利与总承包合同总的规定存在很大差别。

相关链接

依据《合同法》第五十三条的规定，"合同中的下列免责条款无效：造成对方人身伤害的；因故意或者重大过失造成对方财产损失的"。

4）被代理人拒绝追认的无权代理

无权代理包括没有代理权、超越代理权和代理权终止3种情形。签订建设工程施工合同中的无权代理主要表现为以下两种情形。

（1）企业将具有代理权证明性质的文件、印章交与他人，使他人得以假借代理人身份实施民事行为。

（2）在施工企业的生产经营中，存在着大量合作单位不遵守其与被代理单位签订的合作协议，在未授权的领域或者其代理权已经终止的情况下仍然以被代理单位的名义进行活动，而相对人认为合作人隶属于被代理人单位，或者虽然知道其内在的相互关系，但对具体的授权范围无法分清。

无权代理因代理人缺乏代理权而存在着瑕疵，如被代理人拒绝追认，则使基于该无权代理行为所签订的合同无效。

特别提示

如第三人有理由相信无权代理人有代理权，由此产生的代理行为将构成表见代理，无须被代理人追认，基于该无权代理行为所签订的合同有效。

▶▶引例 4

某施工企业就棉纺厂厂房建设工程与一英资企业签订施工合同，业主要求采用 ICE 合同文本。施工方为取得该项目，在根本不熟悉该合同文本的情况下，同意了甲方的要求。但在合同施工过程中，乙方由于不熟悉合同条款，被多次责令返工，造成工期大大延误，甲方由此要求乙方按照合同约定承担工期迟延责任。

引导问题 4：乙方主要失误是什么？

2. 合同文本

通用的标准合同文本由于其内容完整，条款齐全，双方责任权利关系明确，而且比较平衡，风险较小，易于分析。约定采用双方熟悉的合同文本，大家都能得到一个合理的合同条件。这样可以减少招标文件的编制和审核时间，减少漏洞，极大地方便合同的签订和合同的实施控制，对双方都有利。目前我国建筑施工普遍使用的是国家 1999 年发行的《施工合同示范文本》，执行范本的目的是规范合同当事人双方的行为，维护建筑行业内正常的经济秩序。但在合同文本的选择上仍主要存在以下问题。

(1) 霸王文本。合同文本的选择本应本着双赢的理念，但一些业主却坚持使用对自己有利的合同文本，强迫施工方接受自己不熟悉的文本，导致合同履行过程中出现很多纠纷。

(2) 霸王条款。一些业主利用自身优势地位，往往在与施工单位签订施工合同时，去掉施工合同中的一些范本条款，自行附加一些霸王条款，或者通过条款内容要求施工单位垫资施工，将工期提前，不计赶工措施费，提高工程质量等级，不计工程质量奖，不计材料差价，工程价款一次包死，不计风险包干费，甚至设置复杂的计量程序，等等，使最终签订的施工合同与国家正式的《施工合同示范文本》出现较大的背离，从而为施工合同的履行带来很大困难。

(3) 黑白合同。在一些小型工程项目实施过程中，发承包方依照《施工合同示范文本》订立正式合同，但双方当事人并不履行，只是用作应付上级管理部门的检查。实际是按照合同补充条款形式或口头协定执行，这样把通过招投标产生的部分或全部合同条款推翻。这种协议通常表现在工程进度不合理压缩，变更工程设计，材料、设备的替换等方面。另外，施工单位在签订工程合同后，不严格按合同、施工组织设计进行施工，造成施工合同管理不规范，最终给国家和企业自身都带来不同程度的损失。

引例 4 中，乙方选择一个根本不熟悉的合同文本是导致乙方多次被责令返工、工期迟延的主要原因。

▶▶引例 5

某工程采用固定总价合同，在工程中承包商与业主就设计变更影响产生争执。最终实际批准的混凝土工作量为 66000m^3。对此双方没有争执，但承包商坚持原合同工程量为 40000m^3，则增加了 65%，共 26000m^3；而业主认为原合同工程量为 56000m^3，则增加了 17.9%，共 10000m^3。双方对合同工程量差异产生的原因在于承包商报价时业主仅给了初步设计文件，没有详细的截面尺寸。同时由于做标期较短，承包商没有时间细算。承包商就按经验估算了一下，估计为 40000m^3。合同签订后详细施工图出来，再细算一下，混凝土量为 56000m^3。当然，作为固定总价合同，这个 16000m^3 的差额（即 56000-40000）最终就作为承包商的报价失误，由他自己承担。

引导问题 5：承包方主要失误是什么？

3. 合同类型

建设工程施工合同的类型按合同计价方式可分为总价合同、单价合同、成本加酬金合同。采用总价合同时，发包人必须准备详细而全面的设计图纸和各项说明，使承包人能准确计算工程量。单价合同的适用范围较宽，其关键在于对单价和工程量计算办法的确认。成本加酬金合同不利于业主，主要适用于一些特殊情况。发承包双方应根据项目的实际情况，确定合同类型。

引例 5 中，承包方选择合同类型出现失误。适用固定总价合同的条件是工期短、风险小、技术资料齐备、施工图纸详尽，本案例中的项目显然不符合以上条件。

▶▶引例 6

某超高层项目，外墙采用玻璃幕墙，在"胶"的性能要求方面，招标文件中列出了密封硅酮胶、固定玻璃与铝合金框架的结构胶的详细要求，但遗漏了双层中空玻璃之间的粘合胶。合约签定后，在材料封样阶段，业主方对承包商提供的国产胶不满意，要求采用进口"道康宁"胶，但承包商以合同未明确且国产胶也满足规范要求为由予以拒绝，并提出如更换，报价要提高 25 元$/m^2$。

引导问题 6：本案例主要涉及哪类合同问题？材料价差应由谁来承担？

4. 合同漏洞

合同漏洞是指缔约人关于合同某事项应有约定而未约定。这种现象发生的原因有：①基于缔约人的法律知识，在订立合同时对某些条款会有所疏忽；②缔约人为了能尽快达成协议，也会疏漏某些条款，同意将来再行协商；③缔约人约定的某些条款由于违反强制性规范或公序良俗、诚信等而无效，也会造成合同漏洞。例如某项目工程量清单中"020102002　块料地面"特征描述为参见苏 J01－2005－13/2，这样地面砖的选用及防水层的选用存在困难，投标单位便可利用这一漏洞低价中标，高价变更索赔。

引例 6 中，材料价差纠纷主要是因为发承包没有对技术标准进行明确约定，而技术性标准是涉及技术性能或造价的重要指标，应尽量全面阐述。否则会造成技术性能的大幅降低或工程造价的大幅增加。由于发包方招标文件出现漏洞，该价差应由发包方承担。

▶▶应用案例 1

A 方通过招标与 B 方签订施工合同，A 方提供的工程量清单中，B 方没有对挖方工程量进行报价，但投标单位把挖方工程费用列入了总报价。

引导问题 7：挖方工程费能得到 A 方认可吗？

【专家评析】

由于已标价的工程量清单才是合同文件的组成部分，如果投标人在清单报价时，漏填某子目的单价，招标人有理由认为该单价已包括在其他价目中。当总价与单价不一致时，单价优先，招标人可以据此进行合同价格修正，从总价中减去该部分费用。

▶▶引例 7

业主在招标时，要求采用固定总价合同。招标图纸中，沉井载明用"C_{25} 素混凝土浇制"，B 企业就沉井项目报价较低。开工后，沉井项目施工前，业主向 B 企业提供沉井，载明用"C_{25} 钢筋混凝土"。为此，B 企业向业主提起索赔，要求业主补偿因工程变更增加的费用 1000000 元。

引导问题 8：B 企业的要求是否能得到支持？

5. 合同陷阱

合同陷阱通常是指发承包双方通过拟订一些内涵丰富的合同条款误导对方，让其陷于错误的理解，以为自己争取有利地位。

引例 7 中，招标人利用"C_{25} 混凝土"既包括"C_{25} 素混凝土"，又包括"C_{25} 钢筋混凝土"，误导投标以 C_{25} 素混凝土报价。同时利用"一个合理的有施工经验的施工人应采取必要措施保证工程质量"这一条款，认定投标人应该知道沉井项目必须使用钢筋混凝土才能保证工程质量。由此可见，B企业的要求是得不到支持的。

实务中，业主也会面对合同陷阱带来的风险。例如，对于一些涉及多个系统的综合检查项目，往往涉及多家承包商的施工内容。以消防验收涉及的两项检测项目为例，按照北京市的有关规定，消防局进行消防验收前，需要完成另外两项检测。一项为电气系统全负荷检测，另一项费用是消防系统的调试检测，性质与之类似。此类费用往往涉及多家单位，而且此项费用的承担单位也没有明确规定，业主方如果不在合同中予以注明，往往成为分歧点。即便是在合同中注明"除××××费用外，其他检测费用均由承包商承担"也不是很好的方式，因为承包商会推诿给其他承包商，拖延的最终结果往往是业主承担。对于这些情况，要特别注意类似"政府规定应由业主方承担检测费用的项目由业主承担相应费用"的约定，虽然合乎法律，但却暗藏陷阱。比较好的处理方式是要求承包商列出需由业主承担的费用及自身承担的费用，包括涉及多家承包商时自身承担的份额。

▶▶引例8

某承包人在2005年6月底需要大石块50t，遂于2005年2月份与某采石场签订购销合同一份，合同约定"2005年6月底之前"交货。2005年3月底采石场将合同约定的石块运至交货地点并通知承包人提货，但是承包人却未及时提货。2005年6月底，该承包人提货时，发现已经产生了大量的仓储费，双方遂为仓储费用产生争议。

引导问题9：仓储费用应由谁来支付？

6. 合同歧义

由于建设工程承发包合同条款多、文件涉及面广，其中矛盾、错误、两义性问题常常难免。按照建设工程施工合同的一般解释原则，施工单位应对施工合同的理解负责，建设单位应主动为合同文件起草，应对合同文件的正确性负责。但是施工企业为了达到中标目的，往往对施工合同不加细致研究，最终与招投标文件中相应的合同条款已相距甚远。究其原因，一方面是施工单位不重视，认为合同只是一种表面形式，或因与建设单位的沟通不够，造成在合同文字表述上的矛盾、错误和两义性语句大量出现，甚至一些施工单位被迫有意为之，待事后通过"沟通"解决。另一方面，施工企业常常在合同签署上过分迁就建设单位，不计成本，违心地提高质量等级、压缩工期或低于建设成本承包工程，使得工程质量无法得到保证，合同执行必然受阻，导致建设工程施工合同履约率低。

引例8中，显然，这笔仓储费应该由该承包人支付，因为合同约定6月底之前交货，则采石场在6月底之前的任何时间交付标的物均为适当履行合同义务，该仓储费的产生显然是由于承包人未及时提货所致。承包人在签订合同时，未对合同中的交货条款进行仔细推敲，未曾留意到，"6月底之前"和"6月底"是两个不同的概念，这也涉及到合同履行过程中对合同条款进行解释的问题。可见，一项不完备的合同条款，由于缺乏可操作性，会为合同履行埋下风险因素。

▶▶引例9

某水电施工合同，技术规范中规定要在调压井上池修建闸门控制室，但图纸上却未标明。乙方按工程师指令，完成了闸门控制室的施工。

引导问题 10：施工方有权利要求追加修建闸门控制室的工程款吗？

7. 合同冲突

合同冲突是指各合同文件或合同条款之间，存在冲突和矛盾。合同冲突也是引发合同纠纷的主要原因之一。一般各合同文件之间有着优先排序，顺序在前的合同文件效力优于在后的文件。

引例9中，如施工方能证明自己超出合同约定义务，完成了额外工程量，就可要求追加修建闸门控制室的工程款。技术规范和图纸都有合同效力，但两者规定了不同的合同义务。由于技术规范的效力优于图纸，所以施工方的施工范围应以技术规范为准。由此施工方的要求是得不到支持的。

相关链接

合同文件的组成及其优先顺序如下。
（参见合同范本第1.1.1.1和1.4条款）
1. 合同协议书
2. 中标通知书
3. 投标函及投标函附录
4. 专用合同条款
5. 通用合同条款
6. 技术标准和要求
7. 图纸
8. 已标价工程量清单
9. 其他合同文件

9.2.2 施工合同风险识别与评估

1. 建设工程施工合同承包方的常见风险识别

（1）项目资金的来源和额度的可靠程度以及国家经济状况给承包人带来的风险。

（2）发生伴随着业主风险的承包商承担的风险。

（3）对工程地质和水文地质研究不够或判断失误、工程设计深度不够或设计水平低，以及合同条款评估不足等带来的风险。

（4）发包人选择的标准合同范本对承包人风险的影响。

（5）对建设工程项目的施工现场调查不细，施工组织设计和工程工期研究不足以及自身的技术力量、施工装备水平、工程现场作业和施工管理水平等原因，造成投标报价、成本控制、施工措施和工程实施等方面的失误，引起的风险。

（6）对工程师的授权、独立处理合同争端的能力和公正程度以及争端裁决委员会的协调能力等方面对承包人风险的影响。

（7）承包商对工程、材料和工程设备等照管不周造成的损失或损坏。

（8）工程各控制性工期和总工期的风险。

（9）承包人自身能力、施工和管理水平的风险。

2. 风险评估

(1) 对工程项目所在国和所在地的政治、社会和经济状况应进行全面和详尽的调查,并掌握其资料,依此作为风险评估和分析的基础。

(2) 了解招标文件中采用何种标准合同条件范本,是否是采用自己熟知的。

(3) 结合工地现场勘察和施工环境考察,对工程设计水平、地质、水文和气象等情况进行详细和全面的风险分析,并研究如何防范和处理。

(4) 对工程师独立处理合同问题的权力(即发包人的授权)、争端裁决委员会的组建以及他们的协调能力和公平程度进行风险分析,评估给合同当事人带来的风险。

(5) 对其他引起风险的各种因素的合理分析和预测,并研究如何防范和处理。

9.2.3 建设工程施工合同订立阶段的风险处理

建设工程施工合同订立阶段的风险处理方法主要有风险避免、损失预防和风险隔离等风险控制措施。

1. 由分包方分担风险

联营体承包是建设工程施工合同非保险风险转移的重要措施。由于人类认识的局限性以及各种风险处理措施的有限性,再完美的合同也只能减少风险事故的发生概率或降低损失程度,而不能彻底地消灭风险。例如自然环境或社会环境的突变、法律政策的转向。因此,在不适用风险避免或者风险避免措施失效时,就需要通过风险转移措施来分担风险,以减少风险事故所造成的损失对其自身的影响。联营体承包就是一种风险转移方式。

2. 购买工程保险

订立建设工程施工合同的同时,对建设工程进行保险,是建设工程施工合同风险转移最行之有效的手段。工程保险是指以工程项目为主要保险标的财产保险,是发包人和承包人转移风险的一种重要手段。工程保险除了具有保护工程承包商或分包商的利益、保护业主的利益、减少工程风险的发生这三大微观功能外,还具有引进保险公司作为第三方监督者,进一步促进建筑市场规范发展的社会功能。

工程保险通常有以下两种形式。

(1) 建筑工程一切险。这是对建筑工程施工期间,工程质量、施工设施、设备以及施工场地内已有建筑物等遭受损失及因施工给第三者造成的财产损失、人身伤亡给予赔偿的险种。

(2) 施工保险、第三方责任险、人身伤亡保险等。这些都是对建筑工程施工期间涉及的某个方面进行保险的险种。承包人应当充分了解这些保险所保的风险范围,保险金计算、赔偿方式、程序、赔偿额等详细情况,根据自己的需要采用最恰当的保险决策。

3. 充分运用工程保证担保

我国担保法中规定的保证、抵押、质押、留置和定金5种担保形式都可以运用到工程建设项目中,但后4种不宜用于建设工程合同的担保。在建设工程施工合同订立阶段广泛运用的主要是工程保证担保。建设工程合同保证担保是指保证人和建设工程合同一方当事人约定,当建设工程合同另一方当事人不履行建设工程合同约定的债务时,保证人将按照约定履行债务或者承担责任的行为。在建设工程保证合同中，保证人一般是从事担保业务的银行、专业担保公司，可以从事担保业务的金融机构、商业团体。

> **相关链接**
>
> 建设工程合同保证担保最早起源于美国，它是保证担保与建筑业发展到较高阶段相结合的产物。19世纪晚期，美国建筑业进入迅猛发展时期，公共工程的开支大约占到联邦预算的20%以上。当时，成为承包人的门槛和组建公司的成本很低，大量不够资格的建筑公司通过低价竞争获得了业务，结果大量工人工资以及材料供应商、分包商的工程款得不到支付；公共工程失败的比率急剧上升，支付义务以及劣质工程留给了政府。1894年，美国国会通过了"赫德法案"，要求所有公共工程必须事先取得工程保证担保，并以专业担保公司取代个人信用担保，公共工程担保制度正式得到美国联邦政府的确认。1908年，美国担保业联合协会成立，标志着担保业开始有了自己的行业协会。1935年，美国国会通过了"米勒法案"，进一步完善了建设工程合同保证担保制度。此后几年内，美国许多州通过了"小米勒法案"，要求凡州政府投资兴建的公共工程项目均须事先取得工程担保。公共工程保证担保制度从此在美国得以广泛推行。

1) 业主工程款支付担保

在我国建设工程合同中，始终存在发包人不支付工程款的风险因素，要求发包人提供担保，对承包人来说是一种风险控制措施。目前，工程款拖欠已经成为我国严重的社会问题，业界一致认为，推行发包人工程款支付担保是解决这一问题的重要措施。

根据《工程建设合同担保规定》第五条的规定，业主工程款支付担保应当采用保证担保的方式，这是一条强制性规定，必须予以遵守。《工程建设合同担保规定》对发包人支付担保的担保额度、有效期等做出了规定。该规定第十一条规定"业主在签订工程建设合同的同时，应当向承包商提交业主工程款支付担保。未提交业主工程款支付担保的建设资金，视作建设资金未落实"。发包人工程款支付担保可以采用银行保函、专业担保公司的保证。发包人支付担保的担保金额应当与承包人履约担保的担保金额相等。对于工程建设合同额超1亿元人民币以上的工程，发包人工程款支付担保可以按工程合同确定的付款周期实行分段滚动担保，但每段的担保金额为该段工程合同额的10%～15%。发包人工程款支付担保采用分段滚动担保的，在发包人、项目监理工程师或造价工程师对分段工程进度签字确认或结算，发包人支付相应的工程款后，当期发包人工程款支付担保解除，并自动进入下一阶段工程的担保。发包人工程款支付担保的有效期应当在合同中约定。合同约定的有效期截止时间为发包人根据合同的约定完成了除工程质量保修金以外的全部工程结算款项支付之日起30～180天。发包人工程款支付担保与建设工程合同应当由发包人一并送建设行政主管部门备案。业主工程款支付保证担保是我国在特殊条件下的创新之举。

2) 承包人履约担保

承包人履约担保是指由保证人为承包人向发包人提供的，保证承包人履行建设工程合同约定义务的担保。担保的内容是保证承包人按照建设工程合同的约定诚实履行合同义务。承包人履约担保可以采用履约保证金和保证的方式。履约保证金可以以支票、汇票、现金等方式提供。中标人不履行与招标人订立的合同的，履约保证金不予退还，给招标人造成的损失超过履约保证金数额的，还应当对超过部分予以赔偿；没有提交履约保证金的，应当对招标人的损失承担赔偿责任。承包人履约担保采用保证方式的，可以采用银行保函、专业担保公司保证。

3）预付款保证担保

预付款保证是指保证人为承包人提供的，保证承包人将发包人支付的预付款用于工程建设的保证担保。这种保证担保类型是为了防止承包人将发包人支付的工程预付款挪作他用、携款潜逃或被宣告破产而设计的。

4）保修保证担保

保修保证是指保证人为承包人向发包人提供的，保证在工程质量保修期内出现质量缺陷时，承包人将负责维修的保证担保。保修保证既可以包含在承包人履约保证内，也可以单独约定，并在工程完成后以此来替换承包人履约保证。保修保证的额度一般为工程合同价的 1%～5%。

9.2.4 合同评审程序

1. 评审原则

第一，合同双方必须领会合同文件的实质是签约双方的责权划分及对其转化程序的承诺与契约。

第二，牢固树立"对等"、"双赢"、"责权对应"、"合理分担风险"、"相互接受"等基本合同理念。

第三，编标、招标、投标、评标、合同谈判和签约都是合同程序的组成部分。签约前后的合同理念应当保持一致。

第四，抓住合同文件中的关键内容。

2. 收集相关资料

（1）业主的资信、管理水平和能力，业主的目标和动机，对工程管理的介入深度期望值，业主对承包商的信任程度，业主对工程的质量和工期要求等。

（2）承包商的能力、资信、企业规模、管理风格和水平、目标与动机、目前经营状况、过去同类工程经验、企业经营战略等。

（3）工程方面：工程的类型、规模、特点、技术复杂程度、工程技术设计准确程度、计划程度、招标时间和工期的限制、项目的盈利性、工程风险程度、工程资源（如资金等）供应及限制条件等。

（4）环境方面：建筑市场竞争激烈程度，物价的稳定性，地质、气候、自然、现场条件的确定性，等等。

（5）国家和主管部门颁发的有关的劳动保护、环境保护、生产安全和经济等法律、法规、政策和规定。

（6）国家有关部门颁发的技术规范（包括施工规范）、技术标准、设计标准、质量标准和施工操作规程等。

（7）政府建设主管部门批准的建设文件和设计文件。

（8）中标文件。

（9）招标文件。

3．评审内容

1）确定合理的工期

工期过长，发包方则不利于及时收回投资；工期过短，承包方则不利于工程质量以及施工过程中建筑半成品的养护。因此，对承包方而言，应当合理计算自己能否在发包方要求的工期内完成承包任务，否则应当按照合同约定承担逾期竣工的违约责任。

2）明确双方代表的权限

在施工承包合同中通常都明确甲方代表和乙方代表的姓名和职务，但对其作为代表的权限则往往规定不明。由于代表的行为代表了合同双方的行为，因此，有必要对其权利范围以及权利限制做一定约定。例如，约定确认工期是否可以顺延应由甲方代表签字并加盖甲方公章方可生效，此时也对甲方代表的权利做了限制，乙方必须清楚这一点，否则将有可能违背合同。

3）明确工程造价或工程造价的计算方法

工程造价条款是工程施工合同的必备和关键条款，但通常会发生约定不明的情况，往往为日后争议与纠纷的发生埋下隐患。而处理这类纠纷，法院或仲裁机构一般委托有权审价单位鉴定造价，势必使当事人陷入旷日持久的诉讼，更何况经审价得出的造价也因缺少可靠的计算依据而缺乏准确性，对维护当事人的合法权益极为不利。

如何在订立合同时就能明确工程造价？设定分阶段决算程序，强化过程控制，将是一有效方法。具体而言，就是在设定承发包合同时增加工程造价过程控制的内容，按工程形象进度分段进行预决算并确定相应的操作程序，使合同签约时不确定的工程造价在合同履行过程中按约定的程序得到确定，从而避免可能出现的造价纠纷。设定造价过程控制程序需要增加相应的条款，其主要内容为下述一系列的特别约定。

（1）约定发包方按工程形象进度分段提供施工图的期限和发包方组织分段图样会审的期限。

（2）约定承包商得到分段施工图后提供相应工程预算以及发包方批复同意分段预算的期限。经发包方认可的分段预算是该段工程备料款和进度款的付款依据。

（3）约定承包商完成分阶段工程并经质量检查符合合同约定条件，向发包方递交该形象进度阶段的工程决算的期限以及发包方审核的期限。

（4）约定承包商按经发包方认可的分段施工图组织设计，按分段进度计划组织基础、结构、装修阶段的施工。合同规定的分段进度计划具有决定合同是否继续履行的直接约束力。

（5）约定全部工程竣工通过验收后，承包商递交工程最终决算造价的期限以及发包方审核是否同意及提出异议的期限和方法。双方约定经发包方提出异议，承包商做修改、调整后，双方能协商一致的，即为工程最终造价。

（6）约定发包方支付承包商各分阶段预算工程款的比例以及备料款、进度、工作量增减值和设计变更签证、新型特殊材料差价的分阶段结算方法。

（7）约定承发包双方对结算工程最终造价有异议时的委托审价机构审价以及该机构审价对双方均具有约束力，双方均承认该机构审定的即为工程最终造价。

（8）约定结算工程最终造价期间与工程交付使用的互相关系及处理方法，实际交付使用和实际结算完毕之间的期限是否计取利息以及计取的方法。

（9）约定双方自行审核确定的或由约定审价机构审定的最终造价的支付以及工程保修金的处理方法。

4）明确材料和设备的供应

由于材料、设备的采购和供应容易引发纠纷，所以必须在合同中明确约定相关条款，包括发包方或承包商所供应或采购的材料，设备的名称、型号、数量、规格、单价，质量要求，运送到达工地的时间，运输费用的承担，验收标准，保管责任，违约责任，等等。

5）明确工程竣工交付标准

应当明确约定工程竣工交付的标准。有两种情况：第一是发包方需要提前竣工，而承包商表示同意的，则应约定由发包方另行支付赶工费，因为赶工意味着承包商将投入更多的人力、物力、财力，劳动强度增大，损耗亦增加；第二是承包方未能按期完成建设工程的，应明确由于工期延误所赔偿发包方的延期费。

6）明确最低保修年限和合理使用寿命的质量保证

《建筑法》第六十条规定："建筑物在合理使用寿命内，必须确保地基基础工程和主体结构的质量。建筑工程竣工时，屋顶、墙面不得留有渗漏、开裂等质量缺陷；对已发现的质量缺陷，建筑施工企业应当修复。"《建筑法》第六十二条规定："建筑工程实行质量保修制度。建筑工程的保修范围应当包括地基基础工程、主体结构工程、屋面防水工程和其他土建工程以及电气管线、上下水管线的安装工程，供热、供冷系统工程等项目；保修的期限应当按照保证建筑物合理寿命年限内正常使用，维护使用者合法权益的原则确定。具体的保修范围和最低保修期限由国务院具体规定。"《建设工程质量管理条例》第四十条明确规定："在正常使用条件下，建设工程的最低保修期限为：①基础设施工程、房屋建筑的地基基础工程和主体结构工程，为设计文件规定的该工程的合理使用年限；②屋面防水工程、有防水要求的卫生间、房间和外墙面的防渗漏，为5年；③供热与供冷系统，为两个采暖期、供冷期；④电气管线、给排水管道、设备安装和装修工程，为2年。其他项目的保修期限由发包方与承包方约定。建设工程的保修期自竣工验收合格之日起计算。"

根据以上规定，承发包双方应在招投标时不仅要据此确定上述已列举项目的保修年限，并保证这些项目的保修年限等于或超过上述最低保修年限，而且要对其他保修项目加以列举并确定保修年限。

7）施工范围的划分

除非只有一家承包商，否则几家承包商之间或多或少会存在工作范围的交界面，这就要求进行工作范围的划分，尤其是性质接近的承包商之间，比如机电与消防，供电与配电，初装修和精装修之间，等等，这种工作范围的划分直接涉及到造价的组成。如某项目在签订橱柜整体安装合同时，橱柜的给水管与预留管的连接未说明清楚，前面的承包商只是预留了普通堵头，还需要增加连接阀才能将橱柜的供水管与供水系统连接。在橱柜公司的合同中虽然说明连接由橱柜公司承担，但并未说明连接阀也包括在内，最后增加了400多套铜质阀门的费用。对于精装修交付的住宅项目，一般在竣工备案时要求完成墙面腻子，在合约中此项工作通常交由总包单位完成。但初装修刮腻子的施工质量标准往往与精装修有一定差距，精装修单位在接收初装修单位提供的基层时会提出质疑。由于此类工序的修补量很大，结果往往是业主方需另外支付精装修施工单位一定的修复费用。当承包商提出某项费用未列入报价，如扣减与其他承包商重复的项目，即要求增加这些遗漏项目。为了避免此类情况，较好的方式是在合同中约定"当业主方扣减某项工作内容时，承包商不得以任何理由拒绝并不得提出增加其他费用的要求"类似条款。在划分范围时，要注意既要考虑不遗漏，还要考虑施工的方便性。

8）不可抗力的约定[①]

施工合同《通用条款》对不可抗力发生后当事人责任、义务、费用等如何划分均做了详细规定，发包人和承包人都认为不可抗力的内容就是这些了。于是，在《专用条款》上打"√"或填上"无约定"的比比皆是。国内工程在施工周期中发生战争、动乱、空中飞行物体坠落等现象的可能性很少，较常见的是风、雨、雪、洪、震等自然灾害。达到什么程度的自然灾害才能被认定为不可抗力，《通用条款》未明确，实践中双方难以形成共识，双方当事人在合同中对可能发生的风、雨、雪、洪、震等自然灾害的程序应予以量化。如几级以上的大风，几级以上的地震，持续多少天达到多少毫米的降水，等等，才可能认定为不可抗力，以免引起不必要的纠纷。

同时，应约定不可抗力发生的地点。从保护业主的利益的角度，最好只约定发生地为项目所在地（行政区划范围内）。如果承包商坚持，可以接受的是对方所在地。除此以外的其他区域的风险均由承包商承担，否则，途经地区发生的此类不可抗力（尤其是洪水、台风等自然灾害）都会造成业主方的损失。对于沿海等自然灾害易发地区，要特别注意对自然灾害的约定条款，以免造成重大损失。

9）工期延长的约定

目前《建设工程施工合同》中约定"每周停电停水累计8小时以上"，"因业主变更引起的……"需要延长工期，等等，此类条款对业主方是极不合理的。重大的设计修改可能产生返工、停工，也可能减少工作量，这是可以也是应该商谈工期和补偿费用的，但对于可能在较短时间内局部影响工程进度的修改，包括日常的停电停水，则不应作为补偿其他费用的理由。因为正常的设计修改和停水停电几乎是普遍发生的事情。根据菲迪克条款的精神，对于完全可以预料的风险，一旦转化为现实，不应由业主承担。只有那些难以预料的风险才具备索赔的条件。反之，一旦此类事情定性为延期的理由，则业主需支付的费用将包括设备租赁费、管理费、窝工损失等多项数额巨大的间接费用。在这方面大多数公司都未做细节性约定或者可操作性不强，主要是因为管理的深度和员工的专业素质不够。可以借鉴的处理方式有如下几种。

(1) 按照国家规定，建筑面积增加超过一定比例后，按照约定原则延长工期。

(2) 工程量或工程范围增加，造价增加超过一定比例的，按照约定原则延长工期。

(3) 在一定的时间范围内（如15天），各方责任造成的延误互不补偿。

(4) 对关键线路工序造成实质性影响超过8小时的可以予以顺延工期。

[①] 参照李云，赵京红. 建筑合同签订要点实例分析 [J]. 建筑经济，2010.8.

10) 对施工方案调整的约定

在投标阶段招标方应要求投标单位提出重大的设计缺陷和相应的费用，分析是否合理，以便从总体上确定合理造价。并在合同中约定"对招标图纸中设计缺陷提出修改而导致的工程变更，如造成造价增加，则费用由承包商全额承担"或类似条款，以保护业主方利益。对于提供设备的时间，应避免具体性约定。

11) 定额含量的分析

对于一些采用地方性定额进行计价的工程项目，在对具体的定额子目组价或选择费率时，不能简单地套取定额子目，而是要根据工程特点，分析具体内容，如果与定额含量存在不一致，需适当予以调整。如某住宅项目，绿化工程合同采用北京市2001年定额，其中水费在工程造价中是较大的支出项目，而且在常规的1年苗木养护维护保养期间，也需要使用大量的水，这些都包括在定额中，但实际操作中，多数情况下由业主提供水电。在承包商提交的商务标书中，没有扣除水电费用，最后仅此项调整就减少费用约5万元。又如某项目的地下车库结构施工合同结算中，关于模板、脚手架的计费基数，双方发生严重分歧，当时合同约定采用"北京96定额"。该定额规定建筑面积作为对模板、脚手架的取费基数，超过6m的计算超高费。但该项目有特殊性，地下立体车库共3层，每层层高均为2.15m，按照层高不足2.2m不计入建筑面积的规定，只能按照1层计算建筑面积。承包商完全按照3层的建筑面积作为计费基数，业主方则坚持模板可以按照3层计算，但脚手架只能按照一层计算。此外一个重要方面是甲供材料的取费。按照北京市的定额规定，甲供材全额进入计费基数，再扣减甲供材直接费。由于综合费率很高，如果在合同中不约定，在结算时承包商往往会提出此项要求。较好的办法是约定合理的取费，比如2%～5%的采保费等。

12) 约定总包开办费项目

开办费作为工程量清单计价方式的一项重要内容，包括的工作范围非常广泛，且除特殊规定外，一般不做调整。甲乙双方都应高度重视，尤其是涉及到对其他分包商提供的总包管理和配合方面，容易在具体内容的规定上出现含混或不明确，这类缺陷往往成为总包以后增加费用或是降低服务标准的借口，从而连带引起分包商工作内容的增加，造成分包商索要补偿费用。比如某项目的总承包合约中关于现场照明的表述为"总承包商应为分包商提供必要的现场照明……"，但在主要分包商之一的机电分包商进场后，总包商要求机电分包商自行配置照明设施，理由是所谓的提供照明并不意味着提供分包商的施工所需照明，而是施工现场的管理照明和接口，分包商的施工用照明应该由分包商自行解决。此外，在该项目的合约中，由于在开办费项目的管理范围中没有列入"样板间"，当业主方安排在现场单独建设样板间时，总包提出要求另外支付安全管理等费用。国家财税管理日趋严密，各地财政部门对发票、税收的规定也不尽相同，有些属于规费费率的差异，有些属于属地管理的要求。应要求财务人员参与合同审定，以确保符合当地规定。

13) 具体约定发包方、总包方和分包方各自的责任和相互关系

尽管发包方与总包方、总包方与分包方之间订有总包合同和分包合同，法律对发包方、总包方及分包方各自的责任和相互关系也有原则性规定，但实践中仍常常发生分包方不接受发包方监督和发包方直接向分包方拨款造成总包方难以管理的现象，因此，在总包

合同中应当将各方责任和关系具体化，便于操作，避免纠纷。

14）明确违约责任

违约责任条款的订立目的在于促使合同双方严格履行合同义务，防止违约行为的发生。发包方拖欠工程款、承包方不能保证施工质量或不按期竣工，均会给对方以及第三方带来不可估量的损失。审查违约责任条款时，要注意两点。第一，对违约责任的约定不应笼统化，而应区分情况做相应约定。有的合同不论违约的具体情况，笼统地约定一笔违约金，这没有与因违约造成的真正损失额挂钩，从而会导致违约金过高或过低的情形，是不妥当的。应当针对不同的情形做不同的约定，如质量不符合合同约定标准应当承担的责任、因工程返修造成工期延长的责任、逾期支付工程款所应承担的责任等，衡量标准均不同。第二，对双方的违约责任的约定是否全面。在工程施工合同中，双方的义务繁多，有的合同仅对主要的违约情况做了违约责任的约定，而忽视了违反其他非主要义务所应承担的违约责任。但实际上，违反这些义务极可能影响到整个合同的履行。

除对合同每项条款均应仔细审查外，签约主体也是应当注意的问题。合同尾部应加盖与合同双方文字名称相一致的公章，并由法定代表人或授权代表签名或盖章，授权代表的授权委托书应作为合同附件。

4. 提交评审报告

评审报告至少应具备以下功能。

（1）有完整的审查项目和审查内容，通过审查表可以直接检查合同条文的完整性。

（2）被审查合同在对应审查项目上的具体条款和具体内容。

（3）对合同内容进行分析评价，同时进行风险评估。

（4）针对分析出来的问题提出建议或对策。

9.2.5 合同谈判

通过合同评审，我们应根据评审结果，进行合同谈判。

▶▶ 引例 10

湖南省建筑工程集团总公司在成都某大型施工项目的合同谈判中，业主首先抛出一本合同，摆出一副高高在上的施舍者的架势。在这种僵局中，该公司首先强调在合同谈判时，甲乙双方都具有平等的法律地位；第二强调湖南省建筑工程集团总公司是一个具有国家特级资质的国有大型企业，是依法守法的重合同守信誉的单位；第三强调合同的订立必须符合平等、自愿、等价、公平的原则，在合同谈判时双方必须在平等的基础上诚信协商，任何霸道行为都会造成合同谈判的破裂。况且为保证合同的顺利实施，合同谈判双方都应以"先小人后君子"的姿态投入谈判，否则，造成合同无法签订，招标结果无法落实，违反《招标投标法》的法律责任应由责任方承担后果。

▶▶ 引例 11

A 公司在娄底某一上千万元的工程项目的合同谈判中，业主不同意采用建设部 GF—

1999—0201标准合同文本，拿出了一个简易合同文本与其进行合同谈判，该公司仔细研究了该合同文本，认为其中有几个问题，一是标准合同文本中应由甲方承担的施工场地噪声费、文物保护费、临建费等小费用要求施工方承担；二是业主实行了固定合同价包干，不因其他因素追加合同款。为此该公司进行了现场考察，因施工场地在郊外，不会产生环保与文物保护费等，因此A方认为第一条在谈判时可以松动，但固定价格包干的条款决不能答应。在此基础上，A方依据合同法和建设部颁布的标准合同文本条款，逐条与业主进行沟通，最后达成共识。业主因设计修改、工程量变更、材料和人工工资调价导致增加的工程款由业主承担，且按实结算；A方承担环保、文物保护费、临建费等小费用。最终合同顺利签订，最后的结算价高于中标合同价的30%，A方求得了效益最大化，业主也因此节省了部分费用。

▶▶引例12

B公司最近的一次合同谈判中，对方提出所有工程进度款一定要由业主现场工程师对工程进度、质量认可签字后才能支付。B方不同意，业主一定要坚持，B方据理力争，提出该条款界定不准确，工程进度、质量只要符合设计要求、施工标准和规范就要认可，不要添加人为因素。如果业主工程师心情好，不按规范搞，盲目签字，造成工程质量问题责任谁担？结果业主很不服气地将该条款改为了"按设计、法规、标准、规范进行施工现场管理"，并对合同执行的依据进行了全面规范。

▶▶引例13

在某次合同谈判中，C公司充分利用建设部颁布的GF—1999—0201标准合同文本通用条款第33条有关工程竣工结算的规定："发包人收到竣工结算报告资料后28天内无正当理由不支付工程竣工结算价款，从第29天起按承包人同期向银行贷款利率支付拖欠工程价款利息，并承担违约责任。"以及"发包人收到竣工结算报告以及结算资料28天内不支付工程竣工结算款，承包人可以催告发包人支付结算价款。发包人在收到竣工结算报告及结算资料后56天内仍不支付的，承包人可以与发包人协议将该工程折价，也可以由承包人申请人民法院将该工程依法拍卖，承包人就该工程折价或者拍卖的价款优先受偿"。在合同谈判中，C公司把工程结算作为一个关键点来谈，尽可能地使专用条款中结算工程款的内容符合C方尽早结算工程款的要求；就具体时间和金额经过双方沟通、商议，总的原则为保本微利，后期拖欠的少量工程款为纯利。对于约定5%的保修金，C方要求质保金在1年内付清，最迟两年内付清80%，留20%待5年防水保修期满后付清。

引导问题11：阅读引例10～13，总结施工合同谈判工作程序与技巧。

1. 确定谈判原则

1）符合谈判基本目标

2）积极争取自己的正当利益

虽然法律赋予合同双方平等的法律地位和权利，但是在实际的经济活动中，绝对的平等是不存在的，权利要靠承包商自己去争取。如有可能，承包商应尽力争取到合同文本的拟稿权。对业主提出的合同文本，双方应对每个条款都做具体的商讨。另外，对重大问题不能超原则地让步。

3）重视合同的法律性质

合同一经签订，即成为约束合同双方的最高原则，合同中的所有条款都与双方利害相关。一方面，在合同商谈中，一切问题必须"先小人，后君子"，对可能发生的情况和各个细节问题都要考虑周到，并做出明确的约定，不能抱有侥幸心理；另一方面，一切重要的问题都应明确具体地规定，最好要采用书面形式对重要事项做出承诺和保证。

2. 拟订谈判方案

对己方与对方分析完毕之后，即可总结该项目的操作风险、双方的共同利益、双方的利益冲突以及双方在哪些问题上已取得一致，还存在着哪些问题甚至原则性的分歧，等等，然后拟订谈判的初步方案，决定谈判的重点。

3. 谈判技巧

1）高起点战略

谈判的过程是双方妥协的过程，通过谈判，双方都或多或少会放弃部分利益以求得项目的进展。而有经验的谈判者在谈判之初就会有意识地向对方提出苛刻的谈判条件。这样对方会过高估计己方的谈判底线，从而在谈判中做出更多让步。

2）掌握谈判议程，合理分配各议题的时间

工程建设的谈判一定会涉及诸多需要讨论的事项，而各谈判事项的重要性并不相同，谈判双方对同一事项的关注程度也并不相同。成功的谈判者善于掌握谈判的进程，在充满合作气氛的阶段，展开自己所关注的议题的商讨，从而抓住时机，达成有利于己方的协议。而在气氛紧张时，则引导谈判进入双方具有共识的议题，一方面缓和气氛，另一方面缩小双方差距，推进谈判进程。同时，谈判者应懂得合理分配谈判时间。对于各议题的商讨时间应得当，不要过多拘泥于细节性问题，这样可以缩短谈判时间，降低交易成本。

3）注意谈判氛围

谈判各方往往存在利益冲突，要兵不血刃就获得谈判成功是不现实的。但有经验的谈判者会在各方分歧严重，谈判气氛激烈的时候采取润滑措施，舒缓压力。在我国最常见的方式是饭桌式谈判。通过餐宴，联络谈判方的感情，拉近双方的心理距离，进而在和谐的氛围中重新回到议题。

4）避实就虚

这是《孙子兵法》中所提出的策略，谈判各方都有自己的优势和弱点。谈判者应在充分分析形势的情况下，做出正确判断，利用对方的弱点，猛烈攻击，迫其就范，做出妥协。而对于己方的弱点，则要尽量注意回避。

5）拖延和休会

当谈判遇到障碍、陷入僵局的时候，拖延和休会可以使明智的谈判方有时间冷静思考，在客观分析形势后提出替代性方案。在一段时间的冷处理后，各方都可以进一步考虑整个项目的意义，进而弥合分歧，将谈判从低谷引向高潮。

6) 充分利用专家的作用

现代科技发展使个人不可能成为各方面的专家，而工程项目谈判又涉及广泛的学科领域。充分发挥各领域专家的作用，既可以在专业问题上获得技术支持，又可以利用专家的权威性给对方以心理压力。

7) 分配谈判角色

任何一方的谈判团都由众多人士组成，谈判中应利用各人不同的性格特征各自扮演不同的角色。有的唱红脸，有的唱白脸。这样软硬兼施，可以事半功倍。

4. 谈判结果审核

在谈判结束，合同签约前，还必须对合同做再一次的全面分析和审查。其重点如下。

（1）前面合同审查所发现的问题是否都有了落实，得到解决，或都已处理过；不利的、苛刻的、风险型条款是否都已做了修改。

（2）新确定的，经过修改或补充的合同条文是否可能带来新的问题和风险，与原来合同条款之间是否有矛盾或不一致，是否还存在漏洞和不确定性。

（3）对仍然存在的问题和风险，是否都已分析出来，承包商是否都十分明了或已认可，已有精神准备或有相应的对策。

（4）合同双方对合同条款的理解是否完全一致，业主是否认可承包商对合同的分析和解释。

最终将合同审核结果以简洁的形式（如表和图）提交给决策者，由他对合同的签约做最后决策。

特别提示

在合同谈判中，对合同中仍存在着的不清楚、未理解的条款，应请业主做书面说明和解释。投标书及合同条件的任何修改，签署任何新的附加协议、补充协议，都必须经过合同审查，并备案。

9.3 任务实施

（1）根据项目情况，按相关规定，完成合同条款审查表。

（2）根据项目情况，按相关规定，完成合同评审表。

（3）根据项目情况，按相关规定，完成谈判方案表。

（4）根据项目情况和谈判结果，按相关规定，完成风险登记册表。

（5）根据项目情况，按相关规定，确定本项目的风险处置方式，并陈述理由

> **专家支招**
>
> 合同评审和谈判中应对下列问题进一步细化。
> (1) 项目履行中各方明示代表外的其他人的行为效力。
> (2) 合同单方解除权的行使条件与程序。
> (3) 在合同中怎样有效设定特别生效条款或承包方式。
> (4) 工程窝工状况下工效下降的计算方式及损失赔偿范围。
> (5) 工程停建、缓建,中间停工时的退场、现场保护、工程移交、结算方法和损失赔偿范围。
> (6) 工程进度款拖欠情况下的工期处理。
> (7) 工程中间交验或建设单位提前使用工程部分的保修问题。
> (8) 合同外工程量的计价原则和签订程度。
> (9) 建设单位原因造成工程结算竣工验收延期情况下的工程结算程序和法律责任。
> (10) 工程款结算的具体程序,工程尾款的回收办法和保证措施。
> (11) 不同违约责任的量度化问题等。

9.4 任务评价与总结

1. 任务评价

完成表9-1的填写。

表9-1 任务评价表

考核项目	分数			学生自评	小组互评	教师评价	小 计
	差	中	好				
团队合作精神	1	3	5				
活动参与是否积极	1	3	5				
工作过程安排是否合理规范	2	10	18				
陈述是否完整、清晰	1	3	5				
是否正确灵活运用已学知识	2	6	10				
劳动纪律	1	3	5				
此次任务完成是否满足工作要求	2	4	6				
此项目风险评估是否准确	2	4	6				
总 分		60					
教师签字:				年 月 日		得 分	

2. 自我总结

(1) 此次任务完成中存在的主要问题有哪些？

(2) 问题产生的原因有哪些？

(3) 请提出相应的解决方法

(4) 您认为还需加强哪方面的指导（实际工作过程及理论知识）？

完成合同评审与谈判任务主要涉及以下知识点：

①常见施工合同问题；②施工合同风险识别与评估；③建设工程施工合同订立阶段的风险处理；④合同评审程序与重点；⑤评审报告的撰写；⑥合同谈判方案的制定；⑦合同谈判技巧。

 基础训练

一、单项选择题

1. 建设工程开工前，由( )向建设行政主管部门领取施工许可证后，方可开工。

　　A. 施工单位　　　B. 建设单位　　　C. 监理单位　　　D. 设计单位

2. 下列各项中说法正确的是( )。

　　A. 大型建筑工程或者结构复杂的建筑工程，只能由享有一级资质的企业承包

　　B. 大型建筑工程或者结构复杂的建筑工程，不可以由一个企业单独承包

　　C. 大型建筑工程或者结构复杂的建筑工程，可以由两个以上的承包单位联合共同承包

　　D. 大型建筑工程或者结构复杂的建筑工程，必须由多个企业分包完成

3. 施工总承包的，建筑工程主体结构的施工必须由( )完成。

　　A. 各分包单位共同　　　　　　B. 总承包单位自行

　　C. 总承包单位与分包单位　　　D. 联合体共同

4. 缔约后，当事人一方泄露商业机密给对方造成损失，应当承担( )。

　　A. 缔约过失责任　　　　　　　B. 违约责任

　　C. 双倍赔偿责任　　　　　　　D. 刑事责任

5. 下列不属于无效合同的情形是( )。

　　A. 以合法形式掩盖非法目的　　B. 恶意串通，损害第三人利益

　　C. 采用胁迫手段损害对方利益　D. 损害社会公共利益

6. 某工程承包人与材料供应商签订了材料供应合同，条款内未约定交货地点，运费也未予明确，则材料供应商把货备齐后应( )。

　　A. 将材料送到施工现场　　　　B. 将材料送到承包人指定的仓库

　　C. 通知承包人自提　　　　　　D. 将材料送到承包人所在地的货运站

7. 某合同执行市场价格，签订合同时约定价格为每千克1000元，逾期交货和逾期付款违约金均为每天每千克1元。供货方按时交货，但买方逾期付款30天。付款时市场价格为每千克1200元。则买方应付货款为每千克（　　）元。

  A. 1000   B. 1030   C. 1200   D. 1230

8. 撤销权自债权人知道或者应当知道撤销事由之日起（　　）内行使。

  A. 3个月   B. 6个月   C. 1年   D. 2年

9. 因违约行为造成损害高于合同约定的违约金，守约方（　　）。

  A. 应按合同约定违约金要求对方赔偿

  B. 可按实际损失加上违约金要求对方赔偿

  C. 应在原约定违约金基础上适当增加一定比例违约金

  D. 可请求法院增加超过违约金部分损失赔偿

10. 当事人在合同中既约定定金，又约定违约金时，若一方违约，对方（　　）追究违约方的赔偿责任。

  A. 可选择违约金条款或定金条款   B. 可以同时采用违约金和定金条款

  C. 应该采用违约金条款   D. 必须采用定金条款

11. 合同被撤销后，从（　　）之日起，合同无效。

  A. 订立   B. 被撤销

  C. 当事人发现为可撤销合同   D. 当事人向法院提出撤销合同

12. 法定代表人越权订立的合同，若相对人知道其越权，则该合同为（　　）。

  A. 效力待定合同   B. 无效合同

  C. 可撤销合同   D. 可变更合同

13. 合同一方当事人通过资产重组分立为两个独立的法人，原法人签订的合同（　　）。

  A. 自然终止   B. 归于无效   C. 仍然有效   D. 可以撤销

14. 在担保方式中，只能由第三方担保的方式是（　　）。

  A. 保证   B. 抵押   C. 留置   D. 定金

15. 可以实现留置权的合同是（　　）。

  A. 买卖合同   B. 承揽合同

  C. 借款合同   D. 建筑工程施工合同

二、思考题

1. 施工合同常见有哪些？
2. 如何进行施工合同风险识别与评估？
3. 如何进行建设工程施工合同订立阶段的风险处理？
4. 合同评审程序与重点有哪些？
5. 如何撰写评审报告？
6. 如何制定合同谈判方案？
7. 合同谈判技巧有哪些？

三、案例分析

案例1

某工程由A企业投资建造，1995年4月28日经合法的招投标程序，由某施工单位B企业中标并于不久后开始施工。该工程施工合同的价款约定为固定总价。该工程变形缝包括滤池变形缝、清水池变形缝和预沉池变形缝。已载明滤池变形缝密封材料选用"胶霸"，但未载明清水池变形缝和预沉池变形缝采用何种密封材料。1996年4月，B企业就清水池变形缝和预沉池变形缝的密封材料按合同约定报监理单位批准，其在建筑材料报审表上填写的材料为"建筑密封胶"。监理单位坚决不同意B企业用"建筑密封胶"，而要求用"胶霸"。B企业最终按监理单位的要求进行了施工。此后不久，B企业就向A企业补偿使用"胶霸"而增加费用800000元。因双方无法就此达成一致意见，最后，B企业根据合同的约定将该争议提交给法庭。

B企业提起索赔的理由是：对清水池变形缝和预沉池变形缝采用何种密封材料没有约定；"胶霸"是新型材料，在该工程所在地的工程造价信息中找不到"胶霸"这种建材而只能找到"建筑密封胶"，所以其只能按照"建筑密封胶"进行报价。

A企业反驳该索赔的理由如下。

（1）"变形缝密封胶"应不应该使用"胶霸"的依据是合同和法律，而不是根据"工程材料信息"有无"胶霸"这种建材。该工程造价信息没有某建筑材料不等于该建筑材料不常用，无法找到而不能选择。

（2）清水池变形缝、预沉池变形缝和滤池变形缝的作用、性质完全相同。根据合同漏洞的解释补充规则，既然双方在选用密封材料之前未能达成补充协议，清水池变形缝和预沉池变形缝的密封材料当然应根据最相关的合同有关条款即载明滤池变形缝确定，即选用"胶霸"。因此，清水池变形缝和预沉池变形缝的密封材料选用"胶霸"是合同的本来之义，不存在增加合同价款的问题。

问题：B企业的索赔要求是否能得到支持？

案例2

招标人在招标时提供了一本适用于本工程的技术规范，但乙方工程人员从未读过。在施工时，按施工图要求，将消防管道与电线管道放于同一管道沟中，中间没有任何隔离。完成后，业主方代表认为这样做极不安全，违反了其所提供的工程规范，并且认为即使施工图上是两管放在一齐，是错的，但合同规定，承包商若发现施工图中的任何错误和异常，应及时通知业主方。因此，拒绝验收，指令乙方返工，将两管隔离，而不给乙方任何补偿。

问题：管道工程返工费用，应由谁承担？

拓展训练

1. 试剖析某合资棉纺厂厂房施工合同条款，把你认为不完善的合同条款加以完善。
2. 针对该合同评审结果，各小组模拟一次合同谈判。
3. 用《建设工程施工合同（示范文本）》（GF—1999—0201）编写一份合同。

某合资棉纺厂厂房施工合同条款

第一条　合同范围

本合同包括全部必要的工程建筑与竣工，以及合同规定期间的维修，提供全部材料、机具、设备、运输工具、劳力、工厂（车间）以及为全面竣工所必需的一切长久性和临时性事宜。根据合同文件中的详细说明，合同分四部分，构成一个整体。

1. 投标文件、契约与合同；
2. 一般条款与特别条款；
3. 一般规范与特殊规范；
4. 方案与设计图。

第二条　工程速度

承包人应在签订合同后两周之内，向工程部提供各施工阶段明细进度表，把工程分成若干部分和子项，并表明每一部分和每一子项工程的施工安排。进度表日期不能超过合同所规定的日期，本进度要在得到工程部的书面确认之后方可执行。工程部有权对进度作其认为有利于工程的必要的修改，承包商无权要求对此更改给予任何补偿。工程部对于进度表的确认和所提出的更改并不影响承包人按照规定日期施工的义务和承包人对于施工方式及所用设备的安全、准确的责任。

第三条　工程师的指示

承包人的施工应使工程部工程师满意，监理工程师有权随时发布他认为合适的追加方案和设计图纸、指令、指示、说明，以上统称之为"工程师的指示"。工程师的指示包括以下各项，但不局限于此。

1. 对于设计、工程种类和数量的变更；
2. 决断施工方案、设计图与规范不符的任何地方；
3. 决定清除承包人运进工地的材料，换上工程师所同意的材料；
4. 决定重做承包人已经施工，而工程师未曾同意的工程；
5. 推迟实施合同中规定的施工项目；
6. 解雇工地上任何不受欢迎的人；
7. 修复缺陷工程；
8. 检查所有隐蔽工程；
9. 要求检验工程或材料。

承包人应及时、认真地遵从并执行工程师发出的指示，同时还应详细地向工程师汇报所有与工程和工程所必要的原料有关的问题。

如果工程师向承包人发出了口头指示或说明，随即又做了某种更改，工程师应加以书面肯定。如果没有这样做，承包人应在指示或说明发出后7天内，书面要求工程师对其加以肯定。如果工程师在另外的7天内没有向承包人做出书面肯定，工程师的口头指示或说明则视为书面指令或说明。

第四条　设计图纸、规范和估计工程量表

方案设计图纸、规范和估计工程量表由工程师掌握，以便能够在适合于合同双方的任何时间对其加以查阅。

工程部在签订合同后无偿提供给承包人一份方案设计图纸、规范和估计工程量表，为全部实施工程师的指示，还可提供承包人所需要的其他方案设计图纸，以及工程师认为在执行任何一部分工程时所必要的其他说明，承包人应将上述方案设计图纸、规范和估计工程量表存放在工地，以便在任何适当的时候转交工程师或其代表。在接受最后一笔工程款时，承包人应立即将带有工程部名称的方案设计图纸、规范说明全部交回。承包人不得将任何这类文件用于此合同以外的任何目的，同样只能限于本合同的目的之内，不得泄漏或使用该报价单的任何内容。

第五条 工程、规划和标高

承包人在开始执行合同的某一部分之前，应审定方案设计图纸是否准确，相互之间与报价单及其他规定是否符合。方案设计图纸中可能出现的任何差异、矛盾、缺点、错误，承包人应要求工程师修改，承包人应依据工程师对此做出的书面指示去做。

在任何一部份工程开工之前，承包人应认真做出规划。工程师对计划进行审核，所有制定计划、审核设计、核实材料的工作只能由承包人负责。工程师对计划的确认或参与承包人共同制定计划，不排除承包人对计划的绝对责任。工程师给予承包人一个已知标高，承包人应调查这一标高，审核估计工程师可能出现的错误。对于与工程师所给予的标高有关的一系列标高，承包商应予以负责。同样承包人也被责成根据所要求的设计图纸中标明的标高实施全部工程。为实现这一目的，它应该根据所给予的标高点和带有固定标志的标高处，对高度进行实地测量。

对于设计方案中的任何差异、矛盾、缺点或错误，如果承包人没有向工程部申报，而后又由于上述原因在施工中发生了不能接受的或不能弥补的错误，承包人应承担由于修改错误、拆除局部或返工责任。承包人应自费消除错误所造成的后果。

第六条 材料、物资和产品

所有的材料、物资和产品应与合同要求相符。准备用于工程的材料和物品，承包人在买进之前应向工程师提供样品，以便确认。在工程师不同意确认的情况下，承包人应向工程师提供符合规格的、工程师同意的其他样品。而特殊的机械则应完全符合承包人确认的、工程部同意的加工条件、种类、产地和牌号。

对于工程师所要求的，对任何一种材料的鉴别和分析，承包人应自费进行，以肯定此原材料是否符合规格。如果需要承包人重新进行鉴别和分析，费用由承包人负担。工程部有权要求第三次鉴别。如果第三次鉴别和分析的结果与前一次的结果一样，鉴别费用由工程部负担，如果第三次鉴别和分析与前两次不一样，则费用由承包人负担。必要时工程部可以接受使用其他材料代替合同上已写明的材料，但是代替的材料在质量上须同原材料相似并符合一般规范和特殊规范，还应当得到工程师的确认。承包人无权在此种情况下要求增加任何价格，而工程师则有权根据其估计扣除由此而降低的价格，承包人无权提出异议。

第七条 工程进度报告

第八条 检查与验证

在任何时候监理工程师或其代理人都可自由进入工地、仓库、车间或承包人及工程部确认的分包人存放和使用的与合同有关的设备场所，进行检查、验证、审查和测量，找出其差异。未经工程师同意，承包人不得填土遮盖任何工作面。在工程任何一部分完工掩盖或填土之前的适当时间内，承包人应通知工程师。

第九条　验证劳动工地

承包人应根据其了解的设计，亲自勘察地形，以确定土质是否适宜建筑，这一切所需费用应由其本人负责。承包人对包括其本人提出的所有设计图纸要负责。如果土质表明不适合于设计图纸所示之标高为基础，承包人应向工程部提出其设想。

第十条　工地上的临时设施、机器及材料

第十一条　与工地其他承包人的合作及施工秩序

如果需要在同一个工地和其他承包人、政府职员或其他人同时施工，承包人应在工作中努力同这些人合作，不干涉他们的事情，且应为他们提供必要的方便并执行工程师在这方面发出的命令。还要把可能在承包人与其他人之间的每一点分歧通知工程师，工程师对此所做的决定对承包人来说是最终的，必须执行的。承包人无权因此要求任何补偿或延长合同工期。

第十二条　注意法律、条例及专门的指示

第十三条　工地警卫、照明与供水

第十四条　工作时间

第十五条　承包人的工程师、职员与工人

第十六条　承包人住址、办公室和管理办公室

第十七条　被拒绝的工程、材料和设备

如工程的全部或部分被掩盖，无法目视，或者工程不完全或者不符合合同条款，出现缺陷，工程部有权要求承包人采取措施，承包人应执行工程部的要求直至上述工程得以完善。费用由承包人负担。

如果承包人不按照本条文履行自己的义务，工程部有权雇佣其他人进行这项工作，费用由承包人负担。

不允许承包人因任何由于工程部对工程、材料或机具的拒绝而产生的改变而要求拖延工期。同样，工程部不承担承包人对任何被拒绝工程、材料或机具的价款或清除所做的开支。

第十八条　工伤事故

如果由于工地附近发生任何事故导致死、伤或对财产的危害，承包人应将事故的发生及其详细情节和见证通知工程部。类似此种事故还应向国家有关当局报告。

第十九条　通过路、桥、水路运送材料和设备

承包人应采取所有的措施和必要的准备，以免由于其运输工具的通过而对通往工地的公路、桥梁或水路造成危害。

如承包人由必须运往工地的大件物品，而通往工地的公路、桥梁或水路又可能不能承受，乃至造成危害或损害，这时，承包人应在运输之前，把决定运往工地的物品数量和质量的详细材料和建议通知工程部工程师。如果工程师在接到上述通知10天之内，没有向其表明关于这种保护和加固的观点，这时，承包人便执行这种建议，并应准备工程师可能提出的任何改动。如报价单和合同契约中没有任何关于保护和加固专门工程的条款，那么

由此而发生的费用和开支由承包人承担，而且不能免除其由于违反国家交通规则而必须履行的义务。

在事故期间或其后的时间内，如工程部接到关于危害道路、桥梁或水路的任何赔偿要求，应通知承包人，承包人应满足这些要求，支付应付款项，且无权向工程部要求有关此类支付的补偿。

第二十条 化石及古物的所有权

如双方在工地上发现琥珀、金属币、古物、有经济价值的材料以及除此以外的诸如有重大地质意义的物品或古玩，所有权归工程部。承包人要采取合适的措施禁止其工人或其他任何人占据或损坏此类物品。一经发现，但尚未挖掘或尚未运输，承包人应积极报告工程部，进而用工程部的费用执行工程部发布的有关如何行动的命令。

学习情境4

合同监控与变更

任务10　合同分析与交底

▶▶引例1

某市一教学楼，建筑面积 $4680m^2$，地下 1 层，地上 3 层。工程结构为砖混结构。建设单位通过招标与 A 施工企业签署了施工合同。合同的部分内容如下。

1. 合同价款支付方式

协议生效后 10 日内，甲方向乙方支付合同总价款的 20%；逾期付款的，按日 0.3% 的利率予以处罚。

2. 不可抗力

不可抗力是指那些合同签订后发生的双方无法控制和不可预见的事件，但不包括双方的违约或疏忽。诸如地震、海啸、洪水、火山爆发、台风等因自然原因引发的重大灾害，战争、瘟疫、地区性罢工，恐怖活动等人为重大灾害以及其他程度与发生原因与之相称的事件都可认为是不可抗力。

引导问题 1：根据引例 1 回答以下问题。

（1）合同条款是否存在漏洞和缺陷，合同分析应包括哪些主要内容？

（2）什么是合同交底？交底对象和内容有哪些？

【专家评析】

引例 1 中合同存在以下漏洞和缺陷。

（1）合同支付期间的起算日设置不妥，即"协议生效后 10 日内"的表述不妥。"协议生效后"并非一个具体的时间点，具有不确定性，易引发争议。可改为"协议生效之日起 10 日内"。

约定"处罚"不妥。应将"予以处罚"改为"追究违约责任"或"支付违约金"。合同是地位平等的双方当事人签订的合同，双方的权利、义务是一致的。处罚是公法上的概念，只有公权力才能够对违反社会规则的人进行处罚。而合同是私法上的概念，在订立以及履行合同的过程中双方地位是平等的，一方不能对另一方进行处罚。因此，合同中约定的应当为违约条款，违约方应承担的是违约责任，本案例具体表现为支付违约金，而不是处罚。

（2）对不可抗力约定不准确，而且未对发生不可抗力后责任如何分摊以及发生后如何处理进行约定，这极易在合同履行中发生纠纷。

（3）合同分析与交底是合同履行前一项极其重要的工作。交底对象主要是涉及合同义务的相对方，让其明确自己的义务和相关权利以及履行义务时应遵循的程序，以保证合同的顺利履行。

10.1 任务导读

10.1.1 任务描述

某高校要建设实训楼,投资约 5200 万元人民币,建筑面积约 30000 平方米。通过招标,已和你所在单位签署施工合同。目前的任务是在合同履行前,就该施工合同进行合同分析与交底。

10.1.2 任务目标

(1) 根据项目实际情况,收集、阅读、分析所需要的资料,并能得出自己的结论。
(2) 分析合同漏洞、解释争议内容,分析合同风险、制定风险对策。
(3) 简化、分解合同,完成合同交底。
(4) 分解合同工作并落实合同责任。
(5) 通过完成该任务,完成自我评价,并提出改进意见。

10.2 相关理论知识

10.2.1 合同分析

1. 合同分析的含义

合同分析是从合同执行的角度去分析、补充和解释合同的具体内容和要求,将合同目标和合同规定落实到合同实施的具体问题和具体时间上,用以指导具体工作,使合同符合日常工程管理的需要,使工程按合同要求实施,为合同执行和控制确定依据。合同分析不同于招投标过程中对招标文件的分析,其目的和侧重点都不同。合同分析往往由企业的合同管理部门或项目中的合同管理人员负责。

2. 合同分析的必要性、作用和要求

1) 合同分析的必要性

由于以下诸多因素的存在,承包人在签订合同后、履行和实施合同前有必要进行合同分析。

(1) 许多合同条文采用法律用语,往往不够直观明了,不容易理解,通过补充和解释,可以使之简单、明确、清晰。

(2) 同一个工程中的不同合同形成一个复杂的体系,十几份、几十份甚至上百份合同之间有十分复杂的关系。

(3) 合同事件和工程活动的具体要求(如工期、质量、费用等),合同各方的责任关系、事件和活动之间的逻辑关系等极为复杂。

（4）许多工程小组、项目管理职能人员所涉及到的活动和问题不是合同文件的全部，而仅为合同的部分内容，全面理解合同对合同的实施将会产生重大影响。

（5）在合同中依然存在问题和风险，包括合同审查时已经发现的风险和还可能隐藏着的尚未发现的风险。

（6）合同中的任务需要分解和落实。

（7）在合同实施过程中，合同双方会有许多争执，在分析时就可以预测、预防。

2）合同分析的作用

合同分析的目的和作用体现在以下几个方面。

（1）分析合同中的漏洞，解释有争议的内容。在合同起草和谈判过程中，双方都会力争完善，但仍然难免会有所疏漏，通过合同分析，找出漏洞，可以作为履行合同的依据。

在合同执行过程中，合同双方有时也会发生争议，往往是由于对合同条款的理解不一致所造成的，通过分析，就合同条文达成一致理解，从而解决争议。在遇到索赔事件时，合同分析也可以为索赔提供理由和根据。

（2）分析合同风险，制定风险对策。不同的工程合同，其风险的来源和风险量的大小都不同，要根据合同进行分析，并采取相应的对策。

（3）合同分解和合同交底。为了使日常合同管理工作更为容易和方便，应将合同约定中不直观明了的条文和晦涩难懂的法律语言用最简单易懂的语言和形式表达出来。同时，企业的合同管理机构组织的全体成员通过学习合同文件和合同分析的结果，对合同的主要内容应做出统一的解释和说明，确保大家熟悉合同中的主要内容、各种规定、管理程序，了解承包商的合同责任和工程范围，各种行为的法律后果等。

（4）合同任务分解、在实际工程中，落实合同责任。合同任务需要分解落实到具体的工程小组或部门、人员，要将合同中的任务进行分解，将合同中与各部分任务相对应的具体要求明确，然后落实到具体的工程小组或部门、人员身上，以便于实施与检查。

3）合同分析的基本要求

（1）准确性和客观性。合同分析中如果出现误差，它必然在合同履行中反映出来。如不能透彻、准确地分析合同，就不能有效全面地执行合同，这必然会导致合同实施更大的失误。许多工程失误和争执由此而产生，所以合同分析的结果应准确、全面地反映合同内容。

客观性即合同分析必须实事求是地按照合同条文，遵循合同精神，进行合同解释和风险分析，划分合同双方责任和权益，不能主观臆断。大多数实施过程中的合同争执，源于承包商的自以为是，而导致损失惨重。

（2）清楚明了，具有针对性。合同分析的结果应该易于不同层次的管理人员、工作人员理解和接受，所以其必须采用简单、清晰的表达方式，如图、表等形式。同时，不同层次的管理人员需要不同内容的合同分析资料，因此提供的合同分析应具有针对性。

（3）一致性和全面性。一致性即合同双方以及承包商的所有工程小组和分包商等对合同理解都应一致，无歧义。合同分析中要落实各方面的责任界面。合同分析实质上是承包商单方面对合同的详细解释，但合同争执的最终解决不是以单方面对合同理解为依据的，因此这极容易引起争执。所以合同分歧应在合同实施前解决，合同分析结果应能为对方认可，以避免合同执行中的争执和损失，这有利于双方合同的顺利履行。

全面性即合同分析应解释全部合同文件，全面整体地理解合同条文而无断章取义。合同分析是一项非常细致的工作，不能错过一些细节问题，只观其大略。对合同中的每一条款，每句话，甚至每个词都应认真推敲，细心琢磨，全面落实。特别当不同文件、不同合同条款之间规定出现矛盾时，不能断章取义。在实际工作中，有时一个词，甚至一个标点常常能关系到争执的性质，关系到一项索赔的成败，关系到工程的盈亏。

3. 建设工程施工合同分析的内容和过程

按合同分析的性质、对象和内容，它可以分为合同总体分析、合同详细分析和特殊问题的合同扩展分析。

1) 合同总体分析

合同总体分析的结果是工程施工总的指导性文件，通常合同条款通过合同总体分析落实到一些带全局性的具体问题上，所以合同协议书和合同条件是合同总体分析的主要对象。

合同总体分析的内容和详细程度与以下3个因素有关。

第一，分析目的。在合同履行前所做的总体分析，一般比较详细、全面；而在处理重大索赔和合同争执时的总体分析则仅需分析与索赔和争执相关的内容。

第二，分析人员对合同文本的熟悉程度。如采用熟悉的文本（如国内工程中常用的标准合同文本），则可简略分析，把重点放在专有和特殊条款的分析。

第三，根据工程和合同文本的特殊性。如工程规模巨大，合同风险和变更多，合同文本是某方起草的非标准文本，合同条款和合同关系复杂，则应详细分析。

总体分析常在以下两种情况下进行。

(1) 在合同履行前所做的合同总体分析。承包商必须在合同签订后实施前，首先确定合同规定的主要工程目标，界定各方面的权利和义务，分析各种活动的法律后果。此时分析的重点如下。

①合同的法律基础。即合同字签订和实施的法律背景。通过分析，承包人了解适用于合同的法律的基本情况（范围，特点等），用以指导整个合同实施和索赔工作。对合同中明示的法律应重点分析。

②承包人的主要任务如下。

a) 承包人的总任务，即合同标的。承包人在设计、采购、制作、试验、运输、土建施工、安装、验收、试生产、缺陷责任期维修等方面的主要责任，施工现场的管理，给业主的管理人员提供生活和工作条件等责任。

b) 工作范围。它通常由合同中的工程量清单、图纸、工程说明、技术规范所定义。工程范围的界限应很清楚。否则会影响工程变更和索赔，特别对固定总价合同。

在合同实施中，如果工程师指令的工程变更属于合同规定的工程范围，则承包人必须无条件执行；如果工程变更超过承包人应承担的风险范围，则可向业主提出工程变更的补偿要求。

c) 关于工程变更的规定。在合同实施过程中，变更程序非常重要，通常要做工程变更工作流程图，并交付相关的职能人员。工程变更的补偿范围，通常以合同金额一定的百分比表示。通常这个百分比越大，承包人的风险越大。工程变更的索赔有效期由合同具体规定，一般为 28 天，也有 14 天的。一般这个时间越短，对承包人管理水平的要求越高，对承包人越不利。

③发包人的责任。这里主要分析发包人的合作责任。其责任通常有如下几方面。

a）业主雇用工程师并委托其在授权范围内履行业主的部分合同责任。

b）业主和工程师有责任对平行的各承包人和供应商之间的责任界限做出划分，对这方面的争执做出裁决，对他们的工作进行协调，并承担管理和协调失误造成的损失。

c）及时做出承包人履行合同所必需的决策，如下达指令、履行各种批准手续、做出认可、答复请示、完成各种检查和验收手续等。

d）提供施工条件，如及时提供设计资料、图纸、施工场地、道路等。

e）按合同规定及时支付工程款，及时接收已完工程，等等。

④合同价格。对合同的价格，应重点分析以下几个方面。

a）合同所采用的计价方法及合同价格所包括的范围。

b）工程量计量程序，工程款结算（包括进度付款、竣工结算、最终结算）方法和程序。

c）合同价格的调整，即费用索赔的条件、价格调整方法，计价依据，索赔有效期规定。

⑤施工工期。在实际工程中，工期拖延极为常见和频繁，而且对合同实施和索赔的影响很大，所以要特别重视。

⑥工程受干扰的法律后果。

⑦违约责任。如果合同一方未遵守合同规定，造成对方损失，应受到相应的合同处罚。通常分析如下。

a）承包人不能按合同规定工期完成工程的违约金或承担业主损失的条款。

b）由于管理上的疏忽造成对方人员和财产损失的赔偿条款。

c）由于预谋或故意行为造成对方损失的处罚和赔偿条款等。

d）由于承包人不履行或不能正确地履行合同责任，或出现严重违约时的处理规定。

e）由于业主不履行或不能正确地履行合同责任，或出现严重违约时的处理规定，特别是对业主不及时支付工程款的处理规定。

⑧验收、移交和保修。验收包括许多内容，如材料和机械设备的现场验收，隐蔽工程验收，单项工程验收，全部工程竣工验收，等等。在合同分析中，应对重要的验收要求、时间、程序以及验收所带来的法律后果做说明。

竣工验收合格即办理移交。移交作为一个重要的合同事件，同时又是一个重要的法律概念。它表示以下几方面内容。

a）业主认可并接受工程，承包人工程施工任务的完结。

b）工程所有权的转让。

c）承包人工程照管责任的结束和业主工程照管责任的开始。

d）保修责任的开始。

e）同规定的工程款支付条款有效。

⑨索赔程序和争执的解决决定着索赔的解决方法，这里要分析以下几方面内容。

a）索赔的程序。

b）争议的解决方式和程序。

c）仲裁条款。包括仲裁所依据的法律、仲裁地点、方式和程序、仲裁结果的约束力等。

合同总体分析后，应以最简单的形式和最简洁的语言将分析的结果表达出来，并应对合同中的风险，执行中应注意的问题做出特别的说明和提示，交项目经理、各职能部门和各职能人员作为日常工程活动的指导。

（2）在重大的争执处理过程中所做的合同总体分析。这里总体分析的重点是合同文本中与索赔有关的条款。对不同的干扰事件，应有不同的针对。它将为整个索赔工作提供索赔（反索赔）的理由和根据，也是索赔值计算方式和计算基础的依据。同时，合同总体分析的结果作为索赔事件责任分析的依据直接作为索赔报告的一部分，在索赔谈判中起着重要的作用。

2）合同详细分析

承包合同的实施由许多具体的工程活动和合同双方的其他经济活动构成。这些活动也都是为了实现合同目标、履行合同责任，也必须受合同的制约和控制，它们因此可以被称为合同事件。对一个确定的承包合同，承包商的工程范围、合同责任是一定的，则相关的合同事件也应是一定的。通常在一个工程中，这样的事件可能有几百甚至几千件。在工程中，合同事件之间存在一定的技术的、时间上的和空间上的逻辑关系，形成网络，所以在国外又被称为合同事件网络。

为了使工程有计划、有秩序、按合同实施，必须将承包合同目标、要求和合同双方的责权关系分解落实到具体的工程活动上。这就是合同详细分析。

合同详细分析的对象是合同协议书、合同条件、规范、图纸、工作量表。它主要通过合同事件表、网络图、横道图和工程活动的工期表等定义各工程活动。合同详细分析的结果最重要的部分是合同事件表，见表10－1。合同事件表是工程施工中最重要的文件，它从各个方面定义了该合同事件。这使得在工程施工中落实责任、安排工作、合同监督、跟踪、分析、索赔（反索赔）处理非常方便。时间表主要由以下内容组成。

表10－1 合同事件表

合同事件表		
子项目	事件编码	日期 变更次数
事件名称和简要说明		
事件内容说明		
前提条件		

续表

本事件的主要活动		
负责人（单位）		
费用 计划 实际	其他参加者	工期 计划 实际

1）事件编码

这是为了计算机数据处理的需要，对事件的各种数据处理都靠编码识别。所以编码要能反映这事件的各种特性，如所属的项目、单项工程、单位工程、专业性质、空间位置等。通常它应与网络事件的编码有一致性。

2）事件名称和简要说明

3）变更次数和最近一次的变更日期

它记载着与本事件相关的工程变更。在接到变更指令后，应落实变更，修改相应栏目的内容。

最近一次的变更日期表示，从这一天以来的变更尚未考虑到，这样可以检查每个变更指令的落实情况，既防止重复，又防止遗漏。

4）事件的内容说明

这里主要为该事件的目标，如某一分项工程的数量、质量、技术要求以及其他方面的要求。这由合同的工程量清单、工程说明、图纸、规范等定义，是承包商应完成的任务。

5）前提条件

该事件进行前应有哪些准备工作？应具备什么样的条件？这些条件有的应由事件的责任人承担，有的应由其他工程小组、其他承包商或业主承担。这里不仅确定事件之间的逻辑关系，而且划定各参加者之间的责任界限。

例如，某工程中，承包商承包了设备基础的土建和设备的安装工程。按合同和施工进度计划规定以下内容。

在设备安装前3天，基础土建施工完成，并交付安装场地。

在设备安装前3天，业主应负责将生产设备运送到安装现场，同时由工程师、承包商和设备供应商一齐开箱检验。

在设备安装前15天，业主应向承包商交付全部的安装图纸。

在安装前，安装工程小组应做好各种技术的和物资的准备工作等。

这样对设备安装这个事件可以确定它的前提条件，而且各方面的责任界限十分清楚。

6）本事件的主要活动

即完成该事件的一些主要活动和它们的实施方法、技术、组织措施。这完全从施工过程的角度进行分析。这些活动组成该事件的子网络，例如上述设备安装可能有如下活动。

现场准备；施工设备进场、安装；基础找平、定位；设备就位、吊装、固定；施工设备拆卸、出场等。

7）责任人

即负责该事件实施的工程小组负责人或分包商。

8）成本（或费用）

这里包括计划成本和实际成本。有如下两种情况。

（1）若该事件由分包商承担，则计划费用为分包合同价格。如果有索赔，则应修改这个值，而相应的实际费用为最终实际结算账单金额总和。

（2）若该事件由承包商的工程小组承担，则计划成本可由成本计划得到，一般为直接费成本，而实际成本为会计核算的结果，在该事件完成后填写。

9）计划和实际工期

计划工期由网络分析得到。这里有计划开始期，结束期和持续时间。实际工期按实际情况，在该事件结束后填写。

10）其他参加人

即对该事件的实施提供帮助的其他人员。

从上述内容可见，合同详细分析包容了工程施工前的整个计划工作。详细分析的结果实质上是承包商的合同执行计划，它包括以下内容。

（1）工程项目的结构分解，即工程活动的分解和工程活动逻辑关系的安排。

（2）技术会审工作。

（3）工程实施方案、总体计划和施工组织计划。在投标书中已包括这些内容，但在施工前，应进一步细化，做详细的安排。

（4）工程详细的成本计划。

（5）合同详细分析不仅针对承包合同，而且包括与承包合同同级的各个合同的协调，包括各个分合同的工作安排和各分合同之间的协调。

所以合同详细分析是整个项目小组的工作，应由合同管理人员、工程技术人员、计划师、预算师（员）共同完成。

3．特殊问题的合同扩展分析。

在合同实施过程中常常会发生合同总体分析和详细分析中难以发现的问题。这些问题和情况由于在合同中未能明确规定或它们已超出合同的范围，这给合同管理人员管理工作带来了很大难度。为了避免损失和争执，所以应根据实际工程经验和经历对这些特殊问题进行细致和耐心地分析。对重大的、难以确定的问题应请专家咨询或做法律鉴定。特殊问题的合同扩展分析一般用问答的形式进行。

▶▶引例 2

某工程按合同规定的总工期，应于××年×月×日开始现场搅拌混凝土。因承包商的混凝土拌和设备迟迟运不上工地，承包商决定使用商品混凝土，但被业主否决，而在承包合同中未明确规定使用何种混凝土。

引导问题 2：只要商品混凝土符合合同规定的质量标准，它是否也要经过业主批准才能使用？

【专家评析】

因为合同中未明确规定一定要用工地现场搅拌的混凝土，则商品混凝土只要符合合同规定的质量标准也可以使用，不必经过业主批准。因为按照惯例，实施工程的方法由承包商负责。在这前提下，业主拒绝承包商使用商品混凝土，是一个变更指令，对此可以进行工期和费用索赔。但该项索赔必须在合同规定的索赔有效期内提出。

在实务中，实际工程非常复杂，这类问题面广量大，稍有不慎就会导致经济损失。因此有必要对特殊问题进行合同分析。

1）特殊问题的合同分析

针对合同实施过程中出现的一些合同中未明确规定的特殊的细节问题做分析。它们会影响工程施工、双方合同责任界限的划分和争执的解决，对它们的分析通常仍在合同范围内进行。

由于这一类问题在合同中未明确规定，其分析的依据通常有两个，具体如下。

（1）合同意义的拓广。通过整体地理解合同，再做推理，以得到问题的解答。当然这个解答不能违背合同精神。

（2）工程惯例。在国际工程中则使用国际工程惯例，即考虑在通常情况下，这一类问题的处理或解决方法。

合同分析思路与调解人或仲裁人分析和解决问题的方法和思路一致的。

▶▶应用案例1

某工程合同规定，进口材料的关税不包括在承包商的材料报价中，应由业主支付。但合同未规定业主的支付日期，仅规定业主应在接到到货通知单30天内完成海关放行的一切手续。现承包商急需材料，先垫支关税，以便及早取得材料，避免现场停工待料。

引导问题3：对此，承包商是否可向业主提出补偿关税要求？这项索赔是否也要受合同规定的索赔有效期的限制？

【专家评析】

对此，如果业主拖延海关放行手续超过30天，造成停工待料，承包商可将它作为不可预见事件，在合同规定的索赔有效期内提出工期和费用索赔。而承包商先垫付了关税，以便及早取得材料，对此承包商可向业主提出海关税的补偿要求，因为按照国际工程惯例，承包商有责任和权力为降低损失采取措施。而业主行为对承包商并非违约，故这项索赔不受合同所规定的索赔有效期限制。

▶▶引例3

某国一公司总承包伊朗的一项工程。由于在合同实施中出现许多问题，有难以继续履行合同的可能，合同双方出现大的分歧和争执。承包商想解约，提出这方面的问题请法律专家做鉴定。

引导问题4：根据引例3，回答以下问题。

（1）在伊朗法律中是否存在合同解约的规定？

（2）伊朗法律中是否允许承包商提出解约？

（3）解约的条件是什么？

(4) 解约的程序是什么？

【专家评析】

在工程承包合同的签订、实施或争执处理、索赔（反索赔）中，有时会遇到重大的法律问题。引例3就属于这种情况。它通常存在两种情形。

一是，这些问题已超过合同的范围，超过承包合同条款本身，例如有的干扰事件的处理合同未规定，或已构成民事侵权行为。

二是，承包商签订的是一个无效合同或部分内容无效，则相关问题必须按照合同所适用的法律来解决。

2) 特殊问题的合同法律扩展分析

在工程中，常出现一些特殊问题，常常关系到承包工程的盈亏成败，但承包商对此把握不准。此时须对它们做合同法律的扩展分析，在适用于合同关系的法律中寻求解答。一般需要向法律专家咨询或进行法律鉴定。

法律专家必须精通适用于合同关系的法律，对这些问题做出明确答复，并对问题的解决提供意见或建议。在此基础上，承包商才能决定处理问题的方针、策略和具体措施。

10.2.2 建设工程施工合同交底

1. 交底目的

合同和合同分析的资料是工程实施管理的依据。合同分析后，应向各层次管理者做合同交底，即由合同管理人员在对合同的主要内容进行分析、解释和说明的基础上，通过组织项目管理人员和各个工程小组学习合同条文和合同总体分析结果。

其目的是使项目实施人员熟悉合同中的主要内容、规定、管理程序，了解合同双方的合同责任和工作范围，各种行为的法律后果，等等，使大家都树立全局观念，使各项工作协调一致，避免执行中的违约行为。

在传统的施工项目管理系统中，人们十分重视图纸交底工作，却不重视合同分析和合同交底工作，导致各个项目组和各个工程小组对项目的合同体系、合同基本内容不甚了解，最终影响了合同的履行。

2. 交底任务

项目经理或合同管理人员应将各种任务或事件的责任分解，落实到具体的工作小组、人员或分包单位。合同交底的主要任务如下。

(1) 对合同的主要内容达成一致理解。

(2) 将各种合同事件的责任分解落实到各工程小组或分包人。

(3) 将工程项目和任务分解，明确其质量和技术要求以及实施的注意要点等。

(4) 明确各项工作或各个工程的工期要求。

(5) 明确成本目标和消耗标准。

(6) 明确相关事件之间的逻辑关系。

(7) 明确各个工程小组（分包人）之间的责任界限。

(8) 明确完不成任务的影响和法律后果。

(9) 明确合同有关各方（如业主、监理工程师）的责任和义务。

(10) 明确工程变更程序。

▶▶**应用案例 2**

某住宅小区桩基础施工包干措施费 100 万元，除本合同特别约定外，不因设计变更、工程进度、市场价格变动或承包人投标失误等任何原因而进行调整。合同工期为 50 日历天。由于地质原因，在原定合同工期过半时，工程才完成 20%，进度严重拖后。项目打桩控制原则和施工措施都要做大的调整，项目的工期要大大延长，成本也会大大增加。

引导问题 5：这个合同存在什么问题？如何进行补救？就此如何进行合同交底？

10.3 任务实施

（1）根据本项目情况和施工合同，填写表 10-2。

表 10-2 施工合同结构分解表

一般规定				
合同中的组织				
承包商的义务				
业主方的义务				
风险的分担与转移				
工期、进度与移交				
质量、检查与缺陷				
价款、计量与支付				
变更程序				
违约责任				
索赔				
合同的解除				
争议的解决				

（2）选择本次施工合同中一个子项目，完成合同事件表的填写。

（3）根据本项目情况和施工合同，汇总小组成果，完成合同分析表的填写。

（4）根据本项目情况和施工合同，进行合同交底。

10.4 任务评价与总结

1. 任务评价

完成表 10-3 的填写。

表 10-3 任务评价表

考核项目	分数			学生自评	小组互评	教师评价	小 计
	差	中	好				
团队合作精神	1	3	5				
活动参与是否积极	1	3	5				
工作过程安排是否合理规范	2	10	18				
陈述是否完整、清晰	1	3	5				
是否正确灵活运用已学知识	2	6	10				
劳动纪律	1	3	5				
此次合同分析是否满足任务要求	2	4	6				
此项目工作重点是否准确	2	4	6				
总 分		60					
教师签字:				年 月 日		得 分	

2. 自我总结

（1）此次任务完成中存在的主要问题有哪些？

（2）问题产生的原因有哪些？

（3）请提出相应的解决方法。

（4）您认为还需加强哪方面的指导（实际工作过程及理论知识）？

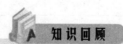

完成合同分析与交底任务，应掌握以下知识点。

（1）合同分析是从合同执行的角度去分析、补充和解释合同的具体内容和要求，将合同目标和合同规定落实到合同实施的具体问题和具体时间上，用以指导具体工作，使合同符合日常工程管理的需要，使工程按合同要求实施，为合同执行和控制确定依据。其主要包括合同总体分析、合同详细分析和特殊问题的合同扩展分析。

（2）合同交底是将合同目标和合同规定落实到合同实施的具体问题和具体时间上，用以指导具体工作，使合同符合日常工程管理的需要，使工程按合同要求实施，为合同执行和控制确定依据。

（3）合同事件表的填写要点。

基础训练

一、选择题

1. 人民法院对专门性问题认为需要鉴定的,应当交由( )鉴定部门鉴定。
   A. 法定   B. 人民法院指定的
   C. 当事人约定的   D. 仲裁庭指定的

2. 发包人逾期支付设计费应承担应支付金额( )的逾期违约金。
   A. 2%   B. 0.2%   C. 5%   D. 0.5%

3. 在施工合同履行中,如果工程师口头指令,最后没有以书面形式确认,但承包人有证据证明工程师确实发布过口头指令,此时,可以认定口头指令的效力( )。
   A. 构成合同的组成部分   B. 不能构成合同的组成部分
   C. 成为承包人索赔的证据   D. 无效

4. 合同生效后,当事人发现部分工程的费用负担约定不明确,首先应当( )确定费用负担的责任。
   A. 按交易习惯   B. 依据合同的相关条款
   C. 签订补充协议   D. 按履行义务一方承担的原则

5. (2008年真题)甲将工程机械供给乙使用,乙却将该工程机械卖给丙。依据《中华人民共和国合同法》的规定,乙、丙之间买卖工程机械合同的效力是( )。
   A. 有效   B. 无效   C. 效力待定   D. 可变更或撤销

6. 委托人选定的某科研机构的实验室对材料和工艺质量的检测试验,应接受( )的指示完成相应的试验工作。
   A. 项目技术负责人   B. 项目经理
   C. 质检人员   D. 监理工程师

7. (2009年真题)按照FIDIC(施工合同条件)规定,施工中遇到( )不属于业主应承担的风险。
   A. 不利的外界自然条件   B. 不利的气候条件
   C. 招标文件未提供的地质条件 D. 图纸未标明的地下障碍物

8. FIDIC(施工合同条件)中,为了解决监理工程师的决定可能处理得不公正的情况,通用条件增加了( )处理合同争议的程序。
   A. 诉讼   B. 调解
   C. 仲裁   D. 争端裁决委员会

9. 某工程设计合同,双方约定设计费为10万元,定金为2万元。当设计人完成设计工作30%时,发包人由于该工程停建要求解除合同,此时发包人应进一步支付设计人( )万元。
   A. 3   B. 5   C. 7   D. 10

10. (2008年真题)某施工合同在履行过程中,承包人提出使用专利技术,工程师同意,则下列各个申报手续和费用承担的表述,正确的是( )。
    A. 发包人办理申报手续并承担费用

B. 发包人办理申报手续，承包人承担费用
C. 承包人办理申报手续，发包人承担费用
D. 承包人办理申报手续并承担费用

二、简答题

1. 什么是合同分析，合同分析的主要工作内容包括哪些？
2. 什么是合同总体分析、合同详细分析和特殊问题的合同扩展分析？
3. 什么是合同事件，如何填写合同事件表？
4. 什么是合同交底，合同交底的主要工作内容有哪些？

三、综合案例分析

案例 1

某公路工程，合同要求承包商在路面上划白色分道线，并且规定：分道线将按实际长度给予付款。由于该分道线是间断式的，业主和承包商结算时对"实际长度"的理解上产生了分歧。

问题：该纠纷为什么会出现？合同履行前应做好哪些工作？

案例 2

某建设单位（甲方）拟建造一栋职工住宅，通过招标方式确定，由某施工单位（乙方）承建。甲、乙双方签订的施工合同摘要如下。

一、协议书中的部分条款

（一）工程概况

工程名称：职工住宅楼

工程地点：市区

工程内容：建筑面积为 3400m^2 的砖混结构住宅楼

（二）工程承包范围

承包范围：某建筑设计院设计的施工图所包括的土建、装饰、水暖电工程。

（三）合同工期

开工日期：2008 年 3 月 21 日；竣工日期：2008 年 9 月 30 日；

合同工期总日历天数：190 天（扣除 5 月 1 日~3 日）。

（四）质量标准

工程质量标准：达到甲方规定的质量标准。

（五）合同价款

合同总价为：壹佰捌拾陆万肆仟元人民币（￥186.4 万元）。

（六）乙方承诺的质量保修

在该项目设计规定的使用年限（50 年）内，乙方承担全部保修责任。

（七）甲方承诺的合同价款支付期限与方式

①工程预付款：于开工之日支付合同总价的 10%作为预付款。工程实施后，预付款从工程后期进度款中扣回。

②工程进度款：基础工程完成后，支付合同总价的 15%；主体结构三层完成后，支付合同总价的 25%；主体结构全部封顶后，支付合同总价的 25%；工程基本竣工时，支付

合同总价的40%。为确保工程如期竣工，乙方不得因甲方资金的暂时不到位而停工和拖延工期。

③竣工结算：工程竣工验收后，进行竣工结算。结算时按全部工程造价的3％扣留工程质量保证金。在保修期（50年）满后，质量保证金及其利息扣除已支出费用后的剩余部分退还给乙方。

（八）合同生效

合同订立时间：2008年3月5日；

合同订立地点：××市××区××街××号；

本合同双方约定：经双方主管部门批准及公证后生效。

二、专用条款中有关合同价款的条款合同价款与支付

本合同价款采用固定总价合同方式确定。合同价款包括的风险范围如下。

（1）工程变更事件发生导致工程造价增减不超过合同总价10％。

（2）政策性规定以外的材料价格涨落等因素造成工程成本变化。风险费用的计算方法：风险费用已包括在合同总价中。

风险范围以外合同价款调整方法：按实际竣工建筑面积以640.00元/m²调整合同价款。

三、补充协议条款

在上述施工合同协议条款签订后，甲、乙双方又接着签订了补充施工合同协议条款。摘要如下：

补1，木门窗均用水曲柳板包门窗套。

补2，铝合金窗90系列改用42型系列某铝合金厂产品。

补3，挑阳台均采用42型系列某铝合金厂铝合金窗封闭。

【问题】

1. 对实行工程量清单计价的工程，适宜采用何种合同类型？本案例采用总价合同方式是否违法？

2. 该合同签订的条款有那些不妥之处？应如何修改？

3. 对合同中未规定的承包商义务，合同实施过程中又必须进行的工程内容，承包商应如何处理？

拓展训练

教师可围绕本学校已建或在建项目，进行某项目合同分析和交底。

任务11　合 同 监 控

▶▶**引例 1**

某综合楼装饰装修工程，施工单位技术负责人向监理机构提供了施工组织设计，监理工程师审查过程中发现以下问题。

（1）本工程中没有的项目施工单位技术负责人进行了详细的描述，工程中有的项目却没有写入。

（2）施工组织设计是老模式，分部、分项工程的验收全部是自检合格，没有在自检合格的基础上报总承包单位，总承包单位检验合格报监理最后验收这一程序。

（3）施工单位技术负责人将实行分包后再分包写入施工组织设计之中，认为这份跟皇冠大厦工程那份一字不差。

引导问题 1：根据引例 1 回答以下问题。

（1）施工单位在合同履行过程中存在什么问题？

（2）合同监控的主要目的是什么？涉及哪些工作内容？

【专家评析】

施工组织设计是施工单位进行施工的详细描述，是对建设单位的承诺，又是监理单位对施工单位监督检查的重要依据。可施工单位为省事，将以前存在计算机内的施工组织设计稍加修改或根本不修改就抽出一份向建设单位、监理单位交差完事，故出现了以上所说的没有的项目，写个没完没了，而有的项目却只字未提的现象。皇冠大厦与综合楼各方面都有所不同，应有不同的施工组织设计，保证应有的针对性、可操作性及先进性。安全、环卫、消防及文明安全施工措施都应可行，在符合国家现行规定，符合合同及法律、法规的前提下，施工单位的技术决策和管理决策享有自主权。重要的分部分项工程的施工方案（包括安全施工方法、机械设备及人员的配备和组织、质量管理措施、施工进度计划）经监理工程师审核确认后方可实施。

合同监控在于保证施工方案在实施过程中符合合同所约定的质量、安全、进度和程序要求，常通过监督、跟踪、诊断和纠偏来完成。

11.1　任务导读

11.1.1　任务描述

某高校要建设实训楼，投资约 5200 万元，建筑面积约 30000m^2。通过招标与你所在单位签署了施工合同。目前合同正在履行,你的任务是是就土建施工完成合同监控工作。

11.1.2 任务目标

(1) 按照正确的方法和途径,制定监控措施,成立合同管理部门。
(2) 依据合同控制和履约管理重点,制定合同监控措施。
(3) 按照工作时间限定,进行合同跟踪,完成偏差分析,提出纠偏方案。
(4) 通过完成该任务,提出后续工作建议,完成自我评价,并提出改进意见。

11.2 相关理论知识

11.2.1 合同监控任务概述

1. 合同监控的概念

现代工程项目是通过合同运作的,项目参与方通常都通过合同确定在项目中的地位和责权关系。合同监控是指通过实施一系列合同控制措施,以实现合同定义工程的目标(工期、质量和价格)和维护合同管理程序。

2. 合同监控的特殊性

(1) 成本、质量、工期是由合同定义的三大目标,承包商最根本的合同责任是达到这三大目标,其次还包括工程范围、工程的安全、健康、环境体系的定义,所以合同监控是其他控制的保证。通过合同监控可以使整个项目的控制职能协调一致,形成一个有序的项目管理过程。

(2) 通过合同总体分析可见,承包商除了必须按合同规定的质量要求和进度计划,完成工程的设计、施工、竣工和保修责任外,还必须对实施方案的安全、稳定负责;对工程现场的安全、秩序、清洁和工程保护负责;遵守法律,执行工程师的指令;对自己的工作人员和分包商承担责任;按合同规定及时地提供履约担保,购买保险,承担与业主的合作义务,达到工程师满意的程度;等等。同时承包商有权利获得合同规定的必要的工作条件,如场地、道路、图纸、指令;要求工程师公平、正确地解释合同;有及时、如数地获得工程付款的权利;有决定工程实施方案并选择更为科学的、合理的实施方案的权利;有对业主和工程师违约行为的索赔权利;等等。这一切都必须通过合同控制来实施。

(3) 合同监控的最大特点如图 11.1 所示,是它的动态性,具体表现在如下两个方面。

图 11.1 合同目标变化和合同实施控制

①合同实施受到外界干扰,常常偏离目标,要不断地进行调整。
②合同目标本身不断地变化,例如在工程过程中不断出现合同变更,使工程的质量、

工期、合同价格变化，使合同双方的责任和权益发生变化。

因此，合同监控必须是动态的，合同实施必须随变化了的情况和目标不断调整。

（4）承包商的合同监控不仅针对与业主之间的工程承包合同，而且包括与总承包合同相关的其他合同，如分包合同、供应合同、运输合同、租赁合同等。

合同签订后，承包商首先要派出工程的项目经理，由他全面负责工程管理工作。而项目经理首先必须组建包括合同管理人员在内的项目管理小组，并着手进行施工准备工作。

3. 合同监控的主要内容

1）广义的合同监控

随着建筑工程项目管理理论研究和实践的深入，合同监控的内容越来越丰富。最初人们将它归纳为三大控制，即工期（进度）控制、成本（投资、费用）控制、质量控制，这是由项目管理的三大目标引导出的。这3个方面包括了合同监控最主要的工作。随着项目目标和合同内容的扩展，合同控制的内容见表11－1，也有了新的扩展。

（1）项目范围控制，即保证在预定的项目范围内完成工程。

（2）合同控制，即保证自己圆满地完成合同责任，同时监督对方圆满地完成合同责任，使工程顺利实施。

（3）风险控制。对工程中的风险进行有效的预警、防范，当风险发生时采取有效的措施。

（4）项目实施过程中的安全、健康和环境方面的控制等。

表 11－1 工程实施控制内容表

序号	控制内容	控制目的	控制目标	控制依据
1	范围控制	保证按任务书（或设计文件或合同）规定的数量完成工程	范围定义	范围规划和定义文件（项目任务书、设计文件、工程量表等）
2	成本控制	保证按计划成本完成工程，防止成本超支和费用增加，达到盈利目的	计划成本	各分项工程、分部工程、总工程计划成本、人力、材料、资金计划、计划成本曲线等
3	质量控制	保证按任务书（或设计文件或合同）规定的质量完成工程，使工程顺利通过验收，交付使用，实现使用功能	规定的质量标准	各种技术标准、规范、工程说明、图纸、工程项目定义、任务书、批准文件
4	进度控制	按预定进度计划实施工程，按期交付工程，防止工程拖延	任务书（或合同）规定的工期	总工期计划、已批准的详细的施工进度计划、网络图、横道图等

续表

序号	控制内容	控制目的	控制目标	控制依据
5	合同控制	按合同规定全面完成自己的义务，防止违约	合同规定的义务、责任	合同范围内的各种文件，合同分析资料
6	风险控制	防止和减低风险的不利影响	风险责任	风险分析和风险应对计划
7	安全、健康、环境控制	保证项目的实施过程、运营过程和产品（或服务）的使用符合安全、健康和环境保护要求	法律、合同和规范	法律、合同文件和规范文件

特别提示

合同监控的依据从总体上来说是定义工程项目目标的各种文件，如项目建议书、可行性研究报告、项目任务书、设计文件、合同文件等，此外还应包括如下3个部分。

(1) 对工程适用的法律、法规文件等。工程的一切活动都必须符合这些要求，它们构成项目实施的边界条件之一。

(2) 项目的各种计划文件、合同分析文件等。

(3) 在工程中的各种变更文件等。

2) 合同监控的主要工作内容

合同实施控制程序如图11.2所示，主要包括合同监督、合同跟踪、合同诊断和调整与纠偏4个阶段。

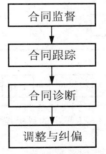

图11.2 合同实施控制程序

合同管理人员在这4个阶段的主要工作有如下几个方面。

(1) 根据合同交底内容，落实监控工作。

建立合同实施的保证体系，以保证合同实施过程中的一切日常事务性工作有秩序地进行，使工程项目的全部合同工作处于控制中，保证合同目标的实现。

监督承包商的工程小组和分包商按合同施工，做好各分合同的协调和管理工作。承包商应以积极合作的态度完成自己的合同责任，努力做好自我监督。同时也应督促和协助业主和工程师完成他们的合同责任，以保证工程顺利进行。

(2) 对合同实施情况进行跟踪，收集合同实施的信息，收集各种工程资料，并做出相应的信息处理。

（3）将合同实施情况与合同分析资料进行对比分析，找出其中的偏离，对合同履行情况做出诊断。

（4）向项目经理及时通报合同实施情况及问题，提出合同实施方面的意见、建议，甚至警告。

11.2.2 合同监控步骤

1. 工程目标控制程序

合同定义了一定范围工程或工作的目标，它是整个工程项目目标的一部分。这个目标必须通过具体的工程活动实现。由于在工程中各种干扰的作用，常常使工程实施过程偏离总目标。控制就是为了保证工程实施按预定的计划进行，顺利地实现预定的目标。工程中的目标控制程序如图 11.3 所示。

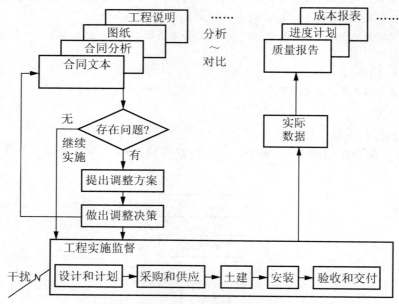

图 11.3　工程中的目标控制程序

▶▶ 引例 2

我国某承包公司在国外承包一项工程，合同签订时预计，该工程能盈利 30 万美元；开工时，发现合同有些条款不利，估计能持平，即可以不盈不亏；待工程进行了几个月，发现合同很为不利，预计要亏损几十万美元；待工期达到一半，再做详细核算，才发现合同极为不利，是个陷阱，预计到工程结束，至少亏损 1000 万美元以上。到这时才采取措施，损失已极为惨重。

【专家评析】

在这个工程中如果能及早对合同进行分析、跟踪、对比，发现问题并及早采取措施，则可以把握主动权，避免或减少损失。

2. 控制工作步骤与工作内容

1) 合同监督

工程实施监督是工程管理的日常事务性工作。目标控制首先应表现在对工程活动的监督上，即保证按照预先确定的各种计划、设计、施工方案实施工程。工程实施状况反映在原始的工程资料（数据）上，例如质量检查报告、分项工程进度报告、记工单、用料单、成本核算凭证等。

（1）工程师（业主）实施监督。业主雇用工程师的首要目的是对工程合同的履行进行有效的监督。这是工程师最基本的职责。他不仅要为承包商完成合同责任提供支持，监督承包商全面完成合同责任，而且要协助业主全面完成业主的合同责任。

① 工程师应该立足施工现场或安排专人在现场负责工程监督工作。

② 工程师要促使业主按照合同的要求为承包商履行合同提供帮助，并履行自己的合同责任。如向承包商提供现场的占有权，使承包商能够按时、充分、无障碍的进入现场；及时提供合同规定由业主供应的材料和设备；及时下达指令、图纸。这是承包商履行义务的先决条件。

③ 对承包商工程实施的监督，使承包商的整个工程施工处于监督过程中。工程师的合同监督工作通过如下工作完成。

a）检查并防止承包商工程范围的缺陷，如漏项、供应不足，对缺陷进行纠正。

b）对承包商的施工组织计划、施工方法（工艺）进行事前的认可和实施过程中的监督，保证工程达到合同所规定的质量、安全、健康和环境保护的要求。

c）确保承包商的材料、设备符合合同的要求，进行事前的认可、进场检查、使用过程中的监督。

d）监督工程实施进度。包括下达开工令并监督承包商及时开工；在中标后，承包商应该在合同条件规定的期限内向工程师提交进度计划，并得到认可；监督承包商按照批准的计划实施工程；承包商的中间进度计划或局部工程的进度计划可以修改，但它必须保证总工期目标的实现，同时也必须经过工程师的同意。

e）对付款的审查和监督。对付款的控制是工程师控制工程的有效手段。

工程师在签发预付款、工程进度款、竣工工程价款和最终支付证书时，应全面审查合同所要求的支付条件、承包商的支付证书、支付数额的合理性等，并监督业主按照合同规定的程序，及时批准和付款。

（2）承包商的合同实施监督。承包商合同实施监督的目的是保证按照合同完成自己的合同责任。主要工作如下。

① 合同管理人员与项目的其他职能人员一齐落实合同实施计划，为各工程小组、分包商的工作提供必要的保证，如施工现场的安排，人工、材料、机械等计划的落实，工序间搭接关系的安排和其他一些必要的准备工作。

② 在合同范围内协调业主、工程师、项目管理各职能人员、所属的各工程小组和分包商之间的工作关系，解决合同实施中出现的问题，如合同责任界面之间的争执，工程活动之间时间上和空间上的不协调。

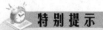

特别提示

合同责任界面争执是工程实施中很常见的。承包商与业主、与业主的其他承包商、与材料和设备供应商、与分包商以及承包商的分包商之间，工程小组与分包商之间常常互相推卸一些合同中未明确划定的工程活动的责任。这会引起内部和外部的争执，对此合同管理人员必须做判定和调解工作。

③对各工程小组和分包商进行工作指导，做经常性的合同解释，使各工程小组都有全局观念，对工程中发现的问题提出意见、建议或警告。

合同管理人员在工程实施中起"漏洞工程师"的作用，但他不是寻求与业主、与工程师、与各工程小组、与分包商的对立，他的目标不仅仅是索赔和反索赔，而是将各方面在合同关系上联系起来，防止漏洞和弥补损失，更完美地完成工程。例如促使工程师放弃不适当、不合理的要求（指令），避免对工程的干扰、工期的延长和费用的增加；协助工程师工作，弥补工程师工作的漏洞，如及时提出对图纸、指令、场地等的申请，尽可能提前通知工程师，让工程师有所准备，这样使施工更为顺利。

④承包商同项目管理的有关职能人员检查、监督各工程小组和分包商的合同实施情况，保证自己全面履行合同责任。在工程施工过程中，承包商有责任自我监督，发现问题，及时自我改正缺陷，而不一定是由工程师指出。监督应完全按照合同所确定的工程范围施工，不漏项，也不多余工作。无论对单价合同，还是总价合同，没有工程师的指令，漏项和超过合同范围完成工作，都得不到相应的付款。因此合同监督应保证以下几方面内容。

a）承包商及时开工并以应有的进度施工，保证工程进度符合合同和工程师批准的详细的进度计划的要求。

b）按合同要求，组织材料和设备的采购。承包商有义务按照合同要求使用材料、设备和工艺，保证工程达到合同所规定的要求。承包商的工程如果超过合同规定的质量要求是白费的，只能得到合同所规定的付款。

c）在按照合同规定由工程师检查前，应首先自我检查核对，对未完成的工程或有缺陷的工程指令限期采取补救措施。

d）承包商对业主提供的设计文件、材料、设备、指令进行监督和检查。

e）会同造价工程师对向业主提出的工程款账单和分包商提交来的工程款账单进行审查和确认。

▶▶引例3

在我国的一个外资项目中，业主与承包商协商采取加速施工措施，将工期提前了3个月，双方签署加速施工协议，由业主支付一笔赶工费用。但加速施工协议过于简单，未能详细分清双方责任，特别是业主的合作责任，没有承包商权益保护条款（例如他应业主要求加速施工，只要采取加速施工措施，即使没有效果，也应获得最低补偿），没有赶工费的支付时间的规定。承包商采取了加速施工措施，但由于气候、业主的干扰、承包商责任等原因使总工期未能提前，结果承包商未能获得任何补偿。

引导问题2：引例3中，承包商的问题主要出在哪？

f) 对合同文件进行审查和管理。由于在工程实施中的许多文件，例如业主和工程师的指令、会谈纪要、备忘录、修正案、附加协议等也是合同的组成部分，所以也应加强管理和审查。引例3中，承包商的主要问题就出在这里。

g) 承包商对环境的监控责任，对施工现场遇到的异常情况必须及时记录，如在施工中发现他认为一个有经验的承包商在提交投标书前不可预见的物质条件（包括地质和水文条件，地下障碍物、文物、古墓、古建筑遗址、化石或其他有考古、地质研究等价值的物品等，但不包括气候条件）影响施工时，应立即保护好现场，并尽快以书面形式通知工程师。

承包商对后期可能出现的影响工程施工、造成合同价格上升、工期延长的环境情况进行预警，并及时通知业主。

2) 合同跟踪

合同跟踪是指将收集到的工程资料和实际数据进行整理，得到能反映工程实施状况的各种信息，如各种质量报告、各种实际进度报表、各种成本和费用收支报表以及对它们的分析报告。将这些信息与工程目标，如合同文件、合同分析文件、计划、设计等进行对比分析，这样可以发现两者的差异。差异的大小，即为工程实施偏离目标的程度。如果没有差异或差异较小，则可以按原计划继续实施工程。

(1) 合同跟踪的作用。在工程实施过程中，由于实际情况千变万化，导致合同实施与预定目标（计划和设计）偏离。如果不采取措施，这种偏差常常由小到大，逐渐积累。合同跟踪可以不断地找出偏离，不断地调整合同实施，使之与总目标一致。这是合同控制的主要手段。合同跟踪的作用有以下几方面。

① 通过合同实施情况分析，找出偏离，以便及时采取措施，调整合同实施过程，达到合同总目标，所以合同跟踪是决策的前导工作。

② 在整个工程过程中，能使项目管理人员一直清楚地了解合同实施情况，对合同实施现状、趋向和结果有一个清醒的认识，这是非常重要的。有些管理混乱，管理水平低的工程常常到工程结束时才发现实际损失，可这时已无法挽回。

(2) 合同跟踪的依据如下。

① 合同和合同分析的结果，如各种计划、方案、合同变更文件等，它们是比较的基础，是合同实施的目标和依据。

② 各种实际的工程文件，如原始记录，各种工程报表、报告、验收结果、量化结果等。

③ 工程管理人员每天对现场情况的直观了解，如通过施工现场的巡视、与各方谈话、召集小组会议、检查工程质量等，这是最直观的感性知识。通常可以比通过报表、报告更快地发现问题，更能透彻地了解问题，有助于迅速采取措施减少损失。这就要求合同管理人员在工程过程中一直立足于现场。

▶▶ 引例 4

在某工程中，承包商承包了设备基础的土建和设备的安装工程，安装内容有设备安装前3天，基础土建施工完成，并交付安装场地；且业主应负责将生产设备运送到安装现场，同时由工程师、承包商和设备供应商一齐开箱检验。设备安装前15天，业主应向承包商交付全部的安装图纸；在安装前，安装工程小组应做好各种技术和物资的准备工作等。

引导问题 3：引例 4 中的设备安装工作包应如何进行跟踪，跟踪的对象有哪些？

【专家评析】

进行跟踪的对象主要如下。

第一，安装质量是否符合合同要求？如标高、位置、安装精度、材料质量等是否符合合同要求？安装过程中设备有无损坏？

第二，合同要求的设备是否全都安装完毕？有无合同规定以外的设备安装或附加工作？

第三，工期是否超过预定期限？工期有无延长？延长的原因是什么？

第四，成本的增加和减少。

将上述内容在合同工作包说明表上加以注明，这样可以检查每个合同工作包的执行情况。对出现异常情况，如实际和计划存在大的偏离的工作包，可以进行专项分析，做进一步的处理。

(3) 合同跟踪的对象。合同跟踪的对象，通常有如下几个层次。

①具体的合同实施工作。对照合同工作包说明表的具体内容，分析该工作包说明的实际完成情况。

引例 4 中，工程工期变化原因可能是业主未及时交付施工图纸；生产设备未及时运到工地；基础土建施工拖延；业主指令增加附加工程；业主提供了错误的安装图纸，造成工程返工；工程师指令暂停工程施工；等等。

经过上面的分析可以得到偏差的原因和责任，从这里可以发现索赔机会。

②对工程小组或分包商的工程和工作进行跟踪。

一个工程小组或分包商可能承担许多专业相同、工艺相近的分项工程或合同工作包，所以必须对他们实施的总体情况进行检查分析。在实际工程中常常因为某一工程小组或分包商的工作质量不高或进度拖延而影响整个工程施工。合同管理人员在这方面应给他们提供帮助，例如协调他们之间的工作；对工程缺陷提出意见、建议或警告；责令他们在一定时间内提高质量、加快工程进度等。

作为分包合同的发包商，总承包商必须对分包合同的实施进行有效的控制，这是总承包商合同管理的重要任务之一。

相关链接

分包合同控制的目的如下。

(1) 控制分包商的工作，严格监督他们按分包合同完成工程。分包合同是总承包合同的一部分，如果分包商完不成他的合同责任，则总承包商就不能顺利完成总包合同责任。

(2) 为向分包商索赔和对分包商反索赔做准备。总承包商和分包商之间利益是不一致的，双方之间常常有尖锐的利益争执。在合同实施中，双方都在进行合同管理，都在寻求向对方索赔的机会，所以双方都有索赔和反索赔的任务。

(3) 对分包商的工程和工作，总承包商负有协调和管理的责任，并承担由此造成的损失。所以分包商的工程和工作必须纳入总承包工程的计划和控制中，防止因分包商工程管理失误而影响全局。

③对业主和工程师的工作进行跟踪。

a) 业主和工程师必须正确地、及时地履行合同责任，及时提供各种工程实施条件，如及时发布图纸、提供场地、下达指令、做出答复、及时支付工程款等。这常常是承包商推卸工程责任的托词，所以要特别重视。在这里合同工程师作为漏洞工程师应寻找合同中以及对方合同执行中的漏洞。

b) 在工程中承包商应积极主动地做好工作，如提前催要图纸、材料，对工作事先通知。这样不仅可以让业主和工程师及早准备，建立良好的合作关系，保证工程顺利实施，而且可以推卸自己的责任。

c) 有问题及时与工程师沟通，多向他汇报情况，及时听取他的指示（应以书面的形式为准）。

d) 及时收集各种工程资料，对各种活动、双方的交流做出记录。

e) 对有恶意的业主提前防范，及早采取措施。

④对总工程进行跟踪。对工程总的实施状况的跟踪可以通过如下几方面进行。

a) 工程整体施工秩序状况。如果出现以下情况，合同实施必然有问题。

b) 现场混乱、拥挤不堪。

c) 承包商与业主的其他承包商、供应商之间协调困难。

d) 已完成工程没通过验收、出现大的工程质量问题、工程试生产不成功或达不到预定的生产能力等。

e) 施工进度未能达到预定计划，主要的工程活动出现延期，在工程周报和月报上计划和实际进度出现大的偏差。

f) 计划和实际的成本曲线出现大的偏离。在工程项目管理中，工程累计成本曲线对合同实施的跟踪分析起很大的作用。计划成本累计曲线通常在网络分析、各工程活动成本计划确定后得到。在国外，它又被称为本工程项目的成本模型。而实际成本曲线由实际施工进度安排和实际成本累计得到，两者对比如图11.4所示。从图上可以分析出实际和计划的差异。

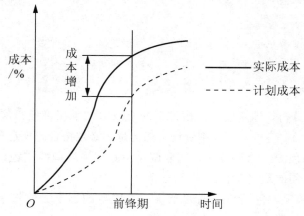

图 11.4　计划成本和实际成本累计曲线对比

3) 合同诊断

在合同跟踪的基础上可以进行合同诊断。合同诊断是对合同执行情况的评价、判断和趋向分析和预测。通过合同找出合同偏差，提出纠偏措施。

通常，工程实施与目标的差异会逐渐积累，越来越大，如果不采取措施可能会导致工程实施远离目标，甚至可能导致整个工程的失败，所以，在工程过程中要不断地进行调整，使工程实施一直围绕合同目标进行。

> **相关链接**
>
> 工程实施中的调整措施通常包括两个方面。
> (1) 工程项目目标的修改，如修改设计、工程范围、增加投资、延长工期等。
> (2) 工程实施过程的变更，如修改施工方案、改变实施顺序等。
> 这两个方面都是通过合同变更实现的。

(1) 合同偏差分析。通过合同跟踪，可能会发现合同实施中存在着偏差，即工程实施实际情况偏离了工程计划和工程目标，应该及时分析原因，采取措施，纠正偏差，避免损失。合同实施偏差分析的内容包括以下几个方面。

①合同偏差的原因分析。通过对不同监督和跟踪对象的计划和实际情况的对比分析，不仅可以得到差异，而且可以探索引起这个差异的原因。原因分析可以采用鱼刺图，例如，通过计划成本和实际成本累计曲线的对比分析，不仅可以得到总成本的偏差值，而且可以进一步分析差异产生的原因。通常，引起计划和实际成本累计曲线偏离的原因可能有以下几方面。

a) 整个工程施工加速或延缓。
b) 工程施工次序被打乱。
c) 工程费用支出增加，如材料费、人工费上升。
d) 增加新的附加工程以及工程量增加。
e) 工作效率低下，资源消耗增加，等等。

> **相关链接**
>
> 引起工作效率低下的具体原因如下。
> (1) 内部干扰：施工组织不周全，夜间加班或人员调遣频繁；机械效率低，操作人员不熟悉新技术，违反操作规程，缺少培训，经济责任不落实，工人劳动积极性不高，等等。
> (2) 外部干扰：图纸出错，设计修改频繁，气候条件差，场地狭窄，现场混乱，施工条件恶劣。

②合同偏差责任分析。即这些原因由谁引起？该由谁承担责任？这常常是索赔的理由。一般只要原因分析详细，有根有据，则责任自然清楚，必须按合同规定落实双方责任。

③合同实施趋向预测。分别考虑不采取调控措施和采取调控措施以及采取不同的调控措施情况下，预测合同的最终执行结果。

a) 最终的工程状况，包括总工期的延误、总成本的超支、质量标准、所能达到的生产能力（或功能要求）等。
b) 承包商将承担什么样的后果，如被罚款，被清算，甚至被起诉，对承包商资信、企业形象、经营战略的影响等。
c) 最终工程经济效益（利润）水平。

综上所述，即可以对合同执行情况做出综合评价和判断。

（2）纠偏措施选择。在施工过程中，会有许多问题发生，需要承包商提出解决措施。在现代工程中，承包商不仅有责任对将影响工程成本、竣工日期、工程质量的一切事件及早发出警告以减少补偿事件及其影响，而且有责任提出处理缺陷、延误的建议，及早研究影响，寻求最佳的解决办法，及时采取行动。

①纠偏措施分类。根据调整对象的不同，可以将纠偏措施归纳为两种。

a) 对实施过程的调整，例如变更实施方案，重新进行组织。

b) 对工程项目目标的调整，如增加投资、延长工期、修改工程范围，甚至调整项目产品的方向，等等。

从合同以及双方合同关系的角度，它们都属于合同变更，或都是通过合同变更完成的。

相关链接

通常对工程问题有如下4类措施。

（1）技术措施。例如变更技术方案，采用新的更高效率的施工方案。

（2）组织和管理措施。如增加人员投入、重新进行计划或调整计划、派遣得力的管理人员、暂时停工、按照合同指令加速。在施工中经常修订进度计划对承包商来说是有利的。

（3）经济措施。如改变投资计划，增加投入、对工作人员进行经济激励、动用暂定金额等。

（4）合同措施。例如按照合同进行惩罚、进行合同变更、签订新的附加协议、备忘录、通过索赔解决费用超支问题等。

（2）影响纠偏措施选择的因素。对合同实施过程中出现的差异和问题，在选择纠偏措施上，业主和承包商有不同的出发点和策略。

①业主的纠偏措施。业主和工程师遇到工程问题和风险通常首先着眼于解决问题，排除干扰，使工程顺利实施，然后才考虑到责任和赔偿问题。这是由于业主和工程师考虑问题是从工程整体利益角度出发的。

②承包商的纠偏措施。与合同签订前的情况不同，承包商在施工中遇到任何工程问题和风险，首先采取的是合同措施，而不是技术或组织措施。通常首先考虑以下两方面内容。

a) 如何保护和充分行使自己的合同权利，例如通过索赔降低自己的损失。

b) 如何利用合同使对方的要求（权利）降到最低，即如何充分限制对方的合同权利。

如果通过合同诊断，承包商如发现业主有恶意，不支付工程款或自己已经坠入合同陷阱中，或已经发现合同亏损，而且估计亏损会越来越大，则要及早确定合同执行战略，争取主动权，可采取以下措施：及早撕毁合同，降低损失；争取道义索赔，取得部分补偿；采用以守为攻的办法，拖延工程进度，消极怠工等。

11.2.3 合同监控工作要点

▶▶引例5

某工程施工现场有3个很大的水塘，业主提供图纸上没有注明。施工后发现水塘，按工程要求必须清除淤泥，并要回填，施工方提出6600m^3的淤泥外运量费用133000元的索赔要求，认为招标文件中未标明水塘，则应作为新增工程分项处理。最终甲方同意这项补偿。但施工方在施工现场没有任何记录、照片，没有任何经甲方代表认可的证明材料，例如土方外运多少、运到何处、回填多少、从何处取土。最终甲方仅承认60000元的赔偿。

引导问题4：施工方的索赔费用为什么被大大打折？

▶▶ 引例6

新加坡一油码头工程，采用FIDIC《施工合同条件》。招标文件的工程量表中规定钢筋由业主提供，投标日期1980年6月3日。但在收到标书后，业主发现他的钢筋已用于其他工程，他已无法再提供钢筋。在1980年6月11日由工程师致信承包商，要求承包商另报出提供工程量表中所需钢材的价格。1980年6月19日，承包商做出了答复，提出了各类钢材的单价及总价格。接信后业主于1980年6月30日复信表示接受承包商的报价，并要求承包商准备签署一份由业主提供的正式协议。但此后业主未提供书面协议，双方未做任何新的商谈，也未签订正式协议。业主认为承包商已经接受了提供钢材的要求，而承包商却认为业主又放弃了由承包商提供钢材的要求。待开工约3个月后，1980年10月20日，工程需要钢材，承包商向业主提出业主的钢材应该进场，这时候才发现双方都没有准备工程所需要的钢材。由于要重新采购钢材，不仅钢材价格上升、运费增加，而且工期拖延，进一步造成施工现场费用的损失约60000元。承包商向业主提出了索赔要求。

引导问题5：承包商的要求能得到支持吗？双方在合同控制管理上存在哪些问题？

1. 召开定期和不定期的协商会议

业主、工程师和各承包商之间、承包商和分包商之间以及承包商的项目管理职能人员和各工程小组负责人之间都应有定期的协商会议。对工程中出现的特殊问题可不定期地召开特别会议讨论解决方法，以保证合同实施一直得到很好的协调和控制。

通过会办应主要解决以下问题：①检查合同实施进度和各种计划的落实情况；②协调各方面的工作，对后期工作做安排；③讨论和解决目前已经发生的和以后可能发生的各种问题，并做出相应的决议；④讨论纠偏措施，决定纠偏带来的工期和费用补偿数量等问题。

承包商与业主、总包和分包之间会谈中的重大议题和决议，应用会谈纪要的形式确定下来。各方签署的会谈纪要，作为有约束力的合同变更，是合同的一部分。合同管理人员负责会议资料的准备，提出会议的议题，起草各种文件，提出对问题解决的意见或建议，组织会议，会后起草会谈纪要，对会谈纪要进行合同法律方面的检查。

2. 建立特殊工作程序制度

对于一些经常性工作应订立工作程序，使大家有章可循，合同管理人员也不必进行经常性的解释和指导，如图纸批准程序、工程变更程序、分包商的索赔程序、分包商的账单审查程序，材料、设备、隐蔽工程、已完工程的检查验收程序，工程进度付款账单的审查批准程序、工程问题的请示报告程序，等等。这些程序在合同中一般都有总体规定，在这里必须细化、具体化。在程序上更为详细，并落实到具体人员。

在合同实施中，承包商的合同管理人员、成本、质量（技术）、进度、安全，信息管理人员都必须踏勘现场，他们之间应进行经常性的沟通。

3. 建立文档系统制度，落实相关责任

合同管理人员负责各种合同资料和工程资料的收集、整理和保存工作。这项工作非常繁琐和复杂，要花费大量的时间和精力。工程的原始资料在合同实施过程中产生，它必须由各职能人员、工程小组负责人、分包商提供，应将责任明确地落实下去。

（1）各种文件、报表、单据等应有规定的格式和规定的数据结构要求，确保各种数据、资料的标准化，建立工程资料的文档系统。

（2）将原始资料收集整理的责任落实到人，由他对资料负责。资料的收集工作必须落实到工程现场，必须对工程小组负责人和分包商提出具体的要求。

（3）明确各种资料的提供时间，保证文档准确和真实性。

在合同实施过程中，承包商做好现场记录并保存记录是十分重要的。许多承包商忽视这项工作，不喜欢文档工作，最终削弱了自己的合同地位，损害了自己的合同权益，特别妨碍索赔和争执的有利解决。最常见的问题有附加工作未得到书面确认，变更指令不符合规定，错误的工作量测量结果、现场记录，会议纪要未及时反应，重要的资料未能保存，业主违约未能用文字或信函确认，等等。在这种情况下，承包商在索赔及争执解决中取胜的可能性是极小的。

引例5中，承包方的失误在于未建立完善的文档管理制度，重要的资料未能保存，导致索赔的失败。

4. 建立报告和行文制度

承包商和业主、监理工程师、分包商之间的沟通都应以书面形式进行，或以书面形式作为最终依据，这是合同的要求，也是法律的要求，也是工程管理的需要。在实际工作中这项工作特别容易被忽略。报告和行文制度包括如下几方面内容。

（1）定期的工程实施情况报告，如日报、周报、旬报、月报等。应规定报告内容、格式、报告方式、时间以及负责人。

（2）工程过程中发生的特殊情况及其处理的书面文件（如特殊的气候条件、工程环境的变化等）应有书面记录，并由监理工程师签署。对在工程中合同双方的任何协商、意见、请示、指示等都应落实在纸上，尽管天天见面，也应养成书面文字交往的习惯，相信"一字千金"，切不可相信"一诺千金"。在工程中，业主、承包商和工程师之间要保持经常联系，出现问题应经常向工程师请示、汇报。

（3）工程中所有涉及双方的工程活动，如材料、设备、各种工程的检查验收，场地、图纸的交接，各种文件（如会谈纪要、索赔和反索赔报告、账单）的交接，都应有相应的手续，应有签收证据。

引例6中，发承包双方的主要工作疏漏在于双方没有有效地协调和沟通，没有建立系统的工作程序和行文管理制度。

▶▶ 引例 7

在甲乙两方签订的建设工程合同中，乙公司负责修建一幢某学校学生宿舍楼。由于宿舍楼设有地下室，属隐蔽工程，因而在建设工程合同中，双方约定了对隐蔽工程（地下

室）的验收检查条款，规定地下室的验收检查工作由双方共同负责，检查费用由校方负担。地下室竣工后，建筑公司通知校方检查验收，校方则答复因校内事务繁多，由建筑公司自己检查，出具检查记录即可。其后15日，校方又聘请专业人员对地下室质量进行检查，发现未达到合同所定标准，遂要求建筑公司负担此次检查费用，并返工地下室工程。建筑公司则认为，合同约定的检查费用由校方负担，本方不应负担此项费用，但对返工重修地下室的要求予以认可。

引导问题6：双方发生纠纷的主要原因是什么？工程过程中应建立哪些检查验收制度？

5. 建立严格的工程质量检查验收制度

合同管理人员应主动地抓好工程和工作质量，协助做好全面质量管理工作，建立一整套质量检查和验收制度，例如每道工序结束时应有严格的检查和验收；工序之间、工程小组之间应有交接制度；材料进场和使用应有一定的检验措施；等等。防止由于承包商自己的工程质量问题造成被工程师检查验收不合格，试生产失败而承担违约责任。在工程中，由于工程质量引起的返工、窝工损失，工期的拖延应由承包商自己负责，得不到赔偿。

可见引例7中，乙方没有完善的质量检查验收制度，同时，双方对质量检查验收的内容、时间、程序没有明确的约定，这是双方发生纠纷的主要原因。

11.3 任务实施

（1）根据本次合同分析结果，确定合同监控重点。

（2）根据监控内容，成立合同管理小组，进行任务分工。

（3）请对本施工项目设备安装事件进行合同跟踪，并完成表11-2的填写。

表11-2 设备安装事件合同跟踪记录表

安装质量是否符合合同要求	标高	位置	安装精度	材料质量	设备有无损坏
工程数量	是否全部安装完毕		有无合同规定以外的设备安装		有无其他附加工程
工期	是否在预定期限内施工	工期有无延长		延长的原因	
成本的增减	增加数量	减少数量		原因	
分包商	完成质量	纠纷		原因	
	分包商1				
	分包商2				
工程师指令	内容	实施情况			
	指令1				
	指令2				
	指令3				

(4）请就本施工项目设备安装事件进行合同实施偏差分析，完成偏差分析表，提出后续工作建议。

（5）选取本项目某一合同代表事件，编写合同事件表和合同监控措施表。

专家支招

合同监控实务应做好以下工作。

(1) 定期检查企业合同管理制度的执行情况。
(2) 制订企业合同法规培训计划，并具体组织实施。
(3) 统一管理企业各部门对外签订的各种合同。
(4) 对各部门签订的合同依法进行审核、登记、归档。
(5) 对企业各部门签订履行合同中的问题及时提出解决措施。
(6) 及时、准确填报合同统计报表，并做出统计分析。
(7) 经常同工商行政管理机关和上级有关部门取得联系，及时反映合同管理中的情况。
(8) 具体制定守合同重信用活动的方案，并组织实施。
(9) 做好对合同示范文本、合同专用章、法定代表人授权委托证明书的使用、发放和管理。
(11) 合同管理员调岗，应认真办理档案、资料移交等手续，经领导同意后离任。

11.4 任务评价与总结

1. 任务评价

完成表11—3的填写。

表 11－3 任务评价表

考核项目	分数			学生自评	小组互评	教师评价	小 计
	差	中	好				
团队合作精神							
活动参与是否积极							
工作过程安排是否合理规范							
陈述是否完整、清晰							
是否正确灵活运用已学知识							
劳动纪律							
此次任务完成是否满足工作决策要求							
此项目风险评估是否准确							
总　　分		60					
教师签字：				年　　月　　日		得 分	

2. 自我总结

（1）此次任务完成中存在的主要问题有哪些？

（2）问题产生的原因有哪些？

（3）请提出相应的解决方法。

（4）您认为还需加强哪方面的指导（实际工作过程及理论知识）？

知识回顾

合同监控是指通过实施一系列合同控制措施，以实现合同定义工程的目标（工期、质量和价格）和维护合同管理程序，它具有特殊性和动态性。

合同监控的主要工作内容包括合同监督、合同跟踪、诊断和调整与纠偏四部分。其中找出合同偏差和制订偏差措施是工作重点。

合同监控工作要点包括：①召开定期和不定期的协商会议；②建立特殊工作程序制度；③建立文档系统制度，落实相关责任；④建立报告和行文制度；⑤建立严格的工程质量检查验收制度。

基础训练

一、单选题

1. FIDIC《施工合同条件》中，为了解决监理工程师的决定可能处理得不公正的情况，通用条件增加了（ ）处理合同争议的程序。

　A. 诉讼　　　　　　B. 调解　　　　　　C. 仲裁　　　　　　D. 争端裁决委员会

2. 在FIDIC《施工合同条件》中，承包商不可提出工期索赔的情况是（ ）。

　A. 公共行为引起的延误　　　　　　B. 对竣工检验的干扰

　C. 业主提前占用工程　　　　　　　D. 施工中遇到古迹

3. 在监理合同签订后，出现了不应由监理人负责的情况，不得不暂停执行某些监理任务，当恢复监理工作时，还应增加不超过（ ）天的合理时间，用于恢复执行监理业务，并按双方约定的数量支付监理酬金。

　A. 7　　　　　　　　B. 14　　　　　　　C. 24　　　　　　　D. 42

4. 依据《中华人民共和国合同法》的规定，当合同履行方式不明确，按照（ ）的方式履行。

　A. 法律规定　　　　　　　　　　　B. 有利于实现债权人的目的

　C. 有利于实现债务人的目的　　　　D. 有利于实现合同目的

5. 在材料采购合同中，由供货方运送的货物，运输过程中发生的问题由（ ）负责。

　A. 供货方　　　　　　　　　　　　B. 运输部门

　C. 采购方　　　　　　　　　　　　D. 供货方和运输部门共同

6.（2008年真题）施工合同在履行过程中，因工程所在地发生洪灾所造成的损失中，应由承包人承担的是（ ）。

　A. 工程本身的损害　　　　　　　　B. 因工程损害导致的第三方财产损失

C. 承包人的施工机械损坏　　　　　D. 工程所需清理费用

7. 依据《建设工程委托监理合同（示范文本）》的规定，属于附加的监理工作是（　　）。

A. 调解合同争议

B. 发生不可抗力后恢复施工前的监理工作

C. 由于承包人原因致使承包合同不能按期竣工而延长的监理工作时间

D. 非监理人自身的原因而暂停监理业务，其善后工作及恢复监理业务前不超过42天的准备工作时间

二、多选题

1. （2008年真题）建设工程项目在实施过程中，下列行为属于委托代理的有（　　）。

A. 项目法人授权工程招标机构为其办理招标事宜

B. 施工企业法定代表人代表企业参加施工投标

C. 监理公司的总监理工程师代表公司执行工程监理任务

D. 项目监理代表施工企业负责具体工程项目的施工管理

E. 设计单位的设计负责人向施工单位和监理单位进行设计交底

2. （2009年真题）建筑工程一切险中的除外责任包括（　　）。

A. 地震　　　　　　　　　　　　B. 洪水

C. 设计错误引起的损失　　　　　D. 自然磨损

E. 维修保养费用

3. 保证的法律关系的参加方应当至少包括（　　）。

A. 保证人　　　B. 债权人　　　C. 第三人

D. 被保证人（债务人）　　　　　E. 公证人

4. 我国《建设工程施工合同（示范文本）》规定，属于承包人应当完成的工作有（　　）。

A. 办理施工所需的证件　　　　　B. 提供和维修非夜间施工使用的照明设备

C. 按规定办理施工噪声有关手续　　D. 负责已完成工程的成品保护

E. 保证施工场地清洁符合环境卫生管理的有关规定

5. FIDIC施工合同通用条款规定，可以给承包商合理延长合同工期的条件通常包括（　　）。

A. 延误发放图纸　　　　　　　　B. 不可预见的外界条件

C. 延误移交施工现场　　　　　　D. 对施工中废弃物和古迹的干扰

E. 因质量问题进行的返工

6. 在我国《建设工程施工合同（示范文本）》中，为使用者提供的标准化附件包括（　　）。

A. 承包人承包工程项目一览表　　B. 发包人提供施工准备一览表

C. 发包人供应材料设备一览表　　D. 工程竣工验收标准规定一览表

E. 房屋建筑工程质量保修书

7. 在材料采购合同的履行过程中，供货方如果将货物错发到到货地点或错发给接货人时，应（　　）。

A. 通知采购方货物的错发地点或接货　　B. 负责运交合同规定的到货地点或接货人

C. 承担对方因此多支付的一切费用　　D. 承担逾期交货的违约金
E. 由采购方承担由始发地到合同规定到货地的运杂费

8.（2009年真题）公证与鉴证的区别包括（　　）。
A. 合同公证和鉴证所依据的法规不同
B. 公证或鉴证的合同在诉讼中的法律效力不同
C. 公证或鉴证过的合同法律效力适用范围不同
D. 合同公证具有强制性，而合同鉴证贯彻自愿原则
E. 公证仅限于合同，鉴证除合同外还可包括证明材料的真实性

三、简答题

1. 简述合同监控的主要工作内容。为什么说合同控制是一项综合性的涉及各个方面的管理工作？合同控制与范围控制、成本控制、质量控制、进度控制有什么联系？
2. 简述合同实施监督的基本工作内容。
3. 简述合同实施跟踪的基本工作内容。
4. 简述合同诊断的基本工作内容。
5. 合同实施后评价有什么作用？

四、案例分析

某工程8层框架结构，建设单位与承包商签订了施工合同。合同价为固定单价合同。本工程目前正在施工。工程施工时发生如下事件。

1. 本工程电梯设备由发包人供货，发包人的设备已经到货了。

问题1：应怎样组织设备清点？

问题2：承包人要求发包人支付设备保管费用，监理工程师是否批准？

2. 发包人供应的钢筋承包人已接收，但是承包人发现钢筋丢失了10吨。承包人向监理工程师提出了索赔钢筋丢失了10吨的费用报告。

问题3：承包人要求发包人支付设备保管费用，监理工程师是否会批准承包人的索赔报告？

3. 发包人供应的其他材料在清点时发生了以下的问题。

（1）材料设备单价与一览表不符。
（2）材料设备的品种、规格、型号、质量等级与一览表不符。
（3）发包人供应的材料规格、型号与一览表不符，承包人申请调剂串换。
（4）到货地点与一览表不符。
（5）供应数量少于一览表约定的数量。
（6）供应数量多于一览表约定数量。
（7）到货时间早于一览表约定时间，承包人提出索赔保管费用。

问题4：以上7个事件应如何处理？

 拓展训练

每两人组成一小组，查找合同监控的案例，进行理论分析，并进行演讲，大家讨论。

任务12　合　同　变　更

▶▶引例 1

某工程采用 FIDIC 合同 88 年第四版和工程量清单计价模式，外墙采用灰砂砖，内墙采用轻质陶粒砖。图纸中没有明确要求砖墙与混凝土柱、梁、墙、板接触的地方挂批荡铁丝网，承包商也没有报价。工程施工过程中，业主要求承包商按规范要求在砖墙与混凝土柱、梁、墙、板接触的地方挂 300mm 宽的批荡铁丝网，承包商报来变更单价。

引导问题 1：承包商报来变更单价该不该批价，怎样批价？

【专家评析】

专家对此有两种意见。

一种意见认为不该批价，理由如下。

（1）虽然图纸没有明确要求挂铁丝网，但规范中对此有要求，按照合同解释顺序，规范优先于图纸，这属于承包商漏报项目，而合同要求承包商对其投标报价的完备性负责，因此漏报挂铁丝网项目属于承包商自己的风险，由承包商自己承担。

（2）承包商在技术标中明确提到"墙与混凝土柱、梁、墙、板交界处加铺 200mm 宽铁丝网并绷紧定牢"。很明显是承包商的预算员漏报项目了。即使批价格，也只能批 100mm 宽的价格。

（3）虽然业主要求砖墙与混凝土柱、梁、墙、板接触的地方挂 300mm 宽的批荡铁丝网，但这种通知是用于帮助承包商控制工程质量，完全可以不发，将来出现抹灰质量问题还是由承包商负责。因此此通知不构成工程变更，对业主无约束力。

另一种意见认为，虽然本工程采用 FIDIC 合同和工程量清单计算方价模式，但是承包商还没有适应这种管理方式，还习惯于定额计价模式，而且清单中没有挂荡铁丝网项目，从抹灰单价的分析中可以肯定没有包含挂荡铁丝网的单价，确实属于漏项。虽然此次批价设计涉及金额巨大，但批价对于业主不算是损失，本来就应该包含在工程成本中，而如果不批价的话，对承包商而言却是一种巨大的损失，很容易引起承包商的强烈反对和抵触情绪，不利于今后的工程管理，从大局出发和长远考虑，应该予以批价。

引导问题 2：引起合同变更的原因、依据和程序有哪些？

12.1 任务导读

12.1.1 任务描述

某高校要建设实训楼，投资约 5200 万元，建筑面积约 30000m^2。通过招标与你所在单位签署了施工合同。目前合同正在履行，你的任务是就土建施工完成合同变更管理工作。

12.1.2 任务目标

（1）依据合同控制和履约管理重点，制定合同变更措施。

（2）按照工作时间限定、变更程序进行变更申请，根据项目实际情况，促成工程师提前做出工程变更。

（3）审查合同变更事由、对工程变更条款进行合同分析，对工程师发出的工程变更指令进行识别，并分析其对工程实施造成的影响。

（4）迅速、全面落实变更指令，完成变更事件处理。

（5）按照正确的方法，进行变更资料归档，总结变更事件处理技巧。

（6）通过完成该任务，提出后续工作建议，完成自我评价，并提出改进意见。

12.2 相关理论知识

变更（Variation）是合同履约中的基本特征，是《合同法》规范调整的重要内容。《合同法》中涉及的合同变更有广义和狭义之分，广义的合同变更包括合同内容的变更和合同主体的变更，狭义的合同变更仅指合同内容的变更，合同的变更原则上面向将来发生效力。未变更的权利义务继续有效，已经履行的债务不因合同的变更而丧失法律依据。建设工程施工合同履约过程中，存在大量的工程变更。既有传统的以工程变更指令形式产生的工程变更，也包括由业主违约和不可抗力等因素被动形成的工程变更。国内的研究学者通常更习惯于将后一部分工程变更视为工程索赔的内容。合同变更管理的主要问题是如何处理各种变更，如何建立科学的合同变更程序。项目管理人员必须依据相关程序进行合同变更管理。本任务人们主要学习的是工程变更。

12.2.1 合同变更的影响

合同变更实质上是对合同的修改，是双方新的要约和承诺。这种修改通常不能免除或改变承包商的合同责任，但对合同实施影响很大，造成原"合同状态"的变化，必须对原合同规定的内容作相应的调整。主要表现在如下几方面。

（1）定义工程目标和工程实施情况的各种文件，如设计图纸、成本计划和支付计划、工期计划、施工方案、技术说明和适用的规范等，都应做相应的修改和变更。

当然相关的其他计划也应做相应调整，如材料采购计划、劳动力安排、机械使用计划等。它不仅引起与承包合同平行的其他合同的变化,而且会引起所属的各个分包合同,如供应合同、租赁合同、分包合同的变更。有些重大的变更会打乱整个施工部署。

(2) 引起合同双方、承包商的工程小组之间,总承包商和分包商之间合同责任的变化,如工程量增加,则增加了承包商的工程责任,增加了费用开支和延长了工期。

(3) 有些工程变更还会引起已完工程的返工,现场工程施工的停滞,施工秩序打乱,已购材料的损失,等等。

12.2.2 合同变更的处理要求

(1) 变更应尽快做出。在实际工作中,变更决策时间过长和变更程序太慢会造成很大的损失,常会造成以下两种现象发生。

①施工停止,承包商等待变更指令或变更会谈决议。等待变更为业主责任,承包商通常可提出索赔。

②变更指令不能迅速做出,而现场继续施工,造成更大的返工损失。

(2) 变更指令做出后,承包商应迅速、全面、系统地落实变更指令。

①全面修改相关的各种文件,例如图纸、规范、施工计划、采购计划等,使它们一直反映和包容最新的变更。

②在各工程小组和分包商的工作中落实相关变更指令,并提出相应的措施,对新出现问题做解释和对策,同时又要做好协调工作。

> **特别提示**
>
> 合同变更与合同签订不一样,没有一个合理的计划期,变更时间紧,难以详细地计划和分析,很难全面落实责任,就容易造成计划、安排、协调方面的漏洞,引起混乱,导致损失。而这个损失往往被认为是承包商管理失误造成的,难以得到补偿,所以合同管理人员在这方面起着很大的作用。只有合同变更得到迅速落实和执行,合同监督和跟踪才可能以最新的合同内容作为目标,这是合同动态管理的要求。

③进一步分析合同变更影响。合同变更是索赔机会,应在合同规定的索赔有效期内完成对它的索赔处理。在合同变更过程中及时记录、收集、整理所涉及的各种文件,如图纸、各种计划、技术说明、规范和业主的变更指令,以作为进一步分析的依据和索赔的证据。在实际工作中,合同变更必须与提出索赔同步进行,甚至先进行索赔谈判,待达成一致后,再进行合同变更。在这里赔偿协议是关于合同变更的处理结果,也作为合同的一部分。

由于合同变更对工程施工过程的影响大,会造成工期的拖延和费用的增加,容易引起双方的争执。所以合同双方都应十分慎重地对待合同变更问题。按照国际工程统计,工程变更是索赔的主要起因。

在一个工程中,合同变更的次数、范围和影响的大小与该工程招标文件(特别是合同条件)的完备性、技术设计的正确性以及实施方案和实施计划的科学性直接相关。

12.2.3　合同变更范围和程序

1. 合同变更范围

合同变更的范围很广，一般在合同签订后所有工程范围、进度、工程质量要求、合同条款内容、合同双方责权关系的变化等都可以视为合同变更。最常见的变更有两种。

（1）涉及合同条款的变更，合同条件和合同协议书所定义的双方责权关系或一些重大问题的变更。这是狭义的合同变更，以前人们定义合同变更即为这一类。

（2）工程变更，即工程的质量、数量、性质、功能、施工次序和实施方案的变化。

2. 变更程序

合同变更应有一个正规的程序，应有一整套申请、审查、批准手续。工程变更的程序一般由合同规定，工程变更申请表的格式和内容可以按具体工程需要设计。常见的有两种变更程序。

1）协议变更

对重大的合同变更，由双方签署变更协议确定。合同双方经过会谈，对变更所涉及的问题（如变更措施、变更的工作安排、变更所涉及的工期和费用索赔的处理等）达成一致，然后双方签署备忘录、修正案等变更协议。

在合同实施过程中，工程参加者各方应定期开会（一般每周一次），商讨研究新出现的问题，讨论对新问题的解决办法。例如业主希望工程提前竣工，要求承包商采取加速施工措施，则可以对加速施工所采取的措施和费用补偿等进行具体地协商和安排，在合同双方达成一致后签署赶工协议。

对于重大问题，需经过很多次会议协商，通常在最后一次会议上签署变更协议。双方签署的合同变更协议与合同一样有法律约束力，而且法律效力优先于合同文本。所以，对待变更也应与对待合同一样，进行认真研究，审查分析，及时答复。

2）指令变更

业主或工程师行使合同赋予的权利，发出工程变更指令。这种变更在数量上极多，情况也比较复杂，主要有以下 3 种情况。

（1）与变更相关的分项工程尚未开始，只需对工程设计做修改或补充。如事前发现图纸错误，业主对工程有新的要求，等等。在这种情况下，工程变更时间比较充裕，价格谈判和变更的落实可有条不紊地进行。

（2）变更所涉及的工程正在进行施工，如在施工中发现设计错误或业主突然有新的要求。这种变更通常时间很紧迫，甚至可能发生现场停工，等待变更指令。

（3）对已经完工的工程进行变更，必须做返工处理。

最理想的变更程序是，在变更执行前，合同双方已就工程变更中涉及的费用增加和工期延误的补偿协商达成一致。例如图 12.1 所示的工程变更程序图。

合同变更 任务12

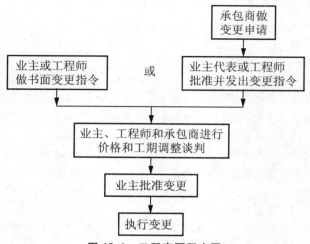

图 12.1　工程变更程序图

但按这个程序实施变更时间太长，合同双方对于费用和工期补偿谈判常常会有反复和争执，这会影响变更的实施和整个工程施工进度，所以通常较少采用这种程序。

实务中，承包合同中都赋予业主（或工程师）以直接指令变更工程的权利。承包商在接到指令后必须执行，而合同价格和工期的调整由工程师和承包商在与业主协商后确定。

3)《建设工程施工合同（示范文本)》条件下的工程变更程序

(1) 工程设计变更的程序。

①发包人对原设计进行变更。施工中发包人如果需要对原工程设计进行变更，应提前14天以书面形式向承包人发出变更通知。承包人对于发包人的变更通知没有拒绝的权利，这是合同赋予发包人的一项权利。因为发包人是工程的出资人、所有人和管理者，对将来工程的运行承担主要的责任，只有赋予发包人这样的权利才能减少更大的损失。但是，变更超过原设计标准或批准的建设规模时，发包人应报规划管理部门和其他有关部门重新审查批准，并由原设计单位提供变更的相应图纸和说明。承包人按照工程师发出的变更通知及有关要求变更。

②承包人对原设计进行变更。施工中承包人不得为了施工方便而要求对原工程设计进行变更，承包人应当严格按照图纸施工，不得随意变更设计。施工中承包人提出的合理化建议涉及到对设计图纸或者施工组织设计的更改及对原材料、设备的更换，须经工程师同意。工程师同意变更后，也须经原规划管理部门和其他有关部门审查批准，并由原设计单位提供变更的相应图纸和说明。

未经工程师同意，承包人擅自更改或换用，承包人应承担由此发生的费用，并赔偿发包人的有关损失，延误的工期不予顺延。工程师同意采用承包人的合理化建议所发生费用和获得收益的分担或分享，由发包人和承包人另行约定。

(2) 其他变更程序。从合同角度看，除设计变更外，其他能够导致合同内容变更的都属于其他变更。如双方对工程质量要求的变化（如涉及强制性标准的变化）、双方对工期要求的变化、施工条件和环境的变化导致施工机械和材料的变化等。这些变更的程序，首先应当由一方提出，与对方协商一致后方可进行变更。

4) FIDIC《施工合同条件》下的工程变更程序

> **相关链接**
>
> 工程变更权
>
> 根据 FIDIC《施工合同条件》（1999 年第一版）的约定，在颁发工程接受证书前的任何时间，工程师可通过发布指示或要求承包人提交建议书的方式，提出变更。承包人应遵守并执行每项变更，除非承包人立即向工程师发出通知，说明（附详细根据）承包人难以取得变更所需的货物。工程师接到此类通知后，应取消、确认或改变原指示。每项变更可包括以下内容。
>
> （1）合同中包括的任何工作内容的数量的改变（但此类改变不一定构成变更）。
> （2）任何工作内容的质量或其他特性的改变。
> （3）任何部分工程的标高、位置和（或）尺寸的改变。
> （4）任何工作的删减，但要交他人实施的工作除外。
> （5）永久工程所需的任何附加工作、生产设备、材料或服务，包括任何有关的竣工试验、钻孔和其他试验和勘探工作。
> （6）实施工程的顺序或时间安排的改变。
>
> 除非工程师指示或批准了变更，承包人不得对永久工程做任何改变和修改。

如果工程师在发出变更指示前要求承包人提出一份建议书，承包人应尽快做出书面回应，或提出他不能照办的理由（如果情况如此），或提交：①对建议要完成的工作的说明以及实施的进度计划；②根据进度计划和竣工时间的要求，承包人对进度计划做出必要修改的建议书；③承包人对变更估价的建议书。

工程师收到此类建议书后，应尽快给予批准、不批准或提出意见的回复。在等待答复期间，承包人不应延误任何工作。应由工程师向承包人发出执行每项变更并做好各项费用记录的任何要求的指示，承包人应确认收到该指示。

5) 建设工程监理规范规定的工程变更程序

建设工程监理规范规定，项目监理机构应按下列程序处理工程变更。

（1）设计单位对原设计存在的缺陷提出的工程变更，应编制设计变更文件。建设单位或承包单位提出的变更，应提交总监理工程师，由总监理工程师组织专业监理工程师审查。审查同意后，应由建设单位转交原设计单位编制设计变更文件。当工程变更涉及安全、环保等内容时，应按规定经有关部门审定。

（2）项目监理机构应了解实际情况和收集与工程变更有关的资料。

（3）总监理工程师必须根据实际情况、设计变更文件和其他有关资料，按照施工合同的有关款项，在指定专业监理工程师完成下列工作后，对工程变更的费用和工期做出评估：①确定工程变更项目与原工程项目之间的类似程度和难易程度；②确定工程变更项目的工程量；③确定工程变更的单价或总价。

（4）总监理工程师应就工程变更费用及工期的评估情况与承包人和发包人进行协调。

（5）总监理工程师签发工程变更单。

工程变更单应包括工程变更要求、工程变更说明、工程变更费用和工期、必要的附件等内容，有设计变更文件的工程变更应附设计变更文件。

（6）项目监理机构根据项目变更单监督承包人实施。

在发包人和承包人未能就工程变更的费用等方面达成协议时,项目监理机构应提出一个暂定的价格,作为临时支付工程款的依据。该工程款最终结算时,应以发包人和承包人达成的协议为依据。在总监理工程师签发工程变更单之前,承包人不得实施工程变更。未经总监理工程师审查同意而实施的工程变更,项目监理机构不得予以计量。

12.2.4 合同变更责任分析

1. 合同变更的相互联系分析

在合同变更的起因中,几种常见的变更存在相互联系,其因果关系如图12.2所示。这是合同变更责任基本逻辑关系。

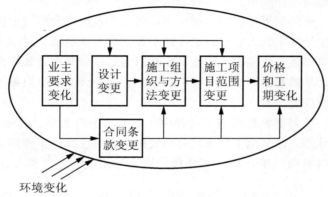

图12.2 合同变更责任基本逻辑关系

（1）环境变化有可能导致业主要求、设计、施工组织和方法、施工项目范围以及合同条款的变更。

（2）业主要求的变更可能会导致设计、合同条款、施工组织和方法、施工项目范围的变更。

（3）设计和合同条款的变化会直接导致施工组织和方法、施工项目范围的变更。

（4）工程施工组织和方法的变更会直接导致施工项目范围的变更。

（5）这些变更最终都可能导致合同价格和工期的变更。价格和工期的变更通常是最终结果。

在一般情况下,引起反向作用的可能性不大。

2. 工程变更的责任分析

在合同变更中,数量最大、最频繁的是工程变更。它在工程索赔中所占的份额也最大。工程变更的责任分析是工程变更起因与工程变更问题处理,即确定赔偿问题的桥梁。

1）工程变更的分类

（1）设计变更。设计变更是指建设工程施工合同履约过程中,由工程不同参与方提出,最终由设计单位以设计变更或设计补充文件形式发出的工程变更指令。设计变更包含的内容十分广泛,是工程变更的主体内容,约占工程变更总量的70%以上。常见的设计变更有:因设计计算错误或图示错误发出的设计变更通知书,因设计遗漏或设计深度不够而发出的设计补充通知书，以及应业主、承包商或监理方请求对设计所做的优化调整，等等。

（2）施工方案变更。施工方案变更是指在施工过程中承包方因工程地质条件变化、施工环境或施工条件的改变等因素影响，向监理工程师和业主提出的改变原施工措施方案的过程。施工措施方案的变更应经监理工程师和业主审查同意后实施，否则引起的费用增加和工期延误将由承包方自行承担。重大施工措施方案的变更还应征询设计单位意见。在建设工程施工合同履约过程中，施工方案变更存在于工程施工的全过程，如人工挖孔桩桩孔开挖过程中出现地下流砂层或淤泥层，需采取特殊支护措施，方可继续施工；公路或市政道路工程路基开挖过程中发现地下文物，需停工采取特殊保护措施；建筑物主体施工过程中，因市场原因引起的不同规格型号材料之间的代换；等等。

（3）条件变更。条件变更是指施工过程中，因业主未能按合同约定提供必须的施工条件以及不可抗力发生导致工程无法按预定计划实施。如业主承诺交付的工程后续施工图纸未到，致使工程中途停顿；业主提供的施工临时用电因社会电网紧张而断电导致施工生产无法正常进行；特大暴雨或山体滑坡导致工程停工。这类因业主原因或不可抗力所发生的工程变更统称为条件变更。

（4）计划变更。计划变更是指施工过程中，业主因上级指令、技术因素或经营需要，调整原定施工进度计划，改变施工顺序和时间安排。如小区群体工程施工中，根据销售进展情况，部分房屋需提前竣工，另一部分房屋适当延迟交付，这类变更就是典型的计划变更。

（5）新增工程。新增工程是指施工过程中，业主动用暂定金额，扩大建设规模，增加原招标工程量清单之外的建设内容。

▶▶引例 2

某施工单位（乙方）与某建设单位（甲方）签订了某项工业建筑的地基处理与基础工程施工合同。由于工程量无法准确确定，根据施工合同专用条款的规定，按施工图预算方式计价，乙方必须严格按照施工图及施工合同规定的内容及技术要求施工。乙方的分项工程首先向监理工程师申请质量验收，取得质量验收合格文件后，向造价工程师提出计量申请和支付工程款。工程开工前，乙方提交了施工组织设计并得到批准。问题：在开挖土方过程中，有两项重大事件使工期发生较大的拖延。一是土方开挖时遇到了一些工程地质勘探没有探明的孤石，排除孤石拖延了一定的时间；二是施工过程中遇到数天季节性大雨后又转为特大暴雨，引起山洪暴发，造成现场临时道路、管网和甲乙方施工现场办公用房等设施以及已施工的部分基础被冲坏，施工设备损坏，运进现场的部分材料被冲走，乙方数名施工人员受伤，雨后乙方用了很多工时进行工程清理和修复作业。为此乙方按照索赔程序提出了延长工期和费用补偿要求。在工程施工过程中，当进行到施工图所规定的处理范围边缘时，乙方在取得在场的监理工程师认可的情况下，为了使夯击质量得到保证，将夯击范围适当扩大。施工完成后，乙方将扩大范围内的施工工程量向造价工程师提出计量付款的要求，但遭到拒绝。同时，乙方根据监理工程师指示就部分工程进行了变更施工。

引导问题 3：造价工程师拒绝承包商的要求合理吗？工程变更责任是如何划分的？

引导问题 4：乙方可向监理工程师要求多少工程变更款，工程变更部分合同价款应根据什么原则确定？

【专家评析】

工程变更价款按以下原则确定：①合同中已有适用于变更工程的价格，按合同已有的价格计算、变更合同价款；②合同中只有类似于变更工程的价格，可以参照类似价格变更合同价款；③合同中没有适用或类似于变更工程的价格，由承包商提出适当的变更价格，工程师批准执行，这一批准的变更价格应与承包商达成一致，否则按合同争议的处理方法解决。

引例 2 中造价工程师的拒绝是合理的。其原因在于该部分的工程量超出了施工图的要求，一般的讲，也就超出了工程合同约定的工程范围。对该部分的工程量，监理工程师可以认为是承包商的保证施工质量的技术措施，一般在业主没有批准追加相应费用的情况下，技术措施费用应由乙方自己承担。

2) 责任分析

(1) 设计变更责任分析。设计变更会引起工程量的增加、减少、新增或删除工程分项，工程质量和进度的变化，实施方案的变化。一般业主（工程师）可以直接通过下达指令重新发布图纸或规范实现变更。

①由于业主要求、政府城建环保部门的要求、环境变化（如地质条件变化）、不可抗力、原设计错误等导致设计的修改，必须由业主承担责任。

②由于承包商施工过程、施工方案出现错误、疏忽而导致设计的修改，必须由承包商负责。例如在某桥梁工程中采用混凝土灌筑桩。在钻孔尚未达设计深度时，钻头脱落，无法取出，桩孔报废。经设计单位重新设计，改在原桩两边各打一个小桩承受上部荷载，则由此造成的费用损失由承包商承担。

③在现代工程中，承包商承担的设计工作逐渐多起来。承包商提出的设计必须经过工程师（或业主代表）的批准。对不符合业主在招标文件中提出的工程要求的设计，工程师有权不认可，并要求承包商修改。这种不认可不属于工程变更。

(2) 施工方案变更责任分析。

①在投标文件中，承包商在施工组织设计中提出比较完备的施工方案，它不作为合同文件的一部分。但它也有约束力，业主向承包商授标就表示对这个方案的认可。在合同签订后一定时间内，承包商应提交详细的施工计划供业主代表或工程师审查，工程师也可以要求承包商对施工方案做出说明，如果承包商的施工方案不符合合同的要求，不能保证实现合同目标，有权指令承包商修改方案，以保证承包商圆满地完成合同责任。

②在一些招标文件的规范中业主对施工方案和临时工程做了详细的规定，承包商必须按照业主要求的施工方案投标。如果承包商的施工方案与规范不同，工程师有权指令要求承包商按照规范进行修改，这不属于工程变更。

③施工合同规定，承包商应对所有现场作业和施工方案的完备、安全、稳定负全部责任。这一责任表示：第一，在通常情况下由于承包商自身原因（如失误或风险）修改施工方案所造成的损失由承包商负责；第二，在投标书中的施工方案被证明是不可行的，工程师不批准或指令承包商改变施工方案不能构成工程变更；第三，承包商为保证工程质量，

保证实施方案的安全和稳定所增加的工程量，如扩大工程边界，应由他负责，不属于工程变更。

▶▶引例 3

在一国际工程中，按合同规定的总工期计划，应于××年×月×日开始现场搅拌混凝土。因承包商的混凝土拌和设备迟迟运不上工地，承包商决定使用商品混凝土，但为业主否决。而在承包合同中未明确规定使用何种混凝土。承包商不得已，只有继续组织设备进场，由此导致施工现场停工、工期拖延和费用增加。对此承包商提出工期和费用索赔，而业主以如下两点理由否定承包商的索赔要求。

（1）承包商应遵守已批准的施工进度计划中确定的施工方法，施工方法包括承包商用现场搅拌混凝土。

（2）拌和设备运不上工地是承包商的失误，是承包商应负的责任。

双方由此发生争执。

引导问题 5：承包商的索赔要求能得到支持吗？承包商在实施施工方案时，有哪些权利？

④在施工方案作为承包商责任的同时，又隐含着承包商对决定和修改施工方案具有相应的权利。业主不能随便干预承包商的施工方案；为了更好地完成合同目标（如缩短工期），或在不影响合同目标的前提下承包商有权采用更为科学和经济合理的施工方案，即承包商可以进行中间调整，不属于违约。尽管合同规定必须经过工程师的批准，但工程师（业主）也不得随便干预。当然承包商承担重新选择施工方案的风险和机会收益。

可见，引例 3 中，承包商应获得工期和费用补偿。因为，合同中未明确规定一定要用工地现场搅拌的混凝土（施工方案不是合同文件），则商品混凝土只要符合合同规定的质量标准也可以使用，不必经业主批准。因为按照惯例，实施工程的方法由承包商负责，他在不影响或为了更好地保证合同总目标的前提下，可以选择更为经济合理的施工方案。业主不得随便干预。在这个前提下，业主拒绝承包商使用商品混凝土是一个变更指令，对此可以进行工期和费用索赔。但该项索赔必须在合同规定的索赔有效期内提出。当然承包商不能因为用商品混凝土要求业主补偿任何费用。

⑤在工程施工中，承包商采用或修改施工方案都要经过工程师的批准或同意。如果工程师无正当理由不同意可能会导致一个变更指令。这里的正当理由通常如下。

a）工程师有证据证明或认为承包商的施工方案不能保证按时完成他的合同责任，例如不能保证质量、保证工期或承包商没有采用良好的施工工艺。

b）不安全，造成环境污染或损害健康。

c）承包商要求变更方案（如变更施工次序、缩短工期），而业主无法完成合同规定的配合责任。例如，无法按这个方案及时提供图纸、场地、资金、设备，则有权要求承包商执行原定方案。

d）当承包商已施工的工程没有达到合同要求，如质量不合格，工期拖延，工程师指令承包商变更施工方案，以尽快摆脱困境，达到合同要求。

⑥重大的设计变更常常会导致施工方案的变更。如果设计变更应由业主承担责任，则

相应的施工方案的变更也由业主负责。反之，则由承包商负责。

⑦对不利的异常地质条件所引起的施工方案的变更，一般作为业主的责任。一方面这是一个有经验的承包商无法预料现场气候条件除外的障碍或条件，另一方面业主负责地质勘察和提供地质报告，则他应对报告的正确性和完备性承担责任。

▶▶引例 4

在某工程中，业主在招标文件中标明的工期为 24 个月，承包商在投标书中的进度计划也是 24 个月。中标后承包商向工程师提交一份详细的进度计划，说明 18 个月即可竣工，并论述了 18 个月工期的可行性。工程师认可了承包商的计划。

在工程中由于业主原因（设计图纸拖延等）造成工程停工，影响了工期，虽然实际总工期仍小于 24 个月，但承包商仍成功地进行了工期和与工期相关的费用索赔。

引导问题 6：为什么承包商能成功索赔？

⑧施工进度的变更。施工进度的变更是十分频繁的。在招标文件中，业主给出工程的总工期目标；承包商在投标书中有一个总进度计划（一般以横道图形式表示）；中标后承包商还要提出详细的进度计划，由工程师批准（或同意）；在工程开工后，每月都可能有进度的调整。通常只要工程师（或业主）批准（或同意）承包商的进度计划（或调整后的进度计划），则新进度计划就成为有约束力的。如果业主不能按照新进度计划完成按合同应由业主完成的责任，如及时提供图纸、施工场地、水电等，则属业主的违约行为。

可见，引例 4 中，承包商能成功索赔是因为 18 个月工期计划是有约束力的。

【专家评析】

通过对引例 4 的分析，在实务中，我们应注意以下几个问题。

第一，合同规定。承包商必须于合同规定竣工之日或之前完成工程，合同鼓励承包商提前竣工（提前竣工奖励条款）。承包商为了追求最低费用（或奖励）可以进行工期优化，这属实施方案，是承包商的权利，只要他保证不拖延合同工期和不影响工程质量。

第二，承包商不能因自身原因采用新的方案向业主要求追加费用，但工期奖励除外。所以，业主代表（工程师）在同意承包商的新方案时必须注明"费用不予补偿"，否则在事后容易引起不必要的纠缠。

第三，承包商在做出新计划前，必须考虑他所属分包合同计划的修改，如供应提前、分包工程加速施工等。同样，业主在做出同意（批准，认可）前要考虑到对业主的其他合同，如供应合同、其他承包合同、设计合同的影响。如果业主不能或无法做好协调，则可以不同意承包商的方案，要求承包商按原合同工期执行，这不属于变更。

▶▶应用案例 1

在某房地产开发项目中，业主提供了地质勘察报告，证明地下土质很好。承包商做施工方案，用挖方的余土作通往住宅区道路基础的填方。由于基础开挖施工时正值雨季，开挖后土方潮湿，且易碎，不符合道路填筑要求。承包商不得不将余土外运，另外取土作道路填方材料。

对此承包商提出索赔要求。工程师否定了该索赔要求，理由是填方的取土作为承包商的施工方案，它因受到气候条件的影响而改变，不能提出索赔要求。

在本案例中即使没有下雨，而因业主提供的地质报告有误，地下土质过差不能用于填方，承包商也不能因为另外取土而提出索赔要求。因为：①合同规定承包商对业主提供的水文地质资料的理解负责，而地下土质可用于填方，这是承包商对地质报告的理解，应由其负责；②取土填方作为承包商的施工方案，也应由其负责。

引导问题7：你认为工程师的拒绝理由成立吗？

12.2.5 工程变更价款的确定程序

（1）承包人在工程变更确定后14天内，可提出变更涉及的追加合同价款要求的报告，经工程师确认后相应调整合同价款。如果承包人在双方确定变更后的14天内，未向工程师提出变更工程价款的报告，视为该项变更不涉及合同价款的调整。

（2）工程师应在收到承包人的变更合同价款报告后14天内，对承包人的要求予以确认或做出其他答复。工程师无正当理由不确认或答复时，自承包人的报告送达之日起14天后，视为变更价款报告已被确认。

（3）工程师确认增加的工程变更价款作为追加合同价款，与工程进度款同期支付。工程师不同意承包人提出的变更价款，按合同约定的争议条款处理。

因承包人自身原因导致的工程变更，承包人无权要求追加合同价款。如由于承包人原因实际施工进度滞后于计划进度，某工程部位的施工与其他承包人的施工发生干扰，工程师发布指示改变了他的施工时间和顺序导致施工成本的增加或效率降低，承包人无权要求补偿。

12.2.6 工程变更价款的确定方法

1. 《建设工程施工合同（示范文本）》约定的工程变更价款的确定方法

在工程变更确定后14天内，设计变更涉及工程价款调整的，由承包人向发包人提出，经发包人审核同意后调整合同价款。变更合同价款按照下列方法进行。

（1）合同中已有适用于变更工程的价格，按合同已有的价格变更合同价款。

（2）合同中只有类似于变更工程的价格，可以参照类似价格变更合同价款。

（3）合同中没有适用或类似于变更工程的价格，由承包人或发包人提出适当的变更价格，经对方确认后执行。

如双方不能达成一致意见，双方可提请工程所在地工程造价管理机构进行咨询或按合同约定的争议或纠纷解决程序办理。因此，在变更后合同价款的确定上，首先应当考虑使用合同中已有的、能够适用或者能够参照适用的，其原因在于在合同中已经订立的价格（一般是通过招投标）是较为公平合理的，因此应当尽量采用。

> **相关链接**
>
> 采用合同中工程量清单的单价或价格有几种情况：①直接套用，即从工程量清单上直接拿来使用；②间接套用，即依据工程量清单，通过换算后采用；③部分套用，即依据工程量清单，取其价格中的某一部分使用。

2. FIDIC《施工合同条件》下工程变更价款的确定方法

1) 工程变更价款确定的一般原则

承包人按照工程师的变更指令实施变更工作后，往往会涉及对变更工程价款的确定问题。变更工程的费率或价格往往是双方协商时的焦点。计算变更工程应采用的费率或价格可分为3种情况。

（1）变更工作在工程量表中有同种工作内容的单价，应以该费率计算变更工程费用。

（2）工程量表中虽然列有同类工作的单价或价格，但对具体变更工作而言已不适用，则应在原单价和价格的基础上制定合理的新单价或价格。

（3）变更工作的内容在工程量表中没有同类工作的费率和价格，应按照与合同单价水平相一致的原则，确定新的费率或价格。

▶▶ **应用案例2**

某合同中路堤土方工程完成后，发现原设计在排水方面考虑不周，为此发包人同意在适当位置增设排水管道。

在工程量清单上有100条多管道类似排水管道，但承包人不同意直接从中选择适合的作为参考依据。理由是变更设计提出时间较晚，其土方已经完成并准备开始路面施工，新增工程不但打乱了其进度计划，而且二次开挖土方难度较大，特别是重新开挖用石灰土处理过的路堤，与开挖天然表土不能等同。监理工程师认为承包人的意见可以接受，不宜直接套用清单中的管道价格。经与承包人协商，决定采用工程量清单上的几何尺寸、地理位置等条件相近的管道价格作为新增工程的基本单价，但对其中的"土方开挖"一项在原报价基础上按某个系数予以适当提高，提高的费用叠加在基本单价上，构成新增工程价格。

2) 工程变更采用新费率或价格的情况

FIDIC《施工合同条件》（1999年第一版）约定：在以下情况下宜对有关工作内容采用新的费率或价格。

（1）第一种情况。FIDIC条件下工程变更估价的原则具备以下条件时，允许对某一项工作规定的费率或单价加以调整。

①此项工作实际测量的工程量比工程量表或其他报表中规定的工程量的变动大于10%。

②工程量的变更与该项工作规定的具体费率的乘积超过了接受的合同款额的0.01%。

③由此工程量的变更直接造成该项工作每单位工程量费用的变动超过1%。

④此项工作不是合同中规定的"固定费率项目"。

（2）第二种情况。

①此工作是根据变更与调整的指示进行的。

②合同没有规定此项工作的费率或价格。

③由于该项工作与合同中的任何工作没有类似的性质或不在类似的条件下进行，故没有一个规定的费率或价格适用。

每种新的费率或价格应考虑以上描述的有关事项对合同中相关费率或价格加以合理调整后得出。如果没有相关的费率或价格可供推算新的费率或价格，应根据实施该工作的合理成本和合理利润，并考虑其相关事项后得出。

3. 《建设工程工程量清单计价规范》规定的工程变更价款的确定方法

1）变更估价的程序

承包人应在收到变更指示或变更意向书后的 14 天内，向监理人提交变更报价书，报价内容应根据变更估价原则，详细罗列变更工作的价格组成及其依据，并附必要的施工方法说明和有关图纸。变更工作影响工期的，承包人应提出调整工期的具体细节。监理人认为有必要时，可要求承包人提交要求提前或延长工期的施工进度计划及相应施工措施等详细资料。监理人收到承包人变更报价书后的 14 天内，根据变更估价原则，商定或确定变更价格。

2）变更估价的原则

已标价工程量清单中有适用于变更工作子目的，采用该子目的单价。此种情况适用于变更工作采用的材料、施工工艺和方法与工程量清单中已有子目相同，同时也不因变更工作增加关键线路工程的施工时间。

3）变更估价的办法

08 建设工程工程量清单计价规范规定，合同中综合单价因工程量变更需调整时，除合同另有约定外，应按照下列办法确定。

(1) 当施工中施工图或设计变更与工程量清单项目特征描述不一致时，发承包双方应按实际施工的项目特征重新确定综合单价的原则。例如，招标时，某现浇混泥土构件项目特征中描述的混泥土强度是 C_{20}，但施工过程中发包人变更为 C_{30}，很明显这时应该重新确定其综合单价，因为 C_{20} 与 C_{30} 混泥土价格不一样。

(2) 因分部分项工程量清单漏项或非承包人原因的工程量变更，造成增加新的工程量清单项目，其对应的综合单价按下列方法确定。

①合同中已有适用的综合单价，按合同中已有的综合单价确定。

②合同中有类似的综合单价，参照类似的综合单价确定。

③合同中没有适用或类似的综合单价，由承包人提出综合单价，经发包人确认后执行。

(3) 当出现因分部分项工程量清单漏项或非承包人原因的工程变更，造成出现新增分部分项工程量清单项目并引起措施项目发生变化时，当发包人变更经其批准的施工组织设计或施工方案（修正错误除外）时，造成措施费发生变化的，按下列规定进行调整。

①施工组织设计或施工方案变更后，原措施费中有的措施项目，根据措施项目变更情况按原措施费的组价原则调整。

②施工组织设计或施工方案变更后，原措施费中没有的措施项目，由承包人根据措施项目变更情况，提出适当的措施费变更，经发包人确认后调整。

(4) 当工程量的偏差对清单项目综合单价产生影响时，是否调整综合单价以及调整条件、调整方法应在合同中约定，若合同未作约定，按以下原则办理。

①当清单项目工程量的变化幅度在 10% 以内时，其综合单价不做调整，仍然执行原有的综合单价。

②当清单项目工程量的变化幅度在 10% 以外，且其影响分部分项工程费超过 0.1% 时，其综合单价以及对应的措施费（若有）均应做调整。调整的方法是由承包人对增加的

工程量或减少后剩余的工程量提出新的综合单价和措施项目费，经发包人确认后调整。

(5) 市场价格发生变化超过一定的幅度时，工程价款按约定调整的原则，如合同未约定或约定不明，则按以下原则办理。

①施工期内，当人工单价发生变化，按省级或行业工程造价管理机构发布的人工成本信息进行调整。

②施工期内，当材料价格变化，超过省级或行业工程造价管理机构发布的幅度时应予调整，承包人采购材料前应将新的材料单价和采购数量报发包人审核，确认用于本合同工程时，发包人应审核确定需调整的材料单价及数量。发包人在收到承包人报送的确认资料后3个工作日不予答复的视为认可，作为调整工程价款依据。如果承包人未报经发包人审核即自行采购材料，再报发包人确定调整材料价格及其数量，并调整工程价款的，如发包人不同意，则不做调整。

③施工机械台班单价或机械使用费发生变化超过省级或行业工程造价管理机构发布的幅度范围时，按其规定调整。

(6) 因不可抗力事件导致的费用，发承包双方应按以下原则分别承担并调整工程价款。

①工程本身的损害、因工程损害导致第三方人员伤亡和财产损失以及运至施工场地用于施工的材料和待安装的设备的损害，由发包人承担。

②发包人、承包人人员伤亡由其所在单位负责，并承担相应费用。

③承包人的施工机械设备损坏及停工损失，由承包人承担。

④停工期间，承包人应发包人要求留在施工场地的必要的管理人员及保卫人员的费用，由发包人承担。

⑤工程所需清理、修复费用，由发包人承担。

▶▶应用案例3

某独立土方工程，招标文件中估计工程量为 100 万/m^3，合同约定工程款按月支付并同时在该款项中扣留 5% 的工程预付款；土方工程为全费用单价，即 10 元/m^3，当实际工程量超过估计工程量 10% 时，超过部分调整单价，为 9 元/m^3。某月施工单位完成土方工程量 25 万/m^3，截至该月累计完成的工程量为 120 万/m^3。

引导问题8：该月应结工程款为多少万元？

【专家评析】

在本月完成的 25 万/m^3 中，有 10 万/m^3 已经超过了合同估计工程量的上限（110 万/m^3），因此应采用 9 元/m^3 的单价，其余的 15 万/m^3 采用 10 元/m^3 的单价。则该月应结工程款 = $(15 \times 10 + 10 \times 9) \times (1 - 5\%) = 228$ 万元。

4）承包人的合理化建议

在履行合同过程中，承包人对发包人提供的图纸、技术要求以及其他方面提出的合理化建议，均应以书面形式提交监理人。合理化建议书的内容应包括建议工作的详细说明、进度计划和效益以及与其他工作的协调等，并附必要的文件。监理人应与发包人协商是否采纳建议。建议被采纳并构成变更的，监理人应向承包人发出变更指示。

承包人提出的合理化建议降低了合同价格、缩短了工期或者提高了工程经济效益的，发包人可按国家有关规定在专用合同条款中约定给予奖励。

5）暂列金额与计日工

暂列金额只能按照监理人的指示使用，并对合同价格进行相应调整。尽管暂列金额列入合同价格，但并不属于承包人所有，也不必然发生。只有按照合同约定实际发生后，才成为承包人的应得金额，纳入合同结算价款中。扣除实际发生额后的暂列金额余额仍属于发包人所有。

发包人认为有必要时，由监理人通知承包人以计日工方式实施变更的零星工作，其价款按列入已标价工程量清单中的计日工计价子目及其单价进行计算。采用计日工计价的任何一项变更工作，应从暂列金额中支付，承包人应在该项变更的实施过程中，每天提交以下报表和有关凭证报送监理人审批。

（1）工作名称、内容和数量。

（2）投入该工作所有人员的姓名、工种、级别和耗用工时。

（3）投入该工作的材料类别和数量。

（4）投入该工作的施工设备型号、台数和耗用台时。

（5）监理人要求提交的其他资料和凭证。

6）暂估价

确定暂估价实际开支分3种情况。

（1）依法必须招标的材料、工程设备和专业工程。发包人在工程量清单中给定暂估价的材料、工程设备和专业工程属于依法必须招标的范围并达到规定的规模标准的，由发包人和承包人以招标的方式选择供应商或分包人。发包人和承包人的权利义务关系在专用合同条款中约定。中标金额与工程量清单中所列的暂估价的金额差以及相应的税金等其他费用列入合同价格。

（2）依法不需要招标的材料、工程设备。发包人在工程量清单中给定暂估价的材料和工程设备不属于依法必须招标的范围或未达到规定的规模标准的，应由承包人提供。经监理人确认的材料、工程设备的价格与工程量清单中所列的暂估价的金额差以及相应的税金等其他费用列入合同价格。

（3）依法不需要招标的专业工程。发包人在工程量清单中给定暂估价的专业工程不属于依法必须招标的范围或未达到规定的规模标准的，由监理人按照合同约定的变更估价原则进行估价。经估价的专业工程与工程量清单中所列的暂估价的金额差以及相应的税金等其他费用列入合同价格。

▶▶应用案例4

某合同钻孔桩的工程情况是：直径为1.0m的共计长1501m；直径为1.2m的共计长8178m；直径为1.3m的共计长2017m。原合同规定选择直径为1.0m的钻孔桩做静载破坏试验。显然，如果选择直径为1.2m的钻孔桩做静载破坏试验对工程更具有代表性和指导意义。因此监理工程师决定变更。

但在原工程量清单中仅有直径为1.0m静载破坏试验的价格，没有直接或其他可套用的价格供参考。经过认真分析，监理工程师认为，钻孔桩做静载破坏试验的费用主要由两部分构成：一部分为试验费用；另一部分为桩本身的费用。试验桩直径改变了，而试验方法及设备没有发生变化。因此，可认为试验费用没有增减，费用的增减主要由钻孔桩直径变化而引起的桩本身的费用的变化。直径为 1.2m 的普通钻孔桩的单价在工程量清单中就可以找到，且地理位置和施工条件相近。因此，采用直径为 1.2m 的钻孔桩做静载破坏试验的费用为：直径为 1.0m 静载破坏试验费＋直径为 1.2m 的钻孔桩的清单价格。

▶▶ 应用案例 5

承包方在 2003 年承包了业主的一个污水处理工程，在建设过程中，发生了以下的事件。

（1）在施工中遇到了连日的大暴雨，雨水把已挖好的基础坑给灌满了，承包方为了清淘积水，使用了水泵，并有了人工和材料的配合。

（2）在工程项目中有许多工艺设备，因为没有买到设计图纸上的要求的产品，在业主的同意下，用其他设备代替，产生了超出相应合同价的资金。

（3）3 个月后工程结束，乙方把变更后的结算结果交给业主，业主给出的答复是：业主只按中标价结算，不负责增加的费用，承包方应在事件发生的 14 天内办理变更事项，而过了 14 天，业主就有权利认为，发生的费用包括在中标价中而不予考虑。

【专家评析】

承包方主要失误在于没有按照建筑工程合同法中工程变更费用的有关规定来做，而是按照原来计划经济的一套作法来进行，把所有的变更放在竣工后进行结算。

相关链接

表 12－1 现场签证表

现场签证表

| 工程名称 _____ | 标段 _____ | 第 页 共 页 |

致：_____(发包人全称)
　　根据 _____(指令人姓名)，____年__月__日的口头指令或你方 _____(或监理人)____年__月__日的书面通知，我方要求完成此项功能工作应支付价款金额为(大写) _____ (小写_____)，请予核准。
附：1、签证事由及原因
　　2、附图及计算式
　　承包人(章)_____ 承包人代表_____ 日　期_____

| 复核意见：
你方提出的费用索赔申请经复核：
□不同意此项索赔，具体意见见附件。
□同意此项索赔，索赔金额的计算，由造价工程师复核。
　　　　　　　　监理工程师_____
　　　　　　　　日　　期_____ | 复核意见：
□此项签证按承包人中标的计日工单价计算，金额为(大写)_____(小写_____)。
□此项签证因无计日工单价，金额为(大写)_____(小写_____)。
　　　　　　　　造价工程师_____
　　　　　　　　日　　期_____ |

审核意见：
□不同意此项索赔。
□同意此项索赔，与本期进度款同期支付。
　　　　　　发包人(章)_____ 发包人代表_____ 日　期_____

注：1 在选择栏中的"□"内作标识"√"。
　　2 本表一式四份，由承包人收到发包人(监理人)的口头或书面通知后填写，发包人、监理人、造价咨询人、承包人各存一份。

表 12－2　工程款支付申请（核准）表

工程款支付申请(核准)表

工程名称_____　　　　标段_____　　　　第　页　共　页

致：_____(发包人全称)：
我方于____至____期间已完成了_____工作，根据施工合同的约定，现申请支付本期的工程款为(大写)_____(小写_____)，请予核准。

序号	名称	金额(元)	备注
1	累计以完成的工程价款		
2	累计已实际支付的工程价款		
3	本周期以完成的工程价款		
4	本周期完成的计日工金额		
5	本周期应增加和扣减的变更金额		
6	本周期应增加和扣减的索赔金额		
7	本周期应抵扣的预付款		
8	本周期应扣减的质保金		
9	本周期应增加或扣减的其他金额		
10	本周期实际支付的工程价款		

承包人(章)_____　　　承包人代表_____　　　日　期_____

复核意见： □与实际施工情况不相符，修改意见见附件。 □与实际施工情况相符，具体金额由造价工程师复核。 　　　　　　　监理工程师_____ 　　　　　　　日　　期_____	复核意见： 　你方提出的支付申请经复核，本期间已完成工程款额为(大写)_____(小写_____)，本期间应支付金额为(大写)_____(小写_____)。 造价工程师_____　　日　期_____

审核意见：□不同意
　　　　　　□同意，支付时间为本表签发后的15天内。
　　　　　　发包人(章)_____　　发包人代表_____　　日　期_____

12.3　任务实施

（1）选取本项目一个变更事件，请向工程师进行变更申请，填写表 12－3。

表 12－3　工程变更单

工程名称：_____　　　　　　　　　　　　　编号：_____

致：_____(监理单位)
　　由于_____原因，兹提出工程变更（内容详见附件），请予以审批。
　　附件：

提出单位_____
代 表 人_____
日　　期_____

一致意见：

建设单位代表　　　　　　　设计单位代表　　　　　　　项目监理机构
签字：　　　　　　　　　　签字：　　　　　　　　　　签字：

日期_____　　　　　　日期_____　　　　　　日期_____

(2) 请对本项目施工合同变更事件进行分析,填写合同变更记录表。

(3) 选取本项目一个变更事件,写出完整的变更过程程序,并变换角色(如业主、工程师、承包商),写出相应的变更文件。

专家支招

在合同履行过程中,监理人发出变更指示包括下列 3 种情形。

1. 监理人认为可能要发生变更的情形

在合同履行过程中,可能发生上述变更情形的,监理人可向承包人发出变更意向书。变更意向书应说明变更的具体内容和发包人对变更的时间要求,并附必要的图纸和相关资料。变更意向书应要求承包人提交包括拟实施变更工作的计划、措施和竣工时间等内容的实施方案。

2. 监理人认为发生了变更的情形

在合同履行过程中,发生合同约定的变更情形的,监理人应向承包人发出变更指示。承包人收到变更指示后,应按变更指示进行变更工作。

3. 承包人认为可能要发生变更的情形

承包人收到监理人按合同约定发出的图纸和文件,经检查认为其中存在变更情形的,可向监理人提出书面变更建议。变更建议应阐明要求变更的依据,并附必要的图纸和说明。监理人收到承包人书面建议后,应与发包人共同研究,确认存在变更的,应在收到承包人书面建议后的 14 天内作出变更指示。经研究后不同意作为变更的,应由监理人书面答复承包人。

无论何种情况确认的变更,变更指示只能由监理人发出。变更指示应说明变更的目的、范围、变更内容,变更的工程量及其进度和技术要求,并附有相关图纸和文件。承包人收到变更指示后,应按变更指示进行变更工作。

12.4 任务评价与总结

1. 任务评价

完成表 12-4 的填写。

表 12-4 任务评价表

考核项目	分数			学生自评	小组互评	教师评价	小 计
	差	中	好				
团队合作精神							
活动参与是否积极							
工作过程安排是否合理规范							
陈述是否完整、清晰							
是否正确灵活运用已学知识							
劳动纪律							

续表

考核项目	分数			学生自评	小组互评	教师评价	小 计
	差	中	好				
此次任务完成是否满足工作要求							
此项目风险评估是否准确							
总　　分		60					
教师签字：				年　　月　　日		得　分	

2. 自我总结

（1）此次任务完成中存在的主要问题有哪些？

（2）问题产生的原因有哪些？

（3）请提出相应的解决方法。

（4）您认为还需加强哪方面的指导（实际工作过程及理论知识）？

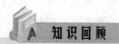

知识回顾

本节讲述的内容如下：合同变更的种类，合同变更的影响，合同变更的处理要求，合同变更范围和程序，合同变更责任分析，工程变更价款的确定程序，工程变更价款的确定方法，等等。

基础训练

一、单选题

1. 根据《建设工程施工合同（示范文本）》，承包人在工程变更确定后（　　）天内，可提出变更涉及的追加合同价款要求的报告，经工程师确认后相应调整合同价款。

　　A. 14　　　　B. 21　　　　C. 28　　　　D. 30

2. 基于 FIDIC 合同条件，宜采用新的费率或价格的情况有（　　）。

A. 如果某项工作实际测量的工程量比工程量表或其他报表中的工程量的变动小于 10% 时

B. 如果某项工作实际测量的工程量比工程量表或其他报表中的工程量的变动大于 10% 时

C. 变动的工程量直接造成该项工作单位成本的变动超过 10%

D. 变动的工程量直接造成该项工作单位成本的变动未超过 10%

3. 根据《建设工程工程量清单计价规范》，合同中综合单价因工程量变更需调整时，除合同另有约定外，工程量清单漏项或设计变更引起的新的工程量增减，其相应综合单价由（　　）提出。

　　A. 承包商　　　B. 工程师　　　C. 发包人　　　D. 采用原合同价

4. 承包人在工程变更确定后（　　）天，可提出变更涉及的追加合同价款要求的报告，否则视为不涉及调整。

  A. 14   B. 21   C. 28   D. 30

5. 承包人原因导致的工程变更，（　　）要求追加合同价款。

  A. 承包人有权   B. 承包人无权

  C. 发包人有权   D. 发包人无权

6. 根据《建设工程施工合同（示范文本）》，工程预付款时间应不迟于约定开工日期前（　　）天。

  A. 1   B. 21   C. 7   D. 35

7. FIDIC 条件下，工程变更的范围包括（　　）。

  A. 删减任何合同约定的工作内容

  B. 任何部分标高、尺寸、位置变化

  C. 因施工需要，施工机械日常检修时间变更

  D. 任何工作质量和其他特性变更

  E. 合同中的工程量变更

8. 在 FIDIC 合同条件下，工程师发布删减工作的变更指示后承包商不再实施部分工作，承包商可以就其损失向工程师发出通知并提供具体的证明材料，但这一损失不应包括（　　）。

  A. 直接费   B. 间接费   C. 税金   D. 利润

9. 下列说法错误的是（　　）。

  A. 施工中发包人如果需要对原工程进行设计变更，应不迟于变更前 14 天以书面形式通知承包人

  B. 承包人对于发包人的变更要求有拒绝执行的权利

  C. 承包人未经工程师的同意不得擅自更改图纸、换用图纸，否则承包人承担由此发生的费用，赔偿发包人的损失，延误的工期不予顺延

  D. 增减合同中约定的工程量不属于工程变更

  E. 更改有关部分的基线、标高、位置或尺寸属于工程变更

10. 根据我国现行合同条款，在合同履行过程中，承包人发现有变更情况的，可向监理人提出（　　）。

  A. 变更指示   B. 变更意向书

  C. 变更建议书   D. 变更报价书

二、多选题

1. 我国《建设工程施工合同（示范文本）》规定，因（　　）等原因导致竣工时间延长，经监理工程师确认后可以顺延工期。

  A. 不可抗力   B. 承包商基础施工超挖

  C. 工程量增加   D. 监理工程师延误提供所需指令

  E. 设计变更

2. （2008 年真题）工程项目在建设过程中，发包人要求承包人提供的担保通常

有（　　）。

A. 施工投标保证　　　　　　　　B. 施工合同履约保证
C. 施工合同支付保证　　　　　　D. 工程预付款保证
E. 施工合同工程垫支保证

3. 我国《建设工程施工合同（示范文本）》规定，属于承包人应当完成的工作有（　　）。

A. 办理施工所需的证件　　　　　B. 提供和维修非夜间施工使用的照明设备
C. 按规定办理施工噪声有关手续　D 负责已完成工程的成品保护
E. 保证施工场地清洁符合环境卫生管理的有关规定

4. 我国《建设工程施工合同（示范文本）》中规定的设计人的责任有（　　）。

A. 参加工程验收工作
B. 解决施工中出现的设计问题
C. 为施工承包人提供设计依据的基础资料
D. 组织施工招标工作
E. 在施工前负责向施工承包人和监理人进行设计交底

5. （2009年真题）根据《合同法》，下列有关格式条款合同的说法中，错误的有（　　）。

A. 采用格式条款合同时，订立合同时全部条款都不得改动
B. 合同条款必须与对方事先协商一致后才能确定
C. 当格式条款与非格式条款不一致时，应采用非格式条款
D. 提供格式条款方应提请对方注意免除或限制自己责任的条款
E. 当对格式条款有争议时，如果有两种以上解释的，应当采用不利于非提供方的解释

6. 采用FIDIC《施工合同条件》的工程，监理工程师在（　　）方面认为有必要时发布变更指令。

A. 任何工作质量　　　　　　　　B. 特性的变更
C. 任何联合竣工检验　　　　　　D. 协调几个承包商施工的干扰
E. 要求承包商使用他目前正在使用的施工设备去完成新增工

7. 我国《建设工程施工合同（示范文本）》中规定的固定价格合同（　　）。

A. 是在约定的风险范围内价款不再调整的合同
B. 是绝对不可调整合同价款的一种计价方式
C. 是约定范围内的风险由承包人承担
D. 包括工程承包活动中采用的总价合同和单价合同
E. 无需约定风险范围

8. 在建设工程施工合同履行过程中，应由发包人承担费用的是（　　）。

A. 邻近建筑物、构筑物的保护工作
B. 发包人委托承包人完成工程配套的设计
C. 承包人向发包人提供的施工现场办公和生活房屋及设施

D. 承包人按规定办理施工场地交通、环境保护有关手续
E. 对已竣工而未交付工程的损坏修复

9. FIDIC《施工合同条件》规定，业主应承担的风险包括（ ）。
A. 图纸和招标文件未说明的外界障碍物影响
B. 业主提供的设计不当造成的损失
C. 战争   D. 有毒气体污染
E. 气候条件影响

10. 下列属于监理人监督控制权的是（ ）。
A. 向承包人提出建议   B. 对施工进度的监督
C. 征得委托人同意，发布开工令   D. 城市房地产
E. 对工程上使用的材料和施工质量进行检验
F. 工程设计变更的审批

三、简答题

1. 什么是合同变更？它和工程变更有什么区别和联系？
2. 合同变更的种类有哪些？
3. 处理合同变更有哪些要求？
4. 合同变更范围和程序有哪些？
5. 如何分析合同变更责任？
6. 工程变更价款的确定程序和确定方法有哪些？

四、案例分析

某宿舍楼工程，地下 1 层，地上 9 层，建筑高度 31.95m，钢筋混凝土框架结构，基础为梁板式筏形基础，钢门窗框、木门，采用集中空调设备。施工组织设计确定，土方采用大开挖放坡施工方案，开挖土方工期 15 天，浇筑基础底板混凝土 24 小时连续施工，需 3 天。施工过程中发生如下事件：

事件 1：施工单位在合同协议条款约定的开工日期前 6 天提交了一份请求报告，报告请求延期 10 天开工，其理由如下。

（1）电力部门通知。施工用电变压器在开工 4 天后才能安装完毕。

（2）由铁路部门运输的 3 台属于施工单位自有的施工主要机械在开工后 8 天才能运到施工现场。

（3）为工程开工所必须的辅助施工设施在开工后 10 天才能投入使用。

事件 2：工程所需的 100 个钢门窗框是由业主负责供货，钢门窗框运达施工单位工地仓库，并经入库验收。施工过程中进行质量检验时，发现有 5 个钢窗框有较大变形，甲方代表即下令施工单位拆除，经检查原因属于使用材料不符合要求。

事件 3：由施工单位供货并选择的分包商将集中空调安装完毕，进行联动无负荷试车时需电力部门和施工单位及有关外部单位进行某些配合工作。试车检验结果表明，该集中空调设备的某些主要部件存在严重质量问题，需要更换，分包方增加工作量和费用。

事件 4：在基础回填过程中，总包单位已按规定取土样，试验合格。监理工程师对填土质量表示异议，责令总包单位再次取样复验，结果合格。

问题:
1. 事件1施工单位请求延期的理由是否成立?应如何处理?
2. 事件2、事件3、事件4应属于哪个责任方负责?应如何处理?

 拓展训练

1. 学习《标准施工招标文件》,查找相关的案例,并进行讨论。
2. 教师可围绕本学校已建或在建项目,就某项目施工合同变更事件进行分析和处理。

学习情境5

合同纠纷与索赔管理

任务13　合同纠纷处理

▶▶引例 1

2009 年 8 月 10 日，某钢铁厂与某市政工程公司签订了钢铁厂地下室排水工程总承包合同，工程总长 5000 米，市政工程公司将任务下达给第四施工队。事后，第四施工队又与某乡建筑工程队签订了分包合同，由乡建筑工程队分包 3000 米任务，金额为 35 万元，同年 9 月 10 日正式施工。2009 年 9 月 20 日，市建委主管部门在检查该项工程施工中，发现某乡建筑工程队承包手续不符合有关规定，责令停工。某乡建筑工程队不予理睬。10 月 3 日，市政工程公司下达停工文件，某乡建筑工程队不服，以合同经双方自愿签订，并有营业执照为由，于 10 月 10 日诉至人民法院，要求第四施工队继续履行合同或承担违约责任并赔偿经济损失。

引导问题 1：根据引例 1，回答以下问题。
（1）该总、分包合同的法律效力如何？其效力应由哪个机关（机构）确认？
（2）某乡建筑工程队提供的承包工程法定文书完备吗？为什么？
（3）某市建委主管部门是否有权责令停工？
（4）该纠纷应如何处理？

【专家评析】
（1）总包合同有效；分包合同无效。因为：①第四施工队不具备法人资格，无合法授权。②第四施工队将总体工程的二分之一以上的施工任务发包给某乡建筑工程队施工，依据《建筑法》第 29 条规定，主体结构必须由总承包单位自行完成。该合同效力应由人民法院或仲裁机构确认。
（2）承包工程法定文书不完备，某乡建筑工程队只交验了营业执照，并未交验建筑企业资格证书。
（3）某市建委主管部门有权责令停工。
（4）双方均有过错，分别承担相应的责任，依法宣布分包合同无效，终止合同，由市政工程公司按规定交付已完工程量的实际费用（不含利润），不承担违约责任。

▶▶引例 2

2006 年 1 月，某市三建公司（买方）与本市某水泥厂（卖方）签订一份水泥供货合同，约定卖方在 1 年内分 4 期向买方供水泥 1100t（分别为 450、350、100、200t），每吨单价 180 元，货到付款，但未明确各期具体供货时间。第一批 450t 于 3 月中旬交货，买方支付了该批货款。第二批按照双方交易惯例及当地惯例，应于6月份交付，此时正值施工旺季，水泥需求量极大，卖方为图更高利益，将库存水泥全部高价卖给其他单位。买方因现场急需水泥，多次派人向卖方催货无果，无奈之下只好向他处购买高价水泥。2006年9月，施工进入淡季，卖方向买方送去未交付的3批水泥共计650t，被买方拒收。双方为此出现争议，并诉至法院。卖方认为，因合同未约定履行时间，所以其可以随时履行，并未违约，有权要求买方收货、付款。

【专家评析】

诚信是合同履行的重要原则。合同没有约定履行期限，但是，可以根据双方交易习惯及当地交易习惯确定，而且，买方已多次催货，并给予了卖方足够准备时间。因此，合理的履行期限可以确定。卖方为图更高利益无法向买方供货，应承担违约责任。买方解除合同的主张具有法律依据。

引导问题2：通过对引例1、引例2的分析，回答以下问题。

(1) 常见的合同纠纷有哪些？

(2) 如何确定相关的法律责任？

(3) 解决合同纠纷的程序有哪些？

13.1　任务导读

13.1.1　任务描述

某高校要建设实训楼，投资约5200万元人民币，建筑面积约30000平方米。通过招标与你所在单位签署了施工合同。目前合同正在履行，你的任务是处理合同履行过程中的相关纠纷。

13.1.2　任务目标

(1) 依据合同控制和履约管理重点，制定合同纠纷控制和处理措施。

(2) 按照工作时间限定及纠纷处理程序，完成纠纷事件处理。

(3) 按照正确的方法，进行纠纷处理资料归档，总结纠纷事件处理技巧。

(4) 通过完成该任务，提出后续工作建议，完成自我评价，并提出改进意见。

13.2　相关理论知识

合同纠纷是指合同当事人在合同履行的过程中，对合同规定的权利和义务产生不同的理解，合同双方从维护各自权益的角度出发而产生的纠纷。

13.2.1　工程施工常见纠纷

1. 建筑工程质量纠纷

建筑工程建成后工程质量达不到合同要求或达不到设计功能的使用要求是一种常见的

纠纷。其起因一是发包方的原因，如设计本身有缺陷、勘察资料与实际地质情况不符、提供的原料、设备不符合质量要求等；二是承包方原因，如承包方管理、技术力量不足、技术方案不合理，组织措施不力，等等；三是因为招标过程中大多数甲方为了保证施工质量，都会提出很高的质量等级；四是发包人擅自使用未交工工程而出现的质量纠纷；五是承包人或发包人分包工程项目，因分包项目质量达不到要求而引起整个工程质量达不到要求，也是造成质量纠纷很重要的原因。

2. 工期纠纷

建筑工程不能在合同规定的时限内完工并交付使用，给甲、乙双方造成经济损失，也是建设工程承包合同履行中的一种常见纠纷。其起因一是发包方没有按合同规定的时间要求提供场地、资金、设计技术资料等，包括未能与地方政府就征地、拆迁等问题达成协议，导致不能按期开工或开工后被迫停建、缓建，不仅工期推迟，还将给承包方造成停工、窝工的经济损失。二是承包方因施工组织不力，劳力、设备不能满足工期要求而导致工期滞后。三是因招标时甲方不合理地压缩工期，施工单位为了迎合招标，被迫响应工期要求，在远低于定额工期的合同工期下施工。

3. 工程价款及结算纠纷

工程结算纠纷包括计价方法、工程量和材料价款大幅上涨引起纠纷等。这种纠纷常包括以下两种情形：一是合同造价低于工程实际造价或由于外部条件发生重大变化而引起变更，承包人无法在原合同约定的价款内完成工程建设，而向发包人要求补偿，或发包人以正当或不正当的理由拒绝补偿而引起的纠纷；二是发包人由于资金筹措不到位，拖欠或拒付工程款而引起纠纷。

4. 分包引起的纠纷

某些合同签订时对于是否允许分包并未做出明确规定，而承包商则利用合同漏洞，在没有征得业主同意的情况下，进行了工程分包，导致甲、乙双方产生纠纷。承包商与分包商之间的纠纷也是近年来施工企业遇到较多的法律纠纷，承包人将部分工序分包给第三人承担，由于分包人管理不力或技术、施工能力不足等，质量、工期等达不到分包合同的约定要求，就可能导致纠纷。特别是工程价款纠纷，是承包人与分包人之间最容易发生的纠纷。

5. 延期付款利息纠纷

尽管有明文规定业主拖欠工程款应付延期利息，但执行起来却非常困难，特别是延期利息数额巨大时，双方纠纷就更容易产生。比如合同约定工程决算完毕付清尾款，但因施工方迟迟不报送决算文件，或报送决算文件不齐全，或所报决算文件双方争议过大，导致决算工作无法进行，进而剩余工程款无法支付。特别是争议过大时，究竟是谁的过错导致工程款支付拖延，也是是否支付延期付款利息的争议所在。

6. 违约发生的纠纷

承包方的违约主要表现有工期违约、质量违约等。发包方主要表现在不能按时支付工程进度款、未能提供施工进场的条件、中期擅改设计等导致的工程造价增加或者其他损失的，承包人最终都以工程索赔的形式加入工程结算书中，而发包人往往对有关款项不予认定，从而产生纠纷，这种纠纷在建设工程结算纠纷中比较常见。

13.2.2 工程施工常见纠纷处理办法

1. 建设工程质量不符合约定情况下的责任承担处理

导致工程质量不合格的原因很多，其中有发包人的原因，也有承包商的原因。其责任的承担应该根据具体的情况分别做出处理。

1）因承包商过错导致质量不符合约定的处理

《合同法》第281条规定：因施工人的原因致使建设工程质量不符合约定的，发包人有权要求施工人在合理期限内无偿修理或者返工、改建。经过修理或者返工、改建后，造成逾期交付的施工人应当承担违约责任。

《最高人民法院关于审理建设工程施工合同纠纷案件适用法律问题的解释》第11条规定：因承包人的过错造成建设工程质量不符合约定，承包人拒绝修理、返工或者改建。发包人请求减少支付工程价款的，应予以支持。有的时候，承包商造成工程质量不合格的原因可能会触犯法律，例如偷工减料、擅自修改图纸等。如果其行为触犯了相关的法律，还将接受法律的制裁。

《建筑法》第74条规定：建筑施工企业在施工中偷工减料的，使用不合格的建筑材料、建筑构配件和设备的，或者有其他不按照工程设计图纸或者施工技术标准施工的行为的，责令改正，处以罚款；情节严重的，责令停业整顿，降低资质等级或者吊销资质证书；造成建筑工程质量不符合规定的质量标准的，负责返工、修理，并赔偿因此造成的损失；构成犯罪的，依法追究刑事责任。

2）因发包人过错导致质量不符合约定的处理

《建设工程质量管理条例》第9条规定：建设单位必须向有关的勘察、设计、施工、工程监理等单位提供与建设工程有关的原始资料。原始资料必须真实、准确、齐全。

《建设工程质量管理条例》第14条规定：按照合同约定，由建设单位采购建筑材料、建筑构配件和设备的，建设单位应当保证建筑材料、建筑构配件和设备符合设计文件和合同要求。建设单位不得明示或者暗示施工单位使用不合格的建筑材料、建筑构配件和设备。

但是在实际工作中，却经常出现建设单位违反上述规定的情形。这些情形的出现，有的是源于过失，有的则是建设单位出于为自身谋取利益。

《解释》第12条规定：发包人具有下列情形之一，造成建设工程质量缺陷，应当承担过错责任。

（1）提供的设计有缺陷。

（2）提供或者指定购买的建筑材料、建筑构配件、设备不符合强制性标准。

（3）直接指定分包人分包专业工程。

承包人有过错的，也应当承担相应的过错责任。

《建设工程质量管理条例》第56条规定：违反本条例规定，建设单位有下列行为之一的，责令改正，处20万元以上50万元以下的罚款。

(1) 迫使承包方以低于成本的价格竞标的。
(2) 任意压缩合理工期的。
(3) 明示或者暗示设计单位或者施工单位违反工程建设强制性标准，降低工程质量的。
(4) 施工图设计文件未经审查或者审查不合格，擅自施工的。
(5) 建设项目必须实行工程监理而未实行工程监理的。
(6) 未按照国家规定办理工程质量监督手续的。
(7) 明示或者暗示施工单位使用不合格的建筑材料、建筑构配件和设备的。
(8) 未按照国家规定将竣工验收报告、有关认可文件或者准许使用文件报送备案的。

3) 发包人擅自使用后出现质量问题的处理

《建设工程质量管理条例》第 16 条规定：建设单位收到建设工程竣工报告后，应当组织设计、施工、工程监理等有关单位进行竣工验收。

建设工程竣工验收应当具备下列条件：①完成建设工程设计和合同约定的各项内容；②有完整的技术档案和施工管理资料；③有工程使用的主要建筑材料、建筑构配件和设备的进场试验报告；④有勘察、设计、施工、工程监理等单位分别签署的质量合格文件；⑤有施工单位签署的工程保修书。

建设工程经验收合格的，方可交付使用。

但是，有的时候建设单位为了能够提前投入生产，在没有经过竣工验收的前提下就擅自使用了工程。由于工程质量问题都需要经过一段时间才能显现出来，所以，这种未经竣工验收就使用工程的行为往往就导致了其后的工程质量的纠纷。

《解释》第 23 条也对于工程质量产生的争议如何进行鉴定做出了原则性规定：当事人对部分案件事实有争议的，仅对有争议的事实进行鉴定，但争议事实范围不能确定，或者双方当事人请求对全部事实鉴定的除外。

《解释》第 13 条规定：建设工程未经竣工验收，发包人擅自使用后，又以使用部分质量不符合约定为由主张权利的，不予支持；但是承包人应当在建设工程的合理使用寿命内对地基基础工程和主体结构质量承担民事责任。

上述规定体现了对于建设单位的擅自使用工程行为的惩罚，认定了建设单位使用工程即是对工程质量的认可。但是，上述规定却并没有全部免除承包商的责任，要求承包商对于地基基础工程和主体结构的质量承担相应的责任。这是基于《建设工程质量管理条例》对于地基基础工程和主体结构工程的最低保修期限的规定。《建设工程质量管理条例》第 40 条规定了对于基础设施工程、房屋建筑的地基基础工程和主体结构工程，设计文件规定了该工程的合理使用年限。这就等于是终身保修，因此并不因建设单位是否提前使用工程而免除保修的责任。

发包人未经验收而提前使用工程不仅在工程质量上要承担更大的责任，同时还将由于这样的行为而接受法律的制裁。

《建设工程质量管理条例》第 58 条规定：违反本条例规定，建设单位有下列行为之一的，责令改正，处工程合同价款 2% 以上 4% 以下的罚款；造成损失的，依法承担赔偿责任。

(1) 未组织竣工验收，擅自交付使用的。
(2) 验收不合格，擅自交付使用的。
(3) 对不合格的建设工程按照合格工程验收的。

2. 对竣工日期的争议处理

竣工日期可以分为合同中约定的竣工日期和实际竣工日期。合同中约定的竣工日期是指发包人和承包人在协议书中约定的承包人完成承包范围内工程的绝对或相对的日期。实际竣工日期是指承包人全面、适当履行了施工承包合同的日期。合同中约定的竣工日期是发包人限定的竣工日期的底线，如果承包人超过了这个日期竣工就将为此承担违约责任。而实际竣工日期则是承包人可以全面主张合同中约定的权利的开始之日，如果该日期先于合同中约定的竣工日期，承包商可以根据约定（如有）获得奖励。正是由于确定实际竣工日期涉及到发包人和承包人的利益，对于工程竣工日期的争议就时有发生。

我国《建设工程施工合同（示范文本）》第32.4款规定：工程竣工验收通过，承包人送交竣工验收报告的日期为实际竣工日期。工程按发包人要求修改后通过竣工验收的，实际竣工日期为承包人修改后提请发包人验收的日期。

但是在实际操作过程中却容易出现一些特殊的情形并最终导致关于竣工日期的争议的产生。这些情形主要表现在以下几种情况。

(1) 由于建设单位和施工单位对于工程质量是否符合合同约定产生争议而导致对竣工日期的争议。

工程质量是否合格涉及到多方面因素，当事人双方很容易就其影响因素产生争议。而一旦产生争议，就需要权威部门来鉴定。鉴定结果如果不合格就不涉及到竣工日期的争议了，而如果鉴定结果是合格的，就涉及到以哪天作为竣工日期的问题了。承包商认为应该以提交竣工验收报告之日作为竣工日期，而建设单位则认为应该以鉴定合格之日为实际竣工日期。

对此，《解释》第15条规定：建设工程竣工前，当事人对工程质量发生争议，工程质量经鉴定合格的，鉴定期间为顺延工期期间。

从这个规定我们看到，应该以提交竣工验收报告之日为实际竣工日期。

(2) 由于发包人拖延验收而产生的对实际竣工日期的争议。

《建设工程施工合同（示范文本）》规定，工程具备竣工验收条件，承包人按国家工程竣工验收有关规定，向发包人提供完整竣工资料及竣工验收报告。双方约定由承包人提供竣工图的，应当在专用条款内约定提供的日期和份数。发包人收到竣工验收报告后28天内组织有关单位验收，并在验收后14天内给予认可或提出修改意见。承包人按要求修改，并承担由自身原因造成修改的费用。

但是，有的时候由于主观的或者客观的原因，发包人没能按照约定的时间组织竣工验收。最后施工单位和建设单位就实际竣工之日产生了争议，对此，《解释》第14条规定：建设工程经竣工验收合格的，以竣工验收合格之日为竣工日期。承包人已经提交竣工验收报告，发包人拖延验收的，以承包人提交验收报告之日为竣工日期。

(3) 由于发包人擅自使用工程而产生的对于实际竣工验收日期的争议。

《建设工程质量管理条例》第16条"建设单位收到建设工程竣工报告后，应当组织设计、施工、工程监理等有关单位进行竣工验收。建设工程经验收合格的,方可交付使用"。

有的时候,建设单位为了能够提前使用工程而取消了竣工验收这道法律规定的程序。而这样的后果之一就是容易对实际竣工日期产生争议,因为没有提交的竣工验收报告和竣工验收试验可供参考。对于这种情形,《解释》第14条同时做出了下面的规定:建设工程未经竣工验收,发包人擅自使用的,以转移占有建设工程之日为竣工日期。

3. 对计价方法的争议问题

在工程建设合同中,当事人双方会约定计价的方法,这是后来建设单位向承包商支付工程款的基础。如果合同双方对于计价方法产生了纠纷且不能得到及时妥善的解决,就必然会影响到当事人的切身利益。对计价方法的纠纷主要表现在以下几个方面。

1) 因变更引起的纠纷

在工程建设过程中,变更是普遍存在的。尽管变更的表现形式纷繁复杂,但是其对于工程款的支付的影响却仅仅表现在两个方面。

(1) 工程量的变化导致价格的纠纷。

从经济学的角度看,成本的组成包括两部分,即固定成本和可变成本。固定成本不因产量的增加而增加,可变成本却是产量的函数,因产量的增加而增加。当产量增加时,单位产量上摊销的固定成本就会减少,而单位可变成本不发生变化,其总成本将减少。在原有价格不变的前提下,会导致利润率增加。因此,当工程量发生变化后,当事人一方就会提出增加或者减少单价,以维持原有的利润率水平。如果工程量增加了,建设单位就会要求减少单价。相反,如果工程量减少,施工单位就会要求增加单价。调整单价时会涉及到两个因素:一是工程量增减幅度达到多少就要调整单价;二是将单价调整到多少。如果在承包合同中没有对此进行约定,就会导致纠纷。

(2) 工程质量标准的变化导致价格的纠纷。

工程质量标准有很多种分类的方法,如果按照标准的级别来分的话,可以分为国家标准、地方标准、行业标准、企业标准。另外,合同双方当事人也可以在合同中约定标准,如果约定的标准没有违反强制性标准,其效力还将高于国家其他标准。正是由于工程质量标准的多样性,就会导致工程标准发生变化而导致纠纷的产生。

▶▶应用案例1

对于某混凝土工程,原来在合同中约定的混凝土强度为25MPa,后来建设单位出于安全和质量的考虑,要求将质量标准提高到30MPa,这就意味着施工单位将为此多付出成本,那么到底多付出了多少呢?双方也有可能就此产生纠纷。

【专家评析】

对于上面的由于变更而引起的计价方法的纠纷,《解释》第16条做出了规定:当事人对建设工程的计价标准或者计价方法有约定的,按照约定结算工程价款。

因设计变更导致建设工程的工程量或者质量标准发生变化,当事人对该部分工程价款不能协商一致的,可以参照签订建设工程施工合同时当地建设行政主管部门发布的计价方法或者计价标准结算工程价款。

2) 因工程质量验收不合格导致的纠纷

工程合同中的价款针对的是合格工程而言的,而在工程实践中,不合格产品也是普遍存在的,对于不合格产品如何计价也就自然成为了合同当事人关注的问题。在这个问题中也涉及到两方面的问题：一是工程质量与合同约定的不符合程度；二是针对该工程质量应予以支付的工程价款。对此,《解释》第 16 条也同时做出了规定：建设工程施工合同有效,但建设工程经竣工验收不合格的,工程价款结算参照本解释第 3 条规定处理,即：①修复后的建设工程经竣工验收合格,发包人请求承包人承担修复费用的,应予支持；②修复后的建设工程经竣工验收不合格,承包人请求支付工程价款的,不予支持。

因建设工程不合格造成的损失,发包人有过错的,也应承担相应的民事责任。

3) 因利息而产生的纠纷

《合同法》第 113 条规定：当事人一方不履行合同义务或者履行合同义务不符合约定,给对方造成损失的,损失赔偿额应当相当于因违约所造成的损失,包括合同履行后可以获得的利益,但不得超过违反合同一方订立合同时预见到或者应当预见到的因违反合同可能造成的损失。

从上面的条款我们可以看到,如果建设单位不及时向承包商支付工程款,承包商在要求建设单位继续履约的前提下,可以要求建设单位为此支付利息。因为利息是建设单位如果按期支付工程价款后承包商的预期利益。

在实践中,对于利息的支付容易在两个方面产生纠纷：一是利息的计付标准；二是何时开始计付利息。

《解释》第 17 条对于计付标准做出了规定：当事人对欠付工程价款利息计付标准有约定的,按照约定处理；没有约定的,按照中国人民银行发布的同期同类贷款利率计息。

同时,《解释》第 18 条也对何时开始计付利息做出了规定：利息从应付工程价款之日计付。当事人对付款时间没有约定或者约定不明的,下列时间视为应付款时间。

(1) 建设工程已实际交付的,为交付之日。

(2) 建设工程没有交付的,为提交竣工结算文件之日。

(3) 建设工程未交付,工程价款也未结算的,为当事人起诉之日。

4) 因合同计价方式产生的纠纷

《建筑工程施工发包与承包计价管理办法》第 12 条规定：合同价可以采用以下方式。

(1) 固定价。合同总价或者单价在合同约定的风险范围内不可调整。

(2) 可调价。合同总价或者单价在合同实施期内,根据合同约定的办法调整。

(3) 成本加酬金。合同总价由成本和建设单位支付给施工单位的酬金两部分构成。

当然,《建筑工程施工发包与承包计价管理办法》属于部门规章,对施工合同并无强制效力,需要当事人特别约定方可对合同当事人产生效力。由于工程建设的外部环境处于不断的变化之中,这些外部条件的变化就可能会使得施工单位的成本增加。

▶▶应用案例 2

某种建筑材料大幅度涨价,或者发生了一定程度的设计变更使得工程量有所增加,都会让承包商承担了更大的成本。在这种情况下,承包商就可能提出索赔的要求,要求建设单位支付增加部分的成本。

【专家评析】

对于上面的 3 种计价方式，如果采用的是可调价合同或者成本加酬金合同，建设单位就应该在合同约定的范围内支付这笔款项。但是，如果采用的是固定总价合同，则建设单位往往不必为此支付。《解释》第 22 条规定：当事人约定按照固定价结算工程价款，一方当事人请求对建设工程造价进行鉴定的，不予支持。

4. 对工程量的争议问题

在工程款支付的过程中，确认完成的工程量是一个重要的环节。只有确认了完成的工程量，才能进行下一步的结算。

1) 工程结算的程序。

《建筑工程施工发包与承包计价管理办法》第 16 条规定了工程结算的程序：工程竣工验收合格，应当按照下列规定进行竣工结算。

(1) 承包方应当在工程竣工验收合格后的约定期限内提交竣工结算文件。

(2) 发包方应当在收到竣工结算文件后的约定期限内予以答复。逾期未答复的，竣工结算文件视为已被认可。

(3) 发包方对竣工结算文件有异议的，应当在答复期内向承包方提出，并可以在提出之日起的约定期限内与承包方协商。

(4) 发包方在协商期内未与承包方协商或者经协商未能与承包方达成协议的，应当委托工程造价咨询单位进行竣工结算审核。

(5) 发包方应当在协商期满后的约定期限内向承包方提出工程造价咨询单位出具的竣工结算审核意见。

发承包商双方在合同中对上述事项的期限没有明确约定的，可认为其约定期限均为 28 日。

发承包商双方对工程造价咨询单位出具的竣工结算审核意见仍有异议的，在接到该审核意见后 1 个月内可以向县级以上地方人民政府建设行政主管部门申请调解，调解不成的，可以依法申请仲裁或者向人民法院提起诉讼。还应强调，《建筑工程施工发包与承包计价管理办法》经过合同当事人在合同内特别约定，可对当事人产生效力。

2) 关于确认工程量引起的纠纷处理

(1) 对未经签证但事实上已经完成的工程量的确认。工程量的确认应以工程师的确认为依据。

工程师的确认以签证为依据。但是，有的时候却存在另一种情形，工程师口头同意进行某项工程的修建，但是由于主观的或者客观的原因而没能及时提供签证。对于这部分工程量的确认就很容易引起纠纷。

我国《合同法》第 36 条规定：法律、行政法规规定或者当事人约定采用书面形式订立合同，当事人未采用书面形式但一方已经履行主要义务，对方接受的，该合同成立。

依据这个条款，《解释》第 19 条规定：当事人对工程量有争议的，按照施工过程中形成的签证等书面文件确认。承包人能够证明发包人同意其施工，但未能提供签证文件证明工程量发生的，可以按照当事人提供的其他证据确认实际发生的工程量。

(2) 对于确认工程量的时间的纠纷。如果建设单位迟迟不确认施工单位完成的工程量，就会导致施工单位不能及时得到工程价款，这样就损害了施工单位的利益。为了保护合同当事人的合法权益，《解释》第 20 条规定：当事人约定，发包人收到竣工结算文件后，在约定期限内不予答复，视为认可竣工结算文件的，按照约定处理。承包人请求按照竣工结算文件结算工程价款的，应予支持。这与《建筑工程施工发包与承包计价管理办法》第 16 条的规定是相关的。

5. 建设工程价款优先受偿权问题

优先受偿权是指根据法律规定，抵押权人、质权人、留置权人就债务提供的抵押物、质物、留置物，在债务人届期不能清偿债务时，从担保物中优先受清偿的权利。

1) 建筑工程价款优先受偿权的法定特征

(1) 建筑工程优先受偿权是一种法定的权利，是法律规定的建筑工程价款在诸多建筑纠纷中居优先受偿的地位。这一规定不是当事人可以选择的条款，而是赋予承包人的一项法定权利。

(2) 建筑工程价款优先受偿权的性质属于担保物权，带有某种程度的强制性。这种强制性不但可以对建筑物进行拍卖或折价并进行优先受偿，还主要体现在法院的强制执行中。

(3) 建筑工程优先受偿权是以建筑物为担保的债权。权利人对建筑物的所有人的追偿，可以通过建筑物得到担保，而且这种担保是无需登记和公示的。

(4) 这种优先权可随建筑物所有权转移而转移，效力一直追及于该建筑物。但也受到一定的限制，即当该建筑物作为商品房时，消费者在交付购买商品房的全部或者大部分款项后，权利人就该商品房享有的工程价款优先受偿权不得对抗买受人。

(5) 这种优先权的行使有一定的时效，逾期则可视为放弃权利，该优先受偿权就失去优先性，与其他权利受偿属同一顺序。

承包人的优先受偿权不同于留置权，不因丧失占有而消灭。

2)《担保法》与《合同法》在工程款优先受偿权问题上的冲突

在工程建设中，建设单位为了筹措资金，经常会向银行贷款。作为条件，银行会要求建设单位提供相应的担保。有的时候，建设单位可以以拟建的建设工程作为抵押来为贷款作担保。于是，在建设单位和银行之间就会签订一个抵押合同。根据《中华人民共和国担保法》第 53 条的规定：债务履行期届满抵押权人未受清偿的，可以与抵押人协议以抵押物折价或者以拍卖、变卖该抵押物所得的价款受偿；协议不成的，抵押权人可以向人民法院提起诉讼。抵押物折价或者拍卖、变卖后，其价款超过债权数额的部分归抵押人所有，不足部分由债务人清偿。这就是说，如果建设单位在应该偿还贷款的期限届满而没有清偿贷款的话，银行就可以将建成的工程项目折价、拍卖或者变卖，然后将所得的收入受偿。

但是，根据《合同法》286 条的规定：发包人未按照约定支付价款的，承包人可以催告发包人在合理期限内支付价款。发包人逾期不支付的，除按照建设工程的性质不宜折价、拍卖的以外，承包人可以与发包人协议将该工程折价，也可以申请人民法院将该工程依法拍卖。建设工程的价款就该工程折价或者拍卖的价款优先受偿。这就意味着，如果建设单位不及时支付工程价款,则施工单位可以将建成的建设项目折价、拍卖并将所得受偿。

3)建设工程价款优先受偿权问题的司法解释

这样一来就出现了一个问题,在上面两个条件都存在的情况下,银行和施工单位都可以将建成的工程项目拍卖并将所得款项占有。那么到底优先将这笔款项支付给谁?针对这个问题,2002年6月11日,最高人民法院审判委员会第1225次会议通过了《最高人民法院关于建设工程价款优先受偿权问题的批复》,做出了如下解释。

(1)人民法院在审理房地产纠纷案件和办理执行案件中,应当依照《合同法》第286条的规定,认定建筑工程的承包人的优先受偿权优于抵押权和其他债权。

(2)消费者交付购买商品房的全部或者大部分款项后,承包人就该商品房享有的工程价款优先受偿权不得对抗买受人。

(3)建筑工程价款包括承包人为建设工程应当支付的工作人员报酬、材料款等实际支出的费用,不包括承包人因发包人违约所造成的损失。

(4)建设工程承包人行使优先权的期限为6个月,自建设工程竣工之日或者建设工程合同约定的竣工之日起计算。

▶▶应用案例3

2001年8月20日,甲公司与乙公司签订《建设工程施工合同》,约定由乙公司人承包某工程,工程承包造价为8000万元,工程4层以下的竣工日期为2002年12月31日,5层以上结构竣工日期由合同双方另行协商。4层以下竣工后,双方就该部分工程款进行结算。乙公司在如约开工后,截至2002年12月,完成了4层以下及5层部分工程。但是,由于甲公司无法支付工程所需的大量后续资金,工程不得不全面停工。2003年1月,双方签订了停工协议,确认。

由于资金问题,2002年12月31日工程全面停工,5层以上施工日期由甲公司另行通知。截至2003年10月8日,工程未复工。为此,乙公司与甲公司签订了一份补充合同,约定:原合同继续履行,甲公司负责筹措资金,使工程早日复工,并由乙公司负责对停工后的现场进行保护,费用由甲公司承担。但直至2003年12月,工程仍未能复工。甲公司已支付工程款100万元。乙公司多次催告甲公司支付拖欠的工程款,均无结果。按照双方的合同约定,争议解决的方式为当地仲裁委员会仲裁。2003年12月,为追索拖欠的工程价款及损失,乙公司向当地仲裁委员会提起仲裁,要求裁决甲公司偿付拖欠的工程款及损失4000万元,并请求对工程行使优先受偿权。而乙公司则认为,工程并未整体竣工,不能支付工程价款。

引导问题3:工程并未整体竣工,能优先受偿工程价款吗?

【专家评析】

根据《合同法》第269条的规定:建设工程合同是承包人进行工程建设,发包人支付价款的合同。建设工程合同包括工程勘察、设计、施工合同。

建设工程合同原为承揽合同的一种,属于完成不动产工程项目的合同。

根据《合同法》第286条的规定:发包人未按照约定支付价款的,承包人可以催告发包人在合理期限内支付价款。发包人逾期不支付的，除按照建设工程的性质不宜折价、拍卖的以外，承包人可以与发包人协议将该工程折价，也可以申请人民法院将该工程依法拍卖。建设工程的价款就该工程折价或者拍卖的价款优先受偿。由此可见，发包人未按约定支付价款，经承包人催告后在合理期限内仍不支付的，承包人可以与发包人协议将该工程折价，也可以申请人民法院将该工程依法拍卖。建设工程的价款就该工程折价或者拍卖的价款优先受偿。承包人行使优先受偿权，应当注意以下几点。

（1）发包人不支付价款的，承包人不能立即将该工程折价、拍卖，而是应当催告发包人在合理期限内支付价款。根据《担保法》第87条的规定，合理期限最短为2个月。在具体案件中，判断合理期限的标准还应根据具体情况来定。如果在该期限内，发包人已经支付了价款，承包人只能要求发包人承担支付约定的违约金或者支付逾期的利息、赔偿其他损失等违约责任。如果在催告后的合理期限内，发包人仍不能支付价款的，承包人才能将该工程折价或者拍卖以优先受偿。

（2）承包人对工程依法折价或者拍卖的，应当遵循一定的程序。

发包人对工程折价的，应当与发包人达成协议，参照市场价格确定一定的价款，把该工程的所有权由发包人转移给承包人，从而使承包人的价款债权得以实现。承包人因与发包人达不成折价协议而采取拍卖方式的，应当申请人民法院依法将该工程予以拍卖。承包人不得委托拍卖公司或者自行将工程予以拍卖。

（3）工程折价或者拍卖后所得价款如果超出发包人应付价款数额的，该超过的部分应当归发包人所有；如果折价或者拍卖所得价款还不足以清偿承包人价款债权额的，承包人可以请求发包人支付不足部分。

（4）按照工程的性质不宜折价、拍卖的，承包人不能将该工程折价或者拍卖。如该工程的所有权不属于发包人，承包人就不得将该工程折价。国家重点工程、具有特定用途的工程等也不宜折价或者拍卖。

综上所述，根据当事人双方的建设工程施工合同，工程到达第四层之时，应当就工程价款进行结算，即甲公司应支付相应的工程价款。支付工程价款是发包方即甲公司的主要义务，对工程进行施工是乙公司的义务，乙公司已经对工程进行施工，并且通过验收，那么甲公司应当同样履行义务。本案中，甲公司并没有履行支付工程款的义务，乙公司催告甲公司在合理时期内支付工程价款，而甲公司依然未支付，乙公司自然可以依据合同法第286条的规定，主张优先受偿权。

▶▶应用案例4

2009年4月4日，某建筑公司所承揽的某住宅小区施工项目竣工。按照施工承包合同的约定，建设单位应该在2009年4月20日支付全部剩余工程价款。但是建设单位却没有按时支付。考虑到人际关系问题，建筑公司没有立即对建设单位提起诉讼。

2009年11月20日，建筑公司听说银行正计划将此住宅小区拍卖，理由是建设单位没有偿还贷款。而这些住宅则是作为贷款的抵押物。于是建筑公司提出自己对该小区拍卖所得价款享有优先受偿权。

引导问题4：建筑公司的理由成立吗？

【专家评析】

不成立。根据《最高人民法院关于建设工程价款优先受偿权问题的批复》，建设工程承包人行使优先权的期限为6个月，自建设工程竣工之日或者建设工程合同约定的竣工之日起计算。2009年11月20日已经超过了行使优先受偿权的期限，因此该理由是不成立的。合同当事人在履行施工合同时发生争议，可以和解或者要求合同管理及其他有关主管部门调解。和解或调解不成的，双方可以约定以以下一种方式解决争议。

（1）双方达成仲裁协议，向约定的仲裁委员会申请仲裁。

（2）向有管辖权的人民法院起诉。

发生争议后，在一般情况下，双方都应继续履行合同，保持施工连续，保护好已完工程。只有出现下列情况时，当事人方可停止履行施工合同。

（1）单方违约导致合同确已无法履行，双方协议停止施工。

（2）调解要求停止施工，且为双方接受。

（3）仲裁机构要求停止施工。

（4）法院要求停止施工。

13.2.3 解决合同争议的方式

合同争议的解决方法有4种，即和解、调解、仲裁和诉讼。

1. 和解

和解是指合同纠纷当事人在自愿友好的基础上，互相沟通、互相谅解，从而解决纠纷的一种方式。

▶▶应用案例5

2009年9月2日，某建筑公司与某采砂场签订了一个购买砂子的合同，合同中约定砂子的细度模数为2.4。但是在交货的时候，经试验确认所运来的砂子的细度模数是2.2。于是建筑公司要求采砂场承担违约责任。2009年9月3日，经过协商，达成了一致意见，建筑公司同意接收这批砂子，但是只需要支付98%的价款就可以了。

2009年9月21日，建筑公司反悔，要求按照原合同履行并要求采砂场承担违约责任。

引导问题5：建筑公司的要求是否应予以支持？

【专家评析】

不予支持。双方和解后达成的协议不具有强制约束力，指的是不能成为人民法院强制执行的直接根据。但是，并不意味着达成的和解协议是没有法律效力的。该和解协议是对原合同的补充，不仅是有效的，而且其效力要高于原合同。因此，建筑公司提出的按照原合同履行的要求不应予以支持。

2. 调解

调解是指合同当事人对合同所约定的权利义务发生争议，不能达成和解协议时，在合同管理机关或有关机关、团体的主持下，通过对当事人进行说服教育，促使双方互相做出适当的让步，平息争端，自愿达成协议，以求解决合同争议的方法。

以上两种方法都有其优缺点。

(1) 优点：①简便易行，能经济及时地解决纠纷；②有利于维护合同双方的友好合作关系，使合同能够更好地得到履行；③有利于和解协议的执行。

(2) 缺点是没有强制执行力。

3. 仲裁

仲裁，也称为"公断"，是当事人双方在争议发生前或争议发生后达成协议，自愿将争议交给第三者做出裁决，并负有自动履行义务的一种解决争议的方式。

1) 仲裁的原则

(1) 自愿原则。

①是否选择仲裁方式解决纠纷——通过仲裁条款或仲裁协议。

②选择仲裁机构。

(2) 公平合理原则。

(3) 仲裁依法独立进行原则。

仲裁机构是独立的组织，相互之间无隶属关系。仲裁依法独立进行，不受行政机关、团体或个人的干涉。

(4) 一裁终局原则。裁决做出后，当事人就同一纠纷再申请仲裁或向人民法院起诉的，仲裁委员会或者人民法院不予受理。

2) 仲裁委员会

仲裁委员会可以在直辖市和省、自治区人民政府所在地的市设立，也可以根据需要在其他设区的市设立。仲裁委员会独立于行政机关，与行政机关没有隶属关系，相互之间也没有隶属关系。

▶▶应用案例 6

某建筑公司与某开发公司签订的施工承包合同中约定了解决纠纷的方法，双方同意采取仲裁的方式来解决纠纷。2010 年 7 月 4 日，开发公司以建筑公司不具备资质为由，到法院起诉请求确认该合同无效。

引导问题 6：法院是否会受理？

【专家评析】

法院裁定不予受理。《民事诉讼法》第 111 条规定：依照法律规定，双方当事人对合同纠纷自愿达成书面仲裁协议向仲裁机构申请仲裁、不得向人民法院起诉的，告知原告向仲裁机构申请仲裁。

《合同法》第 57 条也规定：合同无效、被撤销或者终止的，不影响合同中独立存在的有关解决争议方法的条款的效力。本案例中采用仲裁的方式即是解决争议方法的条款，该条款有效的意义就在于能够提供一条途径来确认合同本身是否有效。

3) 仲裁协议

(1) 仲裁协议的内容有：①请求仲裁的意思表示；②仲裁事项；③选定的仲裁委员会。

(2) 仲裁协议的作用有：①合同当事人均受仲裁协议的约束；②是仲裁机构对纠纷进行仲裁的先决条件；③排除了法院对纠纷的管辖权；④仲裁机构应按仲裁协议进行仲裁。

4）仲裁庭的组成
（1）当事人约定由 3 名仲裁员组成仲裁庭。
（2）当事人约定由 1 名仲裁员组成仲裁庭。
5）开庭和裁决
（1）开庭。①仲裁应当开庭进行。②仲裁不公开进行。当事人协议公开的，可以公开进行，但涉及国家机密的除外。
（2）举证原则：谁主张，谁举证。
（3）辩论。
（4）裁决。裁决应当按照多数仲裁员的意见做出，少数仲裁员的不同意见可以记入笔录。仲裁庭不能形成多数意见时，裁决应当按照首席仲裁员的意见做出。
仲裁庭裁决纠纷时，其中一部分事实已经清楚，可以就该部分先行裁决。
裁决书自做出之日起发生法律效力。
6）申请撤销裁决
当事人提出证据证明裁决有下列情形之一的，可以向仲裁委员会所在地的中级人民法院申请撤销裁决：①没有仲裁协议的；②仲裁的事项不属于仲裁协议的范围或者仲裁委员会无权仲裁的；③仲裁庭的组成或者仲裁的程序违反法定程序的；④裁决所根据的证据是伪造的；⑤对方当事人隐瞒了足以影响公正裁决的证据的；⑥仲裁员在仲裁该案时有索贿受贿、徇私舞弊、枉法裁决行为的。
7）执行
一方当事人不履行仲裁裁决时，另一方当事人可以依照《民事诉讼法》的有关规定向人民法院申请执行。

▶▶应用案例 7

某建筑公司与某建设单位就工程质量纠纷进行了仲裁。建筑公司选择的仲裁员并没有按照建筑公司的意愿做出裁决，而是做出了不利于建筑公司的裁决。对此，建筑公司提出异议，认为既然该仲裁员是自己选定的，就应该为自己的利益服务。

引导问题 7：你认为建筑公司的观点正确吗？

【专家评析】

不正确。《仲裁法》第 7 条规定：仲裁应当根据事实，符合法律规定，公平合理地解决纠纷。所以，仲裁员不同于律师，需要保持客观公正，而不是为选定他的一方的利益服务。

4．诉讼

诉讼是指合同当事人依法请求人民法院行使审判权，审理双方之间发生的合同争议，做出有国家强制保证实现其合法权益、从而解决纠纷的审判活动。

1）建设工程合同纠纷的管辖

（1）级别管辖。

基层法院：除法律有特殊规定的所有一审案件。

中级法院：①重大涉外案件；②在本辖区内有重大影响的案件（主要看标的额）；

③最高人民法院确定由中级法院管辖的案件。

高级法院常管辖在本辖区内有重大影响的案件,最高法院管辖在全国范围内有重大影响的案件。大部分建设工程合同纠纷由中级法院甚至高级法院管辖。

(2) 地域管辖。

建设工程合同纠纷一般都适用不动产所在地的专属管辖,由工程所在地人民法院管辖。

2) 诉讼中的证据

诉论中的证据有以下几种。

(1) 书证。

(2) 物证。

(3) 视听资料。

(4) 证人证言。

(5) 当事人的陈述。

(6) 鉴定结论。

(7) 勘验笔录。

当事人对自己提出的主张有责任提供证据。当事人及其诉讼代理人因客观原因不能自行收集的证据,或者人民法院认为审理案件需要的证据,人民法院应当调查收集。

5. 合同争端解决途径比较

合同争端解决途径的选择应根据纠纷的特点来选择。见表13-1,4种解决途径在解决速度、所需费用、保密程度和对协作影响各有不同。对一般合同纠纷最好采取协商解决的方式,但对一些重大纠纷应做好诉讼或仲裁的准备。

表13-1 合同争端解决途径比较表

序号	解决途径	争端形成	解决速度	所需费用	保密程度	对协作影响
1	协商解决	在合同实施过程中随时发生	发生时,双方立即协商,达成一致	无需花费	纯属合同双方讨论,完全保密	据理协商,不影响协作关系
2	中间调解	邀请调解者,需时数周	调解者分头探讨,一般需1个月	费用较少	可以做到完全保密	对协作关系影响不大
3	调停和解	双方提出和解方案,需时约1个月	双方主动调解,1个月内可解决	费用甚少	可以做到完全保密	和解后可恢复协作关系
4	评判	双方邀请评判员,组成DAB	DBA提出评判决定,需1个月左右	请评判员,费用甚多	内部评判,可以保密	有对立情绪,影响协作
5	仲裁	申请仲裁,组成仲裁庭,需1~2个月	仲裁庭审,一般4~6个月	请仲裁员,费用较高	仲裁庭审,可以保密	对立情绪较大,影响协作
6	诉讼	向法院申请立案,需时1年,甚至更久	法院庭审,需时甚久	请律师等,费用很高	一般属于公开审判,不能保密	敌对情绪,协作关系破坏

13.2.4 合同履行过程中的几种权利

▶▶引例 3

2005年年底,某发包人与某施工承包人签订施工承包合同,约定施工到月底结付当月工程进度款。2006年年初承包人接到开工通知后随即进场施工,截至2006年4月,发包人均结清当月应付工程进度款。承包人计划2006年5月完成的当月工程量约为1800万元,此时承包人获悉,法院在另一诉讼案中对发包人实施保全措施,查封了其办公场所;同月,承包人又获悉,发包人已经严重资不抵债。2006年5月3日,承包人向发包人发出书面通知称,"鉴于贵公司工程价款支付能力严重不足,本公司决定暂时停工本工程施工,并愿意与贵公司协商解决后续事宜。"

引导问题8:承包方的停工行为是否合法?合同履行过程中承包方可行使几种抗辩权?

1. 同时履行抗辩权

该抗辩权是指双务合同的当事人没有先后履行顺序的,一方在对方未对待给付以前,可拒绝履行自己的债务的权利。同时履行抗辩权是诚信原则在合同履行中的体现。与此同时,滥用合同履行抗辩权也是不符合诚信原则的,所以,在当事人一方已为部分给付或全部给付时,对方当事人不得拒绝自己的给付。其适用条件包括以下几方面。

(1)必须是由同一双务合同所产生的债务,且互为对价的给付。
(2)必须是双方互负的债务均已届清偿期。
(3)必须是对方未履行债务或履行债务不符合合同约定。
(4)必须是对方的对待义务可能履行。

2. 后履行抗辩权

后履行抗辩权又称为顺序履行抗辩权,是指当事人互负债务而有先后履行顺序时,应当先履行一方未履行之前,后履行一方有权拒绝其履行请求,先履行一方履行债务不符合合同的约定时,后履行一方有权拒绝其相应的履行请求。其适用条件包括以下几方面。

(1)必须是互为对价的双务合同当事人各自债务的履行有先后履行顺序。
(2)先履行一方未履行或其履行不符合合同约定。

3. 不安履行抗辩权

不安履行抗辩权是指先履行义务一方在有证据证明后履行义务一方的经营状况严重恶化,或者转移财产、抽逃资金以逃避债务,或者丧失商业信誉,以及其他丧失或者可能丧失履行债务能力的情况时,可中止自己的履行。后履行义务一方在对方中止履行后的合理期限内提供了适当担保的,先履行义务一方应恢复履行其债务。后履行义务一方在合理的期限内未恢复履行能力并且未提供适当担保的,先履行义务一方可以解除合同。其适用条件包括以下几方面。

(1)必须是互为对价的双务合同当事人各自债务的履行有先后履行顺序,且先履行一方尚未履行债务。
(2)后履行义务一方的履行能力明显降低,有不能为对待给付的危险。

▶▶ 引例 4

2000年元旦，某甲（该公司职员）与某建筑安装公司（下称建筑公司）签订内部承包协议，约定某甲承包该公司第一项目部并作为项目经理，向公司上交管理费，其所联系的工程以公司名义签订合同，但由某甲组织实施。2000年7月17日，某科研所就西桥小区1号楼施工招标，某甲代表建筑公司投标并中标，中标价168.2万元，暂估建筑面积5100m^2。次日，某甲以建筑公司委托代理人身份与该科研所签订施工合同，工期330天，价款168.2万元，单价每平方米270元，建筑面积6896m^2，最后以实际竣工面积计算，单价不得改变。2002年2月20日，工程竣工验收合格并交付使用。科研所与建筑公司双方对竣工建筑面积为5932m^2无异议，但就结算总价款出现争议。2003年上半年，双方就结算事宜达成和解，但是，科研所并未支付结算款。2004年6月某甲以建筑公司怠于行使对科研所到期债权而损害其应得款项为由，以科研所为被告，代位建筑公司请求法院判令科研所支付剩余工程款及利息79万元，提起代位权诉讼。

引导问题9：什么是代位权，它的行使条件和程序有哪些？甲提起代位权诉讼是否能得到支持？

4. 代位权

代位权是指当债务人怠于行使其对第三人的权利而有害于债权人的债权实现时，债权人为保全自己的债权，可以自己的名义行使债务人之权利的权利。债权人代位权必须通过诉讼程序行使。其构成要件包括以下几方面。

（1）债权人与债务人之间须有合法的债权债务关系。

（2）须债权人与债务之间的债务及债务人与第三人（次债务人）之间的债权均到清偿期。

（3）须债务人怠于行使其对第三人的权利。

所谓怠于行使权利，是指能够行使权利而不行使。若债务人不能行使或者虽然行使但无结果，债权人均不得行使代位权。

（4）须债务人怠于行使权利的行为有害于债权人的债权。

所谓有害于债权人的债权乃是指由于债务人不行使对次债务人的权利直接导致债务人不能履行对债权人的债权。若债务人能够履行其对债权人的债务，仅是不愿意履行，此时债权人只能诉请法院强制执行，而不得行使代位权。

引例4中，甲提起代位权能得到支持。

▶▶ 引例 5

1998年3月，某咨询公司向某银行支行（下称银行）贷款300万美元，并由某科技公司提供连带责任保证。由于咨询公司未按期偿还贷款，科技公司作为保证人与咨询公司向银行承担连带清偿责任。2001年6月，经各方协商，某电子公司同意代替科技公司承担保证责任，向该银行支行偿还本金200万美元、利息47万美元，并代替科技公司向咨询公司行使追索权。此后，电子公司陆续履行前述支付义务，并按照协议向咨询公司追偿，均未果。2002年，电子公司起诉咨询公司，要求追偿其已支付的前述款项，获得生效判决的支持。但是，咨询公司的资产状况不能满足该生效判决的执行需要。执行期间，电子公司获悉以下事实：1998年8月6日，咨询公司与某物业管理中心（下称物业中心）签订"股权转让协议"，将咨询公司所持有某贸易中心的50％股权无偿转让给物业中心；同年9月该转让获得主管部门批准；同年11月，国家工商行政管理局企业注册局做出变更登记，将贸易中心的股东由咨询公司变更登记为物业中心；1999年1月25日，《证券报》在贸易中心的招股说明书上载明咨询公司曾转让股权。2003年，电子公司以咨询公司无偿转让股权，恶意侵害其债权为由诉至法院，请求撤销该无偿转让股权行为。法院以电子公司不具备行使撤销权的债权人资格，驳回电子公司诉讼请求。

引导问题 10：什么是撤销权？行使撤销权应满足的条件有哪些？行使时应当遵循什么程序？

5. 撤销权

撤销权是指当债务人实施了减少其责任财产的处分行为而有害于债权人的债权时，债权人可依法请求法院撤销债务人所实施行为的权利。债权人撤销权由债权人以自己的名义通过诉讼方式行使。撤销权在行使范围上以保全债权人的债权为限。其构成要件包括以下几方面。

（1）债务人实施了减少财产的处分行为。减少财产的行为包括无偿行为和有偿但是却使总财产减少的行为，如非正常压价行为。这些行为主要包括赠与他人财产、非正常压价、为原先没有担保的债务提供担保、放弃债权等。

（2）该减少财产的行为损害了债权人的债权。

（3）该减少财产的行为必须是纯粹财产行为，身份行为即使导致债务人的财产减少也不能进行撤销。

（4）该减少财产行为必须已经发生法律效力。

撤销权应自债权人知道或者应当知道撤销事由之日起1年内行使，自债务人的行为发生之日起5年内没有行使撤销权的，该撤销权无效。

13.3 任务实施

（1）将本次施工合同履行过程中发生的合同纠纷进行分类，并填写表13－2。

表13－2 合同纠纷处理记录表

纠纷类型	引发原因	解决方式	评价
工程价款支付主体争议			
工程进度款支付争议			
对计价方法的争议			
工程质量争议			
竣工结算争议			
工期争议			
安全损害赔偿争议			

(2) 请根据本次合同纠纷处理记录结果，提出本次纠纷的解决办法和预防措施

(3) 根据本次合同纠纷处理记录结果，重新拟订以下合同。

第二部分　通用条款

……

14.2 因承包人原因不能按照协议书约定的竣工日期或工程师同意顺延的工期竣工的，承包人承担违约责任。

……

15. 工程质量

15.1 工程质量应当达到协议书约定的质量标准，质量标准的评定以国家或行业的质量检验评定标准为依据。因承包人原因工程质量达不到约定的质量标准，承包人承担违约责任。

15.2 双方对工程质量有争议，由双方同意的工程质量检测机构鉴定，所需费用及因此造成的损失，由责任方承担。双方均有责任，由双方根据其责任分别承担。

……

24. 工程预付款

实行工程预付款的，双方应当在专用条款内约定发包人向承包人预付工程款的时间和数额，开工后按约定的时间和比例逐次扣回。预付时间应不迟于约定的开工日期前7天。发包人不按约定预付，承包人在约定预付时间7天后向发包人发出要求预付的通知，发包人收到通知后仍不能按要求预付，承包人可在发出通知后7天停止施工，发包人应从约定应付之日起向承包人支付应付款的贷款利息，并承担违约责任。

……

26.4 发包人不按合同约定支付工程价款（工程进度款），双方又未达成延期付款协议，导致施工无法进行，承包人可停止施工，由发包人承担违约责任。

……

33.3 发包人收到竣工结算报告及结算资料后28天内无正当理由不支付工程竣工结算价款，从第29天起按承包人同期向银行贷款利率支付拖欠工程价款的利息，并承担违约责任。

……

第三部分　专用条款

十、违约、索赔和争议

35. 违约

35.1 本合同中关于发包人违约的具体责任如下：

本合同通用条款第24条约定发包人违约应承担的违约责任：＿＿＿＿＿＿＿

＿＿＿＿＿＿＿＿＿＿＿＿＿＿＿＿＿＿＿＿＿＿＿＿＿＿＿＿＿＿＿＿＿

本合同通用条款第26.4款约定发包人违约应承担的违约责任：＿＿＿＿＿＿＿

＿＿＿＿＿＿＿＿＿＿＿＿＿＿＿＿＿＿＿＿＿＿＿＿＿＿＿＿＿＿＿＿＿

本合同通用条款第33.3款约定发包人违约应承担的违约责任：＿＿＿＿＿＿＿

双方约定的发包人的其他违约责任：_____
_____

35.2 本合同中关于承包人违约的具体责任如下：
本合同通用条款第14.2款约定承包人违约应承担的违约责任：_____
_____

本合同通用条款第15.1款约定承包人违约应承担的违约责任：_____
_____

双方约定的承包人的其他违约责任：_____
_____

37. 争议
37.1 本合同在履行过程中发生的争议由双方当事人协商解决，协商不成的按下列几种方式解决：
（一）提交仲裁委员会仲裁；
（二）依法向人民法院起诉。

专家支招

处理建设工程合同纠纷的相应对策

（1）关于建设方不具有建设工程立项、规划和施工批准手续，或者施工方不具备承揽工程相应资质的工程价款结算。按照现行法律规定，立项、规划和施工批准手续既是建筑施工的法定前提条件，也是判定建筑工程是否合法的标准。施工企业具备相应的资质是承揽工程和签订承包合同的法定条件。因此，对于诉讼前建设方未取得上述手续，或者施工方未取得相应资质的，由于承包合同违法性的瑕疵不能弥补，已签订的合同应确认为无效。

（2）关于不具有施工资质的企业或个人利用、借用有资质施工企业的经营资质，或者以联营、承包、挂靠等形式变相使用有资质施工企业的资质，导致合同无效的工程价款结算。此情形下，其工程价款的确定可以比照前述无效合同的原则处理。需要强调的是，此类纠纷从性质上讲为合同纠纷，合同双方系权利义务的主体，因此，原则上应由合同施工方作为权利主体主张权利，工程价款应给付合同施工方，建设方对实际施工方不负有直接给付工程价款的义务。如实际施工方作为权利主体提起诉讼的，经审理查实，应驳回其起诉，告知其由合同施工方主张权利。如果实际施工方与建设方在履行施工合同中已形成事实上的权利义务关系，合同施工方不主张权利或因破产、被吊销营业执照，等等原因不能主张权利时，实际施工方可以作为权利主体提起诉讼。合同施工方未作为诉讼主体参加诉讼的，还应追加其为诉讼当事人。

（3）关于合同施工方违法将承揽的工程转包、分包导致合同无效的工程价款结算。此类纠纷由于分别存在着承包与分包两个合同，应当坚持依合同主张权利的原则，并且不追加无合同关系的建设方、实际施工方为诉讼当事人。

13.4　任务评价与总结

1. 任务评价

完成表13-3的填写。

表13-3　任务评价表

考核项目	分数			学生自评	小组互评	教师评价	小　计
	差	中	好				
团队合作精神							
活动参与是否积极							
工作过程安排是否合理规范							
陈述是否完整、清晰							
是否正确灵活运用已学知识							
劳动纪律							
此次任务完成是否满足工作要求							
此项目风险评估是否准确							
总　　分	60						
教师签字：				年　　月　　日		得　分	

2. 自我总结

（1）此次任务完成中存在的主要问题有哪些？

（2）问题产生的原因有哪些？

（3）请提出相应的解决方法。

（4）您认为还需加强哪方面的指导（实际工作过程及理论知识）？

知识回顾

本任务主要讲述了以下内容。

（1）常见纠纷处理，包括建设工程质量不符合约定情况下责任承担问题、对竣工日期的争议问题、对计价方法的争议问题、对工程量的争议问题、建设工程价款优先受偿权问题等。

（2）解决合同争议的方法有4种，即和解、调解、仲裁和诉讼。

（3）合同履行过程中的3种抗辩权：同时履行抗辩权、先履行抗辩权和不安抗辩权。两种财产保全权利：代位权和撤销权。

基础训练

一、单选题

1. 下列关于合同解除的有关表述中，正确的是（   ）。
   A. 合同解除后，尚未履行的，终止履行
   B. 合同解除后，已经履行的，必须维持履行后的现状
   C. 因不可抗力致使不能实现合同目的的，当事人一方可以行使解除权
   D. 合同终止后，不影响合同中结算和清理条款的效力
   E. 合同解除后，是针对效力待定的合同

2. 当合同约定的违约金过分高于因违约行为造成的损失时，违约方（   ）。
   A. 可以拒绝赔偿
   B. 不得提出异议
   C. 可以要求仲裁机构裁定，予以适当减少
   D. 可以要求建设行政主管部门裁定，予以适当减少

3. 违反合同的当事人支付了违约金和赔偿金后，对方仍要求继续履行合同时，违约方（   ）。
   A. 应在对方同意变更合同约定的违约责任条款后再继续履行合同
   B. 在继续履行过程中可更换标的
   C. 必须按合同条款继续履行合同
   D. 可拒绝继续履行合同

4. 依据合同法，履行合同中承担违约责任的条件包括（   ）。
   A. 当事人不履行合同
   B. 当事人履行合同不符合约定的条件
   C. 当事人在订立合同中有过错
   D. 当事人订立合同中有欺诈行为
   E. 当事人因第三人的原因造成违约

5. 仲裁委员会对合同纠纷进行仲裁时，如不能形成多数意见，裁决应当按照（   ）的意见做出。
   A. 上级仲裁委员会   B. 本地政法委
   C. 首席仲裁员   D. 仲裁委员会主任

6. 甲、乙双方在合同中约定了"如合同发生争议，将争议提交 Q 市仲裁委员会仲裁"。后合同在履行中发生争议，以下叙述正确的是（   ）。
   A. 如一方当事人向人民法院提起起诉，人民法院不予受理
   B. Q 市仲裁委员会应当对合同争议进行仲裁
   C. 当事人仍可将争议向人民法院提起起诉
   D. 合同当事人均应受仲裁协议的约束
   E. Q 市仲裁委员会做出裁决后立即生效

7. 如果解决施工合同纠纷的仲裁程序违法，当事人可以向仲裁委员会所在地的

（　　）申请撤销仲裁裁决。
   A. 中级人民法院　　　　　　　　B. 政府的建设行政主管部门
   C. 上级仲裁委员会　　　　　　　D. 质量监督机构

8. 甲乙双方合同当事人之间出现合同纠纷，约定由仲裁机构仲裁，仲裁机构受理仲裁的前提是当事人提交（　　）。
   A. 合同公证书　　　　　　　　　B. 仲裁协议书
   C. 履约保函　　　　　　　　　　D. 合同担保书

9. 涉及工程造价问题的施工合同纠纷时，如果仲裁庭认为需要进行证据鉴定，可以由（　　）鉴定部门鉴定。
   A. 申请人指定的　　　　　　　　B. 政府建设主管部门指定的
   C. 工程师指定的　　　　　　　　D. 当事人约定的
   E. 仲裁庭指定的

10. （2008年真题）下列有关合同履行中行使代位权的说法，正确的是（　　）。
    A. 债权人必须以债务人的名义行使代位权
    B. 债权人代位权的行使必须取得债务人的同意
    C. 代位权行使的费用由债权人自行承担
    D. 债权人代位权的行使必须通过诉讼程序，且范围以债权为限

二、多选题

1. 按照《合同法》规定，与合同转让中的"债权转让"比较，"由第三人向债权人履行债务"的主要特点表现为（　　）。
   A. 合同当事人没有改变
   B. 第三人可以向债权人行使抗辩权
   C. 第三人可以与债权人重新协商合同条款
   D. 第三人履行债务前，债务人需首先征得债权人的同意
   E. 第三人履行债务后，由债务人与债权人办理结算手续

2. 在FIDIC《施工合同条件》中，监理工程师批示的内容应包括（　　）。
   A. 变更内容　　　　　　　　　　B. 变更工程价款
   C. 变更项目的施工技术要求　　　D. 有关图纸文件
   E. 变更处理的原则

3. 材料采购合同签订后，对于实行供货方送货的物资，采购方违反合同规定拒绝接货应承担（　　）。
   A. 由此造成的货物损失　　　　　B. 运输部门的罚款
   C. 按退货部分货款总额计算的违约金　　D. 代保管费用
   E. 物资保养费用

4. 建筑工程一切险的保险责任自（　　）之时起，以先发生者为准。
   A. 第一批工人进入保险工程工地　　B. 保险工程在工地动工
   C. 双方签订施工合同　　　　　　　D. 水电接通
   E. 用于保险工程的材料、设备运抵工地

5. 下列关于仲裁的叙述，正确的是（　　）。
   A. 仲裁机构与政府存在隶属关系
   B. 裁决立即生效
   C. 仲裁机构本身有强制力
   D. 裁决做出后，人民法院不予受理同一纠纷的起诉
   E. 仲裁机构无权受理由合同一方当事人提出的仲裁要求
6. （2009年真题）依据FIDIC《土木工程施工分包合同条件》，下列有关分包合同履行管理的说法中，正确的有（　　）。
   A. 工程师负责分包商施工的协调管理
   B. 业主不参与分包合同履行的管理
   C. 承包商有权根据工程实际进展情况不经工程师同意自行发布变更指令
   D. 承包商对分包商报送的支付报表审核后支付，工程师不参与审核工作
   E. 当分包商的合法权益受到损害时，有权向对其造成损害方提出索赔
7. 下列对索赔的表述，正确的是（　　）。
   A. 索赔要求的提出不需经对方同意
   B. 索赔依据应在合同中有明确根据
   C. 应在索赔事件发生后的28天内递交索赔报告
   D. 监理工程师的索赔处理决定超过权限时应报发包人批准
   E. 承包人必须执行监理工程师的索赔处理决定
8. （2009年真题）依据《中华人民共和国合同法》，下列有关解决合同争议方式的表述中，错误的有（　　）。
   A. 当事人双方无法达成仲裁协议的，仲裁机构不能受理
   B. 当事人对仲裁裁决不满的，可以申请法院进行二审
   C. 一方当事人不履行仲裁裁决的，对方可以请求法院执行
   D. 仲裁裁决书自做出裁决之日起发生法律效力
   E. 建设工程合同的纠纷必须由被告所在地法院审理

三、思考题

1. 常见的合同纠纷有哪些？产生原因分别是什么？
2. 针对不同的合同纠纷，分别有哪些解决办法和解决途径？
3. 针对常见合同纠纷，在合同履行过程应采取哪些控制措施？

四、案例分析

案例1

某厂与某建筑公司于××年×月签订了建造厂房的建设工程承包合同。开工后1个月，厂方因资金紧缺，口头要求建筑公司暂停施工，建筑公司亦口头答应停工1个月。工程按合同规定期限验收时，厂方发现工程质量存在问题，要求返工。两个月后，返工完毕。结算时，厂方认为建筑公司迟延工程，应偿付逾期违约金。建筑公司认为厂方要求临时停工并不得顺延完工日期，建筑公司为抢工期才出现了质量问题，因此迟延交付的责任不在建筑公司。厂方则认为临时停工和不顺延工期是建筑公司当时答应的，其应当履行承

诺，承担违约责任。

问题：此争议依据合同法律规范应如何处理？

案例2

某港口码头工程，在签订施工合同前，业主即委托一家监理公司协助业主完善和签订施工合同以及进行施工阶段的监理，监理工程师查看了业主（甲方）和施工单位（乙方）草拟的施工合同条件后，注意到有以下一些条款。

（1）乙方按监理工程师批准的施工组织设计（或施工方案）组织施工，乙方不应承担因此引起的工期延误和费用增加的责任。

（2）甲方向乙方提供施工场地的工程地质和地下主要管网线路资料，供乙方参考使用。

（3）乙方不能将工程转包，但允许分包，也允许分包单位将分包的工程再次分包给其他施工单位。

（4）监理工程师应当对乙方提交的施工组织设计进行审批或提出修改意见。

（5）无论监理工程师是否参加隐蔽工程的验收，当其提出对已经隐蔽的工程重新检验的要求时，乙方应按要求进行剥露，并在检验合格后重新进行覆盖或者修复。检验如果合格，甲方承担由此发生的经济支出，赔偿乙方的损失并相应顺延工期。检验如果不合格，乙方则应承担发生的费用，工期应予顺延。

（6）乙方按协议条款约定时间应向监理工程师提交实际完成工程量的报告。监理工程师接到报告7日内按乙方提供的实际完成的工程量报告核实工程量（计量），并在计量24小时前通知乙方。

问题：请逐条指出以上合同条款中的不妥之处，并提出改正措施。

案例3

1999年12月3日，某房地产开发公司（以下简称房地产公司）与某建设工程公司（以下简称建设公司）签订一份建设施工合同。合同约定：房地产公司开发的1、2号楼由建设公司承建；质量等级为优良；建筑面积为13453平方米；承包范围是土建工程，水、暖、电安装及装饰工程；承包方式为包工包料；合同价款为3000万元；给付方式为建设公司进场后给付工程总造价的5%，主体工程完工给付工程总价款的65%，竣工验收后给付工程总价款的95%，留工程总价款的5%作为工程质量保修金，保修期限为1年。合同约定工程造价一次包死。合同签订后，建设公司进场进行施工，2001年3月6日，该工程竣工，并经四方验收。

2001年3月9日，建设公司将该工程交付给房地产公司使用。在施工过程中，建设公司发现需要增加工程量，于是与监理、房地产公司协商，房地产公司对建设公司提交的增加的工程量进行确认。

2001年3月12日，建设公司向房地产公司提交工程款结算报告，结算报告称该工程总价款为4300万元，而房地产公司未予答复。2001年8月6日，建设公司向法院提起诉讼，要求房地产公司支付工程价款。而房地产公司则认为，工程总价款已经合同约定，并且一次包死，只愿意承担3000万元的工程价款。

问题：实际工程量增加部分建设方是否该支付工程价款？

合同纠纷处理 任务13

 拓展训练

每 4 人组成 1 小组，查找合同纠纷的案例，进行理论分析，并进行演讲，大家讨论。

任务14　合同索赔管理

▶▶**引例1**

某道路建设公司承包一条乡村公路的施工，合同规定公路长度为8015m，工期10个月，合同价4818500美元。

在施工期间，业主要求在此公路上增建一条支路，通往距公路干线700m的一个农场。承包商认为，此系合同工作范围以外的额外工程，应按实际费用法计算工程款，不同意按中标文件的单价进行结算。业主和主管项目的合同官员表示同意。承包商提出了如下的索赔款汇总表，并附以大量的票据证件及计算书，报合同官员及业主审核并予以支付。经合同官员及审计师审核，基本同意了承包商的索赔报告书，并向业主单位写出建议书。公路支线施工索赔汇总表见表14-1。

表14-1　公路支线施工索赔汇总表

人工费	103950美元
材料费	110735美元
设备费	87580美元
临时设施	24840美元
直接费合计	327105美元
现场管理费	327105×0.105＝34346美元
总部管理费	(327105＋34346)×0.055＝19880美元
保险费	7975美元
贷款利息	23500美元
上述合计	412806美元
利润（5%）	412806×5%＝20640美元
索赔款总计	412806＋20640＝433446美元

引导问题1：什么是工程索赔？索赔的内容包括哪些？索赔应遵循什么样的程序？索赔报告应如何撰写？

14.1 任务导读

14.1.1 任务描述

某高校要建设实训楼,投资约 5200 万元人民币,建筑面积约 30000 平方米。通过招标与你所在单位签署了施工合同。目前合同正在履行,你的任务是就土建施工完成索赔管理工作。

14.1.2 任务目标

(1) 在索赔有效期提交索赔意向书。
(2) 收集索赔证据与依据,编写索赔文件。
(3) 按照索赔流程,处理索赔事务,参与索赔谈判。
(4) 按照正确的方法,进行索赔资料归档,总结索赔事件处理技巧。
(5) 通过完成该任务,提出后续工作建议,完成自我评价,并提出改进意见。

14.2 相关理论知识

索赔是一种正当的权利或要求,是合情、合理、合法的行为,它是在正确履行合同的基础上争取合理的偿付,不是无中生有,无理争利。大部分索赔都可以通过协商谈判和调解等方式获得解决,只有在双方坚持已见而无法达成一致时,才会提交仲裁或诉诸法院求得解决,即使诉诸法律程序,也应当被看成是遵法守约的正当行为。

14.2.1 施工索赔的概念及特征

1. 施工索赔的概念

索赔是当事人在合同实施过程中,根据法律、合同规定及惯例,对不应由自己承担责任的情况造成的损失,向合同的另一方当事人提出给予赔偿或补偿要求的行为。在工程建设的各个阶段,都有可能发生索赔,但在施工阶段索赔发生较多。

对施工合同的双方来说,都有通过索赔维护自己合法利益的权利,依据双方约定的合同责任,构成正确履行合同义务的制约关系。

2. 索赔的特征

从索赔的基本含义,可以看出索赔具有以下基本特征。

(1) 索赔是双向的,不仅承包人可以向发包人索赔,发包人同样也可以向承包人索赔。由于实践中发包人向承包人索赔发生的频率相对较低,而且在索赔处理中,发包人始终处于主动和有利地位,对承包人的违约行为,他可以直接从应付工程款中扣抵、扣留保留金或通过履约保函向银行索赔来实现自己的索赔要求。因此在工程实践中大量发生的、处理比较困难的是承包人向发包人的索赔,也是工程师进行合同管理的重点内容之一。承包人的索赔范围非常广泛，一般只要因非承包人自身责任造成其工期延长或成本增加，都有可能向发包人提出索赔。有时发包人违反合同，如未及时交付施工图纸、合格施工现场、决策错误等造成工程修改、停工、返工、窝工，未按合同规定支付工程款，等等，承包人可向发包人提出赔偿要求。也可能由于发包人应承担风险的原因，如恶劣气候条件影响、国家法规修改等造成承包人损失或损害时，也会向发包人提出补偿要求。

（2）只有实际发生了经济损失或权利损害一方才能向对方索赔。经济损失是指因对方因素造成合同外的额外支出，如人工费、材料费、机械费、管理费等额外开支；权利损害是指虽然没有经济上的损失，但造成了一方权利上的损害，如由于恶劣气候条件对工程进度的不利影响，承包人有权要求工期延长等。因此发生了实际的经济损失或权利损害，应是一方提出索赔的一个基本前提条件。有时上述两者同时存在，如发包人未及时交付合格的施工现场，既造成承包人的经济损失，又侵犯了承包人的工期权利，因此，承包人既要求经济赔偿，又要求工期延长；有时两者则可单独存在，如恶劣气候条件影响、不可抗力事件等，承包人根据合同规定或惯例则只能要求工期延长，不应要求经济补偿。

（3）索赔是一种未经对方确认的单方行为。它与我们通常所说的工程签证不同。在施工过程中签证是承发包双方就额外费用补偿或工期延长等达成一致的书面证明材料和补充协议，它可以直接作为工程款结算或最终增减工程造价的依据，而索赔则是单方面行为，对对方尚未形成约束力，这种索赔要求能否得到最终实现，必须要通过双方确认（如双方协商、谈判、调解或仲裁、诉讼）后才能实现。

14.2.2 施工索赔分类

1. 按索赔的合同依据分类

1）合同中明示的索赔

合同中明示的索赔是指承包人所提出的索赔要求，在该工程项目的合同文件中有文字依据，承包人可以据此提出索赔要求，并取得经济补偿。这些在合同文件中有文字规定的合同条款称为明示条款。

2）合同中默示的索赔

合同中默示的索赔，即承包人的该项索赔要求虽然在工程项目的合同条款中没有专门的文字叙述，但可以根据该合同的某些条款的含义，推论出承包人有索赔权。这种索赔要求，同样有法律效力，有权得到相应的经济补偿。这种有经济补偿含义的条款在合同管理工作中被称为默示条款或称为隐含条款。

默示条款是一个广泛的合同概念，它包含合同明示条款中没有写入但符合双方签订合同时设想的愿望和当时环境条件的一切条款。这些默示条款，或者从明示条款所表述的设想愿望中引申出来，或者从合同双方在法律上的合同关系中引申出来，经合同双方协商一致，或被法律和法规所指明，都成为合同文件的有效条款，要求合同双方遵照执行。

2. 按索赔目的分类

1）工期索赔

由于非承包人责任的原因而导致施工进程延误，要求批准顺延合同工期的索赔，称之为工期索赔。工期索赔形式上是对权利的要求,以避免在原定合同竣工日不能完工时,被发包人追究拖期违约责任。一旦获得批准合同工期顺延后,承包人不仅免除了承担拖期违约赔偿费的严重风险,而且可能提前工期得到奖励,最终仍反映在经济收益上。工期拖延与索赔处理见表14-2。

表14-2 工期拖延与索赔处理

种 类	原因责任者	处 理
可原谅不补偿延期	责任不在任何一方,如不可抗力、恶性自然灾害	工期索赔
可原谅应补偿延期	建设单位违约,非关键线路上工程延期引起费用损失	费用索赔
	建设单位违约,导致整个工程延期	工期及费用索赔
不可原谅延期	承包商违期,导致整个工程延期	承包商承担违约罚款并承担违约后建设单位要求加快施工、终止合同所引起一切经济损失

2) 费用索赔

费用索赔的目的是要求经济补偿。当施工的客观条件改变导致承包人增加开支,要求对超出计划成本的附加开支给予补偿,以挽回不应由他承担的经济损失。

3. 按索赔事件的性质分类

1) 工程延误索赔

因发包人未按合同要求提供施工条件,如未及时交付设计图纸、施工现场、道路等,或因发包人指令工程暂停或不可抗力事件等原因造成工期拖延的,承包人对此提出索赔。这是工程中常见的一类索赔。

2) 工程变更索赔

由于发包人或监理工程师指令增加或减少工程量或增加附加工程、修改设计、变更工程顺序等,造成工期延长和费用增加,承包人对此提出索赔。

3) 合同被迫终止的索赔

由于发包人或承包人违约以及不可抗力事件等原因造成合同非正常终止,无责任的受害方因其蒙受经济损失而向对方提出索赔。

4) 工程加速索赔

由于发包人或工程师指令承包人加快施工速度,缩短工期,引起承包人人、财、物的额外开支而提出的索赔。

5) 意外风险和不可预见因素索赔

在工程实施过程中,因人力不可抗拒的自然灾害、特殊风险以及一个有经验的承包人通常不能合理预见的不利施工条件或外界障碍,如地下水、地质断层、溶洞、地下障碍物等引起的索赔。

6) 其他索赔

如因货币贬值、汇率变化、物价、工资上涨、政策法令变化等原因引起的索赔。

14.2.3 索赔的起因

引起工程索赔的原因非常多且复杂，主要有以下方面。

1. 当事人违约

当事人违约常常表现为没有按照合同约定履行自己的义务。发包人违约常常表现为没有为承包人提供合同约定的施工条件、未按照合同约定的期限和数额付款等。监理人未能按照合同约定完成工作，如未能及时发出图纸、指令等也视为发包人违约。承包人违约的情况则主要是没有按照合同约定的质量、期限完成施工，或者由于不当行为给发包人造成其他损害。

2. 不可抗力或不利的物质条件

不可抗力又可以分为自然事件和社会事件。自然事件主要是工程施工过程中不可避免发生且不能克服的自然灾害，包括地震、海啸、瘟疫、水灾等；社会事件则包括国家政策、法律、法令的变更，战争、罢工等。不利的物质条件通常是指承包人在施工现场遇到的不可预见的自然物质条件、非自然的物质障碍和污染物，包括地下和水文条件。

3. 合同缺陷

合同缺陷表现为合同文件规定不严谨甚至矛盾、合同中的遗漏或错误。在这种情况下，工程师应当给予解释，如果这种解释将导致成本增加或工期延长，发包人应当给予补偿。

4. 合同变更

合同变更表现为设计变更、施工方法变更、追加或者取消某些工作、合同规定的其他变更等。

5. 监理人指令

监理人指令有时也会产生索赔，如监理人指令承包人加速施工、进行某项工作、更换某些材料、采取某些措施等，并且这些指令不是由于承包人的原因造成的。

6. 其他第三方原因

其他第三方原因常常表现为与工程有关的第三方的问题而引起的对本工程的不利影响。

以上这些问题会随着工程的逐步开展而不断暴露出来，必然使工程项目受到影响，导致工程项目成本和工期的变化，这就是索赔形成的根源。因此，索赔的发生，不仅是一个索赔意识或合同观念的问题，从本质上讲，索赔也是一种客观存在。

14.2.4 工程索赔的处理程序

索赔程序分为承包人的索赔与发包人的索赔。

1. 承包人的索赔

1)《建设工程工程量清单计价规范》中规定的索赔程序

（1）索赔的提出。承包人向发包人的索赔应在索赔事件发生后，持证明索赔事件发生的有效证据和依据正当的索赔理由，按合同约定的时间向发包人递交索赔通知。发包人应按合同约定的时间对承包人提出的索赔进行答复和确认。当发承包双方在合同中对此通知未做具体约定时，可按以下规定办理。

①承包人应在确认引起索赔的事件发生后 28 天内向发包人发出索赔通知，否则，承包人无权获得追加付款，竣工时间不得延长。承包人应在现场或发包人认可的其他地点，保持证明索赔可能需要的记录。发包人收到承包人的索赔通知后，未承认发包人责任前，可检查记录保持情况，并可指示承包人保持进一步的同期记录。

②在承包人确认引起索赔的事件后 42 天内，承包人应向发包人递交一份详细的索赔报告，包括索赔的依据、要求追加付款的全部资料。

③如果引起索赔的事件具有连续影响，承包人应按月递交进一步的中间索赔报告，说明累计索赔的金额。承包人应在索赔事件产生的影响结束后 28 天内，递交一份最终索赔报告。

（2）承包人索赔的处理程序。发包人在收到索赔报告后 28 天内，应做出回应，表示批准或不批准并附具体意见。还可以要求承包人提供进一步的资料，但仍要在上述期限内对索赔做出回应。发包人在收到最终索赔报告后的 28 天内，未向承包人做出答复，视为该项索赔报告已经认可。

相关链接

根据 FIDIC 合同条件，承包人提交详细索赔报告的时限是（　　）。
A. 索赔事件发生 28 天内
B. 察觉或应当察觉索赔事件 28 天内
C. 察觉或应当察觉索赔事件 42 天内
D. 索赔事件发生 56 天内

【专家评析】

FIDIC 合同条件规定的工程索赔程序，承包商递交详细的索赔报告。在承包商察觉或者应当察觉该事件或情况后 42 天内，或在承包商可能建议并经工程师认可的其他期限内，承包商应当向工程师递交一份充分详细的索赔报告，包括索赔的依据、要求延长的时间和（或）追加付款的全部详细资料。

（3）承包人提出索赔的期限。承包人接受了竣工付款证书后，应被认为已无权再提出在合同工程接收证书颁发前所发生的任何索赔。承包人提交的最终结算申请单中，只限于提出工程接收证书颁发后发生的索赔。提出索赔的期限自接受最终结算证书时终止。索赔工作内部处理程序如图 14.1 所示。

2.FIDIC 合同条件规定的工程索赔程序

FIDIC 合同条件只对承包商的索赔做出了规定。

（1）承包商发出索赔通知。如果承包商认为有权得到竣工时间的任何延长期和（或）任何追加付款，承包商应当向工程师发出通知，说明索赔的事件或情况。该通知应当尽快在承包商察觉或者应当察觉该事件或情况后，28 天内发出。

（2）承包商未及时发出索赔通知的后果。如果承包商未能在上述 28 天期限内发出索

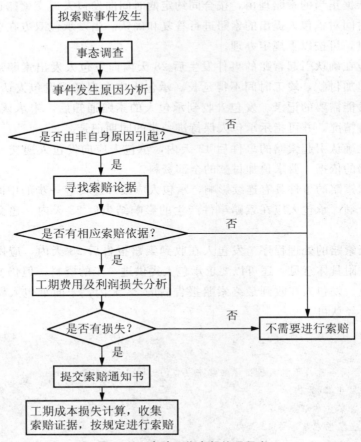

图 14.1 索赔工作内部处理程序

赔通知,则竣工时间不得延长,承包商无权获得追加付款,而业主应免除有关该索赔的全部责任。

(3)承包商递交详细的索赔报告。在承包商察觉或者应当察觉该事件或情况后 42 天内,或在承包商可能建议并经工程师认可的其他期限内,承包商应当向工程师递交一份充分详细的索赔报告,包括索赔的依据、要求延长的时间和(或)追加付款的全部详细资料。

(4)如果引起索赔的事件或者情况具有连续影响,则:①上述充分、详细的索赔报告应被视为中间索赔报告;②承包商应当按月递交进一步的中间索赔报告,说明累计索赔延误时间和(或)金额以及能说明其合理要求的进一步详细资料;③承包商应当在索赔的事件或者情况产生影响结束后 28 天内,或在承包商可能建议并经工程师认可的其他期限内,递交一份最终索赔报告。

(5)工程师的答复。工程师在收到索赔报告或对过去索赔的任何进一步证明资料后 42 天内,或在工程师可能建议并经承包商认可的其他期限内,做出回应,表示"批准"或"不批准",或"不批准并附具体意见"等处理意见。工程师应当商定或者确定应给予竣工时间的处长期及承包商有权得到的追加付款。

3. 发包人的索赔

《建设工程施工合同（示范文本）》规定，承包人未能按合同约定履行自己的各项义务或发生错误而给发包人造成损失时，发包人也应按合同约定向承包人提出索赔。

FIDIC《施工合同条件》中，业主的索赔主要限于施工质量缺陷和拖延工期等违约行为导致的业主损失。合同内规定业主可以索赔的条款涉及以下方面，见表14-3。

表14-3 业主索赔条款

序号	条款号	内　容
1	7.5	拒收不合格的材料和工程
2	7.6	承包人未能按照工程师的指示完成缺陷补救工作
3	8.6	由于承包人的原因修改进度计划导致业主有额外投入
4	8.7	拖期违约赔偿
5	2.5	业主为承包人提供的电、气、水等应收款项
6	9.4	未能通过竣工检验
7	11.3	缺陷通知期的延长
8	11.4	未能补救缺陷
9	15.4	承包人违约终止合同后的支付
10	18.2	承包人办理保险未能获得补偿的部分

14.2.5 索赔报告的内容

索赔报告的具体内容，随该索赔事件的性质和特点而有所不同。一般来说，完整的索赔报告应包括以下4个部分内容。

1. 总论部分

一般包括以下内容：序言；索赔事项概述；具体索赔要求；索赔报告编写及审核人员名单。

文中首先应概要地论述索赔事件的发生日期与过程；施工单位为该索赔事件所付出的努力和附加开支；施工单位的具体索赔要求。在总论部分最后，附上索赔报告编写组主要人员及审核人员的名单，注明有关人员的职称、职务及施工经验，以表示该索赔报告的严肃性和权威性。总论部分的阐述要简明扼要，说明问题。

2. 根据部分

本部分主要是说明自己具有的索赔权利，这是索赔能否成立的关键。根据部分的内容主要来自该工程项目的合同文件，并参照有关法律规定。该部分中施工单位应引用合同中的具体条款，说明自己理应获得经济补偿或工期延长。

根据部分的篇幅可能很大，其具体内容随各个索赔事件的情况而不同。一般地说，根据部分应包括以下内容：索赔事件的发生情况；已递交索赔意向书的情况；索赔事件的处理过程；索赔要求的合同根据；所附的证据资料。

在写法结构上，按照索赔事件发生、发展、处理和最终解决的过程编写，并明确全文引用有关的合同条款，使建设单位和监理工程师能历史地、逻辑地了解索赔事件的始末，并充分认识该项索赔的合理性和合法性。

3. 计算部分

该部分是以具体的计算方法和计算过程说明自己应得经济补偿的款额或延长时间。如果说根据部分的任务是解决索赔能否成立，则计算部分的任务就是决定应得到多少索赔款额和工期。前者是定性的，后者是定量的。

在款额计算部分，施工单位必须阐明下列问题：索赔款的要求总额；各项索赔款的计算，如额外开支的人工费、材料费、管理费和损失利润；指明各项开支的计算依据及证据资料，施工单位应注意采用合适的计价方法。至于采用哪一种计价法，应根据索赔事件的特点及自己所掌握的证据资料等因素来确定。其次，应注意每项开支款的合理性，并指出相应的证据资料的名称及编号。切忌采用笼统的计价方法和不实的开支款额。

4. 证据部分

证据部分包括该索赔事件所涉及的一切证据资料以及对这些证据的说明，证据是索赔报告的重要组成部分，没有详实可靠的证据，索赔是不可能成功的。在引用证据时，要注意该证据的效力或可信程度。为此，对重要的证据资料最好附以文字证明或确认件。例如，对一个重要的电话内容，仅附上自己的记录本是不够的，最好附上经过双方签字确认的电话记录，或附上发给对方要求确认该电话记录的函件，即使对方未给复函，也可说明责任在对方，因为对方未复函确认或修改，按惯例应理解为已默认。

1) 索赔依据的要求

（1）真实性。索赔依据必须是在实施合同过程中确定存在和发生的，必须完全反映实际情况，能经得住推敲。

（2）全面性。索赔依据应能说明事件的全过程。索赔报告中涉及的索赔理由、事件过程、影响、索赔数额等都应有相应依据，不能零乱和支离破碎。

（3）关联性。索赔依据应当能够相互说明，相互具有关联性，不能互相矛盾。

（4）及时性。索赔依据的取得及提出应当及时，符合合同约定。

（5）具有法律证明效力。索赔依据必须是书面文件，有关记录、协议、纪要必须是双方签署的；工程中重大事件、特殊情况的记录、统计必须由合同约定的监理人签证认可。

2) 索赔依据的种类

招标文件、工程合同及附件、业主认可的施工组织设计、工程图纸、地质勘探报告、技术规范等。

（1）工程各项有关设计交底记录，变更图纸，变更施工指令等。

（2）工程各项经业主或监理工程师签认的签证。

（3）工程各项往来信件、指令、信函、通知、答复等。

（4）工程各项会议纪要。

（5）施工计划及现场实施情况记录。

(6) 施工日报及工程工作日志、备忘录。
(7) 工程送电、送水，道路开通、封闭的日期及数量记录。
(8) 工程停水、停电和干扰事件影响的日期及恢复施工的日期。
(9) 工程预付款、进度款拨付的数额及日期记录。
(10) 工程图纸、图纸变更、交底记录的送达份数及日期记录。
(11) 工程有关施工部位的照片及录像等。
(12) 工程现场气候记录，有关天气的温度、风力、降雨雪量等。
(13) 工程验收报告及各项技术鉴定报告等。
(14) 工程材料采购、订货、运输、进场、验收、使用等方面的凭据。
(15) 工程会计核算资料。
(16) 国家、省、市有关影响工程造价、工期的文件、规定等。

> **相关链接**
>
> 索赔通知的参考形式如下。
>
> 索赔通知致甲方代表（或监理工程师）：
>
> 我方希望你方对工程地质条件变化问题引起重视，在合同文件未标明有坚硬岩石的地方遇到了坚硬岩石，致使我方实际生产率降低，而引起进度拖延，并不得不在雨季施工。
>
> 上述施工条件变化，造成我方施工现场设计与原设计有很大不同，为此向你方提出工期索赔及费用索赔要求，具体工期索赔及费用索赔依据与计算书在随后的索赔报告中。
>
> 承包商：×××
> ××年××月××日

14.2.6 工期与费用索赔

1. 工程师对工程索赔的影响

在发包人与承包人之间的索赔事件的处理和解决过程中，工程师是个核心。在整个合同的形成和实施过程中，工程师对工程索赔有如下影响。

1) 工程师受发包人委托进行工程项目管理

承包人索赔有相当一部分原因是由工程师引起的。如果工程师在工作中出现问题、失误或行使施工合同赋予的权力造成承包人的损失，发包人必须承担合同规定的相应赔偿责任。在一个工程中，发生索赔的频率、索赔要求和索赔的解决结果等，与工程师的工作能力、经验、工作的完备性、做出决定的公平合理性等有直接的关系。所以在工程项目施工过程中，工程师也必须有"风险意识"，必须重视索赔问题。

2) 工程师有处理索赔问题的权力

(1) 在承包人提出索赔意向通知以后，工程师有权检查承包人的现场同期记录。

(2) 对承包人的索赔报告进行审查分析，反驳承包人不合理的索赔要求或索赔要求中不合理的部分。可指令承包人做出进一步解释，或进一步补充资料，提出审查意见。

(3) 在工程师与承包人共同协商确定给承包人的工期和费用的补偿量达不成一致时，工程师有权单方面做出处理决定。

(4) 对合理的索赔要求，工程师有权将它纳入工程进度款中，签发付款证书，发包人应在合同规定的期限内支付。

3) 在争议的仲裁和诉讼过程中作为见证人

如果合同一方或双方对工程师的处理不满意，都可以按合同规定提交仲裁，也可以按法律程序提出诉讼。在仲裁或诉讼过程中，工程师作为工程全过程的参与者和管理者，可以作为见证人提供证据。

2. 工程师的索赔管理任务

索赔管理是工程师进行工程项目管理的主要任务之一，他的索赔管理任务包括以下几方面。

1) 预测和分析导致索赔的原因和可能性

在施工合同的形成和实施过程中，工程师为发包人承担了大量具体的技术、组织和管理工作。如果在这些工作中出现疏漏，对承包人施工造成干扰，则产生索赔。承包人的合同管理人员常常在寻找着这些疏漏，寻找索赔机会。所以工程师在工作中应能预测到自己行为的后果，堵塞漏洞。起草文件、下达指令、做出决定、答复请示时都应注意到完备性和严密性；颁发图纸、做出计划和实施方案时都应考虑其正确性和周密性。

2) 通过有效的合同管理减少索赔事件发生

工程师应以积极的态度和主动的精神管理好工程，为发包人和承包人提供良好的服务。在施工中，工程师作为双方的纽带，应做好协调、缓冲工作，为双方建立一个良好的合作气氛。通常合同实施越顺利，双方合作得越好，索赔事件越少，越易于解决。

工程师应对合同实施进行有力的控制，这是他的主要工作。通过对合同的监督和跟踪，不仅可以及早发现干扰事件，也可以及早采取措施降低干扰事件的影响，减少双方损失，还可以及早了解情况，为合理地解决索赔提供条件。

3) 公平合理地处理和解决索赔

合理解决发包人和承包人之间的索赔纠纷，不仅符合工程师的工作目标，使承包人按合同得到支付，而且符合工程总目标。索赔的合理解决是指承包人得到按合同规定的合理补偿，而又不使发包人投资失控，合同双方都心悦诚服，对解决结果满意，继续保持友好的合作关系。

3. 工程师对索赔的审查程序

1) 审查索赔证据

工程师对索赔报告审查时，首先判断承包人的索赔要求是否有理、有据。所谓有理，是指索赔要求与合同条款或有关法规是否一致，受到的损失应属于非承包人责任原因所造成。有据是指提供的证据证明索赔要求成立。

相关链接

（1）工程索赔的处理原则有（　　）。
A. 必须以合同为依据
B. 必须及时合理的处理索赔
C. 必须按国际条例处理

D. 必须加强预测、杜绝索赔事件发生
E. 必须坚持统一性和差别性的结合

【专家评析】
工程索赔的处理原则包括：①索赔必须以合同为依据；②及时、合理地处理索赔；③加强主动控制，减少工程索赔。因而，正确选项为AB。

(2) 根据《标准施工招标文件》中合同条款规定，承包人可以索赔工期的时间是(　　)。
A. 发包人原因导致的工程缺陷和损失
B. 发包人要求向承包人提前交付工程设备
C. 施工过程发现文物
D. 政策变化引起的价格调整

【专家评析】
发包人原因导致的工程缺陷和损失，索赔费用和利润，不索赔工期。发包人要求向承包人提前交付工程设备，索赔费用，不索赔工期和利润。施工过程发现文物，索赔工期和费用。政策变化引起的价格调整只引起费用的索赔。因而，正确选项为C。

(3) 某工作的自由时差为1天，总时差为4天。该工作施工期间，因发包人延迟提供工程设备而导致施工暂停。以下关于该项工作工期索赔的说法正确的是(　　)。
A. 若施工暂停2天，则承包人可获得工期补偿1天
B. 若施工暂停3天，则承包人可获得工期补偿1天
C. 若施工暂停4天，则承包人可获得工期补偿3天
D. 若施工暂停5天，则承包人可获得工期补偿1天

【专家评析】
首先，因发包人延迟提供工程设备而导致施工暂停可以索赔工期。若施工暂停在4天，承包人都不能获得工期补偿，只有在施工暂停5天时，则承包人可获得工期补偿1天。因而，正确选项为D。

(4) FIDIC《施工合同条件》下，承包商只能获得工期补偿的索赔事件有(　　)。
A. 延误移交施工现场　　　　　　B. 异常不利的气候条件
C. 不可预见的外界条件　　　　　D. 公共当局引起的延误
E. 变更导致竣工时间延误

【专家评析】
FIDIC合同条件下，只获得工期补偿的有变更导致竣工时间的延长，异常不利的气候条件，由于传染病或其他政府行为导致工期的延误，业主或其他承包商的干扰。延误移交施工现场可获得工期、费用、利润补偿。

2) 审查工期顺延要求

对索赔报告中要求顺延的工期，在审核中应注意以下几点。

(1) 划清施工进度拖延的责任。因承包人的原因造成施工进度滞后，属于不可原谅的延期。只有承包人不应承担任何责任的延误，才是可原谅的延期。有时工期延期的原因中可能包含有双方责任，此时工程师应进行详细分析，分清责任比例，只有可原谅的延期部分才能批准顺延合同工期。可原谅延期又可细分为可原谅并给与补偿费用的延期和可原谅但不给与补偿费用的延期，后者是指非承包人责任的影响并未导致施工成本的额外支出，大多属于发包人应承担风险责任事件的影响，如异常恶劣的气候条件造成的停工等。

(2) 被延误的工作应是处于施工进度计划关键线路上的施工内容。只有位于关键线路

上工作内容的滞后才会影响到竣工日期。但有时也应注意，既要看被延误的工作是否在批准进度计划的关键路线上，又要详细分析这一延误对后续工作的可能影响。因为若对非关键路线工作的影响时间较长，超过了该工作可用于自由支配的时间，也会导致进度计划中非关键路线转化为关键路线，其滞后将导致总工期的拖延。此时，应充分考虑该工作的自由时间，给予相应的工期顺延，并要求承包人修改施工进度计划。

（3）无权要求承包人缩短合同工期。工程师有审核、批准承包人顺延工期的权力，但他不可以扣减合同工期。也就是说，工程师有权指示承包人删减掉某些合同内规定的工作内容，但不能要求他相应地缩短合同工期。如果要求提前竣工的话，这项工作属于合同的变更。

3）审查工期索赔计算

工期索赔的计算主要有网络图分析和比例计算法两种。

（1）网络分析法是利用进度计划的网络图，分析其关键线路。如果延误的工作为关键工作，则总延误的时间为批准顺延的工期；如果延误的工作为非关键工作，当该工作由于延误超过时差限制而成为关键工作时，可以批准延误时间与时差的差值；若该工作延误后仍为非关键工作，则不存在工期索赔问题。

（2）比例计算法的公式如下。

对于已知部分工程的延期的时间：

$$工程索赔值 = \frac{受干扰部分工程的合同价}{原合同总价} \times 该受干扰部分工期拖延时间$$

对于已知额外增加工程量的价格：

$$工程索赔值 = \frac{额外增加的工程量的价格}{原合同总价} \times 原合同总工期$$

比例计算法简单方便，但有时不尽符合实际情况，比例计算法不适用于变更施工顺序、加速施工、删减工程量等事件的索赔。

▶▶应用案例1

某工程原合同规定分两阶段进行施工，土建工程21个月，安装工程12个月。假定以一定量的劳动力需要量为相对单位，则合同规定的土建工程量可折算为310个相对单位，安装工程量折算为70个相对单位。合同规定，在工程量增减10%的范围内，作为承包商的工期风险，不能要求工期补偿。在工程施工过程中，土建和安装的工程量都有较大幅度的增加。实际土建工程量增加到430个相对单位，实际安装工程量增加到117个相对单位。

引导问题2：承包商可以提出多少工期索赔额？

【专家评析】

（1）承包商提出的工期索赔如下。

不索赔的土建工程量的上限为：$310 \times 1.1 = 341$ 个相对单位。

不索赔的安装工程量的上限为：$70 \times 1.1 = 77$ 个相对单位。

（2）由于工程量增加而造成的工期延长如下。

土建工程工期延长 $= 21 \times [(430/341) - 1] = 5.5$ 个月。

安装工程工期延长＝12×〔（117/77）－1〕＝6.2个月。
(3) 总工期索赔为：5.5个月＋6.2个月＝11.7个月。

▶▶应用案例2

某建筑公司（乙方）于某年4月20日与某厂（甲方）签订了修建建筑面积为3000m² 工业厂房（带地下室）的施工合同。乙方编制的施工方案和进度计划已获监理工程师批准。

该工程的基坑施工方案规定：土方工程采用租赁一台斗容量为1m³的反铲挖掘机施工。甲、乙双方合同约定5月11日开工，5月20日完工。在实际施工中发生如下几项事件。

(1) 因租赁的挖掘机大修，晚开工2天，造成人员窝工10个工日。

(2) 基坑开挖后，因遇软土层，接到监理工程师5月15日停工的指令进行地质复查，配合用工15个工日。

(3) 5月19日接到监理工程师于5月20日复工的指令，5月20日～5月22日因下罕见的大雨迫使基坑开挖暂停，造成人员窝工10个工日。

(4) 5月23日用30个工时修复冲坏的永久道路，5月24日恢复正常挖掘工作，最终基坑于5月30日挖坑完毕。

引导问题3：根据该案例，回答以下问题。

(1) 简述工程施工索赔的程序。

(2) 建筑公司对上述哪些事件可以向厂方要求索赔？哪些事件不可以要求索赔？并说明原因。

(3) 每项事件工期索赔各是多少天？总计工期索赔是多少天？

【专家评析】

(1) 我国《建设工程施工合同（示范文本）》规定的施工索赔程序如下。

①索赔事件发生后28天内，向工程师发出索赔意向通知。

②发出索赔意向通知后的28天内，向工程师提出补偿经济损失和（或）延长工期的索赔报告及有关资料。

③工程师在收到承包人送交的索赔报告和有关资料后，于28天内给予答复，或要求承包人进一步补充索赔理由和证据。

④工程师在收到承包人送交的索赔报告和有关资料后28天内未给予答复或未对承包人做进一步要求，视为该项索赔已经认可。

⑤当该索赔事件持续进行时，承包人应当阶段性向工程师发出索赔意向，在索赔事件终了后28天内，向工程师提供索赔的有关资料和最终索赔报告。

(2) 事件1：索赔不成立。因此事件发生原因属承包商自身责任。

事件2：索赔成立。因该施工地质条件的变化是一个有经验的承包商所无法合理预见的。

事件3：索赔成立。这是因特殊反常的恶劣天气造成工程延误。

事件4：索赔成立。因恶劣的自然条件或不可抗力引起的工程损坏及修复应由业主承担责任。

（3）事件 2：索赔工期 5 天（5 月 15 日～5 月 19 日）。

事件 3：索赔工期 3 天（5 月 20 日～5 月 22 日）。

事件 4：索赔工期 1 天（5 月 23 日）。

共计索赔工期为：$5+3+1=9$ 天。

（4）共同延误的处理。

在实际施工过程中，工期拖期很少是只由一方造成的，往往是两三种原因同时发生（或相互作用）而形成的，故称为"共同延误"。在这种情况下，要具体分析哪一种情况延误是有效的，应依据以下原则来判断。

①首先判断造成拖期的哪一种原因是最先发生的，即确定初始延误者，他应对工程拖期负责。在初始延误发生作用期间，其他并发的延误者不承担拖期责任。

②如果初始延误者是发包人原因，则在发包人原因造成的延误期内，承包人既可得到工期延长，又可得到经济补偿。

③如果初始延误者是客观原因，则在客观因素发生影响的延误期内，承包人可以得到工期延长，但很难得到费用补偿。

④如果初始延误者是承包人原因，则在承包人原因造成的延误期内，承包人既不能得到工期补偿，也不能得到费用补偿。

相关链接

在出现"共同延误"的情况下，承担拖期责任的是（　　）。

A. 造成拖期最长者　　　　　　B. 最先发生者

C. 最后发生者　　　　　　　　D. 按划成拖期的长短，在各共同延误者之间分担

【专家评析】

首先判断造成拖期的哪一种原因是最先发生的，即确定初始延误者，他应对工程拖期负责。在初始延误发生作用期间，其他并发的延误者不承担拖期责任。所以，正确选项为 B。

14.2.7　审查费用索赔要求

费用索赔的原因可能是与工期索赔相同的内容，即属于可原谅并应予以费用补偿的索赔，也可能是与工期索赔无关的理由。工程师在审核索赔的过程中，除了划清合同责任以外，还应注意索赔计算的取费合理性和计算的正确性。

1. 承包人可索赔的费用

费用内容一般可以包括以下几个方面。

（1）人工费。包括增加工作内容的人工费、停工损失费和工作效率降低的损失费等累计费，其中增加工作内容的人工费应按照计日工费计算，但停工损失费和工作效率降低的损失费按窝工费计算，窝工费的标准双方应在合同中约定。

（2）设备费。可采用机械台班费、机械折旧费、设备租赁费等几种形式。当工作内容增加引起的设备费索赔时，设备费的标准按照机械台班费计算。因窝工引起的设备费索赔，当施工机械属于施工企业自有时，按照机械折旧费计算索赔费用；当施工机械是施工

企业从外部租赁时，索赔费用的标准按照设备租赁费计算。

（3）材料费。

（4）保函手续费。工程延期时，保函手续费相应增加，反之，取消部分工程且发包人与承包人达成提前竣工协议时，承包人的保函金额相应折减，则计入合同价内的保函手续费也应扣减。

（5）迟延付款利息。发包人未按约定时间进行付款的，应按银行同期贷款利率支付迟延付款的利息。

（6）保险费。

（7）管理费。此项又可分为现场管理费和公司管理费两部分，由于二者的计算方法不一样，所以在审核过程中应区别对待。

（8）利润。在不同的索赔事件中可以索赔的费用是不同的。

相关链接

(1)《标准施工招标文件》中合同条款规定的可以合理补偿承包人索赔的条款见表14－4。

表14－4 《标准施工招标文件》中合同条款规定的可以合理补偿承包人索赔的条款

序号	条款号	主要内容	可补偿内容		
			工期	费用	利润
1	1.10.1	施工过程发现文物、古迹以及其他遗迹、化石、钱币或物品	√	√	
2	4.11.2	承包人遇到不利物质条件	√	√	
3	5.2.4	发包人要求向承包人提前交付材料和工程设备		√	
4	5.2.6	发包人提供的材料和工程设备不符合合同要求	√	√	√
5	8.3	发包人提供基准资料错误导致承包人的返工或造成工程损失		√	
6	11.3	发包人的原因造成工期延误	√	√	√
7	1.4	异常恶劣的气候条件	√		
8	11.6	发包人要求承包人提前竣工		√	
9	2.2	发包人的原因引起的暂停施工	√	√	√
10	12.4.2	发包人的原因造成暂停施工后无法按时复工	√	√	
11	13.1.3	发包人的原因造成工程质量达不到合同约定验收标准		√	√
12	13.5.3	监理人对隐蔽工程重新检查，经检验证明工程质量条例合同要求的	√	√	
13	16.2	法律变化引起的价格调整		√	
14	18.4.2	发包人在全部工程竣工前，使用已接受的单位工程而导致承包人费用增加		√	
15	18.6.2	发包人的原因导致运行失败		√	√
16	19.2	发包人的原因导致工程缺陷和损失		√	√
17	21.3.1	不可抗力	√		

(2) 在工程项目的合同管理和索赔工作中，应该严格区分"附加工程"和"额外工程"。其区别见表 14-5。

表 14-5 新增工程分类表

工作性质	工作范围	是否属于工程量表中的内容	工程变更指令	单价	结算支付方式
新增工程	附加工程：属于原合同工作范围以内的工程	列入工程量表的工作	不必发变更指令	按投标单价	按合同规定的程序按期结算支付
		未列入工程量表中的工作	要补发变更指令	议定单价	同上
	额外工作：超出原合同工作范围的工程	不属于工程量表中的工作项目	另订合同	新定单价或合同价	提出索赔或按新合同程序支付

> **特别提示**
>
> 如果是发包方主观错误造成的损失，一般要补偿工期、费用、利润；如果是发包方的责任造成的损失，则只需补偿工期、费用；如果是发包方应该承担的风险，则只需补偿工期；有的情况如工程完工后的情况，是不需要补偿工期的；补偿利润的必然要补偿费用。

2. 费用索赔的计算

计算方法有实际费用法、修正总费用法等。

（1）实际费用法。该方法是按照各索赔事件所引起损失的费用项目分别分析计算索赔值，然后将各费用项目的索赔值汇总，即可得到总索赔费用值。这种方法以承包商为某项索赔工作所支付的实际开支为依据，但仅限于由于索赔事项目引起的、超过原计划的费用，故也称额外成本法。在这种计算方法中，需要注意的是不要遗漏费用项目。

（2）修正总费用法。这种方法是对总费用法的改进，即在总费用计算的原则上，去掉一些不确定的可能因素，对总费用法进行相应的修改和调整，使其更加合理。

▶▶应用案例 3

某施工合同约定，施工现场主导施工机械一台，由施工企业租得，台班单价为 300 元/台班，租赁费为 100 元/台班，人工工资为 40 元/工日，窝工补贴为 10 元/工日，以人工费为基数的综合费率为 35%，在施工过程中，发生了如下事件：①出现异常恶劣天气导致工程停工 2 天，人员窝工 30 个工日；②因恶劣天气导致场外道路中断，抢修道路用工 20 工日；③场外大面积停电，停工 2 天，人员窝工 10 个工日。

引导问题 4：施工企业可向业主索赔费用为多少？

【专家评析】

各事件处理结果如下。

（1）异常恶劣天气导致的停工通常不能进行费用索赔。

（2）抢修道路用工的索赔额 = 20 × 40 × （1 + 35%） = 1080 元

(3) 停电导致的索赔额＝2×100＋10×10＝300 元
总索赔费用＝1080＋300＝1380 元

相关链接

某工程项目总价值 2000 万元，合同工期 18 个月，现承包人因建设条件发生变化需增加额外工程费用 100 万元，则承包方可提出工期索赔为（　）个月。
A. 1.5　　　　　B. 0.9　　　　　C. 1.2　　　　　D. 3.6

【专家评析】
工期索赔的计算主要有网络图分析和比例计算法两种。比例计算法主要应用于工程量有增加时工期索赔的计算，公式为：总工期索赔＝（额外增加的工程量的价格÷原合同价格）×原合同总工期。

3. 审核索赔取费的合理性

费用索赔涉及的款项较多、内容庞杂。承包人都是从维护自身利益的角度解释合同条款，进而申请索赔额。工程师应公平地审核索赔报告申请，挑出不合理的取费项目或费率。

FIDIC《施工合同条件》中，按照引起承包人损失事件原因的不同，对承包人索赔可能给予合理补偿工期、费用和利润的情况分别做出了相应的规定，见表 14－6。

表 14－6　可以合理补偿承包人索赔的条款表

序号	条款号	主要内容	可补偿内容		
			工期	费用	利润
1	1.9	延误发放图纸	√	√	√
2	2.1	延误移交施工现场	√	√	√
3	4.7	承包人依据工程师提供的错误数据导致放线错误	√	√	√
4	4.12	不可预见的外界条件	√	√	
5	4.24	施工中遇到文物和古迹	√	√	
6	7.4	非承包人原因检验导致施工的延误	√	√	√
7	8.4（a）	变更导致竣工时间的延长	√		
8	8.4（c）	异常不利的气候条件	√		
9	8.4（d）	由于传染病或其他政府行为导致工期的延误	√		
10	8.4（e）	业主或其他承包人的干扰	√		
11	8.5	公共当局引起的延误	√		
12	10.2	业主提前占用工程		√	√
13	10.3	对竣工检验的干扰	√	√	√
14	13.7	后续法规的调整	√	√	
15	18.1	业主办理的保险未能从保险公司获得补偿部分		√	
16	19.4	不可抗力事件造成的损害	√	√	

相关链接

(1) FIDIC 合同条件下，某施工合同约定，人员窝工补贴为 15 元/工日。在基础工程施工期间，因暴雨导致基坑淹水而停工 2 天，人员窝工 20 个工日；在主体工程施工期间，因重大公共活动政府通知停工 2 天，人员窝工 30 个工日。为此，承包人可向业主索赔工期和费用分别为（　　）。

A. 4 天，750 元　　　　B. 4 天，450 元　　　　C. 4 天，0 元　　　　D. 2 天，0 元

【专家评析】

根据 FIDIC 合同条件中的有关索赔条款，暴雨导致基坑淹水属于不利的气候条件，重大公共活动政府通知停工 2 天属于公共当局引起的延误，以上只可进行工期顺延，不能要求费用和利润补偿。

(2) 某建设项目施工合同中保函手续费为 20 万元，合同工期 200 天。合同履行过程中，因不可抗力事件发生导致开工日期推迟 30 天，因异常恶劣的气候条件停工 10 天，因季节性大雨停工 5 天，因设计分包单位延期交图停工 7 天，上述事件均未发生在同一时间，按照《标准施工招标文件》的规定，承包方可索赔的保函手续费为（　　）万元。

A. 0.7　　　　　　　B. 3.7　　　　　　　C. 4.7　　　　　　　D. 5.2

【专家评析】

解此题首先要判断哪些事件引起的工期延误是可以索赔费用。设计分包单位延期交图可索赔工期 7 天，异常恶劣的气候条件和不可抗力按照《标准施工招标文件》的要求，不能索赔费用。原工期 200 天保函手续费为 20 万元，因此延长 7 天增加的保函手续费为 0.7 万元。

4. 审核索赔计算的正确性

(1) 所采用的费率是否合理、适度，主要注意的问题包括以下几方面。

①工程量表中的单价是综合单价，不仅含有直接费，还包括间接费、风险费、辅助施工机械费、公司管理费和利润等项目的摊销成本。在索赔计算中不应有重复取费。

②停工损失中，不应以计日工费计算。不应计算闲置人员在此期间的奖金、福利等报酬，通常采取人工单价乘以折算系数计算，停驶的机械费补偿应按机械折旧费或设备租赁费计算，不应包括运转操作费用。

(2) 正确区分停工损失与因工程师临时改变工作内容或作业方法的功效降低损失的区别。凡可改作其他工作的，不应按停工损失计算，但可以适当补偿降效损失。

▶▶应用案例 4

某饭店装修改造工程项目的建设单位与某施工单位按照《建设工程施工合同（示范文本）》签订了装修施工合同。合同价款为 2600 万元，合同工期为 200 日历天。在合同中，建设单位与施工单位约定：每提前或推后工期一天，按合同价的万分之二进行奖励或扣罚。该工程施工进行到 100 天时，经过材料复试发现，甲方所供应的木地板质量不合格，造成乙方停工待料 19 天，此后在工程施工进行到 150 天时，由于甲方临时变更首层大堂工程设计，又造成部分工程停工 16 天。工程最终工期为 220 天。

引导问题 5：根据该案例回答以下问题。

(1) 施工单位在第一次停工后 10 天，向建设单位提出了索赔要求，索赔停工损失人工费和机械闲置费等共 6.8 万元；第二次停工后 15 天，施工单位向建设单位提出停工损失索赔 7 万元。在两次索赔中，施工单位均提交了有关文件作为证据，情况属实。此项索

赔是否成立？

(2) 在工程竣工结算时，施工单位提出工期索赔 35 天。同时，施工单位认为工期实际提前了 15 天，要求建设单位奖励 7.8 万元。建设单位认为，施工单位当时未要求工期索赔，仅进行停工损失索赔，说明施工单位已默认停工不会引起工期延长。因此，实际工期延长 20 天，应扣罚施工单位 10.4 万元。此项索赔是否成立？

【专家评析】

(1) 此项索赔成立。因为施工单位提出索赔的理由正当，并提供了当时的证据，情况属实。同时，施工单位提出索赔的时限未超过索赔合同规定的 28 天时限。

(2) 此项索赔不成立。因为施工单位提出工期索赔时间已超过合同约定的时间，而建设单位罚款理由充分，符合合同规定；罚款金额计算符合合同规定。故应从工程结算中扣减工程应付款 10.4 万元。

14.2.8　反索赔

反索赔就是反驳、反击或者防止对方提出的索赔，不让对方索赔成功或者全部成功。一般认为，索赔是双向的，业主和承包商都可以向对方提出索赔要求，任何一方也都可以对对方提出的索赔要求进行反驳和反击，这种反击和反驳就是反索赔。

在工程实践过程中，当合同一方向对方提出索赔要求，合同另一方对对方的索赔要求和索赔文件可能会有 3 种选择。

一是，全部认可对方的索赔，包括索赔的数额。

二是，全部否定对方的索赔。

三是，部分否定对方的索赔。

针对一方的索赔要求，反索赔的一方应以事实为依据，以合同为准绳，反驳和拒绝对方的不合理要求或索赔要求中的不合理部分。

1. 反索赔的基本内容

反索赔的工作内容可以包括两个方面：一是合理防止对方提出索赔；二是反击或者反驳对方的索赔要求。

要成功地防止对方提出索赔，应采取积极防御的策略。首先是自己严格履行合同规定的各项义务，防止自己违约，并通过加强合同管理，使对方找不到索赔的理由和根据，使自己处于不能被索赔的地位。其次，如果在工程实施过程中发生了干扰事件，则应立即着手研究和分析合同依据，收集证据，为提出索赔和反索赔做好两手准备。

如果对方提出了索赔要求或索赔报告，则自己一方应采取各种措施来反击或反驳对方的索赔要求。常用的措施如下。

(1) 抓对方的失误，直接向对方提出索赔，以对抗或平衡对方的索赔要求，以求在最终解决索赔时互相让步或者互不支付。

(2) 针对对方的索赔报告，进行仔细、认真研究和分析，找出理由和证据，证明对方索赔要求或索赔报告不符合实际情况和合同规定，没有合同依据或事实证据，索赔值计算不合理或不准确等问题，反击对方的不合理索赔要求，推卸或减轻自己的责任，使自己不受或少受损失。

2. 对索赔报告的反击或反驳要点

对对方索赔报告的反击或反驳，一般可以从以下几个方面进行。

(1) 索赔要求或报告的时限性。

审查对方是否在干扰事件发生后的索赔时限内及时提出索赔要求或报告。

(2) 索赔事件的真实性。

(3) 干扰事件的原因、责任分析。

如果干扰事件确实存在，则要通过对事件的调查分析，确定原因和责任。如果事件责任属于索赔者自己，则索赔不能成立，如果合同双方都有责任，则应按各自的责任大小分担损失。

(4) 索赔理由分析。

分析对方的索赔要求是否与合同条款或有关法规一致，所受损失是否属于非对方负责的原因造成。

(5) 索赔证据分析。

分析对方所提供的证据是否真实、有效、合法，是否能证明索赔要求成立。证据不足、不全、不当、没有法律证明效力或没有证据，索赔不能成立。

(6) 索赔值审核。

如果经过上述的各种分析、评价，仍不能从根本上否定对方的索赔要求，则必须对索赔报告中的索赔值进行认真、细致的审核，审核的重点是索赔值的计算方法是否合情合理，各种取费是否合理适度，有无重复计算，计算结果是否准确，等等。

在具体的工程中，承包商向业主提出了索赔，作为为业主服务的工程师可以在以下几个方面对索赔提出质疑：①索赔事项不属于发包人或工程师的责任，而是与承包人有关的其他第三方的责任；②发包人和承包人共同负有责任，承包人必须划分和证明双方责任的大小；③事实依据不足；④合同依据不足；⑤承包人未遵守意向通知要求；⑥承包人以前已经放弃（明示或暗示）了索赔要求；⑦承包人没有采取适当措施避免或减少损失；⑧承包人必须提供进一步的证据；⑨损失计算夸大；等等。

索赔虽然不可能完全避免，但通过努力可以减少发生。作为工程师方面，可以正确地理解合同规定，减少分歧出现；做好日常的监理工作，随时与承包人保持协调，把问题在进行过程中解决掉，而不是留到最后需要付款时再一次处理；尽量为承包人提供力所能及的帮助，以共同目标为重，互相地基于友好地放弃模棱两可的索赔机会。建立和维护工程师处理合同事务的威信，以公正的立场和良好的合作精神加上处理问题的能力，使承包人在索赔前认真做好准备工作，以质取胜，减少索赔数量。

工程师的作用是为发包方服务，同时也不让承包方受到损失，但是索赔的主动权还是在承包方，出现了索赔所造成的损失常常由承包方自己负责，这是应该注意的。

▶▶综合案例 1

某施工单位根据领取的某 2000m² 两层厂房工程项目招标文件和全套施工图纸，采用低报价策略编制了投标文件，并获得中标。该施工单位（承包商）于 2000 年 3 月 10 日与建设单位（业主）签订了该工程项目的固定价格施工合同，合同期为 8 个月。工程招标文件参考资料中提供的使用砂地点距工地 4km，但是开工后，检查该砂质量不符合要求，承包商只得从另一距工地 20km 的供砂地点采购。由于供砂距离的增大，必然引起费用的增加，承包商经过仔细认真计算后，在业主指令下达的第 3 天，向业主提交了将原用砂单价每吨提高 5 元人民币的索赔要求。工程进行了一个月后，业主因资金紧缺，无法如期支付工程款，口头要求承包商暂停施工一个月，承包商亦口头答应。恢复施工后，在一个关键工作面上又发生了几种原因造成的临时停工 5 月 20 日至 5 月 24 日承包商的施工设备出现了从未有过的故障；6 月 8 日至 6 月 12 日施工现场下了罕见的特大暴雨，造成了 6 月 13 日至 6 月 14 日该地区的供电全面中断。针对上述两次停工，承包商向业主提出要求顺延工期，共计 42 天。

引导问题 6：根据该案例，回答以下问题。
(1) 该工程采用固定价格合同是否合适？
(2) 该合同的变更形式是否妥当？为什么？
(3) 承包商的索赔要求成立的条件是什么？
(4) 上述事件中承包商提出的索赔要求是否合理？说明其原因。

【专家评析】

(1) 因为固定价格合同适用于工程量不大且能够较准确计算、工期较短、技术不太复杂、风险不大的项目，该工程基本符合这些条件，故采用固定价格合同是合适的。

(2) 该合同变更形式不妥。根据《合同法》和《建设工程施工合同（示范文本）》的有关规定，建设工程合同应当采取书面形式，合同变更也应当采取书面形式。若在应急情况下，可采取口头形式，但事后应予以书面形式确认。否则，在合同双方对合同变更内容有争议时，往往因口头形式协议很难举证，而不得不以书面协议约定的内容为准。本案例中业主要求临时停工，承包商也答应，是双方的口头协议，且事后并未以书面的形式确认，所以该合同变更形式不妥。

(3) 承包商的索赔要求成立必须同时具备如下 4 个条件。
①与合同相比较，已造成了实际的额外费用或工期损失。
②造成费用增加或工期损失的原因不属于承包商的行为责任。
③造成费用增加或工期损失不是由承包商承担的风险。
④承包商在事件发生后的规定时间内提交了索赔的书面意向通知和索赔报告。

(4) 因砂场地点变化提出的索赔要求不合理，原因是：①承包商应对自己就招标文件的解释负责；②承包商应对自己报价的正确性与完备性负责；③作为一个有经验的承包商可以通过现场踏勘确认招标文件参考资料中提供的用砂质量是否合格，若承包商没有通过现场踏勘发现用砂质量问题，其相关风险应由承包商承担。

因几种情况的暂时停工提出的工期索赔不合理，可以批准的延长工期为 7 天，原因如下。

①5 月 20 日至 5 月 24 日出现的设备故障属于承包商应承担的风险，不应考虑承包商的延长工期和费用索赔要求。
②6 月 8 日至 6 月 12 日的特大暴雨属于双方共同的风险，应延长工期 5 天。
③6 月 13 日至 6 月 14 日的停电属于有经验的承包商无法预见的自然条件变化，为业

主应承担的风险，应延长工期 2 天。

因业主资金紧缺要求停工 1 个月而提出的工期索赔是合理的。原因是业主未能及时支付工程款，应对停工承担责任，故应当赔偿承包商停工 1 个月的实际经济损失，工期顺延 1 个月。

综上所述，承包商可以提出的工期索赔共计 37 天。

> **相关链接**
>
> 施工索赔管理的基本原则
>
> 施工索赔管理（Constnlotion Claims Manzgement）是工程项目施工合同管理工作的一个重要组成部分。做好索赔管理工作，可以避免合同争议，使工程项目能够按照计划的时间优质建成，对业主和承包商都是有利的。
>
> 索赔是合同双方维护自己经济利益的手段，也是合同双方的权利。由于工程承包市场的特点是买方市场，承包商作为卖方承担着更多的风险。因此，施工索赔大多数由承包商提出。业主对承包商的索赔也时有发生，为区别起见，在国际工程承包界被称为反索赔。
>
> 索赔是一项很复杂、很困难的工作。因为要做好施工索赔，必须十分熟悉工程项目的全部合同文件，并能熟练地应用有关的合同条款。经验证明：凡是有丰富的承包施工经验、合同管理水平较高的公司，其索赔要求的成功率也较大；凡是认真钻研合同文件、力求索赔成功的项目组，其合同管理水平的提高也越快。
>
> 近年来，国际工程承包标准合同条件的新版文本中，对施工索赔的有关合同条款均做了一些新的规定，值得合同管理人员注意，其主要内容如下。
>
> （1）FIDIC《施工合同条件》1999 年新版中，对索赔管理工作提出了更明确的严格要求。
>
> ①承包商在索赔事件发生后的 28 天以内，应向工程师和业主提出索赔通知书，否则，即丧失了索赔权，工程师将不考虑其索赔要求。
>
> ②在索赔事件发生后的 42 天以内（或双方商定的其他期限内），承包商应向工程师提交详细的索赔资料，比原来规定的 28 天延长了 14 天，以便该索赔报告内容完整。
>
> ③工程师在收到承包商的索赔报告书以后，应该在 42 天以内对该项索赔要求表示认可、否定或评述意见，不能久拖而不予理会。这是以往的合同条件中所没有的。
>
> （2）ICE 合同条件 1999 年发布的第 7 版标准合同文本，对施工索赔问题也做了一些详细规定，例如以下几条。
>
> ①在 ICE 合同条件第 6 版中，关于索赔问题被列入第 52（4）款，即 52 条中的一款，名为"索赔通知"。而在其第 7 版中，将索赔列入独立的第 53 条，名为"增加付款"。这反映了对索赔支付的重视。
>
> ②对承包商的索赔要求，凡是有合同依据的，业主和工程师应以中期支付的方式，向承包商支付索赔款。
>
> ③当发生工程变更时，承包商有权先对其变更所引起的费用和工期进行评估和报价，由工程师下达变更指令，然后再实施变更。未达成协议一致前，承包商可以不予实施。

▶▶综合案例 2

某引水系统工程，承包商应业主的要求，于 2009 年 2 月开工。施工期间的 2009 年 6 月初至 8 月底遇到大雨连绵。由于引水隧道经过断层和许多溶洞，地下水量大增，造成停工和设备淹没。经业主同意，承包商紧急从外省市调来排水设施，承包商于 2009 年 6 月 12 日就增加排水设施向业主提出索赔意向，9 月 15 日正式提出索赔要求，索赔项目：被淹没设备损失 100 万元；增加排水设施费用 60 万元，合计 160 万元。

引导问题 7：根据该案例回答以下问题。

（1）承包商的索赔要求能否成立？为什么？

（2）承包商提出索赔要求时，应向业主提供哪些索赔文件？

【专家评析】

（1）机械设备由于淹没而受到损失，这属于承包商自己的责任，不予补偿。由于遇到不可预见的气候条件，承包商应业主的要求增加了设备供应，额外增加排水设施的费用应给予补偿。

（2）索赔文件一般由以下 3 部分组成。

①索赔信（意向通知书）。主要说明索赔事项，列举索赔理由，提出索赔要求。

②索赔报告。这是索赔材料的正文，其主要内容是事实和理由，即叙述客观事实，合理引用合同条款，建立事实与损失之间的因果关系，说明索赔的合理、合法性，从而最后提出要求补偿的金额及工期。

③附件。包括索赔证据和详细计算书。

相关链接

索赔与现场签证计价汇总表

索赔与现场签证计价汇总表

工程名称				标段			第 页 共 页
序号	索赔及签证名称	单位	数量	单价(元)	合价/元	索赔及签证依据
1						
2						
3						
4						
5						
6						
7	本页小计					
	合计					

注：签证及索赔依据是指经双方认可的签证单和索赔依据的编号。

费用索赔申请(核准)表

工程名称＿＿＿＿＿＿　　标段＿＿＿＿＿＿　　第　页　共　页

致：＿＿＿＿＿＿＿＿＿＿(发包人全称)

根据施工合同条款＿＿＿＿＿＿条的约定，由于＿＿＿＿＿＿原因，我方要求索赔金额(大写)＿＿＿＿＿＿(小写＿＿＿＿＿＿)，请予核准。

附：1. 费用索赔的详细理由和依据：
　　2. 索赔金额的计算：
　　3. 证明材料：

承包人(章)＿＿＿＿＿＿　承包人代表＿＿＿＿＿＿．　日　期＿＿＿＿＿＿．

复核意见： 　　根据施工合同条款＿＿＿＿＿＿条的约定，你方提出的费用索赔申请经复核： □不同意此项索赔，具体意见见附件。 □同意此项索赔，索赔金额的计算，由造价工程师复核。 　　　　　　　　监理工程师＿＿＿＿＿＿． 　　　　　　　　日　　期＿＿＿＿＿＿．	复核意见： 　　根据施工合同条款＿＿＿＿＿＿条的约定，你方提出的费用索赔申请经复核，索赔金额为(大写)＿＿＿＿＿＿(小写＿＿＿＿＿＿)。 　　　　　　　　造价工程师＿＿＿＿＿＿． 　　　　　　　　日　　期＿＿＿＿＿＿．

审核意见：
　□不同意此项索赔
　□同意此项索赔，与本期进度款同期支付。
　　　　发包人(章)＿＿＿＿＿＿　发包人代表＿＿＿＿＿＿　日　期＿＿＿＿＿＿

注：1 在选择栏中的"□"内做标识"√"。
　　2 本表一式四份，由承包人填报，发包人、监理人、造价咨询人、承包人各存一份

14.3　任务实施

（1）根据项目情况，按相关规定，完成该项目的索赔通知。

（2）根据项目情况，按相关规定，并完成表14－7的填写。

表 14－7　单项索赔报告

负责人：

编　号：　　　　　　　　　日　期：

××项目索赔报告

题目：

事件：

理由：

影响：

结论：

成本增加：

工期拖延：

专家支招

在进行施工索赔管理工作中,合同双方的合同管理人员应遵循以下一些原则。

1. 尽量减少索赔的立案数量

为了做到投标报价比较贴近实际,减少报价的风险,必须对以下一些关键性合同条款仔细钻研。

(1) 支付条款是否明确,付款是否及时,有无拖延付款时的加付利息?

(2) 物价上涨时如何进行价格调整,价格调整的计算公式或方法是否合理?

(3) 是否有工期延长条款,允许工期延长的条件是否考虑周全?

(4) 有哪些对业主的"开脱性条款",如:工期延长时不予补偿;付款拖期时不计利息;物价上涨时不予调整合同价,等等。

(5) 有无索赔条款,在发生额外开支时是否允许索赔,索赔的规定是否合理?

(6) 是否有"不利的自然条件"条款,当遇到天灾或战争时是否允许承包商提出索赔(包括工期索赔及经济索赔)的要求,等等。

2. 纠正错误的投标策略

在招投标工作中,有些承包商为了争取中标,大量地压低报价,而有意地在中标后的施工过程中大量地进行索赔,以求盈利,这就是人们所说的"低报价、高索赔"策略。

实践已多次证明,这种经营策略是错误的。它不仅达不到盈利的目的,反而会造成无法挽回的经济亏损,而且给国际工程承包施工带来了许多不良后果。

3. 及时解决索赔要求

在及时处理索赔问题方面,应力争做到以下几点:

(1) 对索赔报告应抓紧审阅,及时表态。FIDIC合同条件1999年新版已规定,工程师在收到索赔报告书后的42天以内应做出决定,表示认可、拒绝或要求补充论证。如果由于某种客观原因,工程师不能在此期限内做出决定时,应正式通知承包商,并协商确定推迟决定的时间。

(2) 对索赔报告中的重大分歧意见,应举行会议协商,即索赔谈判

(3) 将合理的索赔款以中期支付方式解决。

4. 严格掌握索赔权的论证

在解决索赔争端的过程中,要经过两个步骤。首先,要确定索赔权,即论证此项索赔要求是否成立,检查索赔者是否具备合同依据,是否拥有索赔权。对没有索赔权的任何索赔要求,将一律予以拒绝,这是一个质的问题。第二,要确定索赔款额或批准工期延长的天数,这是一个量的问题。因此,在索赔管理工作中要特别注意索赔权的问题,严格掌握索赔权成立的条件。

14.4 任务评价与总结

1. 任务评价

完成表14-8的填写。

表 14-8 任务评价表

考核项目	分数			学生自评	小组互评	教师评价	小 计
	差	中	好				
团队合作精神							
活动参与是否积极							
工作过程安排是否合理规范							
陈述是否完整、清晰							
是否正确灵活运用已学知识							
劳动纪律							
此次任务完成是否满足工作要求							
此项目风险评估是否准确							
总　　分	60						
教师签字：				年　　月　　日		得　分	

2. 自我总结

(1) 此次任务完成中存在的主要问题有哪些？
(2) 问题产生的原因有哪些？
(3) 提出相应的解决方法。
(4) 您认为还需加强哪方面的指导（实际工作过程及理论知识）？

 知识回顾

完成本任务主要涉及的内容如下。
(1) 索赔基本理论，包括施工索赔的概念及特征、施工索赔分类、索赔的起因等。
(2) 工程索赔的处理程序，包括承包人的索赔、发包人的索赔、索赔报告的内容等。
(3) 工期与费用索赔，包括工程师对工程索赔的影响、工程师的索赔管理任务、工程师索赔管理的原则、工程师对索赔的审查等。
(4) 反索赔，包括反索赔的基本内容、对索赔报告的反击或反驳要点等。

 基础训练

一、单选题

1. 根据FIDIC《施工合同条件》，下列关于合同担保的表述中，正确的是(　　)。
A. 履约保函的有效期到咨询工程师颁发工程接受证书为止
B. 预付款保函为不需要承包商确认违约的无条件担保形式

C. 通用条件中明确规定了 5 种业主可凭保函索赔的情形
D. 承包商接受预付款前不必提供预付款担保

2. 根据 FIDIC《施工合同条件》，合同争端裁决委员会做出裁决后（　　）内任何一方未提出不满意裁决的意见，此裁决即为最终的决定。
   A. 14 天　　　　B. 28 天　　　　C. 56 天　　　　D. 84 天

3. 根据 FIDIC《施工合同条件》，下列关于工程进度款的表述中，正确的是（　　）。
   A. 工程量清单中的工程量可以作为工程结算的依据
   B. 采用单价合同的项目应以图纸工程量作为支付的依据
   C. 工程款逾期支付，业主应按银行贷款利率加 2% 支付利息
   D. 工程师应在收到承包商支付报表后 28 天内按核实结果签发支付证书

4. 工程施工合同履行中，发包人的义务不包括（　　）。
   A. 办理工程征地拆迁手续　　　　B. 办理工程质量监督手续
   C. 办理安全生产管理手续　　　　D. 办理竣工验收备案手续

5. 根据 FIDIC《施工合同条件》，下列事件中，承包商仅能索赔工期和成本，不能索赔利润的是（　　）。
   A. 设计图纸延误　　　　　　　　B. 工程师的指示错误
   C. 不可预见的恶劣地质条件　　　D. 工程变更

6. 根据 FIDIC《施工合同条件》，下列关于预付款的表述中，正确的是（　　）。
   A. 预付款的具体金额在招标文件中确认
   B. 预付款应不少于合同总价的 20%
   C. 工程师在 21 天内签发预付款支付证书
   D. 预付款在支付工程进度款时按比例扣减
   E. 预付款保函金额始终保持与预付款等额

7. 货物催交工作中，咨询工程师的主要工作包括（　　）。
   A. 督促供货人按期提交货物　　　B. 向供货人提交制造进度表
   C. 检查货物装运准备情况　　　　D. 检查货物关键工序生产情况
   E. 检查供货人原材料采购进展情况

8. 下列事件造成承包商成本上升或（和）项目工期延误，承包商可以同时索赔工期和费用，包括（　　）。
   A. 因发包人原因解除合同
   B. 材料涨价
   C. 工程师重新检验后发现工程合格
   D. 施工中发现文物需要采取保护措施
   E. 工程质量因承包人原因未能达到约定要求

9. 施工合同履行中，承包商可索赔利润的索赔事件包括（　　）。
   A. 特殊恶劣气候　　　　　　　　B. 工程范围变更
   C. 业主未能提供现场　　　　　　D. 工程暂停
   E. 设计图纸错误

10. 工程师处理索赔时，应给予承包商利润补偿的情况包括（　　）。

A. 业主延误移交施工现场

B. 不可抗力造成的损失

C. 业主提前占用部分工程对承包商后续施工产生干扰的损失

D. 施工中遇到图纸未标明需保护的地下文物导致施工成本增加的补偿

E. 施工中遇到异常恶劣气候条件的影响

11. 依据 FIDIC《施工合同条件》规定，对承包商提出的索赔，同时给予工期和费用补偿的情况包括（　　）。

A. 不可预见的外界条件　　　　B. 流行传染病导致工程停工

C. 延误移交施工现场　　　　　D. 业主提前占用部分工程

E. 不可抗力造成的损害

12. 依据 FIDIC《施工合同条件》规定，对于承包商提出的索赔，可能同时给予补偿工期、费用和利润的情况有（　　）。

A. 对竣工检验的干扰　　　　　B. 不可抗力造成的损失

C. 延误移交施工现场　　　　　D. 业主提前占用工程

E. 非承包商原因检验导致施工延误

13. 依据施工合同示范文本的规定，下列关于承包商索赔的说法，错误的是（　　）。

A. 只能向有合同关系的对方提出索赔

B. 工程师可以对证据不充分的索赔报告不予理睬

C. 工程师的索赔处理决定不具有强制性的约束力

D. 索赔处理应尽可能协商达成一致

14.（2008年真题）工程师对承包人提交的索赔报告在进行审查时，证据材料包括（　　）。

A. 合同专用条件中的条款　　　B. 经工程师认可的施工进度计划

C. 施工现场和施工会议记录　　D. 工程延期审批表

E. 费用索赔审批表

二、思考题

1. 如何理解施工索赔的概念？
2. 施工索赔有哪些分类？
3. 索赔程序有哪些步骤？
4. 工程师处理索赔应遵循哪些原则？
5. 工程师审查索赔应注意哪些问题？
6. 工程师如何预防和减少索赔？
7. 在某一房建工程中使用 FIDIC《施工合同条件》，如果业主的招标文件规定用基础挖方的余土作通往住宅区道路的回填土，而在开挖后发现土方不符合道路回填的要求，承包商不得不将余土外运，另外取土回填，问承包商有无理由提出索赔要求？以什么理由提出索赔要求比较有利？
8. 阅读 FIDIC《施工合同条件》，罗列变更条款。

9. 举例说明几类变更之间存在的内在联系。

三、案例分析

案例 1

某年 4 月 A 单位拟建办公楼一栋,工程地址位于已建成的 x 小区附近。A 单位就勘察任务与 B 单位签订了工程合同。合同规定勘察费 15 万元。该工程经过勘察、设计等阶段于 10 月 20 日开始施工。施工承包商为 D 建筑公司。

【问题】

1. 委托方 A 应预付勘察定金数额是多少?

2. 该工程签订勘察合同几天后,委托方 A 单位通过其他渠道获得 x 小区业主 C 单位提供的 x 小区的勘察报告。A 单位认为可以借用该勘察报告,A 单位即通知 B 单位不再履行合同。请问在上述事件,哪些单位的做法是错误的?为什么?A 单位是否有权要求返还定金?

3. 若 A 单位和 B 单位双方都按期履行勘察合同,并按 B 单位提供的勘察报告进行设计与施工。但在进行基础施工阶段,发现其中有部分地段地质情况与勘察报告不符,出现软弱地基,而在原报告中并未指出,此时 B 单位应承担什么责任?

4. 问题 3 中,施工单位 D 由于进行地基处理,施工费用增加了 20 万元,工期延误 20 天,对于这种情况,D 单位应怎样处理?而 A 单位应承担哪些责任?

案例 2

某建设工程系外资贷款项目,业主与承包商按照 FTDIC《土木工程施工合同条件》签订了施工合同。施工合同《专用条件》规定:钢材、木材、水泥由业主供货到现场仓库,其他材料由承包商自行采购。

当工程施工至第 5 层框架柱钢筋绑扎时,因业主提供的钢筋未到,使该项作业从 10 月 3 日至 10 月 16 日停工(该项作业的总时差为 0)。

10 月 7 日至 10 月 9 日因停电、停水使第 3 层的砌砖停工(该项作业的总时差为 4 天)。

10 月 14 日至 10 月 17 日因砂浆搅拌机发生故障使第一层抹灰延迟开工(该项作业的总时差为 4 天)。

为此,承包商于 10 月 20 日向工程师提交了一份索赔意向书,并于 10 月 25 日送交了一份工期、费用索赔计算书和索赔依据的详细材料。其计算书的主要内容如下。

1. 工期索赔:

A. 框架柱扎筋 10 月 3 日至 10 月 16 日停工,计 14 天

B. 砌砖 10 月 7 日至 10 月 9 日停工,计 3 天

C. 抹灰 10 月 14 日至 10 月 17 日延迟开工,计 4 天

总计请求顺延工期:21 天

2. 费用索赔:

A. 窝工机械设备费:一台塔吊 $14 \times 468 = 6552$ 元;一台混凝土搅拌机 $14 \times 110 = 1540$ 元;一台砂浆搅拌机 $7 \times 48 = 336$ 元;小计:8428 元。

B. 窝工人工费:扎筋 $35 \times 40.30 \times 14 = 19747$ 元;砌砖 $30 \times 40.30 \times 3 = 3627$ 元;抹

灰 $35 \times 40.30 \times 4 = 5642$ 元；小计：29016 元。

C. 保函费延期补偿：$(15000000 \times 10\% \times 6‰/365) \times 21 = 517.81$ 元。

D. 管理费增加：$(8428 + 29016 + 517.81) \times 15\% = 5694.27$ 元。

E. 利润损失：$(8428 + 29016 + 517.81 + 5694.27) \times 5\% = 2182.80$ 元。

经济索赔合计：45838.08 元。

【问题】

1. 承包商提出的工期索赔是否正确？应予批准的工期索赔为多少天？

2. 假定经双方协商一致，窝工机械设备费索赔按台班单价的 65% 计；考虑对窝工人工应合理安排工人从事其他作业后的降效损失，窝工人工费索赔按每工日 30 元计；保函费计算方式合理；管理费、利润损失不予补偿。试确定经济索赔额。

案例 3

某工业厂房建设场地原为农田。按设计要求在厂房建造时，厂房地坪范围内的耕植土应清除，基础必须埋在老土层下 2.00m 处。为此，业主在"三通一平"阶段就委托土方施工公司清除了耕植土并用好土回填压实至一定设计标高。故在施工招标文件中指出，承包商无须再考虑清除耕植土问题。某承包商通过投标方式获得了该项工程施工任务，并与业主签订了固定总价合同。然而，承包商在开挖基坑时发现，相当一部分基础开挖深度虽已达到设计标高，但仍未见老土，且存基坑和场地范围内仍有一部分深层的耕植土和池塘淤泥等必须清除。

【问题】

1. 在工程中遇到地基条件与原设计所依据的地质资料不符时，承包商应如何处理？

2. 接到业主方就上述情况提出的设计变更图纸之后，承包商应如何处理？

3. 在随后的施工中又发现了较有价值的出土文物，造成承包商部分施工人员和机械窝工，同时承包商为保护文物付出了一定的措施费用。请问承包商应如何处理此事？

案例 4

某工程项目采用了固定单价施工合同。工程招标文件参考资料中提供的用砂地点距工地 4km。但是开工后，检查该砂质量不符合要求，承包商只得从另一距工地 20km 的供砂地点采购，而在一个关键工作面上又发生了 4 项临时停工事件。

事件 1：5 月 20 日至 5 月 26 日承包商的施工设备出现了从未出现过的故障。

事件 2：应于 5 月 24 日交给承包商的后续图纸直到 6 月 10 日才交给承包商。

事件 3：6 月 7 日至 6 月 12 日施工现场下了罕见的特大暴雨。

事件 4：6 月 11 日至 6 月 14 日的该地区的供电全面中断。

【问题】

1. 承包商的索赔要求成立的条件是什么？

2. 由于供砂距离的增大，必然引起费用的增加，承包商经过认真计算后，在业主主指令下达的第 3 天，向业主的造价工程师提交了将原用砂单价每吨提高 5 元人民币的索赔要求。该索赔要求是否成立？为什么？

3. 若承包商对因业主原因造成的窝工损失进行索赔时，要求设备窝工损失按台班价格计算，人工的窝工损失按日工资标准计算是否合理？如不合理应怎样计算？

4. 承包商按规定的索赔程序针对上述 4 项临时停工事件向业主提出了索赔，试说明每项事件工期和费用索赔能否成立？为什么？

5. 试计算承包商应得到的工期和费用索赔是多少（如果费用索赔成立，则业主按 2 万元人民币/天补偿给承包商）？

6. 在业主支付给承包商的工程进度款中是否应扣除因设备故障引起的竣工拖期违约损失赔偿金？为什么？

拓展训练

某汽车制造厂建设施工土方工程中，承包商在合同标明有松软石的地方没有遇到松软石，因此工期提前 1 个月。但在合同中另一未标明有坚硬岩石的地方遇到很多的坚硬岩石，开挖工作变得更加困难，由此造成了实际生产率比原计划低得多，经测算影响工期 3 个月。由于施工速度减慢，使得部分施工任务拖到雨季进行，按一般公认标准推算，又影响工期 2 个月。为此承包商准备提出索赔。

【问题】

1. 该项施工索赔能否成立？为什么？

2. 在该索赔事件中，应提出的索赔内容包括哪两方面？

3. 在工程施工中，通常可以提供的索赔证据有哪些？承包商应提供的索赔文件有哪些？请协助承包商拟定一份索赔通知。

参 考 文 献

[1] 宋春岩,付庆向. 建设工程招投标与合同管理. 北京:北京大学出版社,2008.
[2] 李洪军,源军. 工程项目招投标与合同管理. 北京:北京大学出版社,2009.
[3] 强立明. 建筑工程招投标实例教程. 北京:机械工业出版社,2010.
[4] 李启明,朱树英,黄文杰. 工程建设合同与索赔管理. 北京:科学出版社,2001.
[5] 高显义. 工程合同管理教程. 上海:同济大学出版社,2005.
[6] 丁晓欣,宿辉. 建设工程合同管理. 北京:化学工业出版社,2005.
[7] 宋宗宇,等. 建设工程合同风险管理. 上海:同济大学出版社,2008.
[8] 张经. 中国合同管理. 北京:中国工商出版社,1999.
[9] 王明,宋才发. 合同纠纷案例(下). 北京:人民法院出版社,2009.
[10] 全国一级建造师执业资格考试用书编写委员会. 建设工程项目管理. 北京:中国建筑工业出版社,2006.
[11] 全国一级建造师执业资格考试用书编写委员会. 建设工程法规及相关知识. 北京:中国建筑工业出版社,2006.
[12] 本书编委会. 建设工程项目合同与风险管理. 北京:中国计划出版社,2007.
[13] 中国建设监理协会. 建设工程合同管理. 北京:知识产权出版社,2006.
[14] 董平,胡维建. 工程合同管理. 北京:科学出版社,2004.
[15] 刘力,钱雅丽. 建设工程合同管理与索赔. 2版. 北京:机械工业出版社,2007.
[16] 成虎. 建设工程合同管理与索赔. 3版. 南京:东南大学出版社,2008.
[17] [英] 东尼·博赞. 博赞学习技巧. 丁大刚,张相芬,译. 北京:中信出版社,2010.
[18] 梁鑑,潘文,丁本信. 建设工程合同管理与案例分析. 北京:中国建筑工业出版社,2005.

北京大学出版社高职高专土建系列规划教材

序号	书名	书号	编著者	定价	出版时间	印次	配套情况	
		基础课程						
1	工程建设法律与制度	978-7-301-14158-8	唐茂华	26.00	2010.7	4	ppt/pdf	
2	建设工程法规	978-7-301-16731-1	高玉兰	30.00	2011.5	5	ppt/pdf/答案	★
3	AutoCAD建筑制图教程	978-7-301-14468-8	郭慧	32.00	2011.1	7	ppt/pdf/素材	★
4	建筑工程专业英语	978-7-301-15376-5	吴承霞	20.00	2011.6	4	ppt/pdf	★
5	建筑工程制图与识图	978-7-301-15443-4	白丽红	25.00	2010.7	3	ppt/pdf/答案	★
6	建筑制图习题集	978-7-301-15404-5	白丽红	25.00	2010.9	3	pdf	
7	建筑制图	978-7-301-15405-2	高丽荣	21.00	2011.7	3	ppt/pdf	
8	建筑制图习题集	978-7-301-15586-8	高丽荣	21.00	2010.11	2	pdf	
9	建筑工程制图	978-7-301-12337-9	肖明和	36.00	2011.7	3	ppt/pdf/答案	
10	建筑制图与识图	978-7-301-18806-4	曹雪梅	24.00	2011.5	2	ppt/pdf	
11	建筑制图与识图习题册	978-7-301-18652-7	曹雪梅	30.00	2011.3	2	pdf	
12	建筑工程应用文写作	978-7-301-18962-7	赵立	40.00	2011.6	1	ppt/pdf	
13	AutoCAD建筑绘图教程	978-7-301-	唐英敏	41.00	2011.7	1	ppt/pdf	
		施工类						
13	建筑工程测量	978-7-301-13578-5	王金玲等	26.00	2010.8	2	pdf	
14	建筑施工技术	978-7-301-12336-2	朱永祥等	38.00	2011.1	5	ppt/pdf	★
15	建筑材料	978-7-301-13576-1	林祖宏	28.00	2011.1	6	ppt/pdf	★
16	建筑构造与识图	978-7-301-14465-7	郑贵超等	45.00	2011.1	5	ppt/pdf	★
17	建设工程监理概论	978-7-301-14283-7	徐锡权等	32.00	2010.9	4	ppt/pdf/答案	
18	地基与基础	978-7-301-14471-8	肖明和	39.00	2011.1	5	ppt/pdf	★
19	建筑施工技术实训	978-7-301-14477-0	周晓龙	21.00	2011.1	3	pdf	★
20	建筑工程施工技术	978-7-301-14464-0	钟汉华等	35.00	2011.1	4	ppt/pdf	★
21	建筑力学	978-7-301-13584-6	石立安	35.00	2011.1	4	ppt/pdf	★
22	建设工程监理	978-7-301-15017-7	斯庆	26.00	2011.7	3	ppt/pdf/答案	★
23	PKPM软件的应用	978-7-301-15215-7	王娜	27.00	2009.6	2	pdf	★
24	建筑工程测量	978-7-301-15542-4	张敬伟	30.00	2011.1	5	ppt/pdf/答案	★
25	建筑工程测量实验与实习指导	978-7-301-15548-6	张敬伟	20.00	2011.1	4	pdf/答案	
26	土木工程实用力学	978-7-301-15598-1	马景善	30.00	2011.6	2	pdf	★
27	建筑工程质量事故分析	978-7-301-16905-6	郑文新	25.00	2011.1	2	ppt/pdf	★
28	建筑设备基础知识与识图	978-7-301-16716-8	靳慧征	34.00	2011.6	4	ppt/pdf	★
29	建筑工程测量	978-7-301-16727-4	赵景利	30.00	2011.7	3	ppt/pdf/答案	
30	土木工程力学	978-7-301-16864-6	吴明军	38.00	2010.4	1	ppt/pdf	
31	建筑结构	978-7-301-17086-1	徐锡权	62.00	2010.6	1	ppt/pdf/答案	★
32	建筑施工技术	978-7-301-16726-7	叶雯等	44.00	2011.7	2	ppt/pdf/素材	★
33	建筑材料与检测	978-7-301-16728-1	梅杨等	26.00	2011.1	2	pdf	★
34	建筑材料检测试验指导	978-7-301-16729-8	王美芬等	18.00	2011.1	2	pdf	
35	建设工程监理概论	978-7-301-15518-9	曾庆军等	24.00	2011.1	3	pdf	
36	地基与基础	978-7-301-16130-2	孙平平等	26.00	2010.10	1	pdf	
37	建筑工程施工组织设计	978-7-301-18512-4	李源清	26.00	2011.2	1	ppt/pdf	★
38	建筑工程施工组织实训	978-7-301-18961-0	李源清	40.00	2011.6	1	pdf	★
39	建筑结构	978-7-301-19171-2	唐春平等	41.00	2011.7	1	pfd	

		工 程 管 理 类					
40	建筑工程项目管理	978-7-301-12335-5	范红岩等	30.00	2011.6	6	ppt/pdf	★
41	建设工程招投标与合同管理	978-7-301-13581-5	宋春岩等	30.00	2011.6	9	ppt/pdf /答案/试题/教案	★
42	工程造价控制	978-7-301-14466-4	斯 庆	26.00	2011.1	4	ppt/pdf	★
43	建筑施工组织与管理	978-7-301-15359-8	翟丽旻等	32.00	2011.1	5	ppt/pdf	★
44	建筑工程计量与计价	978-7-301-15406-9	肖明和等	39.00	2011.1	4	ppt/pdf	★
45	建筑工程经济	978-7-301-15449-6	杨庆丰等	24.00	2011.1	5	ppt/pdf	★
46	建筑工程计量与计价实训	978-7-301-15516-5	肖明和等	20.00	2011.1	3	pdf	
47	工程项目招投标与合同管理	978-7-301-15549-3	李洪军等	30.00	2011.1	3	ppt	
48	建筑工程造价管理	978-7-301-15517-2	李茂英等	24.00	2011.6	3	pdf	★
49	建筑力学与结构	978-7-301-15658-2	吴承霞	40.00	2011.1	5	ppt/pdf	
50	安装工程计量与计价	978-7-301-15652-0	冯 钢等	38.00	2011.2	4	ppt/pdf	★
51	施工企业会计	978-7-301-15614-8	辛艳红等	26.00	2011.7	3	ppt/pdf	
52	工程项目招投标与合同管理	978-7-301-16732-8	杨庆丰	28.00	2011.1	2	ppt	
53	建设工程项目管理	978-7-301-16730-4	王 辉	32.00	2011.6	2	ppt/pdf	★
54	建筑工程质量与安全管理	978-7-301-16070-1	周连起	35.00	2011.1	2	pdf	
55	建筑工程计量与计价——透过案例学造价	978-7-301-16071-8	张 强	50.00	2010.8	1	ppt/pdf	★
56	工程招投标与合同管理实务	978-7-301-19035-7	杨甲奇等	48.00	2011.8	1	pdf	
		建 筑 装 饰 类					
57	中外建筑史	978-7-301-15606-3	袁新华	30.00	2011.5	5	ppt/pdf	★
58	建筑装饰材料	978-7-301-15136-5	高军林	25.00	2009.5	1	ppt/pdf	★
59	建筑装饰施工技术	978-7-301-15439-7	王 军等	30.00	2010.5	2	ppt/pdf	
60	设计构成	978-7-301-15504-2	戴碧锋	30.00	2009.7	1	pdf	
61	建筑素描表现与创意	978-7-301-15541-7	于修国	25.00	2011.1	2	pdf	★
62	室内设计基础	978-7-301-15613-1	李书青	32.00	2011.1	2	pdf	
63	建筑装饰构造	978-7-301-15687-2	赵志文等	27.00	2011.1	2	ppt/pdf	
64	基础色彩	978-7-301-16072-5	张 军	42.00	2010.3	1	pdf	
65	建筑与装饰装修工程工程量清单	978-7-301-17331-2	翟丽旻等	25.00	2011.5	1	pdf	
66	3ds max 室内设计表现方法	978-7-301-17762-4	徐海军	32.00	2010.9	1	pdf	
67	装饰材料与施工	978-7-301-15677-3	宋志春等	30.00	2010.8	2	ppt/pdf	★
68	3ds Max 9.0 室内设计案例教程	978-7-301-14676-7	伍福军等	32.00	2010.5	2	ppt/pdf	★
69	Photoshop 效果图后期制作	978-7-301-16073-2	脱忠伟等	52.00	2011.1	1	素材/pdf	★
70	建筑表现技法		张 峰	32.00	2011.7	1	ppt/pdf	★
		房 地 产 类					
71	房地产开发与经营	978-7-301-14467-1	张建中等	30.00	2011.1	3	ppt/pdf	★
72	房地产估价	978-7-301-15817-3	黄 晔等	30.00	2010.8	2	ppt/pdf	
		市 政 路 桥 类					
73	市政工程计量与计价	978-7-301-14915-7	王云江	38.00	2010.8	2	pdf	★
74	市政桥梁工程	978-7-301-16688-8	刘 江等	42.00	2010.7	1	ppt/pdf	★

电子书(PDF 版)、电子课件和相关教学资源下载地址：http://www.pup6.com/ebook.htm，欢迎下载。

欢迎免费索取样书，请填写并通过 E-mail 提交教师调查表，下载地址：http://www.PUP6.com/down/教师信息调查表 excel 版.xls，欢迎订购。

欢迎投稿，并通过 E-mail 提交个人信息卡，下载地址：http://www.pup6.com/down/zhuyizhexinxika.rar。

联系方式：010-62750667，yangxinglu@126.com，linzhangbo@126.com，欢迎来电来信。